Umweltnatur- & Umweltsozialwissenschaften

Broder Breckling
Gunther Schmidt
Winfried Schröder
(Herausgeber)

GeneRisk

Systemische Risiken der Gentechnik: Analyse von Umweltwirkungen gentechnisch veränderter Organismen in der Landwirtschaft

Springer

Herausgeber
Broder Breckling
Universität Vechta
Lehrstuhl für Landschaftsökologie
Vechta
Deutschland

und

Zentrum für Umweltforschung und nachhaltige Technologien (UFT)
Abt. 10 (Ökologie)
Universität Bremen
PF 330440
28334 Bremen
Deutschland
bbreckling@iuw.uni-vechta.de

Gunther Schmidt
Universität Vechta
Lehrstuhl für Landschaftsökologie
Vechta
Deutschland
gschmidt@iuw.uni-vechta.de

Winfried Schröder
Universität Vechta
Lehrstuhl für Landschaftsökologie
Vechta
Deutschland
wschroeder@iuw.uni-vechta.de

ISBN 978-3-642-23432-3 e-ISBN 978-3-642-23433-0
DOI 10.1007/978-3-642-23433-0
Springer Heidelberg Dordrecht London New York

Die Deutsche Nationalbibliothek verzeichnet diese Publikation in der Deutschen Nationalbibliografie; detaillierte bibliografische Daten sind im Internet über http://dnb.d-nb.de abrufbar.

Einbandentwurf: deblik, Berlin

Gedruckt auf säurefreiem Papier

Springer ist Teil der Fachverlagsgruppe Springer Science+Business Media (www.springer.com)

Vorwort und Danksagung

Gentechnisch veränderte Organismen (GVO) sind Organismen, deren Erbanlagen mit speziellen Verfahren gezielt in einer Weise verändert worden sind, wie sie unter natürlichen Bedingungen durch Kreuzen oder natürliche Rekombination nicht vorkommt. Im Gegensatz zu gentechnischen Anwendungen in der Medizin, der roten Gentechnik, werden die gentechnisch veränderte Pflanzen (GVP) als Produkte der so genannten Grünen Gentechnik (GGT) außerhalb geschlossener technischer Apparaturen, nämlich in der Umwelt, angewendet. GV-Nutzpflanzen haben seit ihrer Erstzulassung im Jahr 1996 weltweit quantitativ an Bedeutung gewonnen. Im Jahr 2009 wurden GVP in 25 Ländern auf 134 Millionen Hektar, das sind rund 9% der globalen Landwirtschaftsfläche, angebaut. Dabei handelt es sich insbesondere um Pflanzen, die aufgrund von gentechnischen Veränderungen tolerant gegenüber Pflanzenschutzmitteln oder giftig für bestimmte Schadinsekten sind. Wie bei der herkömmlichen Züchtung geht es bei der GGT darum, den Pflanzen Merkmale zu verschaffen, die sich für die Erreichung bestimmter Ziele wie z. B. Ertragssteigerung positiv auswirken können. Dennoch gibt es in Wissenschaft und Öffentlichkeiten Fragen zur und Kritik an der GGT.

Ein Teil dieser Diskussion wird in der vorliegenden Studie aufgegriffen. Sie basiert auf Untersuchungen, die mit finanzieller Förderung des BMBF in dem Verbundprojekt *GeneRisk – Systemische Risiken der Gentechnik: Analyse von Umweltwirkungen gentechnisch veränderter Organismen in der Landwirtschaft* von mehreren Fächern wie Landschaftsökologie, Rechts-, Sozial-, Agrar- und Wirtschaftswissenschaften in den Jahren 2006 bis 2010 durchgeführt wurden. Mit einem solch breiten Fächerspektrum sollte die von der OECD[1] als *systemisches Risiko* eingestufte GGT beleuchtet werden. Eine systemischen Risiken angemessene, die Grenzen von Natur-, Gesellschafts- und Wirtschaftssystem querende Analyse und Bewertung der GGT wurde von den vorwiegend molekularbiologisch und biochemisch ausgerichteten Wissenschaften, die bislang die GGT-Forschung weitestgehend unter sich mit technologischen Ansätzen betrieben, nicht vorgenommen. Dabei blieben folgende Aspekte unberücksichtigt, die in GeneRisk neben anderen behandelt wurden:

[1] OECD (Organisation for economic co-operation and development) (2003) Emerging systemic risks in the 21st century: An agenda for action. OECD, Paris.

- großräumige ökologische Implikationen der GGT;
- Zusammenführung und räumliche Analyse themenrelevanter Daten in Geoinformationssystemen;
- Modellierung der Ausbreitung von GVO in der Umwelt; damit verknüpfte Probleme der Koexistenz von GV-Landwirtschaft einerseits sowie GV-freier, konventioneller und biologischer Landwirtschaft nebst Naturschutz andererseits unter wirtschaftlichen, ökologischen und juristischen Aspekten.

Der vorliegende Band fasst Ergebnisse des *GeneRisk*-Projektes zusammen. Er verdeutlicht, dass mit diesem Vorhaben ein Versuch unternommen wurde, das Phänomen GGT einer breiteren wissenschaftlichen Analyse und Diskussion als bislang zu unterziehen. Der Beitrag von *GeneRisk* dazu ist sicherlich ein Ausrufezeichen. Doch müsste die damit eingeschlagene Forschungsausrichtung ausgebaut werden. Denn öffentliche und politische Meinungsbildung basieren weniger auf dem, was auf molekularer Ebene passiert. Vielmehr orientieren sie sich – wie auch politische Entscheidungen – überwiegend an Phänomenen, die in der gesellschaftlichen Lebenswelt Spuren hinterlassen.

Im Bewusstsein der Signalwirkung und der Unvollkommenheit von *GeneRisk* danke ich allen, die an dem Zustandekommen und der Durchführung des Vorhabens mitgewirkt haben. Hierzu gehörten neben den Projektnehmern und den projektbegleitenden Arbeitsgruppen auch diejenigen, die als Bürger, Politiker und Verwaltungsfachleute in der niedersächsischen Kreisstadt Diepholz und im Landkreis Märkisch Oderland die öffentlichen Veranstaltungen von *GeneRisk* durch Interesse und beeindruckende Kenntnisse bereichert haben. Dieser Befund kontrastiert mit dem Versuch, „Interessensgruppen aus dem nichtwissenschaftlichen Bereich ... mit vagen Vermutungen und nicht belegbaren Behauptungen“[2] in Verbindung zu bringen. Zu danken ist auch Frau Arens und Herrn Dr. Martin Schmied vom Projektträger DLR Bonn des BMBF für die vorzügliche Begleitung des Vorhabens. Mein besonderer Dank gilt meiner Sekretärin, Frau Hellberg. Sie hat den Inhalt des Buches „in Form“ gebracht und das Projekt sicher durch die Klippen der bürokratischen Erfordernisse gelenkt.

Vechta, Deutschland Winfried Schröder

[2] Broer I, Jung C, Ordon F, Qaim M, Reinhold-Hurek B, Sonnewald U, Tiedemann A von (2011) Response to the criticism by Taube et al. in ESEU 23:1, 2011, on the booklet “Green Genetic Engineering” published by the German Research Foundation (DFG). Environmental Sciences Europe 2011, 23:16. doi:10.1186/2190-4715-23-16

Inhaltsverzeichnis

Mitwirkende

Jan Barkmann Department für Agrarökonomie und Rurale Entwicklung, Universität Göttingen, Platz der Göttinger Sieben 5, 37075 Göttingen, Deutschland, jbarkma@gwdg.de

Claudia Bethwell Leibniz-Zentrum für Agrarlandschaftsforschung (ZALF) Müncheberg e.V., Institut für Landnutzungssysteme, Eberswalder Str. 84, 15374 Müncheberg, Deutschland, Claudia.Bethwell@zalf.de

Simone Böckmann Zentrum für Umweltforschung (UFT), Abt. 10 (Ökologie), Universität Bremen, PF 330440 28334 Bremen, Deutschland

Broder Breckling Lehrstuhl für Landschaftsökologie, Universität Vechta, PF 1553, 49364 Vechta, Deutschland;
Zentrum für Umweltforschung und nachhaltige Technologien (UFT), Abt. 10 (Ökologie), Universität Bremen, PF 330440, 28334 Bremen, Deutschland, bbreckling@iuw.uni-vechta.de

Christiane Eschenbach Ökologiezentrum, Universität Kiel, Olshausenstr. 75, 24118 Kiel, Deutschland, ceschenbach@ecology.uni-kiel.de

Christina Gawron Institut für Agrarökonomie, Universität Göttingen, Platz der Göttinger Sieben 5, 37075 Göttingen, Deutschland

Michael Glemnitz Leibniz-Zentrum für Agrarlandschaftsforschung (ZALF) Müncheberg e.V., Institut für Landnutzungssysteme, Eberswalder Str. 84, 15374 Müncheberg, Deutschland, mglemnitz@zalf.de

Karen Höltl Leibniz-Zentrum für Agrarlandschaftsforschung (ZALF) Müncheberg e.V., Institut für Landnutzungssysteme, Eberswalder Str. 84, 15374 Müncheberg, Deutschland

Lukas Kleppin Lehrstuhl für Landschaftsökologie, Universität Vechta, PF 1553, 49364 Vechta, Deutschland

Rainer Marggraf Institut für Agrarökonomie, Universität Göttingen, Platz der Göttinger Sieben 5, 37075 Göttingen, Deutschland, rmarggr@gwdg.de

Hartmut Meyer Vereinigung Deutscher Wissenschaftler, In den Steinäckern 13, 38116 Braunschweig, Deutschland, hmeyer@ngi.de

Klaus Müller Leibniz-Zentrum für Agrarlandschaftsforschung (ZALF) Müncheberg e.V., Institut für Sozioökonomie, Eberswalder Str. 84, 15374 Müncheberg, Deutschland, kmueller@zalf.de

Hauke Reuter Zentrum für Umweltforschung (UFT), Abt. 10 (Ökologie), Universität Bremen, 28334 Bremen, Deutschland; Leibniz-Zentrum für Marine Tropenökologie (ZMT), Fahrenheitstr. 6, 28359 Bremen, hauke.reuter@zmt-bremen.de

Gunther Schmidt Lehrstuhl für Landschaftsökologie, Universität Vechta, PF 1553, 49364 Vechta, Deutschland, gschmidt@iuw.uni-vechta.de

Winfried Schröder Lehrstuhl für Landschaftsökologie, Universität Vechta, PF 1553, 49364 Vechta, Deutschland, wschroeder@iuw.uni-vechta.de

Ulrich Stachow Leibniz-Zentrum für Agrarlandschaftsforschung (ZALF) Müncheberg e.V., Institut für Landnutzungssysteme, Eberswalder Str. 84, 15374 Müncheberg, Deutschland, ustachow@zalf.de

Sarah Stoppe-Ramadan Forschungsstelle für Europäisches Umweltrecht (FEU), Universität Bremen, 28334 Bremen, Deutschland, sramadan@uni-bremen.de

Jantje Struß Forschungsstelle für Europäisches Umweltrecht (FEU), Universität Bremen, 28334 Bremen, Deutschland, jantje.struss@gmx.de

Ludwig Theuvsen Institut für Agrarökonomie, Universität Göttingen, Platz der Göttinger Sieben 5, 37075 Göttingen, Deutschland, theuvsen@uni-goettingen.de

Manuel Thiel Institut für Agrarökonomie, Universität Göttingen, Platz der Göttinger Sieben 5, 37075 Göttingen, Deutschland

Thomas Weith Leibniz-Zentrum für Agrarlandschaftsforschung (ZALF) Müncheberg e.V., Institut für Sozioökonomie, Eberswalder Str. 84, 15374 Müncheberg, Deutschland, Thomas.Weith@zalf.de

Armin Werner Leibniz-Zentrum für Agrarlandschaftsforschung (ZALF) Müncheberg e.V., Institut für Landnutzungssysteme, Eberswalder Str. 84, 15374 Müncheberg, Deutschland, awerner@zalf.de

Wilhelm Windhorst Ökologiezentrum, Universität Kiel, Olshausenstr. 75, 24118 Kiel, Deutschland, wilhelm@ecology.uni-kiel.de

Gerd Winter Forschungsstelle für Europäisches Umweltrecht (FEU), Universitätsallee, GW 1, D 28359 Bremen, gwinter@uni-bremen.de

Angelika Wurbs Leibniz-Zentrum für Agrarlandschaftsforschung (ZALF) Müncheberg e.V., Institut für Landnutzungssysteme, Eberswalder Str. 84, 15374 Müncheberg, Deutschland, awurbs@zalf.de

Kapitel 1
GeneRisk – ein Überblick

Gunther Schmidt und Winfried Schröder

1.1 Sozial-ökologische Forschung und systemische Risiken

Das Projekt GeneRisk hat sich mit Risiken beschäftigt, die mit der Nutzung und Anwendung gentechnischer Methoden in der Landwirtschaft verbunden sind. Das Verbundvorhaben wurde in der Zeit von 2006 bis 2010 zusammen mit anderen Vorhaben im Themenschwerpunkt „Sozial-ökologische Forschung" gefördert. Die sozial-ökologische Forschung (SÖF) ist eine Fördermaßnahme, die das Bundesministerium für Bildung und Forschung (BMBF) ausgeschrieben hat, um Implikationen des Zusammenwirkens von gesellschaftlichen und ökologischen Prozessen vertieft in ihrer gegenseitigen Wechselbeziehung zu analysieren. Gesellschaftlich gesteuerte Einwirkungen sind ein maßgeblicher Gestaltungsfaktor, der das ökologische Gefüge beeinflusst. Umgekehrt sind auch die natürlichen Bedingungen und Gegebenheiten sowie Folgewirkungen von Eingriffen eine wichtige Rückwirkung, die gesellschaftliche Entfaltungsmöglichkeiten fördert oder einschränkt. Dieses Wechselverhältnis an zentralen Fallstudien zu erhellen, war das Rahmenthema:

> Die sozial-ökologische Forschung (SÖF) versteht sich als akteurs- und problemorientierter Forschungstyp, bei dem Nachhaltigkeitsprobleme an der Schnittstelle zwischen Gesellschaft und Natur bearbeitet werden. Analysiert werden einerseits Materialflüsse, andererseits gesellschaftliche Transformationen mit dem Ziel, Handlungsstrategien für eine nachhaltigere Zukunft zu entwickeln.[1]

Die SÖF wurde in einer Reihe von Kernthemen konkretisiert, darunter die Themenfelder „Klimaschutz und Klimawandel" sowie „Nachhaltiger Konsum" und „Nachwuchsförderung". Der Bereich „Strategien zum Umgang mit systemischen Risiken" war ebenfalls hier angesiedelt. Der Begriff des systemischen Risikos ging in die allgemeine Risiko-Debatte ein, nachdem er eine beispielgebende Rolle bei

[1] http://www.sozial-oekologische-forschung.org/de/724.php

G. Schmidt (✉)
Lehrstuhl für Landschaftsökologie, Universität Vechta, PF 1553, 49364 Vechta, Deutschland
e-mail: gschmidt@iuw.uni-vechta.de

B. Breckling et al. (eds.), *GeneRisk*, Umweltnatur- & Umweltsozialwissenschaften,
DOI 10.1007/978-3-642-23433-0_1, © Springer-Verlag Berlin Heidelberg 2012

der Analyse von makroökonomischen Prozessen spielte. Dass bei hinreichend hoher Vernetzung der Ausfall einer „systemrelevanten“ Bank weitere Institute und schließlich das gesamte Finanzsystem in den Abgrund reißen kann, ist spätestens seit dem Bankrott der Lehman Bros. Bank Allgemeingut. Der Wirkungstyp, nach dem in einem hochgradig verknüpften und engmaschig vernetzten System eng umgrenzte Entwicklungen potenziell fundamentale Auswirkungen auf den gesamtsystemaren Zustand haben können, besitzt aber eine allgemeinere Bedeutung. Er gilt, wie Futtermittelskandale und kürzlich das Auftreten des EHEC-Erregers (Enterohämorrhagische *Escherichia coli*) veranschaulichten, mit besonderer Durchschlagskraft in biologischen Systemen. So hat ein Bakterium, das bereits bekannte Eigenschaften in neuartiger Kombination vereint, die verkauften Bockshornklee-Keimlinge eines einzelnen Bauernhofes verunreinigt. Die Verknüpfungen über den Landwirtschafts- und Lebensmittelsektor führten in der Folge nicht nur dazu, dass auf Europäischer Ebene ein großer Teil des Gemüsemarktes zusammenbrach. Per Importbeschränkungen folgten Auswirkungen bis in den russischen Raum. Bakterielle Rekombination als Prozess im nano-skaligen Bereich verknüpfte durch die Selbstvermehrung der biotischen Entitäten systemische Zusammenhänge über mehrere tausend Kilometer Entfernung. Dieses Prinzip der Skalen- und Wirkungsverknüpfung über einen weiten Bereich hinweg ist für systemische Risiken charakteristisch und wurde im Rahmen der SÖF in verschiedenen Projekten unterschiedlichen fachlichen Zuschnitts interdisziplinär untersucht:

> Diese systemischen Risiken verfügen folglich über ein extrem hohes Schadenspotenzial. Eine ursprünglich als harmlos eingeschätzte Risikoquelle (bspw. Chemikalien, Mobilfunk) könnte über große Entfernungen oder nach einem Zeitraum der Latenz ungeahnte Schäden entfalten, die die Funktionsfähigkeit der betroffenen Systeme (Umwelt, Gesundheit, Finanz- und Arbeitsmärkte, gesellschaftliches Zusammenleben u.a.), aber auch des Ursprungssystems selbst, gefährden. Hinzu kommt, dass sich zwischen Ursache und Wirkungen über die eigentliche Quelle hinaus vielfach nur schwer direkte Zusammenhänge nachweisen lassen. In aller Regel sind systemische Risiken durch ein hohes Maß an Komplexität, Ungewissheit und Ambiguität gekennzeichnet.
>
> Seit 2006 setzen sich fünf Projekte so brisanten Themen wie beispielsweise Übergewicht und Adipositas bei Jugendlichen oder der Trinkwasserverunreinigung durch Arzneimittelwirkstoffe auseinander. Im Rahmen einer Verstetigungsstrategie haben die Projekte seit 2008 innerhalb des bestehenden Forschungsprojekts oder in Form eines Anschlussvorhabens ihr Forschungsspektrum erweitert.[2]

Dies umreißt den Rahmen, in den das GeneRisk-Projekt eingebettet ist. Gentechnik als molekularbiologisches Arbeitsgebiet verursacht bei ihrer Anwendung Auswirkungen, die sich nur durch Hinzunahme der Expertise weiterer Disziplinen angemessen erfassen lassen. Hierzu gehören nicht nur die Agrarwissenschaften und die Ökologie, sondern auch Rechtswissenschaften, Ökonomie und weitere gesellschaftswissenschaftliche Fachgebiete. In diesem Band fasst das GeneRisk-Konsortium über die Einzelpublikationen hinaus wesentliche Projektergebnisse im Überblick zusammen. Dabei werden verschiedene disziplinäre Standpunkte eingenommen und verknüpft.

---

[2] http://www.sozial-oekologische-forschung.org/de/626.php

1.2 Hintergrund und Ziel

Chancen und Risiken des Anbaus gentechnisch veränderter Organismen (GVO) werden seit vielen Jahren bis heute kontrovers diskutiert. Dies zeigen die umfangreich dokumentierten Auseinandersetzungen am Runden Tisch Gentechnik, den das BMBF zusammen mit dem Bundesministerium für Ernährung, Landwirtschaft und Verbraucherschutz (BMELV) einberufen hat, nachdem die Ruhensanordnung der Zulassung für den gentechnisch veränderten Mais Mon810 der Firma Monsanto im Jahr 2009 weite mediale Beachtung gefunden hatte (Kap. 16). An dem Runden Tisch war auch der GeneRisk-Verbund vertreten. Ein weiteres Beispiel, das die Brisanz des Themas veranschaulicht, zeigte sich auf wissenschaftlichem Gebiet besonders zugespitzt – anhand des Streits über die Broschüre der Deutschen Forschungsgemeinschaft (2010) zur Grünen Gentechnik (GGT). Die DFG hatte eine populär gehaltene Broschüre vorgelegt, deren überwiegend positive Darstellung der Gentechnik von Wissenschaftlern benachbarter Disziplinen kritisch hinterfragt wurde. Der Disput drehte sich nicht nur um die Feststellung und Bewertung des wissenschaftlichen Kenntnisstandes. Vielmehr ging es auch um die Frage, wer die Kompetenz habe, sich zu GVO fachlich angemessen zu äußern und nach welchen Regeln dies geschehen sollte. Kritisiert wurde unter anderem, die DFG-Broschüre vermische beschreibende, erklärende und bewertende Aussagen zur GGT. Zudem folge die Broschüre der „Systematik eines reduktionistischen Ansatzes, der primär aus der Perspektive der Pflanzenzüchtung Potentiale der GGT ableitet." Erforderlich sei jedoch ein „Bewertungsansatz ..., der aus einem interdisziplinären Diskurs gespeist wird, welcher die Standpunkte und die Expertise von den Sozialwissenschaften über die Ökologie und die Agrar- und Ernährungswissenschaften im Sinne eines umfassenden Nachhaltigkeitsansatzes bündelt" (Taube et al. 2011). Dem wird seitens der Autoren der DFG-Broschüre entgegengehalten, die Kritiker argumentierten „... ähnlich wie zahlreiche einflussreiche Interessengruppen aus dem nichtwissenschaftlichen Bereich mit vagen Vermutungen und nicht belegbaren Behauptungen" (Broer et al. 2011).

Dies deutet den gespannten diskursiven Rahmen an, in welchem sich das GeneRisk-Projekt bewegt und in welchem es eine interdisziplinäre Position einnimmt, welche im Rahmen der sozial-ökologischen Forschung naturwissenschaftliche und sozialwissenschaftliche Erkenntnisebenen verknüpft. Diese und weitere Diskussionen hat das Projekt im Hinblick auf die lokale, regionale, nationale und internationale Ebene behandelt. Dabei geht es bei einer Verknüpfung der verschiedenen Ebenen auch um die Gewinnung und Begründung einer Systematik, mit der die Bezüge angemessen erschlossen werden können. Mit diesen unterschiedlichen fachlichen Sachzusammenhängen sind auch immer spezifische räumliche und zeitliche Dimensionen angesprochen, so z. B. Vorgänge, die in pflanzlichen Zellen, in einem Pflanzenbestand und in Natur- und Kulturlandschaften ablaufen. Um Chancen und Risiken von GVO abzuschätzen, sind Folgewirkungen des GVO-Anbaus über die angesprochenen Raum- und Zeitbezüge sowie die verschiedenen Systeme hinweg zu analysieren. Die Vielfalt systemischer Verknüpfungen spielt hierbei eine besondere Rolle, da die landwirtschaftliche Produktion sowohl mit grundlegenden Naturvorgängen des ökologischen Gefüges als auch mit zentralen Prozessen der vom Menschen gesteuerten Systeme wie Landwirtschaft und Lebensmittelwirtschaft in enger Wechselbeziehung steht. Diese Wechselbeziehungen wurden in dem Verbundprojekt GeneRisk beispielhaft untersucht.

1.3 System-analytisches Vorgehen – Verknüpfung natur- und sozialwissenschaftlicher Zugänge

GeneRisk knüpft bei der Entwicklung des systemischen Risikobegriffs an den in der sozial-ökologischen Forschung übergreifend formulierten Begriff an (Renn und Keil 2008). Dessen Operationalisierung für GVO führt zu einer spezifischen Anwendung und Ausformung, die mit den hier zusammengestellten Beiträgen auf verschiedenen Ebenen illustriert wird.

Der Beginn der betrachteten Wirkungsketten bei GVO ist der Eingriff auf molekularer Ebene. Um diesen zu bewerten, ist die Bezugnahme auf molekulare Methoden als erster Schritt erforderlich. Die molekulare Charakterisierung des GVO z. B. hinsichtlich Stabilität der Integration, Expression des Transgens und sekundärer metabolischer Effekte erlaubt erste Wirkungsabschätzungen, die aber bei weitem nicht vollständig sind. Eine systematische Analyse der Verknüpfung von Wirkungsketten über verschiedene systemare Organisationsebenen erfolgte für das Beispiel gentechnisch veränderter Mais mit Insektenresistenz (Bt-Mais) im Rahmen einer Literaturauswertung (Kap. 3).

In der Erforschung der Risiken von GVO schließen sich Untersuchungen auf organismischer und Bestandsebene an. Solche Untersuchungen erfordern physiologische und agrarwissenschaftliche Kompetenz. Weiterhin werden eventuelle Wirkungen auf Nichtzielorganismen geprüft. Hier spielt die Kenntnis über allgemeine ökologische Zusammenhänge die zentrale Rolle. Auch die Kenntnis der Eigenschaften der Organismen, denen Erbmaterial zu Transformationszwecken entnommen wurde, gehört mit dazu. Erst wenn kleinräumige Effekte risikoanalytisch hinreichend erschlossen sind, können weiterführende Aspekte untersucht werden. Dieses strukturierte Vorgehen bei der Wirkungsanalyse wurde vom Verbund der weiterführenden Diskussion systemischer Risiken zugrunde gelegt. Als besonders zu beachtende Themen sind folgende Effekte als systemische Risiken von GVO möglich und im Rahmen der Risikoanalyse zu prüfen:

- **Physiologische Risiken** Durch die gentechnische Veränderung bedingte Effekte der bio-molekularen Konstitution, die sich in veränderten Gehalten von Inhaltsstoffen und damit verändertem Respons auf Umweltwirkungen zeigen, auch Nähr- und Futterwert sowie Resistenz gegen Krankheiten und Pathogene können sekundär beeinflusst sein.
- **Ökologische Risiken** Biodiversitätseffekte im genutzten Ökosystem könnten auftreten, auch durch Veränderung der Bewirtschaftungsform (z. B. Herbizid- bzw. Insektizid-Einsatz) mit Folgewirkungen für biotische und

abiotische Kompartimente (Boden, Gewässer). Kumulative ökosystemare Effekte (z. B. durch Eintrag toxischer Pollen im Falle von Bt-Mais) können auftreten, Veränderungen im Genpool der Arten bei Ausbreitung außerhalb von Kulturflächen (z. B. Gene-Stacking bei Raps) sind denkbar bzw. wahrscheinlich;
- **Ökonomische Risiken** Eine mögliche Unverkäuflichkeit eines Produkts mit dem Label „gentechnikfrei" ist als Risiko zu berücksichtigen, Genehmigungs- bzw. Kennzeichnungspflicht für das Inverkehrbringen auch solcher Produkte, die unbeabsichtigt GVO enthalten, ist ein Problem, ebenso der Zusatzaufwand in der nachbarschaftlichen Koordination der Landbewirtschaftung (Einhaltung von Mindestabständen, Reinigung von Maschinen). Aufwendungen für getrennte Warenflüsse, Analysekosten für GVO-Verunreinigungen, administrative Aufwendungen, unerwartete Wirkungen bei besonderen lokalen Raum-Konstellationen (biogeografische Variabilität, Schutzgebiete) sind als Risiken zu berücksichtigen.

In der bisherigen Praxis der wissenschaftlichen Risikoanalyse von GVO ist erkennbar, dass primäre und kleinräumige Wirkungen im Vordergrund der Untersuchungen stehen. Effekte in großen Räumen sowie gesamtwirtschaftliche Effekte sind hingegen bislang defizitär untersucht. Gerade dort jedoch können systemische Risiken in Form von Kombinations- und Langzeiteffekten wirksam werden (Kap. 2). Der Forschungsverbund GeneRisk legt in einer Wirkungsketten-Analyse dar, dass ein Verständnis funktionaler Zusammenhänge von molekularen Effekten über organismische Implikationen und ökosystemare Wirkungen bis hinein in den Landschaftsraum nicht nur möglich, sondern auch sicherheitsrelevant ist. Deshalb wurden für die von GVO betroffenen Systeme und deren Organisationsebenen – vom Molekül bis zum räumlichen Verbund von Landschaften, der regionalen Ebene – relevanten Fragen und Befunde anhand des Beispielorganismus Bt-Mais zusammengestellt, einer Mais-Sorte, die durch gentechnischen Eingriff ein insektizides Toxin bakterieller Herkunft in nahezu allen Pflanzenteilen produziert (Kap. 3). Dabei werden systemische Risiken von GVO als diejenigen Effekte betrachtet, bei denen ein im isolierten Kontext funktionaler und gewünschter Eingriff durch Folgeeffekte für weitere Zusammenhänge – beispielsweise durch Interferenz mit anderen vergleichbaren und isoliert betrachtet ebenfalls funktional zielgerichteten Eingriffen – unerwünschte Auswirkungen nach sich ziehen kann, sei es in anderen Bereichen oder in einem übergreifenden Kontext. Hierbei spielen Wechselbeziehungen zwischen Systemen eine besondere Rolle und können zu einer Risiko-Fortpflanzung über mehrere Ebenen führen. Risiken für den Naturhaushalt oder für konventionelle oder biologische Anbauweisen können sich auf Nutzungs-, Vermarktungs- und Konsuminteressen und damit auf das soziale Gefüge im weiteren Sinne auswirken.

So ist das Risiko zu prüfen, ob durch den Anbau von gentechnisch veränderten Nutzpflanzen wie Mais oder auch Raps, Zuckerrüben und Kartoffeln Veränderungen sowohl im Agrarsystem selbst als auch in anderen Bereichen verursacht werden. Beispielsweise könnte die biologische Vielfalt von Wildpflanzen verringert oder die Vitalität von Honigbienen und damit ihre Bestäubungsleistung beeinflusst werden. Die zu analysierenden Auswirkungen reichen bis hin zu sozioökonomischen und juristischen Implikationen (Kap. 9, 10, 11, und 12).

In sozioökonomischer Hinsicht stehen zunächst betriebswirtschaftliche Effekte der Landwirtschaft im Vordergrund. Über die Betrachtung nachbarschaftlicher Auswirkungen, landschaftlicher Verknüpfungen und schließlich makroökonomischer Zusammenhänge muss dann das Bild in den makroskopischen Bereich hinein vervollständigt werden. Im sozioökonomischen und regulatorischen Zusammenhang geht es weiterführend um Effekte, die aus dem Zusammenwirken von Entscheidungen menschlicher Akteure resultieren. Hier spielt die Freiheit des Einzelnen – als Marktteilnehmer, Landwirt oder Konsument – eine Rolle. Jeweilige Einzelentscheidungen wirken zurück auf allgemeine Wirtschafts- und Naturfunktionen und deren Steuerbarkeit (Kap. 12 und 13).

1.4 Regulatorische Abbildung systemischer Risiko-Verknüpfungen und der Ansatz des GeneRisk Vorhabens

Die Regelung des Umgangs mit GVO erfolgt auf EG- und nationaler Ebene und durch internationale Abkommen (Cartagena-Protokoll), Kap. 9, 11 und 17. Seit 2002 ist die Freisetzungsrichtlinie 2001/18/EG europaweit in Kraft, die eine differenzierte ökologische Risikoanalyse, das Environmental Risk Assessment (ERA), im Zusammenhang mit möglichen Freisetzungen von GVO vorsieht. Diese Risikoanalysen gliedern sich in einen Vorsorgeteil, eine Begutachtung vor der eigentlichen Zulassung (ERA) und einen Nachsorgeteil (Monitoring). Wenn genügend Erfahrungen in der Risikoprüfung bzw. Sicherheitsforschung mit dem jeweiligen gentechnisch modifizierten Organismus innerhalb eines Ökosystems vorliegen, kann von den zuständigen Behörden die Vermarktung des GVO in einem differenzierten Verfahren genehmigt werden. Der Anbau wird dann begleitet durch ein fallspezifisches Monitoring bzw. eine allgemeine Umweltbeobachtung. Die behördliche Risikoprüfung und -bewertung sowie die Risiko- und Sicherheitsforschung, auf der diese basiert, muss also erfassen, inwieweit diese GVO andere Funktionsmuster als die nicht modifizierten Ausgangssorten aufweisen, und verstehen, ob und wenn ja wie sich hieraus Risikopotentiale erkennen und verhindern lassen. Dass hierbei mehrere Ebenen zu betrachten sind, ist evident, jedoch bisher nicht in hinreichend klarer Systematik formuliert.

Hier liegt der zentrale Ansatz und Beitrag des Verbundvorhabens GeneRisk: Die Durchdringung bestehender Risikolagen erfolgt in Zusammenschau

- von der Gensequenz und dem Phänotypus des Organismus
- über den Genpool der Art, bis hin zu
- Wechselwirkungen mit biotischen Akteuren auf Ökosystem- und Landschaftsebene, den Ziel- und Nichtziel-Organismen,
- möglichen Verhaltensänderungen der Art
- Interaktionen mit abiotischen Ökosystemkomponenten sowie
- Veränderungen von Ökosystemfunktionen.

Die Risikoverknüpfung kann bewirken, dass sich zunächst als vernachlässigbar eingeschätzte Risiken durch diesen Bezug auf die Ebenen übergreifenden Wirkpfade des Systems über z. B. große Entfernungen oder große Latenzen zu unerwünschten bzw. unerwarteten Effekten akkumulieren oder entwickeln können. Die Funktionsfähigkeit des Agrarökosystems und anderer indirekt beeinflusster Ökosysteme sowie anderer damit verwobener Systeme auf gesellschaftlicher Seite (z. B. Gesundheitssystem oder Arbeitsmarkt) können betroffen werden. Eine isolierte Expertise in der Genetik oder Molekularbiologie eignet sich daher für die beschriebene systemische Risikoanalyse ebenso wenig wie isolierte Kenntnisse in der Landschaftsökologie. Molekularbiologie und Genetik stellen einen Ausgangspunkt dar, dessen Kenntnisse den Beginn der Analyse kennzeichnen. Die Systeme und Raum- / Zeitskalen übergreifenden Phänomene müssen systemisch von Experten für die einzelnen Systeme und Skalen interdisziplinär untersucht und bewertet werden.

1.5 Spezifische GeneRisk-Arbeitsthemen

Das GeneRisk-Projekt bringt spezifische neue wissenschaftliche Entwicklungen in die Diskussion ein. Da bisherige Beiträge sich dem Thema häufig entweder fundamental oder aus einer partikulären Perspektive nähern, ergibt sich ein spezifisches Innovationspotenzial durch Beiträge, die eine raumübergreifende Verknüpfung ermöglichen.

1.5.1 Die betriebliche Ebene

Für einen Betrieb, der sich für den Anbau von Bt-Mais entscheidet, stellt dies meistens eine Sortenwahl dar. Nur in Ausnahmefällen wird ein Betrieb, der bisher keinen Mais angebaut hat, den Mais in den Betrieb einführen und Bt-Mais wählen, da die Befallssituation und Ernteverluste durch den Maiszünsler bekannt sein sollten. Theoretisch denkbar ist auch, einen bisherigen Verzicht auf den Maisanbau rückgängig zu machen, wenn z. B. der Befallsdruck durch den Zünsler zu hoch ist und der Anbau von Bt-Mais die einzige Möglichkeit darstellt, einen ausreichenden Ertrag zu erzielen. Voraussetzung hierfür ist ein ausgedehnter Maisanbau mit konventionellen Sorten in der Region. Der Anbau einer Bt-Maissorte bedeutet im Vergleich zum Anbau von konventionellem Mais für einige Arbeitsabläufe im Betrieb eine Veränderung. In diesem Zusammenhang interessieren die für Bt-Maissorten spezifischen Risiken. Darüber hinaus ergeben sich auch Auswirkungen auf die Nachbarbetriebe, da hier Absprachen und Festlegungen zusätzlich erforderlich sind. Weitere Risiken können hier evtl. durch nicht eingehaltene Anbauabsprachen, nicht eingehaltene Sicherheitsabstände, Durchwuchs, Transportverluste und Verunreinigung von Maschinen entstehen. Dabei liegen die Kontrollmöglichkeiten, d. h. die Verantwortung dafür, geeignete Mittel anzuwenden, um das Risiko so klein wie möglich zu halten, in erster Linie bei den anbauenden Betrieben. Für viele mit dem Bt-Maisanbau verbundenen Risiken gibt es Strategien zur Schadensvermeidung. Ähnliche Schadensmöglichkeiten, insbesondere durch Verunreinigung des Erntegutes, sind bei der Produktion von Saatgut bekannt.

Zusätzlich zu den oben aufgeführten Veränderungen geht ein Bt-Mais anbauender Betrieb ein Haftungsrisiko ein für den Fall, dass auf den konventionellen Maisflächen in der Nachbarschaft eine über dem Grenzwert liegende Verunreinigung (GVO-Anteile > 0,9%) festgestellt wird. Der ökonomische Schaden muss dann durch Bt-Mais anbauende Betriebe ausgeglichen werden. Da dieses Risiko nicht konkret abschätzbar ist, geht davon ein Vermeidungseffekt aus. In der Stakeholder-Interaktionsstudie Brandenburg (Kap. 15) wurde der Anbau von GVO in Bezug auf das Anbausystem und die betriebliche Organisation betrachtet. Augenmerk lag hierbei auf der Frage, ob mit dem GVO-Anbau ein neuer Typus von Risiken entsteht und wie die Landschaftsstruktur (Anbaukonzentrationen, Flächengeometrien, Verteilung der Schutzgebiete) das Potenzial für GVO-Anbau beeinflusst. Zusätzlich wurde eine Befragung unter Bt-Mais anbauenden Betrieben durchgeführt, um eine tatsächliche Änderung der Anbaupraxis zu erfassen.

1.5.2 Modellentwicklung und Regionalstudien

Die empirisch basierten Wirkungsstudien bleiben notwendig auf kleinere Räume bezogen. Ausbreitungsanalysen mit Hilfe von Modellen sind zwar auch auf größeren Skalen möglich, wurden bisher aber kaum entwickelt. Hier stößt der GeneRisk-Verbund in einen neuen Bereich vor, der bisher nicht zugänglich war. Ein für ganze Regionen anwendbares objektorientiertes Modell zur Simulation der Pollenausbreitung von Mais wurde erarbeitet (Kap. 4). Nachdem in vorhergehenden Arbeiten für Raps ein Ansatz entwickelt worden war, sind entsprechende Arbeiten abgerundet und für Mais weitergeführt worden (Reuter et al. 2011). Die Ebenen übergreifende Risikoanalyse unterstreicht, dass für Mais die Pollenausbreitung durch Wind und der damit verbundene Genfluss zwischen verschiedenen Maisbeständen ein besonders kritisch zu untersuchender Prozess von regionaler Bedeutung ist. Um diesen zu modellieren, wurde eine Ausbreitungsfunktion für den Pollentransfer aus den Ergebnissen der vorhandenen hinreichend dokumentierten Experimente abgeleitet (Reuter et al. 2008). Eine solche Funktion, die einem Ausbreitungsmodell zugrunde liegt, wird als „Dispersal-Kernel" bezeichnet. Dieses regionale Genfluss-Modell ist generisch angelegt: Sowohl quantitative Modifikationen im Dispersal-Kernel als auch Änderungen des zu bearbeitenden Landschaftsrahmens können ohne Änderungen am Simulationsprogramm berechnet werden. Lediglich Eingabedateien (Ausbreitungsdistanzen, Feldgeometrien) müssen für die jeweiligen Anbausituationen erstellt werden. Mit dem Simulationsmodell wurden Modellrechnungen für die Bundesländer Brandenburg, Schleswig-Holstein und Niedersachsen durchgeführt (Kap. 5). Um die Rechnungen durchführen zu können, war die Charakterisierung der Lage und Größe von Maisfeldern in den entsprechenden Landschaftsräumen erforderlich. Hierzu wurden Satellitenbilder ausgewertet

(Kleppin 2010, Schmidt et al. 2011). Aber auch Bodenkarten und die Agrarstatistik wurden zur Lokalisierung von Maisanbauflächen herangezogen. Die Allokation der potenziellen Maisfelder erfolgte unter Berücksichtigung sowohl der Standorteignung anhand der Ackerzahl, der Deckungsbeitragsleistung und der Anbauanteile (aus statistischen Daten der Landkreise und Gemeinden). Es wurden daraus Szenarien entwickelt, in denen verschiedene Anteile von konventionellem und gentechnisch verändertem Anbau zugrunde gelegt wurden. Bei der Ausweisung der Flächen wurden darüber hinaus verschiedene Abstandsregelungen zwischen konventionell und ökologisch angebautem Mais sowie Naturschutz- und FFH-Gebieten berücksichtigt. Ein Dissertationsvorhaben, in welchem Daten zum Maisanbau in Westafrika erhoben wurden, ermöglichte eine Modellanwendung auch für gänzlich andere Landschaften und Anbausysteme (Aheto 2009).

Um einen Eindruck von weiteren regional relevanten Interaktionen zu geben, wurde am Beispiel von Schleswig-Holstein das Konfliktpotenzial zwischen Imkern und GVO-Anbau thematisiert. Die Imkerei fand in bisherigen wissenschaftlichen Risikoanalysen und entsprechenden regulatorischen Maßnahmen wenig Aufmerksamkeit, da der Raumbezug von vornherein einen regionalen Maßstab erfordert. Es wurde untersucht, welche Flächen durch Imkerei genutzt werden und ob es Überschneidungen dieser Flächen mit potentiellen GVO-Anbaugebieten gibt (Kap. 10). Die Fragen zur Imkerei betrafen insbesondere (1) die Anzahl der Imker und (2) ihre Bewirtschaftungsstrategie, d. h. Anzahl und Verteilung der Bienenstöcke und Standorte, sowie (3) den Aktionsradius der Bienen in der Landschaft. Ziel war es, darzustellen, ob und inwieweit die Gruppe der Imker in ihrer (Entscheidungs-) Freiheit zu wirtschaften durch den Anbau von GVO eingeschränkt würde und welche weitergehenden Folgen für die Gesellschaft sich dadurch eventuell ergeben würden. Zur Beantwortung dieser Fragen wurden Literaturrecherchen durchgeführt, zufällig ausgewählte Imker in Schleswig-Holstein ausführlich befragt, Szenarien für einen exemplarischen Imkerbetrieb erstellt und die Ergebnisse in Tabellen und Karten dargestellt. Da Bienen als Bestäuber zahlreicher Kultur- und Wildpflanzen sowohl ökologisch als auch ökonomisch von großer Bedeutung sind, hätte ein „Rückzug" der Imker und ein Rückgang der Bienenvölker weit über die Imkerei hinausreichende Folgen. Die Mehrzahl der Blütenpflanzen in unseren Breiten ist auf die Bestäubung durch Bienen angewiesen. Sehr viele der einheimischen Wildbienenarten sind akut bedroht oder bereits ausgestorben. Der Rückgang der Bestäuber ist damit eine der Hauptbedrohungen für die Erhaltung der biologischen Vielfalt (Gallai et al. 2008). Ohne Bienen würden zudem wichtige landwirtschaftlich genutzte Kulturen bedeutend weniger Ertrag liefern. Der ökonomische Nutzen der Bestäubungsleistung liegt um ein Vielfaches höher als der Erlös der Imkereiprodukte.[3] Der ökonomische Wert der Bestäubungsleistung wurde für 2005 weltweit auf ca. 10% des Wertes der jährlichen Weltagrarproduktion an Lebensmitteln geschätzt (Gallai et al. 2008).

Landschaftsbezogene Szenarioanalysen zur Koexistenzproblematik zeigen unter den Bedingungen einer uneingeschränkten Flächenwahl (Zufallsverteilung) z. T.

---

[3] http://www.biosicherheit.de/schule/473.bienen-gentechnisch-veraenderte-pflanzen-fleissige-bestaeuber-beobachtung.html

eine überraschend hohe Aufnahmekapazität von GVO-Anbau, ohne dass die Koexistenzregeln verletzt werden (Kap. 6 und 7). Allerdings würde dies in der landwirtschaftlichen Praxis eine überbetriebliche Abstimmung und Planung des Anbaus voraussetzen, wie sie z. Zt. nicht gegeben ist und im Moment nur in Einzelfällen notwendig erscheint: In Abhängigkeit von Feldgröße, Anbaukonzentration, aber auch von der Landschaftsstruktur (z. B. in Abhängigkeit der Größe und Lage von Naturschutz- bzw. FFH-Gebieten) können Konflikte hinsichtlich der Einhaltung der Abstandsregelungen auftreten, insbesondere dann, wenn die räumliche Verteilung dieser Flächen nicht kompakt ist, sondern anteilig verteilt über größere Räume. Dann kann ein großer Teil der Ackerflächen im Hinblick auf die Mindestabstände zu nah an diesen Gebieten liegen und nicht mit Bt-Mais bebaut werden. Das Konfliktpotenzial ist umso größer, je kleinräumiger (wie z. B. in Schleswig-Holstein) die Parzellierung in der Anbauregion ist. Zur Einbindung der Analysen in die Praxis wurden Koexistenzstrategien am Beispiel des Landkreises Märkisch-Oderland mit regionalen Stakeholdern entwickelt (Kap. 15).

1.5.3 WebGIS

Politische Entscheidungen finden ebenso wenig wie gesellschaftliches und wirtschaftliches Agieren vorwiegend auf denjenigen räumlichen Ebenen statt, für die die bisherige GVO-Forschung unmittelbar Ergebnisse erbracht hat: Labor und Ackerschlag. Vielmehr sind es größere Räume, für die im Falle des GVO-Einsatzes Entscheidungen zu treffen und Verantwortung zu tragen sind: die Fläche eines landwirtschaftlichen Betriebs und seiner Nachbarn, die Agrar- und Naturlandschaft, der Landkreis, das Bundesland, das Bundesgebiet sowie internationale Beziehungen. Entsprechende Geodaten über GVO sind wichtig für die räumliche Planung des GVP-Anbaus und die Anwendung der Koexistenz-Regeln entsprechend der guten fachlichen Praxis (GfP). Für die räumlichen Aspekte der Nutzung von GVP in der Agrarwirtschaft hat das GeneRisk-Projekt ein Internet-basiertes geographisches Informationssystem (WebGIS GVO) entwickelt (Kap. 8). Das WebGIS erfüllt verschiedene Zwecke, die nicht nur im Zusammenhang mit der Modellierung der Ausbreitung von GVO stehen, sondern auch für die ökonomischen und juristischen Analysen und Bewertungen bedeutsam sind (Kleppin et al. 2011):

1. Berechnung der für landwirtschaftliche Nutzung zur Verfügung stehenden Flächen bei bestimmten Sicherheitsabständen (Abstandsregelung).
2. Beiträge zur Planung, Dokumentation und Auswertung des GVO-Monitoring.
3. Räumlich konkrete Zusammenführung der Ergebnisse von GVO-Forschung und GVO-Monitoring.
4. Räumliche Visualisierung des gegenwärtigen und vergangenen GVO-Anbaus für Landwirte, Behörden und Öffentlichkeit.
5. Frühzeitige bzw. präventive Identifizierung von Nutzungskonflikten. Ein Planspielmodus erlaubt z. B. die Lokalisierung von GVO- bzw. konventionellen Feldern in unterschiedlichen Anbausituationen. Das WebGIS besitzt somit auch

das Potenzial für die Unterstützung der Behörden hinsichtlich der Prüfung von Freisetzungsanträgen und Anbauanmeldungen. Durch die Auswahl verschiedener Abstandsweiten lassen sich vorab die Auswirkungen bestimmter Abstands- / Anbauregelungen überprüfen.

6. Das System wurde erweitert durch die Implementation einer Ausbreitungsfunktion, die im Vergleich zu starren Abstandsregelungen die tatsächlichen, lokalen Bedingungen für eine Pollenverbreitung (Windverhältnisse, Landnutzung, Witterung) berücksichtigen kann.
7. Auf Basis typischer Anbausituationen lassen sich unterschiedliche Anbauszenarien hinsichtlich einer Koexistenz von konventionellen und GV-Pflanzen durchspielen. Dies stellt einen deutlichen Fortschritt im Vergleich zur bisherigen Allokation von GVO-Feldern auf Basis von Kreisstatistiken und Bodeneigenschaften dar.
8. Staaten, die über keine detaillierten Agrarerhebungen hinsichtlich des GVO-Anbaus verfügen, können diese kostengünstige Methode zur Lokalisierung von GVO-Feldern als eine wichtige Grundlage für die Planung und Regelung des GVO-Anbaus adaptieren.
9. Im Zusammenhang mit Methoden der Fernerkundung kann das WebGIS zur Allokation von konventionellen und GVO-Maisfeldern in Deutschland genutzt werden.

1.5.4 Diskursanalysen

Die Diskursanalyse spielt für die sozial-ökologische Forschung eine wichtige Rolle. Sie macht die verschiedenen Interessenlagen und Strategien von Beteiligten bzw. Stakeholdern zugänglich und liefert so eine wichtige Grundlage für das Verständnis und die Bewertung gesellschaftlicher Aushandlungsprozesse. Auch diese Aspekte lassen sich auf verschiedenen Ebenen betrachten. Als Beispiel für die lokale Ebene wird in der Kreisstadt Diepholz ein Diskurs mit Betroffenen und interessierten Bürgerinnen und Bürgern im Rathaus dokumentiert (Kap. 14). Für den Landkreis Märkisch Oderland wurde ein langfristig organisierter Austauschprozess dokumentiert, in den der Landrat, Landwirte sowie verschiedene Repräsentanten von Interessengruppen einbezogen wurden (Kap. 15). Schließlich hat das GeneRisk Projekt auf Bundes-Ebene zum Runden Tisch Gentechnik beigetragen und eine Position zu Forschungsperspektiven in den Austausch eingebracht (Kap. 16). In einer diese Thematik abschließenden Analyse werden in Kap. 17 schließlich auch Diskursdynamiken auf internationaler Ebene thematisiert.

1.6 Syntheseperspektiven zum rechtlichen Rahmen und der Zulassungspraxis

Das europäische und deutsche Gentechnikrecht verfolgen das Ziel, die ökologischen Risiken neben den Gesundheitsrisiken, die in GeneRisk nicht behandelt wurden, zu minimieren (Kap. 9 und Kap. 11). Hierfür wurden Instrumente ausgebildet, die stärker an Vorsorge-Überlegungen orientiert sind als etwa die in den USA gebräuchlichen, wo umgekehrt Regress-Fragen beim Auftreten von Schäden rechtlich reguliert werden.

Insgesamt ist die Risikobewertung noch klar verbesserungsbedürftig. Die Zulassungspraxis beachtet das in der Richtlinie 2001/18/EG geforderte Stufenprinzip zu wenig, d. h. das Gebot, dass in einem stufenweisen Prozess vom geschlossenen System zur experimentellen Freisetzung und zum kommerziellen Inverkehrbringen Risikowissen generiert werden soll. Der Versuch eines Auswegs ist die Koexistenzforderung. Hier geht es um die Gewährleistung der Wahlfreiheit der Produzenten und Konsumenten. Diese ist nur gegeben, wenn die konventionelle, die biologische und die gentechnische Wirtschaftsweise nachhaltig nebeneinander existieren können. Eine Koexistenz der Wirtschaftsweisen wäre zugleich ein Ausweg aus dem Grundrechtskonflikt zwischen den Kontrahenten: Konventionell und ökologisch wirtschaftende Landwirte können sich auf die Eigentumsgarantie berufen. Auf ihrer Seite stünde auch die Wahlfreiheit der Konsumenten, die sich auf Art. 2 Abs. 1 Grundgesetz stützen ließe. Demgegenüber kann aber auch der gentechnisch wirtschaftende Landwirt sein Recht auf Nutzung seines Grundeigentums geltend machen. Alle könnten zu ihrem Recht kommen, wenn es Regeln gäbe, die Wirtschaftsweisen nebeneinander existieren zu lassen.

Die EG hat die Ausformung der Koexistenz-Regeln den Mitgliedstaaten überlassen und nur strukturierende Hinweise gegeben (Art. 26 a RL 2001/18, Kommissionsempfehlung 2003/556/EG). In der BRD leistet dies das Gentechnikgesetz, das in § 16b eine Registrierung der Ausbringung von GVO, die Abstimmung zwischen Nachbarn, die Haftung für Kontamination fremder Ernten und die Einhaltung der guten fachlichen Praxis (GfP) vorsieht. Die GfP, die in einer Verordnung vorgeschrieben wird, umfasst Sorgfaltspflichten bei Anbau, Beförderung, Lagerung und Weiterverarbeitung von GVO sowie Abstandsregeln wie z. B. bei gentechnisch verändertem Mais 150 m zu konventionell und 300 m zu ökologisch angebautem Mais.

Die vorgesehenen Instrumente sind jedoch sämtlich auf die Konfliktschlichtung zwischen einzelnen Landnutzern bezogen und nicht aus dem systemaren Charakter des Problems abgeleitet: Dass nämlich ein Mosaik getrennter Wirtschaftsweisen mit jeweiligen Abstandsflächen die bebaubare Fläche im Prinzip erheblich einschränkt. Planerische Zugänge, wie kleinräumige (regionale) Nutzungscluster von Flächen gleicher Bebauungsweisen, könnten dagegen eine Auskreuzung bzw. Kontamination von gentechnisch veränderten mit nicht gentechnisch veränderten Organismen nennenswert reduzieren. Hierfür eignet sich möglicherweise die Landschaftsplanung und die vertraglich gestützte freiwillige Absprache Gentechnik freier Regionen (Kap. 11). Darüber hinaus kommt in Betracht, dass für Naturschutzgebiete und Nationalparks die Ausbringung von GVO untersagt wird. Begründbar ist dies mit einer Entscheidung für die historisch gewachsene Eigenart von Naturgebieten und Wirtschaftsweisen. Trotz aller Trennungsregeln ist jedoch fraglich, ob Koexistenz eine Lösung auf Dauer sein kann. Über längere Zeiträume könnte es eintreten, dass Transgene sich über die Abstandsflächen hinaus ausbreiten. Langfristig könnten alles Saatgut und alle Produkte mit gentechnisch modifizierten Sorten verunreinigt sein, nicht zuletzt auch, weil die Gentechnik in anderen Staaten rasche Fortschritte macht und der deutsche Markt von den Produkten nicht freigehalten werden kann. Die Schwellenwerte für zulässige Spuren könnten deshalb sukzessive angehoben werden müssen, solange, bis es keinen Sinn mehr macht, Gentechnikfreiheit von Saatgut und Produkten zu postulieren. Ein solches Risiko ist von vornherein mit im Auge zu behalten.

Es gilt zu klären, ob – neben der Minimierung der gesundheits- und umweltbezogenen Risiken – Aspekte des gesellschaftlichen Nutzendiskurses in die Zulassung von Gentechnik eingebracht werden sollten. Der Europäische Rat hat dies angemahnt. Natürlich ist hier Vorsicht geboten: Ökonomische Profitabilität eines GVO darf nicht dazu veranlassen, gesundheitliche oder ökologische Risiken einzugehen. Aber im Bereich der Restrisiken, die in der Grünen Gentechnik nie auszuschließen sind, könnte eine Nutzenbetrachtung helfen zu entscheiden, ob das Restrisiko tragbar und verantwortbar ist oder nicht. Dies kommt primär für den agrarökologischen Nutzen in Betracht: Gesichtspunkte, nach denen die Zulassung „restriskanter" GVP entschieden werden könnte, wären: weniger Einsatz chemischer Pestizide und chemischer Düngemittel, weniger Bewässerung, geringe Reproduktionsfähigkeit der GVP als Durchwuchs bzw. außerhalb von Anbauflächen etc. Im europäischen und deutschen Gentechnikrecht sind solche landeskulturellen Kriterien angelegt.

Im Ergebnis hieße dies, dass eine strenge Umweltrisikoprüfung für GVO bestehen bleibt und verbessert wird, dass aber bei anzunehmenden Restrisiken zusätzlich geprüft wird, ob der GVO landeskulturell und verwendungsbezogen nachweisbar vorteilhaft ist. Daneben sollte aber an einer Freihaltung von ökologisch bewirtschafteten oder naturgeschützten Gebieten festgehalten werden, damit von Transgenen unberührte Ökosysteme erhalten bleiben.

Zitierte Literatur

Aheto DW (2009) Implication analysis for biotechnology regulation and management in Africa. Baseline studies for assessment of potential effects of genetically modified maize (*Zea mays L.*) Culitivation in Ghanaian Agriculture. Peter Lang, Basel, Frankfurt/M

Broer I, Jung C, Ordon F, Qaim M, Reinhold-Hurek B, Sonnewald U, Tiedemann A von (2011) Response to the criticism by Taube et al. in ESEU 23:1, 2011, on the booklet "Green Genetic Engineering" published by the German Research Foundation (DFG). Environ Sci Eur 23:16. doi:10.1186/2190-4715-23-16

Gallai N, Salles J-M, Settele J, Vaissiere BE (2008) Economic valuation of the vulnerability of world agriculture confronted with pollinator decline. Ecology 68:810–821

Kleppin L (2010) WebGIS-Implementierung und Fernerkundung für Umweltmonitoring und Koexistenzregelungen in Agrarlandschaften mit Anbau gentechnisch verändertem Mais. Dissertation, Lehrstuhl für Landschaftsökologie der Universität Vechta, Vechta

Kleppin L, Schmidt G, Schröder W. (2011) Cultivation of GMO in Germany: support of monitoring and coexistence issues by WebGIS technology. Environ Sci Eur 23:4. doi:10.1186/2190-4715-23-4

Renn O, Keil F (2008) Systemische Risiken. Versuch einer Klassifizierung. GAIA 17:349–354

Reuter H, Böckmann S, Breckling B (2008) Analysing cross-pollination studies in maize. In: Breckling B, Reuter H, Verhoeven R (eds) Implications of GM crop cultivation at large spatial scales. Peter Lang, Basel, Frankfurt/M, pp 47–52

Reuter H, Schmidt G, Schröder W, Middelhoff U, Pehlke H, Breckling B (2011) Regional distribution of genetically modified organisms – up-scaling the dispersal and persistence potential of herbicide resistant oilseed rape (*Brassica napus*). Ecological Indicators 11:989–999

Schmidt G, Breckling B, Kleppin L, Schröder W (2011) Instrumente und Verfahren zur Überwachung und Analyse möglicher Umweltwirkungen von gentechnisch veränderten Organismen. In: Strobl J, Blaschke T, Griesebner G (Hg) Angewandte Geoinformatik 2011. Beiträge zum 23. AGIT-Symposium Salzburg. Wichmann, Heidelberg, pp 126–136

Taube F, Krawinkel M, Susenbeth A, Theobal W (2011) Die DFG-Broschüre 'Grüne Gentechnik' genügt ihrem eigenen Anspruch nicht. Environ Sci Eur 23:13. doi:10.1186/2190-4715-23-1

Kapitel 2
Systemische Risiken von GVO und ihre wissenschaftliche Analyse: Strukturelle Aspekte der Risiko-Charakterisierung von GVO

Broder Breckling, Gunther Schmidt und Winfried Schröder

2.1 Wirkungszusammenhänge und Risiken: Besonderheiten der Risikoanalyse von gentechnisch veränderten Organismen

Jede Technik baut auf Wirkungszusammenhängen auf, deren Nutzung in spezifischer Weise erwünschte Effekte hervorbringen soll. Durch die technisch beeinflussten Zusammenhänge treten neben den erwünschten oft auch unerwünschte Effekte auf, die zu vermeiden sind. Diese zu erfassen und Schlussfolgerungen für hinreichend sichere Anwendungen zu ziehen, ist die Aufgabe der Risikoanalyse. Sie soll Schäden vorausschauend vermeiden helfen. Sie ist auch beteiligt an einer Abwägung, die den erreichbaren Nutzen mit den damit verbundenen Gefahren verbindet und so hilft, diese in eine für die Anwender wie für die Allgemeinheit akzeptable Balance zu bringen. Insofern lassen sich Risikoanalyse und Nutzen-Abwägungen meist nicht voneinander trennen.

Die Anwendung der Gentechnik birgt charakteristische Risiken. Diese sind insbesondere durch die Eigenschaften des biologischen Substrats bedingt, auf das entsprechende Techniken angewendet werden. Hier unterscheidet sich die Gentechnik von anderen Anwendungsfeldern der Risikoanalyse, soweit sie sich auf überwiegend physikalisch oder chemisch geprägte Technologieanwendungen bezieht: Die Gentechnik hat zum Gegenstand, vererbbare und damit selbstvermehrbare Veränderungen in Organismen zu schaffen. Diese Organismen werden zum Teil in geschlossenen Systemen im Labor- oder Technikumsmaßstab genutzt. Im Kontext der Produktion von biologisch wirksamen Substanzen im medizinisch-diagnostischen Bereich steht dieser "contained use" von gentechnisch veränderten Organismen (GVO) im Vordergrund. Sofern das Containment als zuverlässig gelten

B. Breckling (✉)
Lehrstuhl für Landschaftsökologie, Universität Vechta, PF 1553, 49364 Vechta, Deutschland

Zentrum für Umweltforschung und nachhaltige Technologien (UFT), Abt. 10 (Ökologie), Universität Bremen, PF 330440, 28334 Bremen, Deutschland
e-mail: bbreckling@iuw.uni-vechta.de

B. Breckling et al. (eds.), *GeneRisk*, Umweltnatur- & Umweltsozialwissenschaften,
DOI 10.1007/978-3-642-23433-0_2, © Springer-Verlag Berlin Heidelberg 2012

kann, erstreckt sich die Risikoanalyse auf immanente Aspekte. Bei Anwendungen in der Landwirtschaft werden die veränderten Organismen dagegen in großem Maßstab in das ökologische Gefüge eingebracht. Dort unterliegen sie weit gespannten Wechselwirkungen auf verschiedenen zeitlichen und räumlichen Skalen. Sofern die dem Genpool der Art hinzugefügten Transgene sich in Wildpopulationen verbreiten können, betreffen die Einwirkungen auch die in ihrer Richtung und Wirkung nicht vorhersagbaren Evolutionsprozesse. Aufgrund der eventuellen Nicht-Rückholbarkeit sind besondere Ansprüche an die Qualität der Risikoanalyse zu stellen.

Landwirtschaftliche Anwendungen („Grüne Gentechnik") beinhalten großflächige Freisetzungen zur Erprobung von GVO. Mit der Genehmigung zum Inverkehrbringen ist dann eine landwirtschaftliche Kultivierung möglich. Unter Freilandbedingungen sind GVO den natürlichen ökosystemaren Bedingungen ausgesetzt. Daraus resultieren ökologische Risiken und damit verbunden ökonomische und rechtliche Implikationen. Wegen potenzieller Ausbreitung und Selbstvermehrung sind weitreichende, systemisch orientierte Risikoanalysen (Renn und Keil 2008) erforderlich. Im Rahmen einer systemischen Analyse können die folgenden Feststellungen getroffen werden:

- Gentechnische Anwendungen, die molekulare Methoden für funktionell-biotechnische Fragestellungen nutzen, aber auf geschlossene Systeme abzielen, sind vergleichsweise übersichtlich in der Risikoanalyse, da aufgrund des Containments ökologische Folgewirkungen hauptsächlich hinsichtlich des möglichen Versagens des Einschlusses zu betrachten und ggf. auch gegen Missbrauch zu sichern sind. Von praktischer Relevanz ist dieser Bereich insbesondere für gentechnisch veränderte Mikroorganismen in Fermentern zur Produktion von Arzneimitteln, Vitaminen, Aromen und Lebensmittelzusatzstoffen. Hier zielen die Einschließungsmaßnahmen auf Rückholbarkeit ab und sind technisch erprobt. Die Risikoanalyse betrifft außer den Prozess-Bedingungen wesentlich die Produktsicherheit.
- Eine Entwicklung von transgenen höheren Organismen für geschlossene Systeme ist ebenfalls begonnen worden (z. B. in der Aquakultur: Wachstumshormon-modifizierter Lachs in Bassins weitab von Gewässern). Hier ist die Zuverlässigkeit des Einschlusses und die Sicherung gegen mißbräuchliche Verbringung der Organismen ein entscheidender Punkt, da verhindert werden soll, dass sich Transgene in natürlichen Populationen hoch mobiler Organismen ausbreiten.
- Gentechnik zur Anwendung in der Landwirtschaft verknüpft molekularbiologische Grundlagen mit potenziell sehr großräumigen Anwendungen im Freiland. Dabei wird der Skalenbereich von molekularer Dimension eines Einzelfalls (der gentechnischen Veränderung im Labor, welche in der Regel auf ein einzelnes erfolgreiches Transformationsereignis einer einzelnen Zelle zurückzuführen ist) heraufskaliert zu einem Anbau auf mehreren Kontinenten und mehreren Millionen Hektar. In der Praxis heute relevante Beispiele sind:

- Bt-Pflanzen, z. B. Mais, der ein insektengiftiges Toxin aus *Bacillus thuringiensis* enthält;
- HR-Pflanzen, z. B. Mais oder Raps, sie enthalten bakterielle Enzyme zur Entgiftung von Totalherbiziden oder alternative Synthesen für durch Totalherbizide blockierte Synthesewege;
- VR-Pflanzen, z. B. virusresistente Zuckerrüben, virusresistente Papaya, sie enthalten Capsid-Proteine von Pflanzenviren, die eindringende Virus-Nukleinsären aus der Zelle ausschleusen, ohne dass eine Virus-Vermehrung stattfindet;
- stoffwechselveränderte Pflanzen, z. B. Kartoffeln, in denen bestimmte Synthesewege verändert oder blockiert sind.

2.2 Ebenen der Risikoanalyse von gentechnischen Anwendungen in der Landwirtschaft

Im Folgenden werden kurz die notwendigen Schritte skizziert, die in der Risikoanalyse durchlaufen werden müssen. Hierbei wirken am Startpunkt der Analyse Erfolgskontrolle des Experiments (der Transformation) und erste Wirkungserfassung zusammen. Es folgt dann die Erprobung auf sukzessiv größere Räume, die einen Abschluss als systemische Synopse erfordert.

Geschlossene Systeme als Umgebung für Risiko- und Effekt-Analyse

Die ersten risikoanalytischen Schritte erfolgen allgemein im kleinskaligen, geschlossenen Laborsystem. Die gentechnische Transformation selbst wird im Einzelzell-Stadium vorgenommen. Anschließend muss der Organismus in geeigneter Kulturumgebung als vielzelliger Organismus regeneriert werden. Die Analyse richtet den Blick zunächst auf die Funktion der Transgene und ihre Wechselwirkungen mit der Physiologie der Zelle. Physiologische Untersuchungen stehen im Vordergrund.

In einem nächsten Schritt erfolgen Untersuchungen in mittelskaligen geschlossenen Systemen (Phytotron, Klimakammer). Funktionale Tests des Gesamtorganismus und ein Vergleich mit gentechnisch unveränderten Ausgangs-Organismen (nah-isogene Linien) folgen.

Eine weitere Charakterisierung kann dann in großen geschlossenen Systemen (z. B. Gewächshäusern) erfolgen.

Die Aufgabenstellung dieser Schritte besteht neben der Produktentwicklung wesentlich in einer „Trait-Charakterisierung" (genetische Struktur, Vererbung, Stabilität) sowie dem Verhalten des Organismus unter definierten, kontrollierten Umgebungsbedingungen.

Offene Systeme als Umgebung für Risikoanalyse

Der Freisetzungsversuch in kleinskaliger, offener Feldkultur ist die nächste Stufe. Sie erlaubt es, weitere Eigenschaften eines Organismus mit neuen genetischen

Elementen zu untersuchen. Meist erfolgen erstmalige Freisetzungen auf wenigen Quadratmetern, häufig mit Einschließungsmaßnahmen wie feinmaschigen Netzen oder Zäunen.

Es folgen dann großflächigere Freisetzungen unter anbaunahen Praxisbedingungen ohne weitere Einschließungsmaßnahmen, gelegentlich noch mit Mantelsaaten, um eine unerwünschte Ausbreitung über die Anbaufläche hinaus zu vermindern. Die Aufgabenstellung während dieser Phasen ist die Gewinnung weiterer Informationen über den Organismus, der Risikoabschätzungen zu weiteren Themen erlaubt. Folgende Themen spielen dabei eine Rolle:

- Entwicklung / Verhalten von Individuen unter variablen Bedingungen: Stoffwechsel (Metabolismus), Individualentwicklung (abgeschätzt insbesondere anhand von visuellen Merkmalen (Bonitierungen));
- Untersuchung von Interaktionen mit anderen Organismen (Resistenzen, Sensitivitäten);
- Bestands-Interaktionen (insbesondere Genfluss zu anderen Beständen);
- Populations-Interaktionen mit Nichtziel-Organismen (Non-Target-Effekte);
- Ökosoystemare Effekte (Stoffhaushalt, Biodiversität, Nahrungsketten).

Die Auswertung der empirischen Ergebnisse bildet die Grundlage für die Einschätzung von Risiken auf größerer Skala. Dabei sind dann folgend auch Extrapolationsmethoden von Bedeutung.

Extrapolationen auf höhere Ebenen

Aussagen zu Effekten über größere Räume sind nicht mehr allein aufgrund empirischer Befunde möglich. Oft geht es darum, Auftretenshäufigkeiten bestimmter Effekte abzuschätzen. Hierzu ist eine Kombination aus Umgebungsinformationen (Klima, Häufigkeit relevanter meteorologischer Konstellationen, geomorphologische Strukturen u.a.) und Informationen des „Antwort-Verhaltens" der jeweiligen Organismen unter entsprechenden Bedingungen erforderlich. Der angestrebte Aussageraum bezieht sich auf zwei Ebenen:

- **Effekte auf der Ebene der Landschaft** Dies umfasst Ökosystem übergreifende Effekte, z. B. durch migrierende Organismen (beispielsweise Vögel, die mehrere Naturräume nutzen und im Rahmen der Ökosystemanalyse eines Ackerstandortes nicht erfasst werden), Nachbarschafts-Beziehungen zwischen Feldern und deren Häufigkeit. Z. B. lässt sich die Bedeutung von Genfluss nur in großräumigerem Zusammenhang abschätzen.
- **Regionale Effekte** Hier spielen Wirkungen auf die Agrarstruktur eine Rolle, zusätzlich treten ökonomische und gesellschaftliche Zusammenhänge ins Blickfeld. Implikationen für Kostenstrukturen berühren einen wesentlichen Bereich, über den sich sozial-ökologische Effekte vermitteln, die das Zusammenwirken von ökologischen und gesellschaftlichen Gegebenheiten betreffen.

Effekte auf einer Ebene haben Implikationen für andere Ebenen (cross-level interactions). Bisher erfolgte eine Konzentration auf untere Ebenen. Diese umfassen auch Nicht-Zielorganismen. Meist wird die Ebene der Individuen, seltener der Population erfasst. Nur wenige Studien beschäftigten sich bisher mit Landschaftseffekten (Colbach 2008, Kuparinen 2006, Squire et al. 2008) oder regionalen Implikationen. Hier leistete das GeneRisk-Projekt Pionierarbeit, indem erste regionale Aussagemöglichkeiten für den Genfluss bei Mais sowie weitere regionale Abschätzungen entwickelt wurden (Schmidt et al. 2009).

Die Notwendigkeit der Integration

Die Risikoanalyse von GVO stellt ein Mehrebenen-Problem dar. Die Einbringung der Expertise aus verschiedenen Disziplinen ist erforderlich zur Erfassung und Beurteilung der jeweiligen Einzelheiten (multidisziplinäre Beurteilung). Zusätzlich ist interdisziplinäre Expertise erforderlich zur Verknüpfung der Befunde hinsichtlich ihrer Bedeutung für über- bzw. untergeordnete Ebenen und für benachbarte Disziplinen.

Eine systemische Konzeption und Verknüpfung ist erforderlich wegen der besonderen ökologisch-ökonomischen und sozialen Integration des landwirtschaftlichen Systems. Dies betrifft auch die nachgelagerten Produktionsprozesse mit grundlegender Bedeutung für das Gemeinwesen. Die systemische Betrachtung verbindet

- besondere Gentechnik- spezifische Aspekte wie Genfluss, Vermischung, Saatgutreinheit; genomische Umorganisation, Wirkungen auf das ökologische Gefüge und deren Hochrechnung auf den größeren geografischen Rahmen;
- das Zusammenwirken der ablaufenden Prozesse und ihre Beeinflussung durch die möglichen Regulationsmaßnahmen hinsichtlich Zulassung, Patentierung, klassische Züchtung und Kosteneffekte.

2.3 Systemische Aspekte in der Zulassung und Regulierung von GVO

Der Zulassungsprozess reflektiert zum Teil bereits die Mehrskaligkeit der zu behandelnden Fragestellungen. Da eine Einheitlichkeit des Wirtschaftsraumes in der Europäischen Union eine politisch angestrebte Rahmenbedingung ist, wird auch eine Einheitlichkeit der Zulassung von GVO angestrebt. Die Zulassung kommt zustande im Rahmen eines Zusammenspiels zwischen nationalen und EU-Behörden. Anträge auf Zulassung zum Inverkehrbringen werden bei einem Mitgliedsland gestellt. Nachdem der Antrag geprüft ist, kann die Behörde das Verfahren an die EU weiterleiten.

Die "European Food Safety Authority" (EFSA) bewertet den Antrag auf Zulassung (das „Dossier") und kontaktiert die zuständigen Behörden der Mitgliedsländer. Diese können Einwendungen erheben, die die EFSA in ihre abschließende Bewertung einbeziehen kann.

Auf der Ebene der Mitgliedsstaaten muss die Zulassung nach dem Gentechnikrecht vor dem Inverkehrbringen noch ergänzt werden um eine Zulassung nach dem Sortenrecht. Dabei werden die jeweiligen Sorten bewertet, in die ein zugelassenes

GVO-Konstrukt durch konventionelle Züchtung eingekreuzt wurde. Festgestellt wird dabei der „landeskulturelle Wert".

Über den GVO-Anbau wird ein länderspezifisches Anbauregister geführt. In dieses werden die Bezeichnung des GVO und der Ort des Anbaus schlaggenau eingetragen. Diese Information ist öffentlich zugänglich. Der Grad der Umsetzung ist jedoch nicht einheitlich.

Die Einführung einer GVO-Sorte in den Anbau ist begleitet vom Erlass der Regeln für die Gute Landwirtschaftliche Praxis (GLP). Die Regeln enthalten u.a. Angaben über Mindestabstände, Spezifikationen der Informationspflichten sowie Kultivierungsmaßnahmen. Haftungsfragen stehen in engem Zusammenhang mit der Einhaltung der GLP durch den für den Anbau verantwortlichen Landwirt.

Den Anbau begleitend erfolgt ein Monitoring von Umweltwirkungen. Der Bereich des "case specific monitoring" ist verpflichtend, sofern spezifische Risiken identifiziert wurden, bzw. zur Bestätigung der Annahmen, die bei der Risikoabschätzung getroffen wurden. Die „general surveillance" untersucht potenzielle neue Effekte, die nicht Gegenstand der Risikoanalyse waren und die u.U. unerwartet neu auftreten. Der Monitoring-Plan ist länderspezifische Zulassungsvoraussetzung.

Einzelne Mitgliedsländer der EU können der Wirksamkeit der EU-weiten Zulassung für das jeweilige Land im Falle von Sicherheitsbedenken widersprechen. Mit Verweis auf das Vorsorgeprinzip und aufgrund neuer wissenschaftlicher Befunde, die bei der Zulassung nicht berücksichtigt wurden, kann die Genehmigung zum Inverkehrbringen im jeweiligen Land auch vor der gesicherten Identifikation kausaler Verknüpfungen bis zur weiteren Klärung zeitweilig ausgesetzt werden. Für den in der EU aktuell zum Anbau für Futterzwecke zugelassenen GVO (der Bt-Mais Mon810 der Firma Monsanto) haben Österreich, Luxemburg, Griechenland, Frankreich und Deutschland von dieser Möglichkeit Gebrauch gemacht. In größerem Umfang findet in der EU ein Anbau in zwei Regionen Spaniens (rd. 67.000 ha in 2010) statt.

Zitierte Literatur

Colbach N (2008) How to model and simulate the effects of cropping systems on population dynamics and gene flow at the landscape level: example of oilseed rape volunteers and their role for co-existence of GM and non-GM crops. In: Schröder W, Schmidt G (eds) Implications of GM-crop cultivation—series. Environ Sci Pollut Res 16:348–360

Kuparinen A (2006) Gene flow from transgenic plant populations. Models and applications for risk assessment. Academic dissertation, Department of Mathematics and Statistics, Faculty of Science, University of Helsinki, Helsinki

Renn O, Keil F (2008) Systemische Risiken: Versuch einer Klassifizierung. GAIA 17:349–354

Schmidt G, Kleppin L, Schröder W, Breckling B, Reuter H, Eschenbach C, Windhorst W, Höltl K, Wurbs A, Barkmann J, Marggraf R, Thiel M (2009) Systemic risks of genetically modified organisms in crop production: interdisciplinary perspective. GAIA 18:119–126

Squire G, Begg G, Hawes C, Young M (2008) Cumulative impact of GM herbicide tolerant cropping on arable plants assessed through species-based and functional taxonomies. In: Schröder W, Schmidt G (eds) Implications of GM-crop cultivation – series. Environ Sci Pollut Res 16:85–94

Kapitel 3
Ökologische Wirkungspfadanalyse: Bt-Mais in der Umwelt

Broder Breckling, Simone Böckmann und Hauke Reuter

Gentechnische Veränderung wirkt auf molekularer Ebene. Primäres Ziel des Eingriffs ist ein Effekt auf einer höheren Ebene, der des Organismus. Er soll Eigenschaften aufweisen, die im Rahmen der konventionellen Züchtung nicht oder nicht so einfach erreichbar sind. Da beim Anbau von GVO die nähere und weitere Umgebung betroffen ist, entsteht ein Wirkungszusammenhang, der von der molekularen Ebene bis zur makroskopischen, landschaftlichen bzw. regionalen Ebene reichen kann. Die Beziehungen zu analysieren, die dabei eine Rolle spielen, ist Gegenstand der Wirkungspfadanalyse im Rahmen der Risikoabschätzung. Dies wird im Folgenden am Beispiel der zurzeit im Europäischen Rahmen einzigen wirtschaftlich bedeutsamen Kulturpflanze betrachtet, die Objekt gentechnischer Veränderung ist, dem Bt-Mais. Die besondere Bedeutung von Mais resultiert daraus, dass dieser weltweit nicht nur eines der bedeutendsten Grundnahrungsmittel ist, sondern auch ein wichtiges Futtermittel und zunehmend für technische Zwecke (Biogas, Biodiesel, Bioplastik) Bedeutung erlangt.

Ökologische Wirkungspfade als Thema der Risikoanalyse

Abhängig von der Art der Einwirkung und der Beschaffenheit des bereits bestehenden Wirkungszusammenhanges können vorhersehbare Effekte oder auch schwer prognostizierbare neuartige Wirkungen eintreten. Betrachtet man eine anthropogene Einwirkung auf die natürliche Umwelt wie z. B. mit Umweltschadstoffen belastete Böden, Gewässer und Luft, so ist für eine Folgenabschätzung immer die Frage zu stellen, wo die Wirkungen ansetzen (Exposition) und welche Verknüpfungen im Hinblick auf Folgeeffekte mit betroffen sind. In komplexen Systemen bleibt es nicht bei kurzzeitigen, einmaligen Effekten. Jede Veränderung löst Folgereaktionen aus. Wie ein Netzwerk breiten sich Wirkungspfade vom Ursprung in viele – auch unvorhersehbare – Richtungen aus. Sie variieren in ihrer Verknüpfung, Stärke und

B. Breckling (✉)
Lehrstuhl für Landschaftsökologie, Universität Vechta, PF 1553, 49364 Vechta, Deutschland

Zentrum für Umweltforschung und nachhaltige Technologien (UFT), Abt. 10 (Ökologie), Universität Bremen, PF 330440, 28334 Bremen, Deutschland
e-mail: bbreckling@iuw.uni-vechta.de

B. Breckling et al. (eds.), *GeneRisk*, Umweltnatur- & Umweltsozialwissenschaften, DOI 10.1007/978-3-642-23433-0_3,

Dauerhaftigkeit. Ebenso sind Rückkopplungen möglich. Anhand einer Wirkungspfadanalyse gilt es, diese Zusammenhänge zu beleuchten und damit die mit der Einwirkung einhergehenden systemischen Reaktionen abzuschätzen.

Der Wirkungspfadanalyse ist ein Einblick in den juristischen Hintergrund dieser Thematik und eine kurze Vorstellung der relevanten Organismen (Mais, Maiszünsler, *Bacillus thuringiensis* (Bt), Bt-Mais) vorangestellt, der in weiterführenden Fragen in Kapitel 9 vertieft wird. Wir stellen eine Kurzfassung des rechtlichen Rahmens vorweg, um nachvollziehbar zu machen, in welcher Weise die Risikoanalyse formalen Anforderungen zu genügen hat und allgemein verbindliche Zielsetzungen konkretisierend umsetzen muss.

3.1 Rechtlicher Rahmen

Die Freisetzungsrichtlinie Directive 2001/18/EG regelt, unter welchen Bedingungen die Freisetzung und das Inverkehrbringen von GVO stattfinden können. So müssen zuvor die potenziellen Risiken für die menschliche Gesundheit und die Umwelt geprüft werden (Traxler et al. 2000). Jedes EU-Mitglied muss EU-Richtlinien in nationales Recht umsetzen. Das deutsche Gentechnikgesetz entstand insbesondere durch die Umsetzung der europäischen Freisetzungsrichtlinie in deutsches Recht. Es gilt für jeglichen Umgang mit GVO mit Ausnahme der Anwendung am Menschen, der in anderem Zusammenhang geregelt ist.

Die EU-Verordnung Regulation 1830/2003 über die Rückverfolgbarkeit und Kennzeichnung von GVO beschäftigt sich mit aus GVO bestehenden Produkten sowie mit aus GVO hergestellten Lebens- und Futtermitteln. Sie gilt in jeder Phase der Inverkehrbringung. Für EU-Verordnungen ist keine Umsetzung in nationales Recht notwendig; sie sind für alle EU-Mitglieder unmittelbar bindend.

Die Zulassung und das Monitoring von gentechnisch veränderten Lebens- und Futtermitteln regelt weiterhin die EU-Verordnung Regulation 1829/2003 über GV Lebens- oder Futtermittel.

Das CARTAGENA PROTOCOL ON BIOSAFETY enthält völkerrechtlich verbindliche Verfahrensregeln für den grenzüberschreitenden Verkehr von lebenden genetisch veränderten Organismen (LVO). Es stellt einen internationalen Regelungsrahmen für die sichere Weitergabe, Handhabung und Verwendung von LVO dar.

Man unterscheidet in Bezug auf die Genehmigungsverfahren zwischen Freisetzung und Inverkehrbringung von GVO und der Inverkehrbringung von gentechnisch veränderten Lebens- und Futtermitteln. Unter Freisetzung wird in diesem Zusammenhang die zeitlich und örtlich begrenzte Ausbringung von GVO verstanden. Eine Inverkehrbringung setzt die Abgabe von GVO-Produkten an Dritte voraus (Marquard und Durka 2005). Die Antragstellung erfolgt in allen Fällen zunächst über eine zuständige nationale Behörde. In Deutschland ist dies das Bundesamt für Verbraucherschutz und Lebensmittelsicherheit (BVL). Einem Antrag auf sortenrechtliche Zulassung innerhalb der EU-Länder für die Verwendung als Lebens- oder Futtermittel muss auf EU-Ebene eine Zulassung der entsprechenden GVO-Linie vorausgehen.

3.2 Die Organismen

3.2.1 Mais (Zea mays L.)

Bei Mais (*Zea mays* L.) handelt es sich um eine einjährige Kulturpflanze (Abb. 3.1). Als das Zentrum seiner ursprünglichen Verbreitung und Region höchster Biodiversität der vorkommenden Landsorten gilt Oaxaca im Süden von Mexiko (Messeguer 2003). Weltweit steht Mais mit 600 mio t pro Jahr hinter Weizen und Reis an dritter Stelle des Getreideanbaus. Europaweit liegt die jährliche Maisproduktion bei 38.9 mio t (OECD 2002). In Deutschland wurden 2005 1,6 Mio. t Mais angebaut (Statistisches Bundesamt 2006). Seitdem ist die Maisanbaufläche stark gestiegen.

Die männlichen und weiblichen Blüten sitzen getrennt an einer Maispflanze (Abb. 3.2). Der nach oben exponierte männliche Blütenstand reift zeitlich vor den an der Basis der Blattscheide sitzenden weiblichen Blüten. Aufgrund dieser sogenannten Protandrie wird der Mais den Fremdbefruchtern zugeordnet (Brauner et al. 2004). Seine Selbstbefruchtungsrate liegt mit ca. 5% sehr niedrig. Durch die züchterische Bearbeitung wurde in den modernen Hochertragssorten die Protandrie reduziert, womit die Befruchtungsrate innerhalb des Bestandes steigt.

Eine Maispflanze produziert durchschnittlich bis zu 50 Millionen Pollenkörner, welche nach der Freilassung hauptsächlich über den Wind verbreitet werden

Abb. 3.1 Blühender Maisbestand (eigene Aufnahme)

Abb. 3.2 Weibliche (links) und männliche (rechts) Mais-Blüten (eigene Aufnahme)

(Müller 2001). Mit 90 bis 100 Mikrometern Durchmesser ist der Maispollen einer der größten und schwersten unter den windverbreiteten Pollenkörnern. Maisbestände werden als Pollenquelle auch von Insekten genutzt (Marquard und Durka 2005). Aufgrund der unscheinbaren und für Insekten unattraktiven weiblichen Blüten spielt diese Organismengruppe jedoch bei der Bestäubung eine vernachlässigbare Rolle (Treu und Emberlin 2000, Alcalde 2003). Die hauptsächlich morgens und vormittags stattfindende Pollenschüttung erstreckt sich je nach Witterung über 2 bis 14 Tage. Maispollen überlebt abhängig u.a. von der Temperatur und relativen Luftfeuchte von drei Stunden (heiß und trocken) bis hin zu neun Tagen (kühl und feucht). Bei der in Mitteleuropa vorherrschenden Witterung ist mit einer Überlebensdauer von mindestens 24 h zu rechnen (Treu und Emberlin 2000). Eine Pollenverbreitung über mehrere Kilometer durch den Wind wird durch die Lebensdauer des Pollens unter europäischen Bedingungen praktisch nicht eingeschränkt.

3.2.2 Maisszünsler (*Ostrinia nubilalis*)

Bei dem Maiszünsler (*Ostrinia nubilalis*) handelt es sich um einen bedeutenden landwirtschaftlichen Schädling. Weltweit ist dieser Vertreter der Schmetterlinge (Lepidoptera) auf über 200 Wirtspflanzen zu finden, so spielte er in vergangener Zeit z. B. eine negative Rolle im Hanfanbau. Heute stellt er den bedeutendsten Maisschädling in Europa und in den USA dar. Der Hauptschaden entsteht durch verringerten Stärke- oder Zuckergehalt im Korn. Bei 100% Befall (ein Schädling pro Maispflanze) muss mit 5% bis 10% Ertragseinbußen gerechnet werden.

Jedes ausgewachsene Weibchen legt 500 bis 600 Eier an den Blattunterseiten ab. Die Larven überwintern unter anderem in den Maisstängeln. Auch wenn die Mortalität der geschlüpften Larven bei ca. 90% liegt, überleben noch ausreichend

Individuen, um erheblichen Schaden im Bestand anzurichten. Die Larve wandert vom Blatt zu den Stängeln und Kolben. Der mit dem Fraß oft einhergehende Halmbruch der Pflanze ist bei den modernen Sorten inzwischen seltener zu beobachten. Die Abschätzung des tatsächlichen Befalls ist somit schwieriger auszumachen (Müller 2001).

Eine ökologische Bekämpfung des Schädlings ist durch Ausbringen der Schlupfwespe *Trichogramma evanescens* möglich. Es können auch Präparate eingesetzt werden, die Sporen von *Bacillus thuringiensis* enthalten. Für letztere Anwendungen ist der Schädling nur im frühen Larvenstadium zu erreichen, bevor er sich in die Pflanze hineinbohrt. Das Ausbringen von *T. evanescens* im Maisbestand ist sehr aufwändig. Eine weitere Eindämmungsmöglichkeit bietet die Bodenbearbeitung. So lassen sich die Maiszünsler z. B. durch Unterpflügen der Maisstoppeln im Herbst dezimieren oder durch eine mehrgliedrige Fruchtfolge weiter reduzieren.

3.2.3 *Bacillus thuringiensis (Bt)*

Das Bodenbakterium *Bacillus thuringiensis* (Bt) ist weit verbreitet. Es kann in den verschiedensten Medien, wie z. B. in Kornstaub, Boden, Insekten, Blattoberflächen und in aquatischen Biotopen gefunden werden. Die ca. 1.000 unterscheidbaren Stämme wirken jeweils auf spezifische taxonomische Gruppen von Organismen. Die insektentoxischen Stämme bilden bei der Sporenbildung kristalline Proteine mit insektizider Wirkung. Bei dem von Bt-Maispflanzen exprimierten Toxin handelt es sich um das hauptsächlich auf Lepidopteren (Schmetterlinge) wirkende Protein Cry1Ab. Verschiedene Bt-Toxine wirken auch auf Vertreter der Coleoptera (Käfer) und Diptera (Fliegen und Mücken) (Wolfenbarger und Gonzalez-Espinola 2004). Bereits vor seinem Einsatz in transgenen Bt-Maispflanzen fand *B. thuringiensis* Anwendung im Pflanzenschutz. 80% bis 90% der biologischen Pflanzenschutzmittel basieren weltweit auf diesem Bakterium. Sie werden z. B. gegen Moskitolarven, die Rübenlaus und den Kartoffelkäfer eingesetzt.

Die schädigende Wirkung des bakteriellen Toxins auf die Maiszünslerlarve tritt nach dem Fraß von sporenhaltigem Material durch Umwandlungsprozesse im Verdauungstrakt ein. Das kristallisierte Protein wird im Insektendarm unter alkalischen Bedingungen gelöst und durch die Verdauungsenzyme gespalten. Dadurch wird es in die aktive Form überführt. Natürlicherweise ermöglicht die Schädigung des Insektendarms durch das Toxins den Bakterien eine Infektion des Insekts und die eigene weitere Vermehrung.

Im Bt-Mais wird die aktive Form des Toxins in der Pflanze gebildet. Da damit die Notwendigkeit der verdauungsabhängigen Umwandlung entfällt, kann die Wirkungsspezifität reduziert sein (Züghart und Breckling 2003).

3.2.4 *Bt-Mais*

Mit weltweit ca. 47 Millionen ha (Stand: 2010) Anbaufläche stellt transgener Mais nach herbizidresistenten Sojapflanzen den ökonomisch zweitwichtigsten GVO dar. Bt-Mais macht zwei Drittel des gesamten GV-Maisanbaus aus. Das übrige Drittel teilen sich herbizidtolerante (Ht) Maissorten und solche mit einer Kombination von Transgenen (Bt und Ht). Bt-Mais wird weltweit hauptsächlich in den USA, Argentinien, Kanada, Brasilien und Südafrika angebaut. EU-weit liegt der Schwerpunkt in Spanien und Frankreich (Devos et al. 2005). In Frankreich wurde die Inverkehrbringensgenehmigung für die Sorte MON810 allerdings ebenso wie in Deutschland inzwischen ausgesetzt.

Zu den EU-weit aktuell zugelassenen transgenen Maislinien zählen MON810, Bt-176 (Zulassung in der EU abgelaufen) und der herbizidtolerante (Ht) T25-Mais. Detailliertere Informationen sind der Homepage des Bundesamtes für Verbraucherschutz und Lebensmittelsicherheit BVL (http://www.bvl.bund.de) und der European Food Safety Authority EFSA (http://www.efsa.europa.eu) zu entnehmen.

Für jedes EU-Land ist ein Standortregister vorgeschrieben, in welches jeder GVO-Anbau und jede -Freisetzung eintragen werden muss. Das deutsche Standortregister ist unter http://www.bvl.bund.de zu finden. 2006 wurde in Deutschland die Sorte Bt-Mais MON810 zugelassen.

3.3 Ökologische Wirkungspfadanalyse

Um die Wege der Effekte des Transgens auf die Umwelt möglichst vollständig zu erfassen, gibt es verschiedene Ansätze. Eine Erfassungsmöglichkeit der potenziellen Wirkungen des Anbaus von Bt-Mais liegt in der Darstellung der Abfolge einzelner Wirkungspfade. Die vorliegende Analyse baut auf den verschiedenen systemaren Ebenen auf, in welchen die natürliche Umwelt organisiert ist.
Sie betrachtet

- **die Ebene molekularer und physiologischer Prozesse,**
- **die Ebene des Individuums,**
- **die Ebene der Population,**
- **die Ebene des Ökosystems,**
- **die Ebene der Landschaft und**
- **die regionale Ebene.**

Diese hierarchische Betrachtungsweise liefert in übersichtlich strukturierter Form einen Überblick über die wesentlichen Wirkungszusammenhänge. Betrachtet man einzelne potenzielle Folgen auf die Umwelt, so lassen sich diese meist mit mehreren Ebenen in einen Zusammenhang bringen. Auch lassen sich die einzelnen Ebenen nicht absolut vollständig voneinander trennen. Auch wenn in bestimmten Fällen die Zuordnung einer Wirkung zu einer Ebene einen Interpretationsspielraum offen lässt, besteht der wesentliche Vorteil einer Ebenen spezifischen Zuordnung in der Anwendung eines durchgängigen Systematisierungskriteriums, welches einen Überblick in einem komplexen Gefüge entscheidend erleichtert. Andere Darstellungsweisen führen häufig zu einer Konzentration auf bestimmte Ebenen unter Auslassung oder Vernachlässigung anderer Bezüge.

3.3.1 Ebene molekularer und physiologischer Prozesse

Positions- und Pleiotropieeffekte

Dem Bereich molekularer und physiologischer Prozesse sind die durch das eingebrachte Transgen hervorgerufenen Veränderungen des pflanzlichen Stoffwechsels zuzuordnen. Zusätzlich kann es zu Positions- und Pleiotropieeffekten kommen: In Abhängigkeit der Lokalisation des Transgens innerhalb des fremden Genoms kann das betroffene Gen eine Funktionsänderung oder einen Funktionsverlust – einen sogenannten Positionseffekt – erfahren. Viele Gene sind an der Ausprägung mehrerer unterschiedlicher Merkmale beteiligt. So kann ein Transgen neben dem Zieleffekt unvorhergesehene und unerwünschte Merkmalsveränderungen – sogenannte Pleiotropieeffekte – auslösen. Diese können auch auf der Beeinflussung anderer Gene basieren, mit denen die neu eingebrachte transgene Sequenz direkt oder indirekt wechselwirkt.

Horizontaler Gentransfer

Im Zusammenhang der Verbreitung von Transgenen in der natürlichen Umwelt bildet der horizontale Gentransfer ein wichtiges Element. Man versteht darunter die asexuelle Übertragung von Genen oder Gen-Fragmenten über Artengrenzen hinweg (Marquard und Durka 2005). Insbesondere bei Bakterien spielt der horizontale Gentransfer eine Rolle: Es besteht die Möglichkeit, dass Bodenmikroorganismen freie DNA aufnehmen, die sich im Boden befindet. Bei der Zersetzung von GV-Pflanzenmaterial wird auch transgene DNA frei, die dem horizontalen Gentransfer unterliegen kann. Soweit Transgene bakteriellen Ursprungs sind (was beim Gen für das Bt-Toxin der Fall ist), kann eine erhöhte Wahrscheinlichkeit zur Integration in andere bakterielle Genome vermutet werden. Dies gilt auch für in den transgenen Konstrukten enthaltenen regulatorischen Sequenzen und Antibiotika-Resistenzen, die oft als Marker-Gene bei der Herstellung des gentechnisch transformierten Organismus dienen. Somit ist eine Expression des Merkmales und damit eine Veränderung der Artenvielfalt und Abundanz innerhalb des Bodens und auch eine Veränderung der Bodenfunktion denkbar.

Horizontaler Gentransfer wird als seltener Prozess eingestuft (EFSA 2005). Evolutionär gesehen, hat dieses Ereignis jedoch eine hohe Relevanz (Marquard und Durka 2005). In Bezug auf GV-Pflanzen existieren bis jetzt nur vereinzelte Studien, es lässt sich aber bereits festhalten, dass horizontaler Gentransfers sowohl in Freiland- als auch in Laborexperimenten beobachtet werden konnte (Züghart und Breckling 2003). Nach DEFRA (2001) ist festzuhalten, dass das Potenzial des horizontalen Gentransfers weniger von der Transfer-Frequenz als von den Umweltbedingungen abhängig ist, die den Organismus umgeben.

Zwischenfazit

- Es besteht die Möglichkeit zu Positions- und Pleiotropieeffekten und zu horizontalem Gentransfer (HGT);
- HGT findet in niedriger Frequenz statt.

3.3.2 Ebene des Individuums

Gegenüber der molekularen Ebene betrachtet man mit dem Individuum eine reproduktive Einheit. Molekulare oder physiologische Veränderungen können sich auf Merkmalsausprägungen des Individuums auswirken. Auf höheren Ebenen kann sich dies auf seine Anpassung an die Umwelt, also auf seine Fitness niederschlagen und in einer veränderten Wirkung von Selektionsprozessen resultieren. Zum Tragen kommen z. B. Entwicklungs-, Wachstums-, Reproduktions- und morphologische Parameter (Wolfenbarger und Gonzalez-Espinola 2004).

Auf dieser Ebene spielen z. B. Veränderungen individueller Merkmale der Zielpflanze eine Rolle. So wurde von Saxena und Stotzky (2001b) ein erhöhter Ligningehalt in Bt-Mais gegenüber konventionellen Maissorten entdeckt. Lignin ist als Hauptstrukturelement in der pflanzlichen Zellwand unter anderem für die Festigkeit, Biegsamkeit und Durchlässigkeit mit verantwortlich. Eine Änderung des Ligningehaltes könnte somit ökologische Auswirkungen auf verschiedenen weiteren Ebenen mit sich bringen. Je nach Auswirkungen auf den Phänotyp sind z. B. Veränderungen in Persistenz, Fitness und den Ansprüchen an die Umwelt möglich. Darüber hinaus ist eine Veränderung bzw. Verschlechterung der Qualität als Tierfutter denkbar.

Zwischenfazit

- Es besteht die Möglichkeit zu Veränderungen individueller Merkmale der Zielpflanze.

3.3.3 Ebene der Population

Vergrößert man den Fokus einen weiteren Schritt, so gelangt man auf die Ebene der Population. Da sich eine Population nicht nur über die Ansammlung von Individuen, sondern über die Dynamik der Interaktion innerhalb der Fortpflanzungsgemeinschaft als Einheit definiert, findet sich hier eine neue Wirkungsebene.

Im Zusammenhang mit dem Anbau von Bt-Mais stellen sich unter anderem Fragen nach Kombinations- und Synergieeffekten, Resistenzbildungen und Vermehrungs- und Ausbreitungsprozessen der rekombinanten Pflanzen (Züghart und Breckling 2003).

Kombinations- und Synergieeffekte

Wird die gleiche Kulturart mit verschiedenen Transgenen in einem Gebiet angebaut, kann es zu einer Akkumulation der verschiedenen Transgene im Genom potenzieller Kreuzungsparter kommen (gene stacking) (GM Science Review Panel 2003). Dies bietet eine Basis zur Neukombination der eingebrachten Transgene. So können zum Beispiel auf einem Feld verschiedene Resistenzen auftreten, was eine Änderung der Behandlungsmaßnahmen zur Folge hätte. Es ist denkbar, dass unvorhergesehene Kombinations- und auch Synergieeffekte auftreten (Züghart und Breckling 2003).

Resistenzbildungen

Nicht alle Individuen der Maiszünsler-Population reagieren im gleichen Maße sensibel auf das in der Maispflanze exprimierte Bt-Toxin. Wenn durch Bt-Maisanbau nur wenige Individuen einer Population überleben, besteht die Möglichkeit, dass sich Resistenzen gegen das Toxin beim Schädling ungewollt schnell flächendeckend verbreiten. Dies hätte gravierende Konsequenzen auch für den Einsatz des konventionellen Präparats von Bt-Sporen im Pflanzenschutz. Es müssten dann andere, toxischere bzw. persistentere chemische Bekämpfungsmittel eingesetzt werden. Auch wenn bis zu diesem Zeitpunkt noch nicht sehr häufig Resistenzbildungen gegen Bt-Toxine aufgrund des GVO-Anbau beobachtet wurden, ließe sich nach Bates et al. (2005) bei weiterhin großflächigem Anbau die Entwicklung resistenter Schädlinge nicht verhindern. Tabashnik et al. (2008) hat erste Entwicklungen eines erhöhten Resistenzniveaus bei Baumwollkapselbohrern gegen Bt-Toxin nachgewiesen. In Südafrika traten Resistenzen auch im Maissanbau auf (van Rensburg 2007, van den Berg 2010).

Bisher scheinen Faktoren wie schlechte Fortpflanzungsbedingungen der bereits resistenten Individuen und Strategien zur Verlangsamung von Resistenzentwicklungen bei Mais noch partiell wirksam zu sein (GM Science Review Panel 2003). Nach Bates et al. (2005) sind momentan zwei verschiedene Strategien zum Resistenzmanagement zu favorisieren:

I. High-Dose / Refuge (HDR)

Diskutiert wird die unter anderem von Marquard und Durka (2005), Müller (2001) sowie Ives und Andow (2002) dargestellte High-Dose / Refuge (HDR)-Strategie: neben in hohen Dosen Bt-exprimierenden Pflanzen werden dem Schädling kleinere Bt-freie Refugien angeboten. Durch die hohe Bt-Dosis sollen jegliche anfällige Organismen vernichtet werden. Organismen mit einer partiellen Sensitivität (heterozygot in Bezug auf die Bt-Resistenz) können überleben. Durch die Anlage eines Bt-freien Refugiums wird die Wahrscheinlichkeit erhöht, dass diese sich mit vollständig anfälligen Individuen (homozygot in Bezug auf die Bt-Resistenz) paaren. Ihre Nachkommen können keine vollständige Resistenz aufweisen. So wird die Wahrscheinlichkeit des Auftretens vollständig resistenter Organismen verringert (Gould 1998). Die Vorgehensweise basiert auf der Annahme, dass die Resistenz rezessiv vererbt wird, sie also nur im homozygoten Zustand tatsächlich zur Ausprägung kommt, d. h. nur bei Individuen, die das Resistenz-Gen sowohl von mütterlicher als auch väterlicher Seite vererbt bekommen haben.

II. Expression mehrerer Toxin-Gene

Bei der zweiten Strategie handelt es sich um die Idee der Expression mehrerer Toxine in einer transgenen Pflanze. Durch mehrere, unabhängig voneinander in einer Pflanze gebildete Insektizide verspricht man sich einen Pyramiden-Effekt. Sind Individuen gegen eines der Toxine resistent, werden sie durch das weitere Insektizid vernichtet. Geht man ebenfalls von einer rezessiven Vererbung aus, überleben nur Individuen, welche in Bezug auf beide (bzw. alle eingesetzten) Gifte homozygot resistent sind (Marquard und Durka 2005). In Bezug auf Auswirkungen dieser mehrfach-insektiziden Pflanzen auf Nicht-Zielorganismen ist diese Strategie jedoch kritisch zu betrachten.

Vermehrungs- und Ausbreitungsprozesse

Auskreuzung des Transgens in Wildbestände

Transgenausbreitung durch Genfluss zwischen der Feldfrucht und Wildarten ist dort möglich, wo sexuell kompatible Wildpflanzen in räumlicher Nähe vorkommen. Im Gegensatz zu Raps findet Mais in Deutschland keine nahen Verwandten und damit keine wilden potenziellen Kreuzungspartner, so dass der Aspekt der Hybridisierung und damit die Ausbreitung des Transgens außerhalb des Kulturmais' keine Relevanz hat (Alcalde 2003). Die Wahrscheinlichkeit für Auskreuzungen dieser Art sind in den Herkunftsländern der jeweiligen Feldfrucht dagegen sehr viel wahrscheinlicher (Marquard und Durka 2005). So wurden in Oaxaca (Mexiko) bereits Transgene in den dort natürlich vorkommenden Landsorten des Mais nachgewiesen (Quist und Chapela 2001, Wolfenbarger und Gonzalez-Espinola 2004). Interessant gibt es in diesem Zusammenhang widersprüchliche Berichte. Während eine breit angelegte Studie (CEC 2004) die Anwesenheit von Transgenen in den Landsorten Mexikos bestätigt, haben andere in den Jahren 2003 und 2004 keine Transgene gefunden (Ortiz-Garcia et al. 2005). Dieses Ergebnis schürt die Diskussion, inwieweit die Freisetzung von Transgenen unweigerlich eine nicht rückholbare Ausbreitung derselben zur Folge hat.

Auskreuzung des Transgens in Kulturbestände

Für Deutschland konzentrieren sich die Ausbreitungsprozesse für Bt-Mais auf die Einkreuzung des Transgens in konventionelle Maissorten. Dies führt zu der Betrachtung der Transgen-Ausbreitung über Samen und Pollen.

I. Verbreitung über Samen

Nach Marquard und Durka (2005) hat die unkontrollierte Ausbreitung des Transgens über Samen eine räumliche und eine zeitliche Komponente.

Der räumliche Aspekt der Verbreitung hat eine Quelle in potenziellen Saatgutverunreinigungen durch unzureichende Trennung von konventionellem und transgenem Saatgut von der Ernte über den Transport, die Weiterverarbeitung bis hin zum Lager. Sowohl Geräte (z. B. Sämaschine, Mähdrescher) als auch Lagerstätten müssen immer sorgfältig gereinigt werden (Schimpf 2006a, b). Über Saatgutverlust auf Transportwegen kann darüber hinaus eine Verbreitung über weite Distanzen erfolgen. So wurde für gentechnisch veränderten Raps von Kawata et al. (2008) eine sukzessive Verbreitung ausgehend von GV-Raps in Japan in Hafennähe gefunden, obwohl in Japan keine GVO angebaut werden.

Die Entstehung einer Bodensamenbank ist eine weitere Thematik, die den zeitlichen Aspekt der Ausbreitung von GVO beleuchtet. Sowohl auf der Kulturfläche als auch außerhalb kann verloren gegangenes Saatgut im Boden überdauern.

Späteres Auflaufen zwischen konventionellen Sorten auf dem Feld oder zwischen potenziellen wilden Kreuzungspartnern außerhalb des Feldes kann zur Auskreuzung der Transgene führen. Je nach Kulturart ist diese Gefahr zumindest innerhalb der Kulturfläche über die Fruchtfolge und über Bodenbearbeitungsmaßnahmen zu regeln.

Dieser Durchwuchs ist z. B. für Kulturraps ein bedeutendes Thema im Zusammenhang der Transgenverbeitung (Breckling et al. 2004). Da Maiskörner den Winterfrost in Deutschland nur selten überdauern, spielt für diese Kultur der Durchwuchs auf der Kulturfläche und die Bildung von Wildpopulationen außerhalb der bewirtschafteten Flächen zur Zeit eine nur geringfügige Rolle (Alcalde 2003, Brauner et al. 2004, GM Science Review Panel 2003, Pfanzagl 1999). Durch Temperaturerhöhungen im Rahmen globaler Klimaveränderungen könnte diesem Aspekt in Zukunft auch in Deutschland eine größere Bedeutung zukommen.

II. Verbreitung über Pollen

Für Mais ist der Aspekt der Auskreuzungwahrscheinlichkeit zwischen Kulturbeständen relevant (Abb. 3.3). In diesem Zusammenhang stellt die Pollenverbreitung ein wesentliches Element der Transgen-Ausbreitung dar (Abb. 3.2). Welche Faktoren in welchem Maße wichtig sind für die Verbreitungsmuster des Maispollens, wurde in zahlreichen Studien herausgearbeitet.

Die auf mehrere Jahre angelegte britische Studie der Farm-Scale-Evaluations (Firbank 2003, Squire et al. 2003) zur Erforschung der Effekte des Anbaus von

Abb. 3.3 Benachbarte Maisfelder. Obwohl ein großer Teil des Pollens nicht weit über die Feldgrenzen hinaus verbreitet wird, kann ein geringer Anteil auch in benachbarte Bestände einkreuzen (eigene Aufnahme)

unter anderem herbizid-tolerantem Mais auf die ihn umgebende Lebensgemeinschaft ergab eine eindeutige Abhängigkeit des Genflusses zwischen GV- und konventionellen Feldern von einer räumlichen Isolation der GV-Felder, der Synchronisation der Blühzeitpunkte, der Form und Ausrichtung der Felder in Bezug auf die Hauptwindrichtung, sog. Pufferzonen (Henry et al. 2003) und ebenso eine Relevanz der Anbaupraktiken und Umwelt- und Landschaftsbedingungen (Weekes et al. 2003).

Messean et al. (2006) simulierten eine Abschätzung des externen GV-Polleneintrages. Bei dem angewandten Modell MAPOD handelt es sich um ein Modell für Genfluss zwischen mehreren benachbarten Beständen. Die Ergebnisse wiesen Wind als den wichtigsten Faktor für die Fremdbefruchtung zwischen verschiedenen Maisfeldern aus, gefolgt von den Blühzeitpunkten, Pufferzonen und Isolationsdistanzen.

Wind

Ma et al. (2004) bestätigen eine starke Korrelation der Pollenverbreitung mit dem Faktor Wind. Sie nehmen an, dass in ihren Beobachtungen eine Streuung der Pollen ohne Wind quasi nicht stattgefunden hätte. Simulationen der Pollenverbreitung nach Kuparinen et al. (2007) ergaben ebenfalls eine große Variation der Pollenausbreitung abhängig vom Wind.

Blühzeitpunkt

Es herrscht vielfach Einigkeit darüber, dass die Blühzeitpunkte eine wichtige Rolle in diesem Zusammenhang spielen. Je enger die Blühzeitpunkte der Pollenquelle und des Empfängers zeitlich zusammen liegen, desto höher ist der Polleneintrag und die Fremdbefruchtungsrate über GV-Pollen. Mit verringerter zeitlicher Überlappung der Blühphasen zwischen den Beständen verengt sich der Zeitraum, in welchem der entlassene GV-Pollen Nicht-GV-Narben befruchten kann (Halsey et al. 2005, Ma et al. 2004). In Deutschland erfolgt die Aussaat von Mais Ende April / Anfang Mai in einem relativ engen Zeitfenster. Die späte Aussaat hängt damit zusammen, dass die Jungpflanzen empfindlich gegen Spätfröste sind. Von daher ist hier von einer relativ großräumig einheitlichen Blühsynchronisation auszugehen.

Pufferzonen

Eine Studie von Sweet (2003) zeigte, dass der externe Polleneintrag im Feldbestand von außen nach innen stark abnimmt. Dies spricht zum einen für die Anlage möglichst großer Nicht-GV-Felder (Meier-Bethke und Schiemann 2003). Zum anderen resultiert aus diesen Beobachtungen die Idee, die äußeren Reihen der Nicht-GV-Felder als Hauptempfänger des GV-Pollens getrennt zu ernten. Nach Ma et al. (2004) sollten die äußeren Bereiche diese Pufferfunktion übernehmen. An einem Beispiel einer Baumbarriere aus Ulmen zwischen dem Quell- und Empfängerfeld konnte von Jones und Brooks (1952) gezeigt werden, dass diese mechanische Barriere nicht so effektiv arbeitet wie feldinterne Pufferzonen. Eine Studie von Meier-Bethke und Schiemann (2003) weist darauf hin, dass mechanische Barrieren den Pollen-Ferntransport nicht verhindern könnten. Unter Umständen könnten mechanische Barrieren durch die Bildung von lokalen Wirbeln sogar zum Pollentransport in höhere Luftschichten beitragen.

Bestandesgröße

Die relativen Größen der Quell- und Empfängerfelder beeinflussen den externen GV-Polleneintrag ebenfalls (Marquard und Durka 2005). Der Empfänger produziert eigenen Pollen, welcher mit dem fremden Pollen konkurriert. Je größer die lokale Pollenmenge im Vergleich zum von außen eingetragenen Pollen ist, desto geringer ist die Fremdbefruchtung durch GV-Pollen (Sweet 2003, Treu und Emberlin 2000). Nach Weber et al. (2005) liegt sie meist unter 0,9%, wenn Quelle und Empfänger gleich groß sind.

Niederschlag

Neben dem Wind stellt der Niederschlag einen weiteren klimatischen Faktor im Zusammenhang mit der Pollenverbreitung dar. Nach Devos et al. (2005) existieren aktuell noch keine Studien über die genaue Abschätzung des Einflusses von Regen auf den Pollenfluss. Er kann jedoch eine Verzögerung der Pollenfreisetzung bewirken und damit in die bereits angesprochene Blühsynchronisation eingreifen (Jones und Brooks 1950). Darüber hinaus stirbt von Regentropfen absorbierter oder auf nassen Narben landender Pollen.

Distanzen

Der externe GV-Polleneintrag kann neben den genannten Faktoren erheblich über die Distanzen zwischen dem Quell- und dem Empfängerfeld gesteuert werden. Studien belegen, dass der größte Anteil des Maispollens – zum Teil aufgrund seiner Schwere – nur kurze Strecken zurücklegt. Die Pollenkonzentration fällt von der Quelle ausgehend exponentiell ab (Alcalde 2003, Marquard und Durka 2005, Sweet 2003). Nach Marquard und Durka (2005) können Maispollen in niedrigen Konzentrationen noch in mehreren Kilometern Entfernung von der Quelle beobachtet werden.

Ferntransport

Pollen kann in höheren atmosphärischen Schichten dutzende von Kilometern transportiert werden (Brunet et al. 2003). Treu und Emberlin (2000) beobachteten bereits in einer Höhe von 4,6 m über dem Boden einen Pollentransport von 800 m. Pollennachweise in Höhen von bis zu 1.200 m (Meier-Bethke und Schiemann 2003) sind im Zusammenhang mit ihrer sinkenden Überlebensfähigkeit mit steigender Höhe zu betrachten. Bereits in 200 m Höhe sind nur noch 5–10% der Pollen überlebensfähig (Brunet et al. 2003). Auch sinkt mit zunehmendem Aufsteigen die Konzentration der Pollen. Der in höheren Schichten stattfindende Ferntransport über deutlich weitere Strecken betrifft daher nur wenige Pollenkörner (Devos et al. 2005, Eastham und Sweet 2002).

Während Luna et al. (2001) von einer Auskreuzung des Bt-Mais' über Pollen nur bis in 200 m Distanz von der Quelle sprechen, erreichen die Pollen nach

Emberlin et al. (1999) bei Windstärken von 10 m/s innerhalb 24 h (als ihre durchschnittliche Lebensdauer) Entfernungen von bis zu 850 km. Jarosz et al. (2005) belegten geringe Pollenkonzentrationen in 850–1.000 m Entfernung vom Quellfeld. Hofmann et al. (2005) hingegen sprechen von relevanten Pollenmengen in noch 2.400 m Entfernung. Durch Messungen und Modellstudien konnten die Bedingungen für Pollentransfer über weitere Distanzen ausführlich bestätigend werden (Hofmann et al. 2008).

Ein externer Polleneintrag von 0,2% wird nach Jones und Brooks (1950) bei einer Isolationsdistanz des GV-Feldes von 500 m erreicht. Halsey et al. (2005) beobachteten eine Rate kleiner 0,1% bei gleichzeitiger Blüte und einer Distanz von 500 m zwischen GV- und Nicht-GV-Feld. Bei einem Blühabstand von zwei Wochen wurde dieser Grenzwert bereits bei 60 m Distanz unterschritten.

Isolationsdistanzen

Auf Basis dieser zahlreichen Erkenntnisse in Bezug auf Verbreitungsdistanzen von Maispollen wurden Empfehlungen zu Isolationsdistanzen entwickelt, um den Eintrag von GV-Pollen in konventionelle Maisbestände zu limitieren. Die nach EU-Richtlinien empfohlene Distanz beträgt für alle Kategorien der Saatgutproduktion 200 m. Luna et al. (2001) bestätigen diese als ausreichend, um die Reinheit des Saatgutes hinreichend zu gewährleisten. Nach Ingram (2000) liegt der zu erwartende Eintrag an GV-Pollen bei 200 m bei 0,1%. Um 0,05% zu erreichen, müssten 300 m einkalkuliert werden. Brauner et al. (2004) setzen die Isolationsdistanzen für eine Rate von 0,5% bei 500 m und von 0,1% bei 1.000 m an. Messean et al. (2006) berechneten auf Grundlage des oben benannten Modells MAPOD 300 m für 0,1% und ca. 50 m für 0,9% GV-Auskreuzung. Zusammenstellungen der aktuellen Studien zu Auskreuzungsdistanzen sind bei Brauner et al. (2004) und Devos et al. (2005) zu finden.

Zwischenfazit

- Es besteht die Möglichkeit von Kombinations- und Synergieeffekten, Resistenzbildungen und Vermehrungs- und Ausbreitungsprozessen.
- Die Entwicklung von Resistenzen gegen transgene Bt-Toxine wurde beobachtet.
- Für Mais liegt der Schwerpunkt bei Transgen-Ausbreitungsprozessen auf der Verbreitung über Pollen.
- Pollentransfer ist hauptsächlich abhängig von Wind, Blühzeitpunkt, Pufferzonen, Bestandesgrößen und Distanzen von Feldern zueinander.
- Eine Regulierung des GV-Eintrages erscheint hauptsächlich über verschobene Blühzeitpunkte, Pufferzonen und Isolationsdistanzen möglich.

3.3.4 Ebene des Ökosystems

Betrachtet man für ein definiertes räumliches Gebiet das dort vorzufindende Biotop (Lebensraum mit abiotischen Umweltfaktoren einschließlich der bestimmenden Organismen) und Biozönosen (Biotik, Populationen) mit ihren gegenseitigen Wechselwirkungen als Einheit, so begibt man sich auf die Ebene des Ökosystems. Dieses ist wesentlich charakterisiert durch Stoff- und Energieflüsse. Verschiebungen innerhalb dieser Flüsse können verschiedenste Auswirkungen haben, wie z. B. regional begrenzt auf die Biodiversität, das Nährstoffgleichgewicht, die Bodenfunktionen, die lokalen Produktionssysteme, den Stoffhaushalt und auf die Wasserqualität (Züghart und Breckling 2003).

Im Zusammenhang mit der Freisetzung von transgenen Kulturpflanzen beschäftigen sich Studien insbesondere mit potenziellen Effekten auf die Artenvielfalt, die Abundanz von Flora und Fauna und dem komplexen Gefüge der Räuber-Beute-Beziehungen.

Sowohl Ziel- als auch Nicht-Zielorganismen können dem Bt-Toxin ausgesetzt sein, sei es durch direkten Kontakt mit dem Toxin in der Bt-Pflanze, in dem Bt-Pollen oder im Boden oder indirekt durch Kontakt mit Beute, welche Bt-Toxin-haltige Pflanzenteile gefressen hat (tritrophische Systeme). Die momentane Risiko- und Sicherheitsforschung legt im Zusammenhang Bt-Toxin-exprimierender GVO einen deutlichen Schwerpunkt auf potenzielle Auswirkungen auf Nicht-Zielorganismen. Unter Nicht-Zielorganismen werden in diesem Zusammenhang alle Organismen verstanden, welche durch die Ausbringung des Bt-Mais negativ beeinflusst werden können – mit Ausnahme der Zielorganismen.

Ein Ziel des landwirtschaftlichen Einsatzes von Bt-Mais, stellt die Schädlingsreduzierung ohne Spritzmitteleinsatz dar. Über diesen Weg bleiben sonst betroffene Nützlinge und andere Organismen partiell unbeeinflusst. Auf der Ebene von Nahrungsnetzen kann dies wiederum ein erhöhtes bzw. unverändertes Nahrungsangebot von z. B. Amphibien, Nagern und Vögeln bedeuten (Dale et al. 2002, Pilson und Prendeville 2004). Werden durch den Einsatz von Bt-Pflanzen jedoch z. B. natürliche Fraßfeinde der Schadinsekten negativ beeinträchtigt, ginge ein Teil des angestrebten Nutzens dieses Anbaus verloren.

Effekte auf Nicht-Zielorganismen haben ihren Schwerpunkt vor allem bei transgenen Insektenresistenzen, auch wenn sie prinzipiell bei allen den Phänotyp verändernden transgenen Modifikationen auftreten. Direkte Effekte des Bt-Toxins resultieren aus dem Fraß an der Bt-Pflanze oder Aufnahme des Pollens bzw. von der Pflanze gebildeter toter organischer Substanz. Indirekte Auswirkungen ergeben sich z. B. in Nahrungsketten durch Verminderung der Nahrungsqualität und -qualität für räuberische Organismen, indem der Schädling über den Bt-Toxin-Fraß getötet oder handlungsunfähig wird (Marquard und Durka 2005).

Im Sinne eines besseren Überblicks wurde hier eine Einteilung der **Nicht-Zielorganismen in Nicht-Ziel-Lepidoptera, Bestäuber, Nicht-Ziel-Herbivore, Räuber (Nützlinge), Bodenorganismen und Mikroorganismen** gewählt (verändert nach Dolezel et al. 2005, Marquard und Durka 2005, Pilson und Prendeville 2004).

Nicht-Ziel-Lepidoptera (Schmetterlinge)

Nachdem der Zielorganismus des Bt-Mais den Lepidoptera zuzuordnen ist, existieren zahlreiche Studien zu Nicht-Zielorganismen innerhalb dieser Gruppe. So wiesen aus Laborstudien resultierende Ergebnisse von Hansen et al. (2000), Jesse und Obrycki (2000), Losey et al. (1999) eine erhöhte Sterberate bei Raupen von

Danaus plexippus (Monarchfalter) auf, welche mit Bt-Pollen überzogene Blätter ihrer Wirtspflanze *Asclepias syriaca* (Milchkraut) fraßen. Die Ergebnisse dieser Studien wurden zum Teil kritisiert. Es wurden methodische Mängel behauptet, wie z. B. die Unkenntnis der eingesetzten Bt-Konzentrationen und eine fehlende Abstimmung dieser mit den natürlich vorkommenden (Hellmich et al. 2001, Sears et al. 2001). Die Grundaussage bleibt, dass der Monarchfalter bei Aufnahme von Bt-Toxin wie auch andere Schmetterlinge durch den Anbau von Bt-Mais potenziell gefährdet sein können. Es bleibt die Frage, ob die natürlich auftretenden Pollen-Konzentrationen ausreichen, um die in Experimenten nachgewiesenen Primäreffekte auf die Individuen ebenso wie im Labor zu bewirken.

Es folgten verschiedene Labor- und Feldstudien zu diesem Thema in den USA. Die dort aufgezeigten, durch Bt-Toxine verschobenen Variablen seien nach Meinung der Autoren noch kein Beweis für einen generellen negativen Effekt, z. B. aufgrund unzureichender Signifikanz. Ihr Fazit ist unter anderem ein Bedarf an weiteren Studien zu dieser Thematik (Sears et al. 2001, Wolfenbarger und Gonzalez-Espinola 2004).

Eine weitere Möglichkeit zum Bt-Toxin-Kontakt der Nicht-Zielorganismen bildet der Fraß von ebenfalls über den Wind verbreiteten Staubgefäßen (Antheren). Während Anderson et al. (2004) in ihrer auf Labor- und Feldexperimenten basierenden Studie feststellten, dass der Fraß von Bt-Antheren in den USA nur geringfügige Auswirkungen auf die Vitalität des Monarchfalter hat, zeigten Felke und Langenbruch (2005) in ihren Laborexperimenten deutlich ansteigende Mortalitätsraten bei einheimischen mitteleuropäischen Vertretern der Lepidoptera. Weiterhin wiesen sie bei Larven verschiedener Arten (z. B. Kohlmotte, Tagpfauenauge, kleiner Kohlweißling) signifikante Verzögerungen in einzelnen Schritten ihrer Entwicklungszyklen nach dem Fraß von Bt-Pollen nach.

Nach Feldstudien von Wraight et al. (2000) und Zangerl et al. (2001) konnten bei einigen Bt-Maissorten durch Bt-Pollen verursachte Wachstumsveränderungen der Larven des Schwalbenschwanzfalters (*Papilio polyxenes*) festgestellt werden. Ergänzt wurde dies in einer Laborstudie von Lang und Vojtech (2006) durch Beobachtungen von signifikant niedrigeren Überlebensraten bei mit Bt-Pollen gefütterten Larven dieser Art.

Shirai und Takahashi (2005) wiesen unter Laborbedingungen eine signifikant negative Korrelation zwischen der Überlebensrate und der Pollen-Dosis bei Larven verschiedener Lepidoptera-Vertreter auf. Feldexperimente nach Gathmann et al. (2006) konnten hingegen keine durch Bt-Maispollen ausgelösten Veränderungen in Bezug auf die Larven verschiedener Lepidoptera aufzeigen.

Bestäuber

Malone und Pham-Delegue (2001) gaben einen Überblick über Laborexperimente und Freilandstudien bezüglich Effekten von transgenen Produkten auf *Apis mellifera* (Honigbiene) und *Bombus* sp. (Hummeln). Sie konnten keine negativen Auswirkungen belegen. Dolezel et al. (2005) konnten dies nach einer Zusammenführung der aktuellsten Studien zu diesem Thema bestätigen. So zeigten Fütterungsversuche nach Hanley et al. (2003) keine signifikanten Unterschiede

z. B. in Bezug auf die larvale Sterberate der Honigbiene im Vergleich zwischen Individuen, die mit Bt-Pollen und Nicht-Bt-Pollen-gefüttert wurden.

Nicht-Ziel-Herbivore

Harwood et al. (2005) wies das Bt-Toxin in verschiedenen Vertretern der *Coleoptera* (Käfer) und *Homoptera* (Gleichflügler, Pflanzensauger) nach. Je nachdem, welche Teile der Bt-Pflanze gefressen wurden, variierte die durch den Pflanzenfresser aufgenommene Toxin-Menge (Abel und Adamczyk 2004).

Cry1Ab exprimierender Bt-Mais wurde durch Raps et al. (2001) hinsichtlich des Toxin-Gehaltes im Phloemsaft untersucht. Da das Toxin dort nicht nachgewiesen werden konnte, erstaunt es nicht, dass in Vertretern der Phloem-saugenden Aphidina (Blattläuse) das Toxin in Fütterungsexperimenten ebenfalls nicht gefunden werden konnte (Dutton et al. 2002). Feldstudien ließen keine Änderungen in der Abundanz zwischen Populationen in Bt-Maisfeldern und Nicht-Bt-Maisfeldern erkennen (Bourguet et al. 2002). Lumbierres et al. (2004) beobachtete hingegen eine erhöhte Abundanz von *Rhopalosiphum padi* (Traubenkirschenlaus) als typischer Vertreter der Blattläuse auf Maispflanzen auf Bt-Pflanzen gegenüber Nicht-Bt-Pflanzen.

Bezüglich *Tetranychidae* (Spinnmilben) wurden für den Vertreter *Tetranychus urticae* Bt-Konzentrationen ähnlich derer im Bt-Mais nachgewiesen (Dutton et al. 2002). Obrist et al. (2006a) hingegen zeigten in Individuen derselben Art bis zu dreifach höhere Konzentrationen auf und wiesen damit auf eine mögliche Toxin-Akkumulation bei Herbivoren hin. Im Zusammenhang einer Quantifizierung der Bt-Konzentration in Herbivoren stellten Dutton et al. (2004) die höchste Konzentration innerhalb dieser Art fest.

Niedrigere Bt-Konzentrationen wurden in dieser Studie bei *Frankliniella tenuicornis* als Vertreter der Thysanoptera (Thripse) ermittelt. Feldstudien nach Bourguet et al. (2002) zeigten für Thripse Abundanz-Erhöhungen im Bt-Mais gegenüber dem Nicht-Bt-Mais. Eckert et al. (2004) konnten keine signifikanten Unterschiede in den Abundanzen erkennen. Freier et al. (2004) beobachteten inkonstante Abundanzentwicklungen in Abhängigkeit der Jahre und des Untersuchungsfeldes.

Anhand einer sogenannten Spinnennetz-Analyse konnten Arpas et al. (2004) für Herbivore in Nicht-Bt-Maisfeldern über zwei Jahre hinweg eine generell höhere Abundanz gegenüber Bt-Maisfeldern feststellen.

Räuber (Nützlinge)

Die Schädlingskontrolle durch natürliche Fraßfeinde stellt einen wichtigen Aspekt des biologischen Gleichgewichts dar. Ein Eingreifen über den Anbau von Bt-Pflanzen kann dieses natürliche Gleichgewicht beeinträchtigen (Hilbeck 2001). Möglich sind direkte toxische und indirekte Wirkungen über Änderungen der Qualität und Quantität der Nahrungsquelle.

Lövei und Arpaia (2005) stellten Ergebnisse von Laborstudien zusammen, welche sich mit den Auswirkungen von genetisch veränderten Pflanzen auf die natürlichen Feinde der Zielorganismen beschäftigen. Bei einer Anzahl von 18 räuberischen und 14 parasitoiden Arten war ihr Fazit, dass der Einsatz von GVO durchaus Auswirkungen auf natürliche Feinde der Schädlinge hervorrufen kann.

Zahlreiche Laborstudien beschäftigten sich mit potenziellen Effekten des Bt-Toxins auf die Florfliege (*Crysoperla carnea*) direkt über Bt-Fraß oder indirekt über Fraß von Bt-gefütterten Beutetieren. Vielfach wurden – zum Teil nur schwach – negative Auswirkungen auf *C. carnea* beobachtet (Dutton et al. 2002, Hilbeck et al. 1998, Hilbeck 2001, Meier und Hilbeck 2001). Nach Obrist et al. (2006c) ließ sich in einem tritrophischen Experiment nachweisen, dass das Bt-Toxin in *C. carnea* noch aktiv war, nachdem diese mit Beuteorganismen ernährt wurden, die ihrerseits das Bt-Toxin aufgenommen hatten. Es bestehe die Gefahr, dass dieses Gift daher auf verschiedenen Ebenen der Nahrungsketten wirken kann. Nach Meinung von Romeis et al. (2006) existieren jedoch keine direkten Auswirkungen von Bt-Mais auf *C. carnea*. Dass Individuen dieser Art bei Fraß von durch das Bt-Toxin geschwächten Beutetieren negativ beeinträchtigt werden, läge an der verminderten Futterqualität für den Räuber und nicht direkt am Toxin. Stellte man *C. carnea* jedoch vor die Wahl zwischen „Bt-Beute" oder „Nicht-Bt-Beute", so wählten sie die Bt-freien Individuen zum Frass (Marquard und Durka 2005).

Als wichtige Räuber des Maiszünslers wurden verschiedene Studien zu möglichen Auswirkungen des Bt-Toxins auf Spinnen erstellt. Harwood et al. (2005) konnten das Bt-Toxin Cry1Ab in verschiedenen Spinnenfamilien auf Bt-Maisfeldern nachweisen. Meissle und Lang (2005) konnten keine Veränderungen der Spinnenabundanz ausgelöst durch die Bt-Maissorte Event176 (Syngenta) nachweisen. Ihre Untersuchungen ergaben, dass der Effekt des Bt-Toxins geringer sei als jener des herkömmlichen Insektizids. Volkmar et al. (2004) untersuchten Spinnen in Maisfeldern, auf denen Bt-Mais MON810 angebaut wurde. Die von ihnen beobachteten Effekte auf die Spinnendiversität im Bt-Maisfeld seien vernachlässigbar gewesen. Fütterungsexperimente mit Bt-Pollen im Vergleich zu einer Nicht-Bt-Kontrolle ergaben nach Ludy und Lang (2006) keine Unterschiede in Bezug auf die ausgewählten Spinnentiere. Auch im Freiland zeigten sich keine eindeutigen Tendenzen zu Abundanz- und Diversitätsveränderungen.

Obrist et al. (2006b) untersuchten in einem multitrophischen Fütterungs-Experiment die Effekte des Bt-Toxins auf eine Raubmilbe (*Neoseiulus cucumeris*) über den Fraß an Bt-kontaminierten Spinnmilben (*Tetranychus urticae*) als Beute und durch die direkte Aufnahme des Bt-Pollens. Ihre Feldexperimente ergaben erhöhte Bt-Konzentrationen in den Beutetieren auf den Bt-Maisfeldern. Bei Erbeutung dieser und auch bei direkter Aufnahme des Bt-Pollens konnten für *N. cucumeris* in allen untersuchten Variablen keine Unterschiede gegenüber der Nicht-Bt-Kontrolle beobachtet werden. Nach dieser Studie sind in diesem Zusammenhang die angebotenen Toxinkonzentrationen in den Futterquellen und auch die Ökologie der Ernährung des Räubers und der Beute wesentlich, um Aussagen über Effekte des Bt-Toxins auf die Organismen treffen zu können. Sie zeigt die Wichtigkeit auf, möglichst komplette Nahrungsnetze zu beobachten.

Bodenorganismen

Rekombinante Proteine können über die Wurzeln lebender Pflanzen oder während der Zersetzung in den Boden gelangen. Das Bt-Toxin kann nach Tapp und Stotzky (1998) über 200 Tage und nach Saxena et al. (2002) sogar bis zu 350 Tage aktiv im Boden verbleiben. Mit bis zu acht Monaten wurde die Persistenz des Cry1Ab-Toxins in Maisstreu nachgewiesen (Zwahlen et al. 2003).

Saxena und Stotzky (2001a) wiesen keine Effekte von Bt im Boden auf bodenlebende Würmer und Nematoden nach. Nach Zwahlen et al. (2003) zeigte sich jedoch eine signifikante Gewichtsabnahme bei *Lumbricus terrestris* (*Lumbricidae*, Regenwurm) nach Fraß von Bt-Mais. Nach ihnen stellt sich die Frage, ob dieser Effekt aus dem direkten Toxin-Kontakt resultiert oder ob z. B. ein Bezug zu dem bereits erwähnten erhöhten Lignin-Gehalt bestehen kann.

Untersuchungen in Bezug auf den Effekt von Bt-Toxin-haltigem Boden auf *Aporrectodea caliginosa* (Lumbricidae, Regenwurm) ergaben für die Überlebensrate, Reproduktion und das Wachstum, ausschließlich des Schlupfverhaltens, keine nachteiligen Ergebnisse (Vercesi et al. 2006).

Andow und Zwahlen (2006) berichten eine geringere Überlebensrate von *Folsomia candida* (*Collembola*, Springschwanz) bei Fraß von hohen Bt-Toxin-Dosen. Nach Marquard und Durka (2005) hätten lethale Effekte auf Collembola schwerwiegende Folgen, da sie maßgebend an Degradationsprozessen im Boden beteiligt sind.

Mikroorganismen

Nach Mulder et al. (2006) sollten Boden-Mikroorganismen in Bezug auf die Frage nach Effekten von Bt-Toxinen auf Nicht-Zielorganismen nicht vernachlässigt werden. Bruinsma et al. (2003) forderten ebenfalls das Schließen der weiten Wissenslücken in diesem Bereich. Nicht nur aufgrund ihres großen Anteils an der Bodenbiomasse obliegt den Mikroorganismen im Boden eine wichtige Rolle. Veränderungen in ihrer Artenzusammensetzung oder in Faktoren ihres Lebenszyklus können gravierende Verschiebungen innerhalb des gesamten betroffenen Agrarökosystems und noch darüber hinaus bewirken. Diese Studie hat gezeigt, dass in Abhängigkeit der Konzentration an Bt-Toxin im Boden Kohlenstoff-Komponenten, wie insbesondere Kohlenhydrate, von den Bodenbakterien unterschiedlich genutzt werden. Es bleibe zu erkunden, wie häufig Bodenbakterien DNA transgener Pflanzen tatsächlich in ihr Genom aufnehmen.

Wiesen die bereits erwähnten Experimente von Saxena und Stotzky (2001a) keine Auswirkungen von Bt-Toxine enthaltenden Böden auf Bodenbakterien nach, so existieren zahlreiche Studien, welche nach Mulder et al. (2006) bestätigen, dass Bt-angereicherte Böden Auswirkungen auf die im Boden lebenden Mikroorganismen zeigen. Nach Donegan et al. (1995, 1996) und Escher et al. (2000) zeigten sich z. B. Bt-bedingte Veränderungen in Populationsstärken, Mikroflorenzusammensetzungen und Wachstumsparametern.

Einspannier et al. (2004) untersuchten potenzielle Effekte von Bt-Mais auf die Bakteriendiversität im Rinderdarm. Sie stellten keine Abnahme der Artendiversität fest. Der Nachweis von Bt-Proteinen im Kot der Tiere eröffnet allerdings weitere Wege, auf denen Bt-Effekte entstehen können. Über den Kot gelangt das Toxin auf beweidete Böden und hält z. B. über Zersetzungsprozesse oder Fraß Einzug in weitere komplexe Nahrungsketten.

Turrini et al. (2004) beschäftigten sich mit den Auswirkungen von GV-Pflanzen auf die Mykorrhizierung durch Pilze. Sie wiesen ein signifikant geringeres Hyphenwachstum in Abhängigkeit der Wurzelausscheidungen von Bt-Maispflanzen nach.

Kritische Betrachtung der Ergebnisse

Viele Studien zu dieser komplexen Thematik basieren auf fallspezifischen Laborexperimenten, oft wurden worst case-Szenarien nachgestellt. Es werden also unter ganz bestimmten Bedingungen maximale Reaktionen der jeweiligen Organismen provoziert. Auf der Grundlage dieser Ergebnisse kann tendenziell von Auswirkungen des transgenen Eintrags in die Umwelt auf den jeweiligen Organismus gesprochen werden. Konkreter sind die Daten bei dem aktuellen Stand der Wissenschaft oft nicht auf die komplexe natürliche Umwelt zu übertragen (Dolezel et al. 2005). Die Summe der Einzelergebnisse zeigt aber deutlich, dass der Eintrag von Bt-Mais über den landwirtschaftlichen Anbau durchaus verschiedenste Wirkungspfade auslöst (GM Science Review Panel 2003). Weitere Studien werden zusätzliches Licht auf dieses Netzwerk werfen.

Um eine negative Beeinträchtigung von Nicht-Zielorganismen in Zukunft zu minimieren, schlagen Dale et al. (2002) eine Beschränkung der Bt-Expression auf die Pflanzenteile vor, in welchen die insektizide Wirkung zur Schädlingsbekämpfung benötigt wird.

Zwischenfazit

- Es wurden zahlreiche Auswirkungen des Anbaus von Bt-Mais auf Nicht-Zielorganismen (Bestäuber, Fraßfeinde der Schädlinge, Bodenorganismen, Mikroorganismen) beobachtet.
- Der aktuelle Stand der Wissenschaft lässt noch keine verallgemeinerbaren Aussagen bezüglich des Eintrages in die natürliche Umwelt zu.

3.3.5 Ebene der Landschaft

Bei einer Landschaft handelt es sich um einen aus verschiedenen Ökosystemtypen bestehenden Komplex. Auf dieser Ebene findet man gegenüber dem einzelnen Ökosystem neue Strukturen. So kann man zum Beispiel sogenannte Metapopulationen beobachten. Darunter versteht man mehrere Populationen einer Art, zwischen welchen Genfluss stattfindet, die jedoch jeweils eine überwiegend unabhängige Dynamik aufweisen. Sie sind somit populationsübergreifend miteinander genetisch verbunden. Einzelne dieser Populationen können lokal immer wieder aussterben, während die Metapopulation als Ganze persistiert.

Nach Züghart und Breckling (2003) lassen sich der Landschaftsebene auch räumlich differenzierte Merkmale der Landschaftsausstattung und Veränderungen des Landschaftsbildes zuordnen.

Veränderte landwirtschaftliche Praxis

Durch den Anbau von Bt-Mais kann es z. B. durch verändertes Spritzverhalten oder einer Verschiebung der Aussaatzeitpunkte zu Veränderungen in Agrar-Ökosystemen kommen. Diese sind eng verwoben mit angrenzenden anderen Ökosystemen (Wolfenbarger und Gonzalez-Espinola 2004). So kann der Einsatz von Bt-Pflanzen die Spritzaufwände entsprechender Insektizide kurzfristig gesehen senken und als biologische Komponente zu integrierten Schädlingsbekämpfungsmaßnahmen beitragen (Hilbeck 2001). Langfristig betrachtet könnte sich der Spritzaufwand z. B. durch Resistenzbildungen jedoch gegenüber jenem im konventionellen Anbau erhöhen (Benbrook 2004). Hierbei können summarische Effekte der weiteren Umgebung zusätzlich zu den lokalen Eigenschaften des jeweiligen einzelnen Feldes als bedeutsam hinzutreten.

Romeis et al. (2006) geben einen Überblick über Studien in Bezug auf Effekte des Bt-Mais-Anbaus auf Nicht-Zielorganismen. Nach ihnen beeinflusst die Anwendung konventioneller Insektizide Nicht-Zielorganismen signifikant stärker als der Einsatz von Bt-Pflanzen.

Zwischenfazit

- Potenzielle Veränderungen der landwirtschaftlichen Praxis können Veränderungen in den direkt und indirekt betroffenen Ökosystemen und mithin auf Landschaftsebene hervorrufen

3.3.6 Regionale Ebene

Die regionale Ebene umfasst größere Gebiete, die aus verschiedenen Landschaftsräumen bestehen können, zwischen denen zum Teil geringe Interaktionen stattfinden können. Die regionale Ebene umfasst aber in wesentlichem Umfang Mechanismen einer Schnittstelle zwischen Biosphäre und Anthroposphäre, da viele für die Risikoanalyse wesentliche anthropogene Eingriffe regionalen Zusammenhängen und großräumig bezogenen Regulationen unterliegen. Räumlich werden Einheiten auf der regionalen Ebene oft im Rahmen von administrativen Einheiten begrenzt, die eher historische Zusammenhänge als biotische Gegebenheiten repräsentieren, wie die Begrenzung von Landkreisen, Bundesländern oder Nationalstaaten.

Ein wichtiger Aspekt ist der Einfluss der Freisetzung und die Inverkehrbringung von GVO auf die sich entwickelnden Marktbedingungen. Der Anbau transgener Kulturpflanzen im Lebensmittel- und Futterbereich hat eine Einführung der Produkt-Kategorie „gentechnisch verändert, GV“ neben den bestehenden konventionellen und biologischen Produkten zur Folge. Auf der regionalen Ebene muss im Falle der Zulassung von GVO die Koexistenz verschiedener Wirtschaftsformen (konventionell, ökologisch) organisiert werden, wobei nicht nur allgemein und robust funktionierende Regelungen der räumlichen Organisation eine Rolle spielen, sondern auch Implikationen für Transport, Logistik und Warenflüsse. Sofern ausgebrachtes Saatgut Verunreinigungen enthält, würden sich diese auf zahlreichen Feldern, mithin in größeren Räumen auswirken.

Im Rahmen des GeneRisk-Projekts wurde das erste Simulationsprogramm zur Abschätzung von Genfluss auf regionaler Ebene für Mais entwickelt (Reuter et al. 2008). Dieses Modell wurde angewendet für verschiedene Regionen in Deutschland (Kap. 5).

Zur Zeit schwer abzuschätzen sind Risiken in Bezug auf die Gewährleistung der Lebensmittelsicherheit. Im Zusammenhang von Wissenschaft und Forschung sind unterschiedliche Strategien und Prioritäten zu beobachten, wie Regelungen geschaffen werden, die den Einsatz vorhandener Sorten in größeren räumlichen Einheiten wesentlich beeinflussen – von unterschiedlichen allgemein gültigen Abstandsregelungen in unterschiedlichen EU-Ländern über die Etablierung gentechnikfreier Zonen bis hin zu Auswirkungen auf die landwirtschaftliche Kostensituation aufgrund von Aufwendungen für Tests auf Kontaminationen.

Zwischenfazit

- Auf regionaler Ebene sind Veränderungen der Marktbedingungen zu verfolgen, z. B. über eine neue Produktkategorie „GV" mit möglichen Risiken für die konventionelle und ökologische Landwirtschaft.
- Saatgut-Verunreinigungen können sich regional und sogar überregional auswirken.
- Auswirkungen gesellschaftlicher Steuerung z. B. im Hinblick auf Marktbedingungen sowie Prioritätensetzung in Wissenschaft und Forschung können sich regional auswirken.

3.4 Fazit

Eine große Anzahl von Fallstudien beschäftigt sich mit Auswirkungen des Anbaus gentechnisch veränderter Organismen, speziell Mais. Die Ergebnisse lassen sich verschiedenen Organisationsebenen zuordnen. Ergebnisse von Laborstudien lassen sich aufgrund ihrer Spezifität nicht unmittelbar in die natürliche Umwelt übertragen. Sie belegen jedoch die Existenz primärer Effekte, deren Bedeutung für die Verhältnisse im Freiland abzuschätzen ist. In Kombination mit den Daten der Freilandstudien ergibt sich daraus ein perspektivisches Gesamtbild.

Der Anbau transgener Kulturpflanzen – in diesem Fall von Bt-Mais – verursacht potenziell auf allen systemaren Organisationsebenen Umwelteffekte. Bewiesen ist die Übertragung des Toxins von der exprimierenden Pflanze unter anderem auf Herbivore und Organismen höherer trophischer Stufen.

Im Zusammenhang des Transgen-Eintrages über den landwirtschaftlichen Anbau kann daher von ausgelösten Veränderungen gesprochen werden. Aktuell kann mehr über die Existenz der Wirkungen als über ihre tatsächlich zu erwartenden Ausmaße ausgesagt werden.

Die Frage, inwieweit sich das Transgen – einmal entlassen – unkontrolliert und unrückholbar ausbreiten wird, beantworten Marvier und Van Acker (2005): „Was möglich ist, wird auch passieren". Sie halten die Transgen-Freisetzung für irreversibel. Nach ihnen ist eine Eindämmung des Genflusses nicht möglich, vor allem nicht bei selbstreproduzierenden GVO. Solange Bt-Mais wie bisher nur in Einzelfällen Winterhärte aufweist, wäre für Deutschland eine Rückholbarkeit theoretisch umsetzbar. Strenge Managementmaßnahmen (z. B. Unterbindung von Saatgutaustausch, Reinigung, Entsorgung) und strikte Regelungen wären Voraussetzung. Damit einher ginge ein erheblicher Aufwand in zeitlicher, organisatorischer und vor allem auch finanzieller Hinsicht. Wäre dies für transgenen Mais „aufwändig", so könnte man vor diesem Hintergrund bei vielen anderen GVO, wie z. B. transgenem Raps, von „unrealistisch" sprechen (Menzel 2006). Aussagen zur Problematik invasiver Arten lassen sich hierher übertragen: Viele Fälle haben trotz vielfältiger Bemühungen und überaus hoher finanzieller Kosten nur geringe Aussicht auf Erfolg (Mack et al. 2000, Myers et al. 2000).

Zitierte Literatur

Abel CA, Adamczyk JJ Jr (2004) Relative concentration of Cry1Ab in maize leaves and cotton bolls with diverse chlorophyll content and corresponding larval development of fall armyworm (Lepidoptera: Noctuidae) and southwestern corn borer (Lepidoptera: Crambidae) on maize whorl leaf profiles. J Econ Entomol 97:1737–1744

Alcalde E (2003) Introduction to the co-existence of GM and non-GM maize. In: Boelt B (ed) Proceedings 1st European conference on the co-existence of genetically modified crops with conventional and organic crops. GMCC-03 13th–14th November, 2003 Helsingør, Denmark. Published by the Danish Institute of Agricultural Sciences, Research Centre Flakkebjerg DK-4200 Slagelse, Denmark, pp 71–73. http://xwww.agrsci.dk/gmcc-03/gmcc_proceedings.pdf

Anderson PL, Hellmich RL, Sears MK, Sumerford DV, Lewis LC (2004) Effects of Cry1Ab-expressing corn anthers on monarch butterfly larvae. Environ Entomol 33:1109–1115

Andow DA, Zwahlen C (2006) Assessing environmental risks of transgenic plants. Ecol Lett 9:196–214

Arpas K, Toth F, Kiss J (2004) Analysis of web content of *Theridion impressum* L. Koch (Araneae: Theridiidae) in BT (DK440BTY, MON810, Cry1Ab) and isogenic (DK440) maize. In: Romeis J, Bigler F (eds) Proceedings of the Meeting "Ecological Impact of Genetically Modified Organisms" at Prague (Czech Republic), 26–29 November 2003. Working Group "GMOs in Integrated Production". IOBC/wprs Bulletin 27:23–29

Bates SL, Zhao JZ, Roush RT, Shelton AM (2005) Insect resistance management in GM crops: past, present and future. Nat Biotechnol 23:57–62

Benbrook CM (2004) Genetically engineered crops and pesticide use in the United States: the first nine years. BioTech InfoNet Tech Pap 7:1–53

Bourguet D, Chaufaux J, Micoud A, Delos M, Naibo B, Bombarde F, Marque G, Eychenne N, Pagliarr C (2002) *Ostrina nubilalis* parasitism and the field abundance of non-target insects in transgenic *Bacillus thuringiensis* corn (Zea mays). Environ Biosaf Res 1:49–60

Brauner R, Moch K, Christ H (2004) Aufbereitung des Wissenstandes zu Auskreuzungsdistanzen. Öko-Institut e.V., Freiburg, pp 1–73

Breckling B, Middelhoff U, Borgmann P, Menzel G, Brauner R, Born A, Laue H, Schmidt G, Schröder W, Wurbs A, Glemnitz M (2004) Generische Erfassungs- und Extrapolationsmethoden der Rapsausbreitung (Brassica napus L.). – Bremen (Abschlussbericht zum GenEERA-Verbund-Projekt im BMBF-Förderschwerpunkt Biologische Sicherheitsforschung), Förderkennzeichen 0312637A,B,C,D, 684 S.

Bruinsma M, Kowalchuk GA, van Veen JA (2003) Effects of genetically modified plants on microbial communities and processes in soil. Biol Fertil Soils 37:329–337

Brunet Y, Foueillassar X, Audran A, Garrigou D, Dayau S, Tardieu L (2003) Evidence for long-range transport of viable maize pollen. In: Boelt B (ed) Proceedings 1st European conference on the co-existence of genetically modified crops with conventional and organic crops. GMCC-03 13th–14th November, 2003 Helsingør, Denmark. Published by the Danish Institute of Agricultural Sciences, Research Centre Flakkebjerg DK-4200 Slagelse, Denmark, pp 74–76

Cartagena Protocol on Biosafety TO THE CONVENTION ON BIOLOGICAL DIVERSITY (2000) Text and annexes. Montreal, pp 1–19. http://www.biodiv.org/doc/legal/cartagena-protocol-en.pdf

CEC Commission for Environmental Co-operation (2004) Maize and biodiversity. The effects of transgenic maize in Mexico. Key findings and recommendations. Quebec, pp 1–50. http://www.cec.org/files/PDF//Maize-and-Biodiversity_en.pdf

Dale PJ, Clarke B, Fontes EMG (2002) Potential for the environmental impact of transgenic crops. Nat Biotechnol 20:567–574

DEFRA (2001) Review of knowledge of the potential impacts of GMOs on organic agriculture. CSG 15. Final Project Report. London, pp 1–69. http://www.defra.gov.uk/corporate/publications/pubcat/pesticides.htm

Devos Y, Reheul D, De Schrijver A (2005) The co-existence between transgenic and non-transgenic maize in the European Union: a focus on pollen flow and cross-fertilization. Environ Biosaf Res 4:71–87

Directive 2001/18/EC of the European Parliament and of the Council on the deliberate release onto the environment of genetically modified organisms (12 März 2001). Official Journal of the European Communities. L 106, 17.4.2001. http://europa.eu.int/eur-lex/pri/en/oj/dat/2001/1_106/1_10620010417en00010039.pdf

Dolezel M, Heissenberger A, Gaugitsch H (2005) Ökologische Effekte von gentechnisch verändertem Mais mit Insektizidresistenz und/oder Herbizidresistenz. Umweltbundesamt Wien Rote Reihe des Bundesministeriums für Gesundheit und Frauen. Sektion IV. Band 6/05. Wien, pp 1–64

Donegan KK, Palm CJ, Fieland VJ, Porteous LA, Ganio LM, Schaller DL, Bucao LQ, Seidler RJ (1995) Changes in levels, species and DNA fingerprints of soil microorganisms associated with cotton expressing the *Bacillus thuringiensis* var. kurstaki endotoxin. Appl Soil Ecol 2:111–124

Donegan KK, Schaller DL, Stone JD, Ganio LM, Reed G, Hamm PB, Seidler R (1996) Microbioal populations, fungal species diversity and plant pathogen levels in field plots of potato plants expressing *Bacillus thuringiensis* var. *tenebrionis* endotoxin. Transgenic Res 5:25–35

Dutton A, Klein H, Romeis J, Bigler F (2002) Uptake of Bt-toxin by herbivores feeding on transgenic maize and consequences for the predator *Crysoperla carnea*. Ecol Entomol 27:441–447

Dutton A, Obrist L, Alessandro D, Diener L, Müller M, Romeis J, Bigler F (2004) Tracing Bt-toxin in transgenic maize to assess the risks on non-target arthropods. In: Romeis J, Bigler F (eds) Proceedings of the Meeting "Ecological Impact of Genetically Modified Organisms" at Prague (Czech Republic), 26–29 November 2003. Working Group "GMOs in Integrated Production". IOBC/wprs Bulletin 27:57–63

Eastham K, Sweet J (2002) Genetically modified organisms (GMOs): The significance of gene flow through pollen transfer. European Environment Agency, Copenhagen. Environ Issue Rep 28:1–75

Eckert J, Gathmann A, Schuphan I (2004) Auswirkungen des Anbaus von Bt-Mais auf Nichtzielorganismen: Thripse und ihre Gegenspieler. Mitt Dtsch Ges Allg Angew Entomol 14:439–442

EFSA (2005) Guidance document of the scientific panel on genetically modified organisms for the risk assessment of genetically modified plants and derived food and feed. EFSA J 99:1–94

Einspannier R, Lutz B, Rief S, Berezina O, Zverlov V, Schwartz W, Mayer J (2004) Tracing residual recombinant feed molecules during digestion and rumen bacterial diversity in cattle fed transgene maize. Eur Food Res Technol 218:269–273

Emberlin J, Adams-Groom B, Tidmarsh J (1999) The dispersal of maize (Zea mays) pollen. A report based on evidence available from publications and internet sites. A report commissioned by the UK Soil Association: National Pollen Research Unit, University College Worcester, Worcester, UK

Escher N, Käch B, Nentwig W (2000) Decomposition of transgenic *Bacillus thuringiensis* maize by microorganisms and woodlice *Porcellio scaber* (Crustacea: Isopoda). Basic Appl Ecol 1:161–169

Felke M, Langenbruch G-A (2005) Auswirkungen des Pollens von transgenem Bt-Mais auf ausgewählte Schmettelingslarven. Bfn-Skipten 157:1–143

Firbank LG (2003) The Farm Scale Evaluations of spring–sown genetically modified crops. Introduction. Philos Trans R Soc B Biol Sci 358:1777–1778

Freier B, Schorling M, Traugott M, Juen A, Volkmar C (2004) Results of a 4-year plant survey and pitfall trapping in Bt maize and conventional maize fields regarding the occurrence of selected arthropoda taxa. In: Romeis J, Bigler F (eds) Proceedings of the Meeting "Ecological Impact of Genetically Modified Organisms" at Prague (Czech Republic), 26–29 November 2003. Working Group "GMOs in Integrated Production". IOBC/wprs Bulletin 27:79–84

Gathmann A, Wirooks L, Hothorn LA, Bartsch D, Schuphan I (2006) Impact of Bt maize pollen (MON810) on lepidopteran larvae living on accompanying weeds. Mol Ecol 15:2677–2685

GM Science Review Panel (2003) An open review of the science relevant to GM corps and food based on interests and concerns of the public. http://www.bis.gov.uk/files/file15655.pdf

Gould F (1998) Sustainability of transgenic insecticidal cultivars: integrating pest genetics and ecology. Annu Rev Entomol 43:701–726

Halsey ME, Remund KM, Davis CA, Qualls MQ, Eppard PJ, Berberich SA (2005) Isolation of maize from pollen-mediated gene flow by time and distance. Crop Sci Soc Am 45:2172–2185

Hanley AV, Huang ZY, Pett WL (2003) Effects of dietary transgenic Bt corn pollen on larvae of *Apis mellifera* and *Galleria mellonella*. J Agr Res 42:77–81

Hansen LC, Obrycki J, Obrycki JJ (2000) Field deposition of Bt transgenic corn pollen: lethal effects on the monarch butterfly. Oecologica 125:241–248

Harwood JD, Wallin WG, Obrycki JJ (2005) Uptake of Bt endotoxins by nontarget herbivores and higher order arthropod predators: molecular evidence from a trangenic corn agroecosystem. Mol Ecol 14:2815–2823

Hellmich RL, Blair DS, Sears MK, Stanley-Horn DE, Daniels MJ, Mattila HR, Spencer T, Bidne KG, Lewis LC (2001) Monarch larvae sensitivity to *Bacillus thuringiensis*- purified proteins and pollen. Proc Natl Acad Sci USA (PNAS) 98:11925–11930

Henry C, Morgan D, Weekes R, Daniels R, Boffey C (2003) Farm scale evaluations of GM crops: monitoring gene flow from GM crops to non-GM equivalent crops in the vicinity. Part I: Forage Maize. Final Report Central Science Laboratory, Sand Hutton, York, YO41 1LZ. Centre for Ecology and Hydrology, Dorchester, Dorset DT28ZD

Hilbeck A (2001) Implications of transgenic, insecticidal plants for insect and plant biodiversity. Perspect Plant Ecol Evol Systemat 4:43–61

Hilbeck A, Baumgartner M, Fried PM, Bigler F (1998) Effects of transgenic *Bacillus thuringiensis* corn-fed prey on mortality and development time of immature *Chrysoperla carnea* (Neuroptera: Chrysopidae). Entomol Soc Am 27:480–487

Hofmann F, Janicke L, Janicke U, Wachter R, Kuhn U (2008) Modellrechnungen zur Ausbreitung von Maispollen unter Worst-Case Annahmen mit Vergleich von Freilandmessdaten. Gutachten für das Bundesamt für Naturschutz. Ökollogie Büro, Bremen, pp 1–47 http://www.bfn.de/fileadmin/MDB/documents/service/Hofmann_et_al_2009_Maispollen_WorstCase_Modell.pdf

Hofmann F, Schlechtriemen U, Wosniok W, Foth M (2005) GVO-Pollenmonitoring – Technische und biologische Pollenakkumulatoren und PCR-Screening für ein Monitoring von gentechnisch veränderten Organismen. BfN-Skripte 139:1–275

Ingram J (2000) Report on the separation distances required to ensure cross pollination is below specified limits in non-seed crops of sugar beet, maize and oilseed rape. Ministry of Agriculture, Fisheries and Food. Projekt No RGO123. National Institute of Agricultural Botany Huntingdon Road Cambridge UK, pp 1–37

Ives AR, Andow DA (2002) Evolution of resistance to Bt crops: directional selection in structured environments. Ecol Lett 5:792–801

Jarosz N, Loubet B, Durand B, Foueillassar X, Huber L (2005) Variations in maize pollen emission and deposition in relation to microclimate. Eviron Sci Technol 39:4377–4384

Jesse LCH, Obrycki JJ (2000) Field deposition of Bt transgenic corn pollen: lethal effects on the monarch butterfly. Oecologica 125:241–248

Jones M, Brooks J (1950) Effectiveness of distance and border rows in preventing outcrossing in corn. Okla Agric Exp Stn Tech Bull T-38:3–18

Jones M, Brooks J (1952) Effect of tree barriers on outcrossing in corn. Okla Agric Exp Stn Tech Bull T-45:3–11

Kawata M, Ishikawa T, Murakami K (2008) Dispersal and persistence of genetically modified oilseed rape around Japanese harbours. In: Schröder W, Schmidt G (eds) Implications of GM-crop cultivation – series. Environ Sci Pollut Res 16:120–126

Kuparinen A, Schurr F, Tackenberg O, O'Hara R (2007) Air mediated pollen flow from genetically modified to conventional crops. Ecol Appl 17:431–440

Lang A, Vojtech E (2006) The effects of pollen consumption of transgenic Bt maize on the common swallowtail, *Papilio machaon* L. (Lepidoptera, Papilionidae). Basic Appl Ecol 7:296–306

Losey JE, Rayor LS, Carter Me (1999) Transgenic pollen harms monarch larvae. Nature 299:214

Lövei GL, Arpaia S (2005) The impact of transgenic plants on natural enemies: a critical review of laboratory studies. Entomol Exp Appl 114:1–15

Ludy C, Lang A (2006) Bt maize pollen exposure and impact on the garden spider, *Araneus* diadematus. Entomol Exp Appl 118:145–156

Lumbierres B, Albajes R, Pons X (2004) Transgenic Bt maize and *Rhopalosiphum pad*i (Hom., Aphididae) performance. Ecol Entomol 29:309–317

Luna V, Figueroa M, Baltazar B, Gomez L, Townsend R, Schoper J (2001) Maize pollen longevity and isolation distance requirements for effective pollen control. Crop Sci 41:1551–1557

Ma BL, Subedi KD, Reid LM (2004) Extent of cross-fertilization in maize by pollen from neighboring transgenic hybrids. Crop Sci Soc Am 44:1273–1282

Mack RN, Simberloff D, Lonsdale WM, Evans H, Clout M, Bazzaz FA (2000) Biotic invasions: causes, epidemiology, global consequences, and control. Ecol Appl 10:689–710

Malone LA, Pham-Delegue M-H (2001) Effects of transgene products on honey bees (*Apis mellifera*) and bumblebees (*Bombus* sp.). Apidologie 32:287–304

Marquard E, Durka W (2005) Auswirkungen des Anbaus gentechnisch veränderter Pflanzen auf Umwelt und Gesundheit: Potentielle Schäden und Monitoring. UFZ-Umweltforschungszentrum Leipzig-Halle, pp 1–194

Marvier M, Van Acker RC (2005) Can crops transgenes be kept on a leash? Front Ecol Environ 3:99–106

Meier MS, Hilbeck A (2001) Influence of transgenic *Bacillus thuringiensis* corn-fed prey on prey preference of immature *Chrysoperla carnea* (Neuroptera: Chrysopidae). Basic Appl Ecol 2:35–44

Meier-Bethke S, Schiemann J (2003) Effect of varying distances and intervening maize fields on outcrossing rates of transgenic maize. In: Boelt B (ed) Proceedings 1st European conference on the co-existence of genetically modified crops with conventional and organic crops. GMCC-03 13th–14th November, 2003 Helsingør, Denmark. Published by the Danish Institute of Agricultural Sciences, Research Centre Flakkebjerg DK-4200 Slagelse, Denmark, pp 77–78

Meissle M, Lang A (2005) Comparing methods to evaluate the effects of Bt maize and insecticide on spider assemblages. Agric Ecosyst Environ 107:359–370

Menzel G (2006) Verbreitungsdynamik und Auskreuzungspotential von Brassica napus L. (Raps) im Großraum Bremen. GCA-Verlag, Waabs

Messean A, Angevin F, Gomez-Barbero M, Menrad K, Rodriguez-Cerezo E (2006) New case studies on the coexistence of GM and non-GM crops in European agriculture. Institut National de la Recherche Agronomique (INRA), Eco-innov Unit, Grignon, France. University of Applied Sciences of Weihenstephan, Science Centre Straubing, Germany. Institute for Prospective

Technological Studies (IPTS), Joint Research Centre (JRC), European Commission Technical Report Series, EUR 22102 EN

Messeguer J (2003) Gene flow assessment in transgenic plants. Plant Cell Tiss Org 73:201–212

Mulder C, Wouterse M, Raubuch M, Roelofs W, Rutgers M (2006) Can transgenic maize affect soil microbial communities? PLoS Comput Biol 2(9):e128. doi:10.1371/journal.pcbi.0020128

Müller W (2001) Handbuch zu Monitoring und Resistentmanagement für Bt-Mais. UBA-Monographie Band 144

Myers JH, Simberloff D, Kuris AM, Carey JR (2000) Eradication revisited: dealing with exotic species. Trends Ecol Evol 15:316–320

Obrist LB, Dutton A, Albajes R, Bigler R (2006a) Exposure of arthropod predators to Cry1Ab toxin in Bt maize fields. Ecol Entomol 31:143–154

Obrist LB, Klein H, Dutton A, Bigler F (2006b) Assessing the effects of Bt maize on the predatory mite *Neoseiulus cucumeris*. Exp Appl Acarol 38:125–139

Obrist LB, Dutton A, Romeis J, Bigler F (2006c) Biological activity of Cry1Ab toxin expressed by Bt maize following ingestion by herbivorous arthropods and exposure of the predator *Chrysoperla carnea*. BioControl 51:31–48

OECD (2002) Consensus document on compositional considerations for new varieties of maize (*Zea Mays*): key food and feed nutritiens, anti-nutritients and secondary plant metabolites. OECD Environmental Health and Safety Publications. Series on the Safety of Novel Foods and Feeds 6:1–42. http://www.oecd.org/officialdocuments/publicdisplaydocumentpdf/?cote=ENV/JM/MONO%282002%2925&docLanguage=En

Ortiz-Garcia S, Ezcurra E, Schoel B, Acevedo F, Soberon J, Snow AA (2005) Absence of detectable transgenes in local landraces of maize in Oaxaca, Mexico (2003–2004). Proc Natl Acad Sci USA (PNAS) 102:12338–12343

Pfanzagl B (1999) Begleituntersuchungen bei gentechnisch veränderten Pflanzen. Sicherheitsforschung, Ökologische Begleitforschung und Monitoring. Umweltbundesamt Monographie M-114, Wien

Pilson D, Prendeville HR (2004) Ecological effects of transgenic crops and the escape of transgenes into wild populations. Annu Rev Ecol Evol Syst 35:149–179

Quist D, Chapela ICH (2001) Transgenic DNA introgressed into traditional maize landraces in Oaxaca, Mexico. Nature 414:541–543

Raps A, Kehr J, Gugerli P, Moar WJ, Bigler F, Hilbeck A (2001) Immunological analysis of phloem sap of Bacillus thuringiensis corn and of the nontarget herbivore Rhopalosiphum padi (Homoptera: Aphididae) for the presence of Cry1Ab. Mol Ecol 10:525–533

Regulation (EC) No 1829/2003 of the European Parliament and of the Council on genetically modified food and feed (22 September 2003). Official Journal of the European Union. L 268, 18.10.2003. http://europa.eu.int/eur-lex/pri/en/oj/dat/2003/l_268/l_26820031018en00010023.pdf

Regulation (EC) No 1830/2003 of the European Parliament and of the Council concerning the traceability and labelling of genetically modified organisms and the traceability of food and feed products from genetically modified organisms (22 September 2003) and amending Directive 2001/18/EC. Official Journal of the European Union. L 268, 18.10.2003. http://europa.eu.int/eur-lex/pri/en/oj/dat/2003/l_268/l_26820031018en00240028.pdf

Reuter H, Böckmann S, Breckling B (2008) Analysing cross-pollination studies in maize. In: Breckling B, Reuter H, Verhoeven R (eds) Implications of GM crop cultivation at large spatial scales. Theorie in der Ökologie 14, Peter Lang, Frankfurt, pp 47–52

Romeis J, Meissle M, Bigler F (2006) Transgenic crops expressing *Bacillus thuringiensis* toxins and biological control. Nat Biotech 24:63–71

Saxena D, Flores S, Stotzky G (2002) Vertical movement in soil of insecticidal Cry1Ab protein from *Bacillus thuringiensis*. Soil Biol Biochem 34:111–120

Saxena D, Stotzky G (2001a) *Bacillus thuringiensis* (Bt) toxin released from root exudates and biomass of Bt corn has no apparent effect on earthworms, nematodes, protozoa, bacteria and fungi in soil. Soil Biol Biochem 33:1225–1230

Saxena D, Stotzky G (2001b) Bt corn has a higher lignin content than non-Bt corn. Am J Bot 88:1704–1706

Schimpf E (2006a) Exemplarische Analyse zu maschineller Verschleppung von gentechnisch verändertem Pflanzenmaterial beim überbetrieblichen Maschineneinsatz. Diplomarbeit, Universität Kassel

Schimpf M (2006b) Koexistenz im landwirtschaftlichen Alltag. Bericht zur Verbreitung von gentechnisch verändertem Material durch Landmaschinen. Arbeitsgemeinschaft bäuerliche Landwirtschaft e.V. (AbL) Hamm, pp 1–30. http://www.gentechnikfreieregionen.de/fileadmin/content/studien/koexistenz/06_Schimpf_Koexistenz.pdf

Sears MK, Hellmich RL, Stanley-Horn DE, Oberhauser KS, Pleasants JM, Mattila HR, Siegfried BD, Dively GP (2001) Impact of Bt corn pollen on monarch butterfly populations: a risk assessment. Proc Natl Acad Sci USA (PNAS) 98:11937–11942

Shirai Y, Takahashi M (2005) Effects of transgenix Bt corn pollen on a non-target lycaenid butterfly, *Pseudozizeeria maha*. Appl Entomol Zool 40:151–159

Squire GR, Brooks DR, Bohan DA, Champion GT, Daniels RE, Haughton AJ, Hawes C, Heard MS, Hill MO, May MJ, Osborne JL, Perry JN, Roy DB, Woiwod IP, Firbank LG (2003) On the rationale and interpretation of the Farm Scale Evaluations of genetically modified herbicide-tolerant crops. Phil Trans R Soc Lond B 358:1779–1799. doi:10.1098/rstb.2003.1403

Statistisches Bundesamt (2006) Ackerland nach Hauptfruchtgruppen und Fruchtarten. http://www.destatis.de/jetspeed/portal/cms/Sites/destatis/Internet/DE/Content/Statistiken/LandForstwirtschaft/Bodennutzung/Tabellen/Content75/AckerlandHauptfruchtgruppenFruchtarten,templateId=renderPrint.psml

Sweet J (2003) Pollen dispersal and cross pollination. In: Boelt B (ed) Proceedings 1st European conference on the co-existence of genetically modified crops with conventional and organic crops. GMCC-03 13th–14th November, 2003 Helsingør, Denmark. Published by the Danish Institute of Agricultural Sciences, Research Centre Flakkebjerg DK-4200 Slagelse, Denmark, pp 21–32

Tabashnik BE, Gassmann AJ, Crowder DW, Carrière Y (2008) Field evolved insect resistance to transgenic Bt crops. ISB News Report Agricultural and Environmental Biotechnology, pp 1–5. http://www.isb.vt.edu/news/2008/aug08.pdf

Tapp H, Stotzky G (1998) Persistance of the insecticidal toxin from *Bacillus thuringiensis* subsp. *kurstaki* in soil. Soil Biol Biochem 20:471–476

Treu R, Emberlin J (2000) Pollen dispersal in the crops Maize (*Zea mays*), Oil seed rape (*Brassica napus* ssp. *oleifera*), Potatoes (*Solanum tuberosum*), Sugar beet (*Beta vulgaris* ssp. *vulgaris*) and Wheat (*Triticum aestivum*). A report for the Soil Association from the National Pollen Research Unit. University College Worcester, pp 1–54

Turrini A, Sbrana C, Nuti MP, Pietrangeli BM, Giovannetti M (2004) Development of a model system to assess the impact of genetically modified corn and auberinge plants on arbuscular mycorrhizal fungi. Plant Soil 266:69–75

Van den Berg J (2010) Bt-resistant target pests. Quick occurrence in South Africa. Presented at: Advancing the understanding of biosafety. Latest scientific findigs, polica responses and public participation. Nagoya 7.-9.10. 2010. http://www.ensser.org/uploads/media/3.3-vandenBerg-EN.pdf

Van Rensburg JBJ (2007) First report of field resistance by the stem borer, Busseola fusca (Fuller) to Bt-transgenic maize. S Afr J Plant Soil 24:147–151

Vercesi ML, Krogh PH, Holmstrup M (2006) Can *Bacillus thuriengiensis* (Bt) corn residues and Bt-corn plants affect life-history traits in the earthworm *Aporrectodea caliginosa*? Appl Soil Ecol 32:180–187

Volkmar C, Traugoo M, Juen A, Schorling M, Freier B (2004) Spider communities in Bt maize and conventional maize. In: Romeis J, Bigler F (eds) Proceedings of the meeting "Ecological Impact of Genetically Modified Organisms" at Prague (Czech Republic), 26–29 November 2003. Working Group "GMOs in Integrated Production". IOBC/wprs Bulletin 27:165–170

Weber W, Bringezu T, Broer I, Holz F, Eder J (2005) Koexistenz von gentechnisch verändertem und konventionellem Mais. Mais 1:1–6

Weekes R, Henry C, Morgan D, Boffey C, Daniels R (2003) Crop-to-crop gene flow in maize: a challenge to co-existence in England? In: Boelt B (ed) Proceedings 1st European conference on the co-existence of genetically modified crops with conventional and organic crops. GMCC-03 13th–14th November, 2003 Helsingør, Denmark. Published by the Danish Institute of Agricultural Sciences, Research Centre Flakkebjerg DK-4200 Slagelse, Denmark, pp 79–81

Wolfenbarger LL, Gonzalez-Espinola M (2004) Assessment of effects on natural ecosystems. Background document chapter 4 for: Commission for Environmental Cooperation (CEC) Maize & biodiversity. The effects of transgenic maize in Mexico. CEC Secretariat Report, pp 1–36

Wraight CL, Zangerl AR, Carroll MJ, Berenbaum MR (2000) Absence of toxicity of *Bacillus thuringiensis* pollen to black swallowtails under field conditions. Proc Natl Acad Sci USA (PNAS) 97:7700–7703

Zangerl AR, McKenna D, Wraight CL, Carroll M, Ficarello P, Warner R, Berenbaum MR (2001) Effects of exposure to event 176 *Bacillus thuringiensis* corn pollen on monarch and black swallowtail caterpillars under field conditions. Proc Natl Acad Sci USA (PNAS) 98:11908–11912

Züghart W, Breckling B (2003) Konzeptionelle Entwicklung eines Monitoring von Umweltwirkungen transgener Kulturpflanzen Teil 1 und 2. Umweltforschungsplan des Bundesministeriums für Umwelt, Naturschutz und Reaktorsicherheit. UBA Texte 50/03

Zwahlen C, Hilbeck A, Howald R, Nentwig W (2003) Effects of transgenic Bt corn litter on the earthworm *Lumbricus terrestris*. Mol Ecol 12:1077–1086

Kapitel 4
Entwicklung eines Modells zur Abschätzung der regionalen Pollenverbreitung von gentechnisch verändertem Mais (MaMo)

Hauke Reuter, Simone Böckmann und Broder Breckling

Wir haben im Rahmen der Wirkungspfadanalyse (Kap. 3) festgestellt, dass die Untersuchung von Wirkungen und Risiken von GVO skalenspezifisch unterschiedlich intensiv erfolgten. Für große Skalen liegen zunehmend weniger wissenschaftlich abgesicherte Kenntnisse über potenzielle Auswirkungen vor. Hier ergab sich die Möglichkeit, die Methodik der ökologischen Modellierung in einem neuen Zusammenhang anzuwenden und in diesem Anwendungsfeld innovativ zu erproben. Wir beschreiben hier zunächst die Modellkonzeption und die Parametrisierung und sodann die ersten Anwendungsergebnisse für verschiedene Raumausschnitte (Kap. 5).

4.1 Der Modellansatz

Im Rahmen des GeneRisk-Projekts wurde das erste Simulationsmodell entwickelt, welches die Abschätzung des Genflusses im Maisanbau auf regionaler Ebene ermöglicht. Bisherige Ansätze (z. B. Angevin et al. 2008, Klein et al. 2003, Lipsius et al. 2007) modellieren den Genfluss zwischen Maispopulationen auf wesentlich kleinräumigerer Skala für Areale von wenigen Kilometern Ausdehnung. Zur lokalen Analyse wurde im Rahmen des Verbundes ein Modell eingesetzt, das einzelne Partikel abbildet (siehe Abschn. 10.3). Für einen regionalen Ansatz waren neue, grundlegende Überlegungen zur Auswahl der zu berücksichtigenden Einflussgrößen zu leisten. In den bisher entwickelten lokalen Modellen wurde versucht, die Bestimmungsgründe für das Ausmaß des Pollentransfers spezifisch und möglichst annähernd vollständig abzubilden. Die zahlreichen Experimente zur quantitativen Erfassung des Genflusses zwischen Maisfeldern haben zur Parametrisierung und Überprüfung lokaler Modelle viele Detailinformationen erbracht. Wichtige

H. Reuter (✉)
Zentrum für Umweltforschung (UFT), Abt. 10 (Ökologie), Universität Bremen, 28334 Bremen, Deutschland

Leibniz-Zentrum für Marine Tropenökologie (ZMT), Fahrenheitstr. 6, 28359 Bremen
e-mail: hauke.reuter@zmt-bremen.de

B. Breckling et al. (eds.), *GeneRisk*, Umweltnatur- & Umweltsozialwissenschaften, DOI 10.1007/978-3-642-23433-0_4,

Randbedingungen, die das Ausmaß des Genflusses im Einzelfall beeinflussen sind u.a.

- Bodenbedingungen und Bodenqualität,
- Exposition (Himmelsrichtung der Hangneigung),
- Aussaatzeitpunkt,
- Niederschlagsverteilung von der Aussaat bis zur Blüte,
- Temperatursummen von der Aussaat bis zur Blüte,
- Sorteneigenschaften (u. a. Ausprägungsgrad der Protandrie – d. h. Reifung der männlichen Blüten vor den Weiblichen)

Die genannten Einflussgrößen wirken auf den Beginn der Blüte, die Blühdauer und die Überschneidung von Blühzeiträumen. Die Überschneidung der Blühdauer zwischen den Feldern im Bereich der möglichen Pollentransferdistanz ist eine wichtige Rahmenbedingung. Während der Blühperiode wirken viele auch kurzfristig variable Größen, die den Umfang von Befruchtungsereignissen beeinflussen. Dies sind insbesondere

- Temperatur während der Blüte in hoher zeitlicher Auflösung,
- Windintensität und Windrichtung während der Blüte in sehr hoher zeitlicher Auflösung,
- Luftfeuchtigkeit bzw. Sättigungsdefizit (beeinflusst die Lebensdauer des Pollens),
- Sonnenscheindauer bzw. Niederschlagsereignisse (beeinflussen das Ausmaß und die zeitliche Verteilung der Pollenschüttung).

Die Ausschüttung der windgetragenen Pollen erfolgt tagesperiodisch mit einem Schwerpunkt in den Morgenstunden und während des Vormittags. Die Weite der Pollenverbreitung hängt stark von den kleinräumigen Verhältnissen ab. Die Variabilität der Einflussgrößen für die jeweils einzelnen Felder bzw. die Mais-Bestände in der betrachteten Region ist maßgeblich für den Umfang des Genflusses und seiner hohen kleinräumigen Veränderlichkeit. Als wesentliche modulierende Größen wirken fernerhin

- Distanzen der Felder,
- Größen der Felder bzw. deren Geometrie, insbesondere das Verhältnis von Umfangslänge und Flächengröße sowie die
- Oberflächenrauhigkeit der Umgebung (Hecken, u. a.).

Die Aufzählung dieser Faktoren legt nahe, dass der Informationsbedarf für eine präzise Modelldarstellung, welche die Situation eines Einzelfeldes abbildet, sehr erheblich ist. Dies ist einer der Gründe, die zu einer Konzentration des wissenschaftlichen Interesses auf kleinräumige Verhältnisse beigetragen haben – die Erfassung der bestimmenden Parameter für sehr große Räume erscheint praktisch nicht möglich. Die empirisch beobachtete hochgradig ausgeprägte Variabilität des

Genflusses im Modell anhand der sie beeinflussenden Größen für eine große Zahl von Einzelfällen im Detail modellhaft nachzubilden, scheint nahezu ausgeschlossen. Die Einflussgrößen wirken teils gleichsinnig (Abweichungen in eine Richtung verstärkend), teils gegensinnig (einander kompensierend). Häufig wurden in Fällen, die weitgehend ähnliche experimentelle Randbedingungen aufwiesen, Unterschiede von zwei oder sogar mehr Zehnerpotenzen hinsichtlich der Größe des Genflusses beobachtet (Bannert und Stamp 2007, Della Porta et al. 2006). Selbst retrospektiv, wenn die Wetterbedingungen bekannt sind, ist es praktisch nicht durchführbar, für jedes einzelne Feld einer Region die lokalen Besonderheiten zu modellieren. Damit wird es verständlich, warum die bisherigen Modellansätze Areale von maximal etwa $10 \times 10\ \mathrm{km}^2$ darstellen können (Angevin et al. 2008). Für diesen Bereich sind wichtige Steuergrößen im Prinzip erhebbar. Eine Übertragung der Ergebnisse auf größere Raumausschnitte gelingt aber nicht, wenn dazu eine möglichst genaue Adaptation an die lokalen Einzelfälle angestrebt wird.

Dennoch ist es möglich, trotz der schwierigen Datensituation Aussagen für größere Raumeinheiten abzuleiten. Dies gelingt dann, wenn nicht die Einzelfälle betrachtet werden, sondern diese zu einer Gesamtheit zusammengefasst werden. Es ist eine häufig anzutreffende Situation, dass – obwohl im Einzelfall ein genaues Resultat schwer vorhersagbar ist – sich für Gesamtheiten, für größere Fallzahlen, verhältnismäßig gute Näherungswerte ableiten lassen. Dies ist die Grundlage statistischer Vorgehensweisen: das Ergebnis *eines* Wurfs mit einem Würfel ist praktisch nicht vorherzusagen. Für eine größere Zahl von Würfen jedoch kann die Verteilung der Ergebnisse um so genauer vorhergesagt werden, je größer die Anzahl der Würfe ist.

Ein regionaler Ansatz erfordert ein Vorgehen, das darauf abzielt, mittlere Erwartungswerte abzuleiten und so vom Einzelfall (hier: dem Einzelfeld) zu abstrahieren. Dazu ist eine Konzentration auf zwei Aspekte erforderlich: die zu erwartenden Mittelwerte und die zu beobachtende Streuung. In einem längeren Prozess der Diskussion und Durchsicht der verfügbaren empirischen Datengrundlage wurde von uns der folgend dargestellte Ansatz entwickelt.

4.2 Modell-Datengrundlage: Räumliche Anordnung und Größe der Felder

Als grundlegend für das Genfluss-Potenzial wird die regionale Geometrie angesehen, die durch die Lage (die Koordinaten des Feld-Mittelpunktes) und die Größe der Maisfelder bestimmt ist. Diese Informationen bilden den zentralen Teil der erforderlichen Eingabegrößen unseres Modells. Diese Information ist auch für größere Räume erhebbar. Als Datenquellen kommen u. a. Satellitenbilder in Frage (Breckling et al. 2011, Kleppin 2010). Aus der regionalen bzw. lokalen Agrarstatistik können auch Proxy-Größen abgeleitet werden, welche es gestatten, die Lokalität von Einzelfeldern und zugehörigen Größen so zu bestimmen, dass sie zu bekannten Verteilungen für die Region analog sind. Das Modell abstrahiert dabei von vielen kleinräumig variierenden landschaftlichen Besonderheiten. Zu nennen wären der Grad der Offenheit der Landschaft bzw. Baumbestand, strömungsmechanische Hindernisse oder besondere geomorphologische Gegebenheiten. Diese und weitere Faktoren gehen bei regionaler Betrachtung nur implizit in die zugrunde zu legende Variabilität ein. Untersuchungen der Strömungsdynamik bei der Pollenverdriftung sprechen dafür (z. B. Hofmann et al. 2008, Kuparinen et al. 2007), dass Hindernisse die Verbreitung von Pollen weniger stark beeinflussen, als intuitiv angenommen werden könnte. Sie gehen ferner implizit mit ein, wenn die Gesamtheit der verfügbaren Messungen betrachtet wird.

Die Geometrie der Felder beeinflusst auf lokaler Ebene die Ergebnisse des Genflusses stark. Bei regionaler Betrachtung mitteln sich die Einflüsse unterschiedlicher Feldgeometrien aber weitgehend aus. Die Feld-Geometrien wurden daher in einer weitestgehend vereinfachten Form modelliert. Zugrunde gelegt sind jeweils die Zentroide (Schwerpunkte) der einzelnen Felder und deren jeweilige Gesamtgröße, ohne die Form jeweils besonders zu berücksichtigen. Das führt tendenziell zu einer Unterschätzung des Genflusses, da starke Abweichungen von einer kompakten Geometrie einen höheren Austausch mit der Umgebung ermöglichen würden. Eine konservative Abschätzung ist aber erwünscht. Die zweite entscheidende Information ist die Gesamtheit der bisher verfügbaren Information über durchgeführte Versuche zur Quantifizierung des Genflusses, die synoptisch ausgewertet werden können.

4.3 Modell-Datengrundlage: Dispersal-Kernel

Die vorhandenen Genfluss-Untersuchungen, die wissenschaftlich dokumentiert sind, wurden auf ihre Qualität und Eignung hin überprüft und die Daten in einem sogenannte *Dispersal-Kernel* zusammengefasst. Ein Dispersal-Kernel gibt den quantitativen Zusammenhang zwischen der Distanz zweier Felder und dem Umfang des auftretenden Genflusses als Durchschnittsgröße an, die in der betrachteten Region zugrunde gelegt werden soll. Ferner ist eine Angabe über die zu erwartende Streuung erforderlich. Die Größenverhältnisse der Felder erlauben eine Spezifizierung des Verhältnisses von im Feld selbst gebildetem Pollen zu extern eingetragenen Pollen aus der Umgebung. Diese Informationen können aus verfügbaren empirischen Daten abgeleitet werden.

Zur Erstellung eines Modells wurde eine systematische Datenevaluation vorgenommen. Die in Tabelle 4.1 zusammengestellten Studien waren zur Zeit der Modellentwicklung verfügbar. Sie wurden ausgewählt aufgrund der genauen Dokumentation der Versuchsbedingungen. Für die Modellbildung waren dennoch nicht alle gleichermaßen geeignet, da zum Teil die methodischen Unterschiede zu groß waren. Daher konnte nur eine Teilmenge von 11 Studien für die Parametrisierung des Dispersal-Kernels verwendet werden. Dieser gibt für ein Feld an, welche befruchtungswirksame Pollenmenge im Mittel auf ein Nachbarfeld bei gegebenem Abstand übertragen wird. Zusätzlich wird die Streuung ausgewertet.

Tabelle 4.1 Zusammenstellung der wichtigsten Studien zur Quantifizierung des Genflusses zwischen Maisfeldern. Die fett hervorgehobenen Studien wurden zur Erstellung des Dispersal-Kernels verwendet. Zur weiteren Beschreibung siehe auch Reuter et al. (2008)

Nr.	Bezeichnung / Autoren. Experiment	Quellen
1	**Bannert 2006**	**Bannert M (2006) Simulation of transgenic pollen dispersal by use of different grain colour maize. Dissertation Eidgenössische Technische Hochschule Zürich. Nr. 16508** Bannert M, Stamp P (2007) Cross-pollination of maize at long distance. Eur J Agron 27:44–51
2	Burris 2001	Burris JS (2001) Adventitious pollen intrusion into hybrid maize seed production fields. Representing the Association of Official Seed Certifying Agencies. Funded by USDA/FAS/ICD/RSED/ASTA
3	Byrne und Fromherz 2003	Byrne PF, Fromherz S (2003) Can GM and non-GM crops exist? Setting a precedent in Boulder County, Colorado, USA. Food, Agric Environ 1:258–261
4	Das 1987	Das KGS (1987) Vicinity distance studies of hybrid seed production in maize (Zea mays L.) at Bangalore. Mysore J Agric Sci 20:340
5	**Della Porta et al. 2006**	**Della Porta G, Ederle D, Bucchini L, Prandi M, Pozzi C, Verderio A (2006) Gene flow between neighboring maize fields in the Po Valley: a fact-finding investigation regarding coexistence between conventional and non-conventional maize farming in the region of Lombardy, Italy. Report, Centro Documentazione Agrobiotechnologie, Milan, Italy**
6	**Eder 2006**	**Eder J (2006) Bericht zum Erprobungsanbau mit gentechnisch verändertem Mais in Bayern 2005, Schriftenr. der Bayrischen Landesanstalt für Landwirtschaft, Freising-Weihstephan**
7	**Fabie 2004**	**Fabie A (2004) Research on coexistence in the field. French experiments for maize. COPA COGECA Colloquy on the co-existence and thresholds of adventitious presence on GMOs in conventional seeds**
8	**Henry et al. 2003**	**Henry C, Morgan D, Weekes R, Daniels R, Boffey C (2003) Farm scale evaluations of GM crops: monitoring gene flow from GM crops to non-GM equivalent crops in the vicinity (EPG 1/5/138). Part I: Forage Maize. Final report, 2000/2003**
9	**Jemison und Vayda 2001**	**Jemison JM Jr, Vayda ME (2001) Cross pollination from genetically engineered corn: wind transport and seed source. AgBioForum 4:87–92**
10	Jones und Brooks 1950	Jones M, Brooks J (1950) Effectiveness of distance and border rows in preventing outcrossing on corn. Okla Agr Exp Sta Tech Bull 38
11	Luna et al. 2001	Luna S, Figueroa J, Baltazar MB, Gomez MR, Townsend LR Schoper JB (2001) Maize pollen longevity and distance isolation requirements for effective pollen control. Crop Sci Soc Am 41:1551–1557
12	**Ma et al. 2004**	**Ma BL, Subedi KD, Reid LM (2004) Crop ecology, management & quality. Extent of cross-fertilization in maize by pollen from neighboring transgenic hybrids. Crop Sci Soc Am 44:1273–1282**
13	**Mele 2004**	**Melé E (2004) Spanish study shows that coexistence is possible. Agricultural Biotechnology International Conference ABIC 3:2**

Tabelle 4.1 (Fortsetzung)

Nr.	Bezeichnung / Autoren. Experiment	Quellen
14	Narayanaswamy et al. 1997	Narayanaswamy S, Jagadish GV, Ujinaiah US (1997) Determination of isolation distance for hybrid maize seed production. Curr Res (University of Bangalore) 26:193–195
15	**Ortega Molina 2004a**	**Ortega Molina J (2004) Results of the studies into the coexistence of genetically modified and conventional maize. COPA-COGECA colloquium on the co-existence and thresholds of adventitious presence on GMOs in conventional seeds**
16	**Ortega Molina 2004b**	**Ortega Molina J (2004) Results of the studies into the coexistence of genetically modified and conventional maize. COPA-COGECA colloquium on the co-existence and thresholds of adventitious presence on GMOs in conventional seeds**
17	Paterniani und Stort 1974	Paterniani E, Stort AC (1974) Effective maize pollen dispersal in the field. Euphytica 23:129–134.
18	Salamov 1940	Salamov A (1940) About isolation in corn. Sel. I. Sem. 3 (zit. n. Devos et al. 2005)
		Devos Y, Reheul Y, De Schrijver A (2005) The co-existence between transgenic and nontransgenic maize in the European Union: a focus on pollen flow and cross-fertilization. Environ Biosaf Res 4:71–87
19	**Weber et al. 2005**	**Weber WE, Bringezu T, Broer I, Holz F, Eder J (2005) Koexistenz von gentechnisch verändertem und konventionellem Mais. mais – Die Fachzeitschrift für den Maisanbauer. Sonderdruck 1+2/2005**

Das Modell wurde so implementiert, dass der Kernel bei Modellläufen jeweils aus bereit gestellten Eingabedaten neu berechnet werden kann. Dies ermöglicht eine schnelle Adaptation des Modells an neue Ergebnisse und erleichtert Szenario-Rechnungen mit veränderten Annahmen. In Abb. 4.1 sind die Werte aller ausgewerteten Studien dargestellt. Es wird eine erhebliche Heterogenität deutlich. Der zeitliche Unterschied in der Reifung der männlichen und der weiblichen Blüten ist bei den heutigen Hochleistungssorten im Vergleich zu den älteren Sorten weniger ausgeprägt. Dies reduziert im Vergleich zu den früher angebauten Sorten den Einfluss von Fremdpollen.

Abbildung 4.2 zeigt den quantitativen Zusammenhang, der dem verwendeten Kernel zugrunde liegt.

Als die zentralen Größen für regionale Abschätzungen ergeben sich die lokale Anbaudichte und die Feldgrößenverteilung im Zusammenwirken mit der Distanzfunktion und Streuung, die der Dispersal-Kernel enthält. Bei der Berechnung des Modells werden alle wechselseitigen Einflüsse zwischen Feldern aufsummiert, wobei jedes Feld sowohl als Quell- als auch als Zielfeld für alle anderen Felder

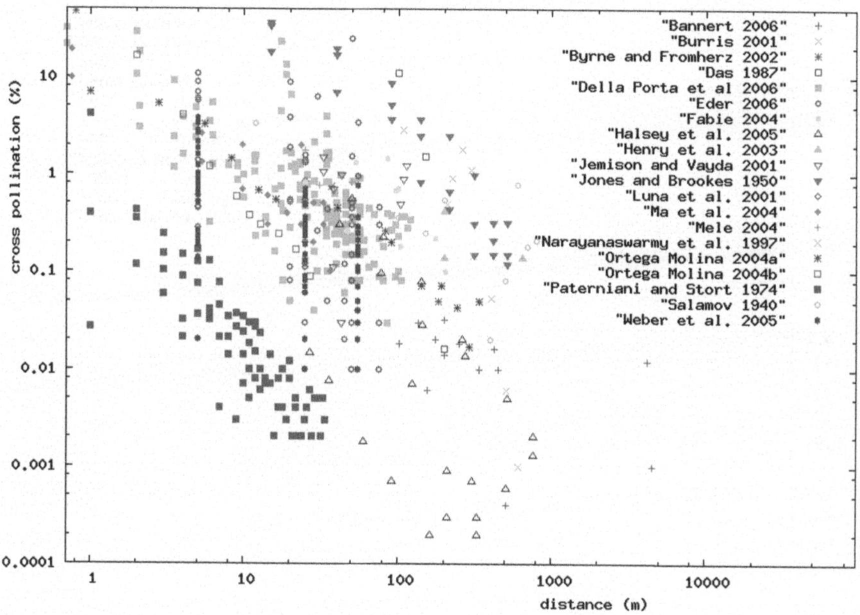

Abb. 4.1 Die in der wissenschaftlichen Literatur verfügbaren Zusammenhänge zwischen Genfluss und Entfernung zwischen Quell- und Zielfeldern. Dargestellt sind die in Tabelle 4.1 aufgeführten Studien

innerhalb einer festzulegenden maximalen Distanz zur Pollenübertragung fungiert (Abb. 4.3). Das Modell leistet also lediglich die Herstellung eines Bezuges zwischen dem empirisch ermittelten mittleren zu erwartenden Genfluss eines einzelnen Feldes zu einem anderen sowie dem Genfluss, der regional zu erwarten ist, wenn die vorgenannte Beziehung auf alle Felder einer Region angewendet wird, wobei jedes Feld sowohl als Quell- als auch als Zielfeld fungiert.

Hierbei muss noch eine wichtige zusätzliche Annahme gemacht und in Form von Szenarien untersucht werden. Bei den Studien wurde die Blühsynchronität berücksichtigt. Sofern hierzu Angaben gemacht waren, wurde eine entsprechende Umrechnung auf 100% Synchronität durchgeführt.

Für die Modellrechnungen kann nicht angenommen werden, dass auf regionaler Skala alle Felder synchron blühen. Da diese Größe regional schwer zu ermitteln ist, wurden unterschiedliche Szenario-Annahmen gemacht, die ein mittleres Blühfenster sowie ein wahrscheinlich zu großes und ein zu enges Blühfenster annehmen. Der für unterschiedliche Überlappungen der Blühfenster ermittelte Genfluss kann dann verglichen werden. Da in Deutschland Mais in einem relativ engen Zeitfenster nach dem letzten zu erwartenden Frost (Ende April, Anfang Mai) gesät wird, kann von auch einem relativ engen Zeitfenster ausgegangen werden, in welchem die Blüte in einer bestimmten Region erfolgt.

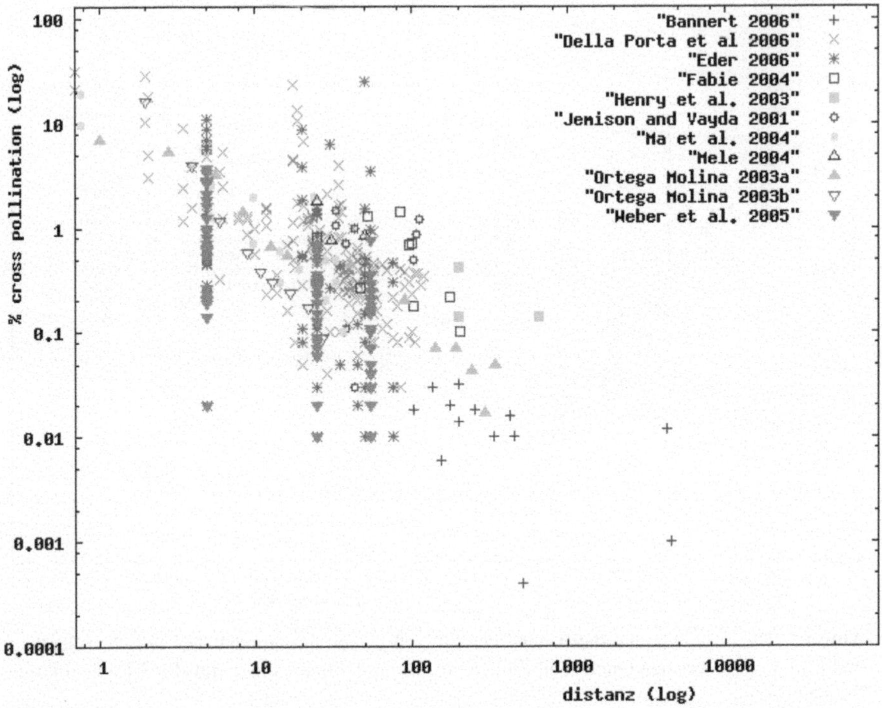

Abb. 4.2 die für den Dispersal Kernel verwerteten Studien (in Tabelle 4.1 fett hervorgehoben)

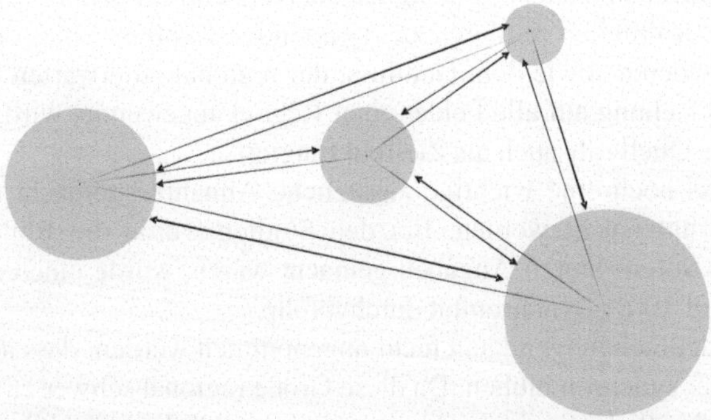

Abb. 4.3 Jedes Feld wirkt im Modell als Quell- und als Zielfeld. Die Aufsummierung des Genflusses zwischen den Feldern erlaubt eine Abschätzung des regionalen Genflusses. Als zusätzliche Annahme wurde für die Modellrechnungen die Blühsynchronität variiert und nur der Teil des potenziellen Genflusses summiert, der im überlappenden Teil der Blühfenster der Felder innerhalb einer maximalen Übertragungsdistanz erfolgt

4.4 Implementation

Das Modell wurde in der Programmiersprache SIMULA (Dahl 1968) erstellt und mit Hilfe des CIM Compilers (Rechenzentrum der Universität Oslo) nach C übersetzt. Der ausführbare Code wurde mit dem GNU C-Compiler erstellt und unter dem SUSE LINUX Betriebssystem ausgeführt. Das Post Processing erfolgte mit Open Office 3 sowie Microsoft Excel. Die kartographische Darstellung der Modellierungsergebnisse erfolgte anschließend in ArcGIS 9.3 der Fa. ESRI.

Für das Modell wurde die Bezeichnung MaMo gewählt.

Zitierte Literatur

Angevin F, Klein EK, Choimet C, Gauffreteau A, Lavigne C, Messean A, Meynard JM (2008) Modelling impacts of cropping systems and climate on maize cross-pollination in agricultural landscapes: the MAPOD model. Eur J Agron 28:471–484

Bannert M (2006) Simulation of transgenic pollen dispersal by use of different grain colour maize. Dissertation Eidgenössische Technische Hochschule Zürich. Nr. 16508

Bannert M, Stamp P (2007) Cross-pollination of maize at long distance. Eur J Agron 27:44–51

Breckling B, Laue H, Pehlke H (2011) Remote sensing as a data source for up-scaling the effects of genetically modified plants in agriculture – oilseed rape (*Brassica napus*) in Northern Germany. Ecological Indicators 11(4):942–950. doi:http://dx.doi.org/10.1016/j.ecolind.2009.03.003

Burris JS (2001) Adventitious pollen intrusion into hybrid maize seed production fields. Representing the Association of Official Seed Certifying Agencies. Funded by USDA/FAS/ICD/RSED/ASTA

Byrne PF, Fromherz S (2003) Can GM and non-GM crops exist? Setting a precedent in Boulder County, Colorado, USA. Food Agric Environ 1:258–261

Dahl OJ (1968) Simula 67 common base language (Norwegian Computing Centre Publication. Oslo, ISBN:B0007JZ9J6

Das KGS (1987) Vicinity distance studies of hybrid seed production in maize (Zea mays L.) at Bangalore. Mysore J Agric Sci 20:340

Della Porta G, Ederle D, Bucchini L, Prandi M, Pozzi C, Verderio A (2006) Gene flow between neighboring maize fields in the Po Valley: a fact-finding investigation regarding coexistence between conventional and non-conventional maize farming in the region of Lombardy, Italy. Report, Centro Documentazione Agrobiotechnologie, Milan, Italy

Devos Y, Reheul Y, De Schrijver A (2005) The co-existence between transgenic and nontransgenic maize in the European Union: a focus on pollen flow and cross-fertilization. Environ Biosaf Res 4:71–87

Eder J (2006) Bericht zum Erprobungsanbau mit gentechnisch verändertem Mais in Bayern 2005, Schriftenr. der Bayrischen Landesanstalt für Landwirtschaft, Freising-Weihstephan

Fabie A (2004) Research on coexistence in the field. French experiments for maize. COPA COGECA Colloquy on the co-existence and thresholds of adventitious presence on GMOs in conventional seeds

Henry C, Morgan D, Weekes R, Daniels R, Boffey C (2003) Farm scale evaluations of GM crops: monitoring gene flow from Gm crops to non-GM equivalent crops in the vicinity (EPG 1/5/138). Part I: Forage Maize. Final report, 2000/2003

Hofmann F, Janicke L, Janicke U, Wachter R, Kuhn U (2008) Modellrechnungen zur Ausbreitung von Maispollen unter Worst-Case Annahmen mit Vergleich von Freilandmessdaten. Gutachten für das Bundesamt für Naturschutz (47 S.) http://www.bfn.de/fileadmin/MDB/documents/service/Hofmann_et_al_2009_Maispollen_WorstCase_Modell.pdf

Jemison JM Jr, Vayda ME (2001) Cross pollination from genetically engineered corn: wind transport and seed source. AgBioForum 4:87–92

Jones M, Brooks J (1950) Effectiveness of distance and border rows in preventing outcrossing on corn. Okla Agr Exp Sta Tech Bull 38

Klein EK, Lavigne C, Foueillassar X, Gouyon PH, Laredo C (2003) Corn pollen dispersal: quasi-mechanistic models and field experiments. Ecol Monogr 73:131–150

Kleppin L (2010) WebGIS-Implementierung und Fernerkundung für Umweltmonitoring und Koexistenzregelungen in Agrarlandschaften mit Anbau gentechnisch verändertem Mais. Dissertation, Universität Vechta, Vechta

Kuparinen A, Schurr F, Tackenberg O, O'Hara R (2007) Air mediated pollen flow from genetically modified to conventional crops. Ecol Appl 17(2):431–440. doi:10.1890/05-1599

Lipsius K, Wilhelm R, Richter O, Schmalstieg KJ, Schiemann J (2007) Meteorological input data requirements to predict cross-pollination of GMO Maize with Lagrangian approaches. Environ Biosaf Res 5:151–168

Luna S, Figueroa J, Baltazar MB, Gomez MR, Townsend LR, Schoper JB (2001) Maize pollen longevity and distance isolation requirements for effective pollen control. Crop Sci Soc Am 41:1551–1557

Ma BL, Subedi KD, Reid LM (2004) Crop ecology, management & quality. Extent of cross-fertilization in maize by pollen from neighboring transgenic hybrids. Crop Sci Soc Am 44:1273–1282

Melé E (2004) Spanish study shows that coexistence is possible. Agricultural Biotechnology International Conference ABIC 3:2

Narayanaswamy S, Jagadish GV, Ujinaiah US (1997) Determination of isolation distance for hybrid maize seed production. Curr Res (University of Bangalore) 26:193–195

Ortega Molina J (2004) Results of the studies into the coexistence of genetically modified and conventional maize. COPA-COGECA colloquium on the co-existence and thresholds of adventitious presence on GMOs in conventional seeds

Paterniani E, Stort AC (1974) Effective maize pollen dispersal in the field. Euphytica 23:129–134

Reuter H, Böckmann S, Breckling B (2008) Analysing Cross-pollination studies in maize. In: Breckling B, Reuter H, Verhoeven R (eds) Implications of GM crop cultivation at large spatial scales. Theorie in der Ökologie 14, Peter Lang, Frankfurt, pp 47–52

Salamov A (1940) About isolation in corn. Sel. I. Sem. 3 (in Devos et al. 2005)

Weber WE, Bringezu T, Broer I, Holz F, Eder J (2005) Koexistenz von gentechnisch verändertem und konventionellem Mais. mais – Die Fachzeitschrift für den Maisanbauer. Sonderdruck 1+2/2005

Kapitel 5
Anwendung des Modells MaMo zur Abschätzung des regionalen Genflusses bei Mais

Broder Breckling, Hauke Reuter, Claudia Bethwell, Michael Glemnitz, Karen Höltl, Angelika Wurbs, Christiane Eschenbach und Wilhelm Windhorst

Das Modell MaMo kann je nach Datenverfügbarkeit für Räume mit mehr als 70.000 Feldern angewendet werden. Das Potenzial der Modellanwendungen umfasst damit Skalen von mehreren Quadratkilometern bis zu mehreren 10.000 Quadratkilometern. Modellläufe können sowohl ausgewählte Regionen und Landkreise, aber auch größere Bundesländer abbilden. Im Rahmen des GeneRisk-Projekts wurden von den Verbund-Partnern Datensätze für die räumliche Verteilung der Maisfelder in Brandenburg, Schleswig Holstein und Niedersachsen sowie für Teilgebiete von Hessen und Bayern entwickelt. Dabei hat sich der Datenzugang als ein erhebliches Problem erwiesen. Eine einheitliche, frei verfügbare Grundlage zur Lokalisierung von Maisfeldern in Deutschland stand nicht zur Verfügung, und die verfügbaren Daten waren in den verschiedenen Bundesländer jeweils anders strukturiert. Daher mussten im Hinblick auf eine Vereinheitlichung der Szenario-Bedingungen für die verschiedenen Bundesländer Abstriche gemacht werden. Folgende Szenarien wurden angestrebt:

- Szenarien mit drei Prozentsätzen für den GV-Marktanteil von je 10%, 40% und 70%;
- Einhaltung der Abstandsregelungen (150 m zu benachbarten konventionellen Maisfeldern, 300 m zu ökologischem Anbau von Mais sowie 1.000 m zu Schutzgebieten sofern abbildbar).

Die Datenquellen und ihre Zusammenstellung sind in Kap. 6 im Zusammenhang mit weiteren Auswertungen beschrieben.

B. Breckling (✉)
Lehrstuhl für Landschaftsökologie, Universität Vechta, PF 1553, 49364 Vechta, Deutschland

Zentrum für Umweltforschung und nachhaltige Technologien (UFT), Abt. 10 (Ökologie), Universität Bremen, PF 330440, 28334 Bremen, Deutschland
e-mail: bbreckling@iuw.uni-vechta.de

B. Breckling et al. (eds.), *GeneRisk*, Umweltnatur- & Umweltsozialwissenschaften, DOI 10.1007/978-3-642-23433-0_5, © Springer-Verlag Berlin Heidelberg 2012

5.1 Erläuterung der Darstellungsform der Simulationsergebnisse am Beispiel einer kleineren Region: Kartierte Felder nördlich der Kreisstadt Vechta (Niedersachsen)

Zur Einführung der Form der Ergebnisdarstellung wurde ein Beispiel gewählt, welches gut überschaubar ist, da es eine vergleichsweise geringe Anzahl von Feldern enthält. Kleppin (2010) hatte im Jahr 2009 zur Kalibrierung der Satellitenbildanalyse nördlich der Kreisstadt Vechta (Niedersachsen) in einem zusammenhängenden Gebiet sämtliche Maisfelder aufgesucht und in einem Kartenausschnitt eingetragen (Abb. 5.1). Aus dieser Karte wurden im GIS die Zentroide und die Größe der Felder ermittelt (Abb. 5.2). Für Szenario-Rechnungen wurde eine

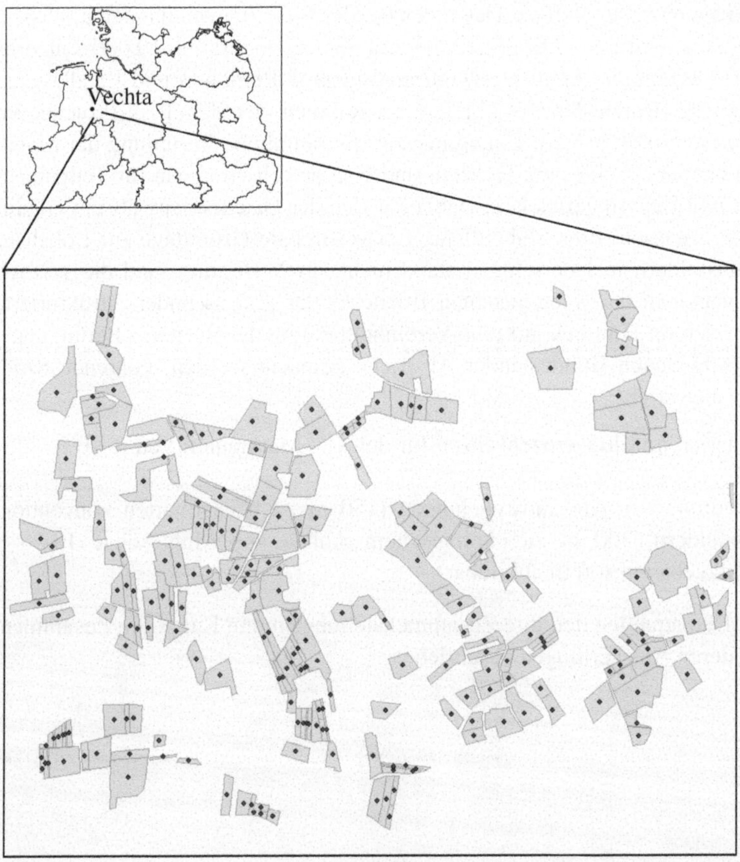

Abb. 5.1 In einem Areal von ca. 12 × 10 km nördlich der Niedersächsischen Kreisstadt Vechta wurden 2010 in einer Schlagkarte die Maisfelder markiert und als Grundlage für die Simulation verwendet. Die Punkte markieren die Lage der Feld-Zentroide. Ca. 230 Felder wurden in dem Areal lokalisiert

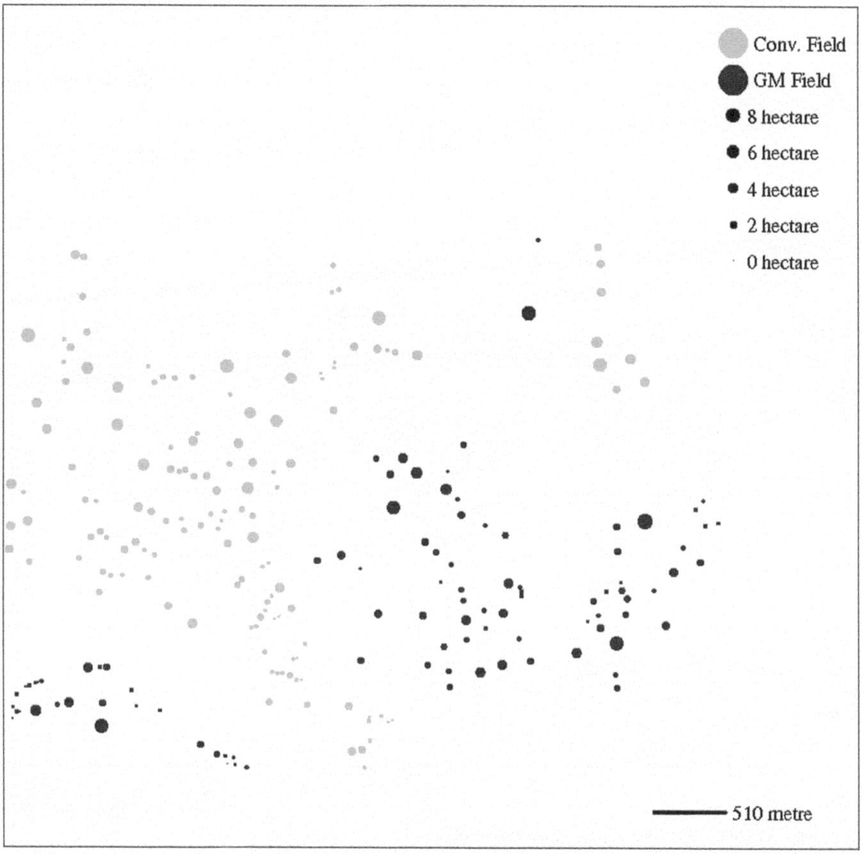

Abb. 5.2 Den Zentroiden der Maisfelder nördlich von Vechta wurden unter Einhaltung des Segregationsabstandes von 150 m entweder GV-Anbau (dunkelgrau) oder konventioneller Anbau (hellgrau) zugeordnet. Da die Dichte der Felder sehr hoch ist, war eine Zuordnung von 40% GV-Anbau nur dann möglich, wenn GV-Felder als zusammenhängende Cluster positioniert wurden

Zuordnung von konventionellem und gentechnisch verändertem Mais so gewählt, dass der Abstand von 150 m von GV- zu konventionellem Anbau eingehalten wurde. Für jedes Feld wurden durch Modellierung mit dem Programm MaMo die Einkreuzung von GV- und konventionellem Pollen berechnet und entsprechende regionale Mittelwerte gebildet (Abb. 5.4). Zur orientierenden Übersicht wurde der Genfluss auch grafisch dargestellt. Dazu wurde für konventionelle Felder der Anteil des GV-Eintrags als vertikaler Balken gezeichnet und logarithmisch skaliert. Für GV-Felder wurde mit anderem Farbwert der Eintrag von konventionellem Pollen und entsprechender Befruchtung dargestellt (Abb. 5.3).

Dieses Schema wurde für die Darstellung der landesweiten Studien entsprechend beibehalten.

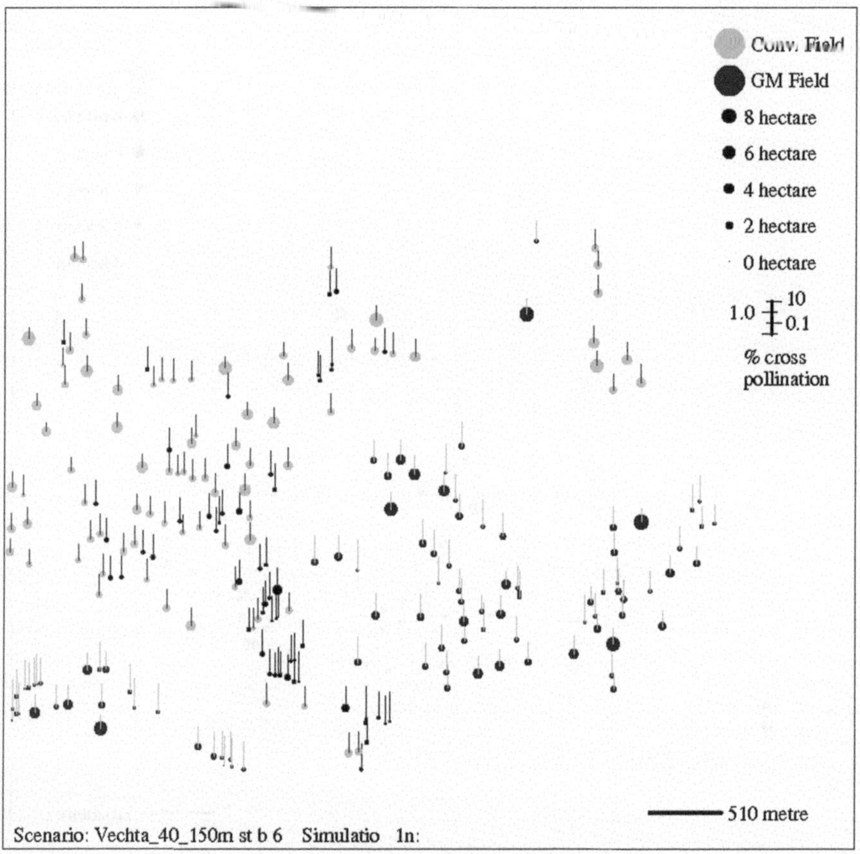

Abb. 5.3 Zur Kontrolle des Simulationslaufs wurde der als Simulationsergebnis ermittelte Genfluss pro Feld als Balken mit logarithmischer Skalierung eingetragen. Der Genfluss von konventionellem Mais in GV-Bestände ist hellgrau dargestellt, der Genfluss von GV-Mais in konventionelle Bestände als dunkelgrauer Balken. Die Skalierung ist in der Legende rechts oben dargestellt. Aufgrund des regional orientierten Ansatzes wurden aus den so erhaltenen Werten durch Mittelwertbildung Abschätzungen für die Region abgeleitet. Die grafische Darstellung dient als orientierende Übersicht

Abb. 5.4 (Fortsetzung) des Blühzeitraumes +/− 18 Tage beträgt. In dieser Variante ist der Genfluss vergleichsweise geringer. Bei der Variante *b* 6d wird eine Abweichung des Blühbeginns von +/− 6 Tagen angenommen. Die Variante *c* 1d repräsentiert eine nahezu vollständige Synchronität des Blühzeitraumes mit nur +/− einem Tag Standardabweichung. Die Szenario-Untersuchung verdeutlicht, dass in einem Gebiet mit hoher Maisanbaudichte bei Vorherrschen von kleinen, eng benachbarten Feldern ein signifikantes Risiko bestehen kann, sodass auch bei Einhaltung des Mindestabstandes Überschreitungen des Kennzeichnungsgrenzwertes resultieren

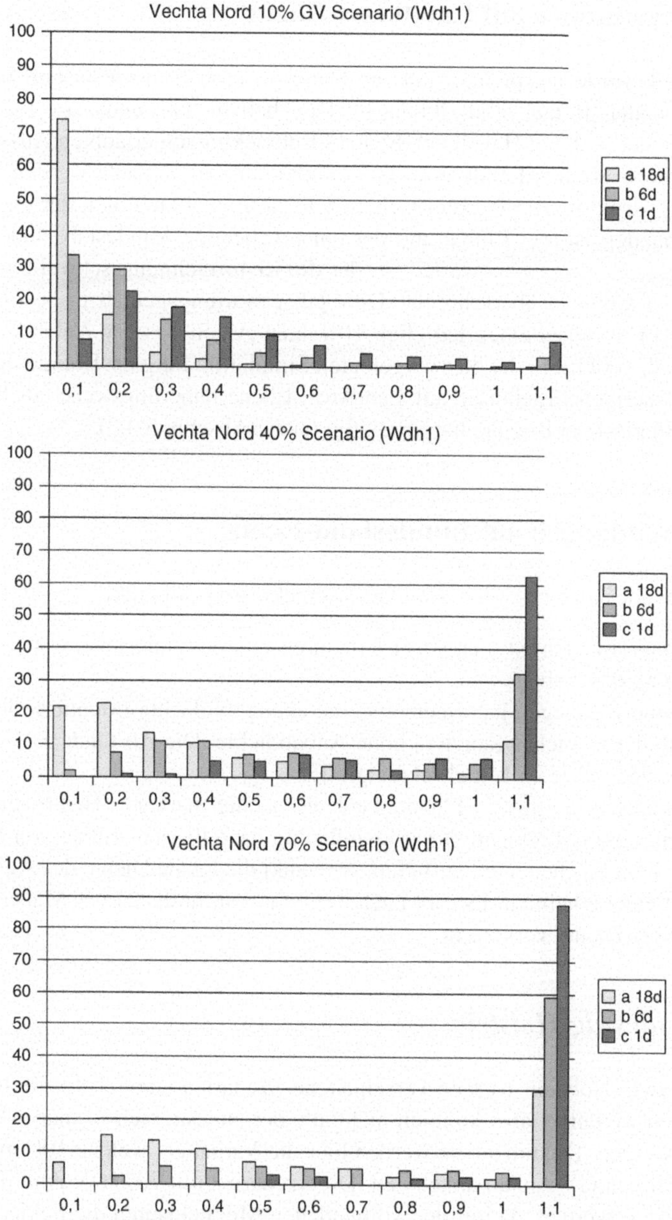

Abb. 5.4 Die Resultate der verschiedenen Szenarien mit GV-Anteilen von 10, 40 und 70% sind als Säulendiagramme dargestellt. Auf der X-Achse sind die Häufigkeitsklassen der Einkreuzung in konventionelle Bestände in 0,1%-Schritten dargestellt. Die letzte Position (1.1) umfasst alle Felder mit Einkreuzungsraten von über 1% GV-Anteil. Die Varianten *a* 18d, *b* 6d und *c* 1d beziehen sich auf die für das Szenario angenommene Standardabweichung des Blühbeginns der Felder vom mittleren Blühbeginn. Es resultiert eine unterschiedlich ausgeprägte Überschneidung der Blühzeiträume. Bei der Variante *a* 18d, wird angenommen, dass die Standardabweichung des Beginns

5.2 Anwendungen auf Landkreis-Ebene

Das Modell wurde beispielhaft auf die Daten in einigen ostdeutschen Landkreisen angewendet (Reuter et al. 2008a, b). Dies betrifft die Landkreise Elbe Elster, Märkisch Oderland und Havelland. Spätere Entwicklungen erlaubten Aussagen für alle brandenburgischen Landkreise. Es konnte plausibel gemacht werden, dass bei großflächig strukturierter Landwirtschaft, wie sie in weiten Teilen der ehemaligen DDR vorhanden ist, bei Einhaltung der entsprechenden Mindestabstände ein nur sehr geringer Genfluss zu erwarten ist, der die Kennzeichnungsschwelle von 0,9% GVO-Anteil kaum je überschreitet. Dies gilt erwartungsgemäß insbesondere für das Szenario, welches einen lediglich 10%-igen Anteil des GV-Anbaus annimmt (Reuter et al. 2008b). In der hier vorgelegten Simulation für ganz Brandenburg wurden die bisherigen Ergebnisse auf Landkreis-Ebene näherungsweise auch für das gesamte Bundesland Brandenburg bestätigt (siehe Abschn. 5.3.2).

5.3 Anwendungen auf Bundesland-Ebene

Für drei Bundesländer werden Simulationsergebnisse präsentiert:

- Schleswig-Holstein ist charakterisiert durch eine vergleichsweise kleinflächige Aufteilung des Anbaus.
- Brandenburg dagegen hat einerseits eine eher großflächig orientierte Landwirtschaft und eine nicht besonders hohe Anbaudichte. Die Abstände zwischen den Feldern sind daher im Mittel relativ groß.
- Niedersachsen als großes Flächenland weist eine markante Heterogenität auf. Während einige Regionen durch kleinflächig parzellierten Anbau von Mais mit erheblichem Flächenanteil auffallen, schwankt die lokale Dichte des Anbaus landesweit ganz erheblich. Es gibt auch Teilregionen, in denen der Maisanbau nur in geringer Dichte vorkommt.

5.3.1 Schleswig-Holstein

Für Schleswig-Holstein wurden verschiedene Szenarien entwickelt, die in Kap. 6 beschrieben werden. Dabei konnten nicht alle der angestrebten Szenario-Varianten realisiert werden. Dokumentiert werden hier die Varianten, welche 10% bzw. 40% Marktanteil von GV-Anbau annehmen. Die Szenarien mit 70% GV-Anteil konnten nicht realisiert werden, da mit den vorhandenen Möglichkeiten die Felder nicht so verteilt werden konnten, dass Kollisionen mit den Zusatzbedingungen vermieden wurden: Insbesondere die Abstandsregelung von 150 m zwischen GV- und konventionellen Feldern sowie ein Abstand von 1.000 m zu Schutzgebieten schränkte den möglichen Marktanteil insoweit ein. Dokumentiert werden hier folgende Szenarien:

- Szenario 1: 10% Marktanteil des GV-Anbaus sowie Berücksichtigung des Abstandes von 150 m zwischen GV- und konventionellem Anbau und einem Abstand zu Schutzgebieten von 1.000 m.

- Szenario 2: 40% Marktanteil des GV-Anbaus sowie Berücksichtigung des Abstandes von 150 m zwischen GV- und konventionellem Anbau und einem Abstand zu Schutzgebieten von 1.000 m.
- (Szenario 3 mit 70% GV-Anteil war nicht realisierbar)
- Szenario 4: Wie Szenario 1, aber ohne Berücksichtigung des Abstandes zu Schutzgebieten.
- Szenario 5: Wie Szenario 2, aber ohne Berücksichtigung des Abstandes zu Schutzgebieten.

Die Anzahl der Maisfelder betrug ca. 22.000 für das gesamte Bundesland.

Die Lokalisierung der GV-Felder und der konventionellen Felder in den Szenarien werden in Abb. 5.5, 5.6, 5.7, und 5.8 dargestellt. Die Abb. 5.9, 5.10, 5.11, und 5.12 zeigen die grafische Veranschaulichung des regionalen Genflusses und Abb. 5.13 und 5.14 die mit der Modellsimulation ermittelte quantitative Situation auf regionaler Ebene.

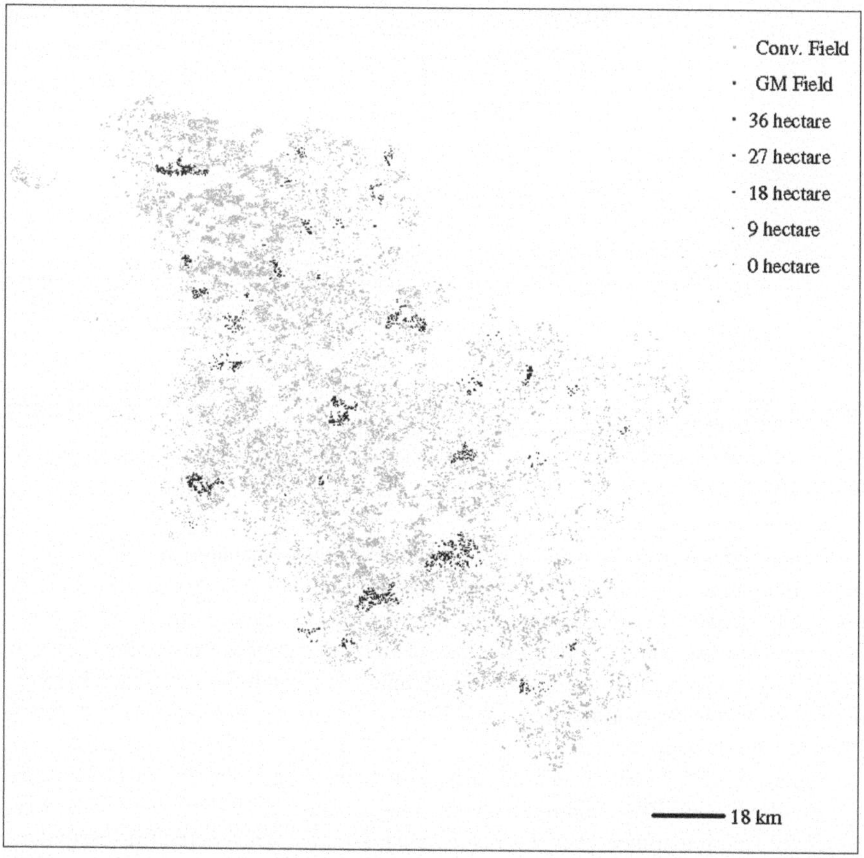

Abb. 5.5 Szenario 1 stellt einen Anteil in Schleswig Holstein von 10% GV-Mais Anbau (dunkelgrau markiert) und 90% konventionellem Mais-Anbau dar (hellgrau markiert). Bei der Zuordnung wurde die Einhaltung eines Sicherheitsabstandes zwischen GV und konventionellem Anbau von 150 m und 1.000 m zu Schutzgebieten berücksichtigt. Aufgrund der Restriktionen ergibt sich ein vergleichsweise stark lokal konzentrierter Anbau

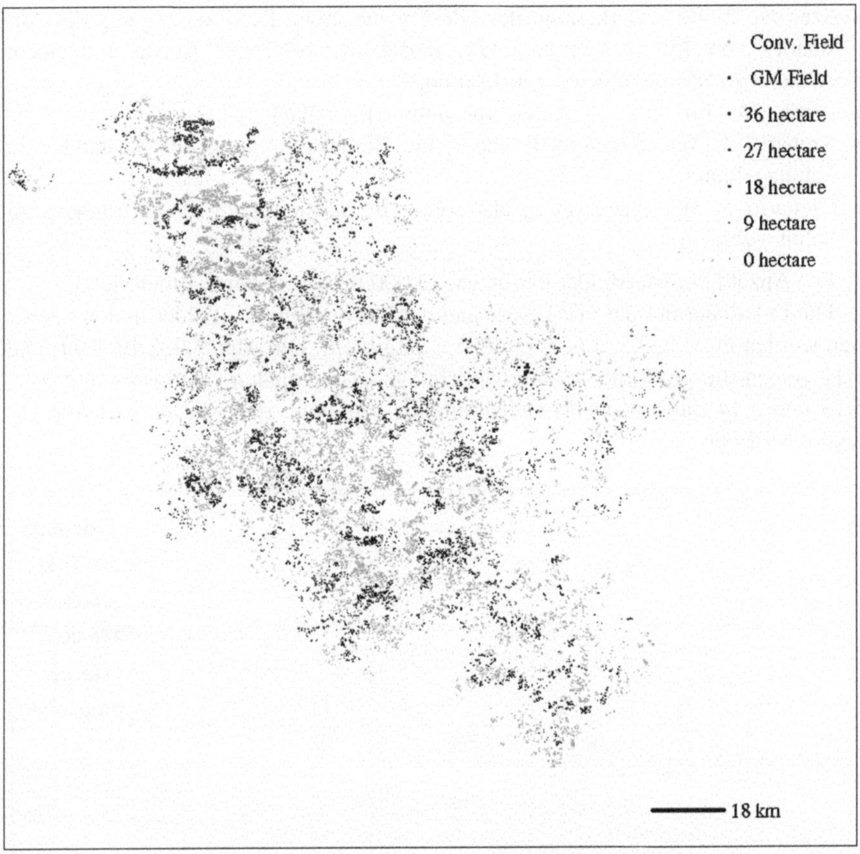

Abb. 5.6 Szenario 2 stellt einen Anteil in Schleswig Holstein von 40% GV-Anbau (dunkelgrau markiert) und 60% konventionellem Mais-Anbau dar (hellgrau markiert). Bei der Zuordnung wurde die Einhaltung eines Sicherheitsabstandes zwischen GV- und konventionellem Anbau von 150 m und 1.000 m zu Schutzgebieten berücksichtigt

Es hat sich gezeigt, dass auch bei Einhaltung eines Abstands von 150 m zwischen konventionellen und GV-Feldern mit einer gewissen Wahrscheinlichkeit zu erwarten ist, dass bei der kleinräumig gegliederten Agrarstruktur in Schleswig-Holstein Genfluss auch oberhalb des Kennzeichnungsgrenzwertes (0,9%) erfolgt. Je nach Szenario-Annahmen und GV-Marktanteil kann sich der Anteil solcher Felder mit kennzeichnungspflichtigem GV-Eintrag im ein- bis niedrigen zweistelligen Prozentbereich bewegen.

Gemäß Abb. 5.14 ist zu erwarten, dass in Schleswig-Holstein ein Prozentsatz von um die 5% bis 15% (minimal: 0,53% in SZ1, maximal 19,07% in SZ5) der Felder GVO-Einkreuzungen über 0,9% aufweisen könnten. Dies betrifft insbesondere kleinere Felder. Die Berechnungen lassen erkennen, dass die Synchronität der Blüte eine wesentliche Rolle spielt. In Szenarien mit ausgeprägter Synchronität (+/− 1 Tag Standardabweichung) sind die höchsten Genflussraten zu verzeichnen.

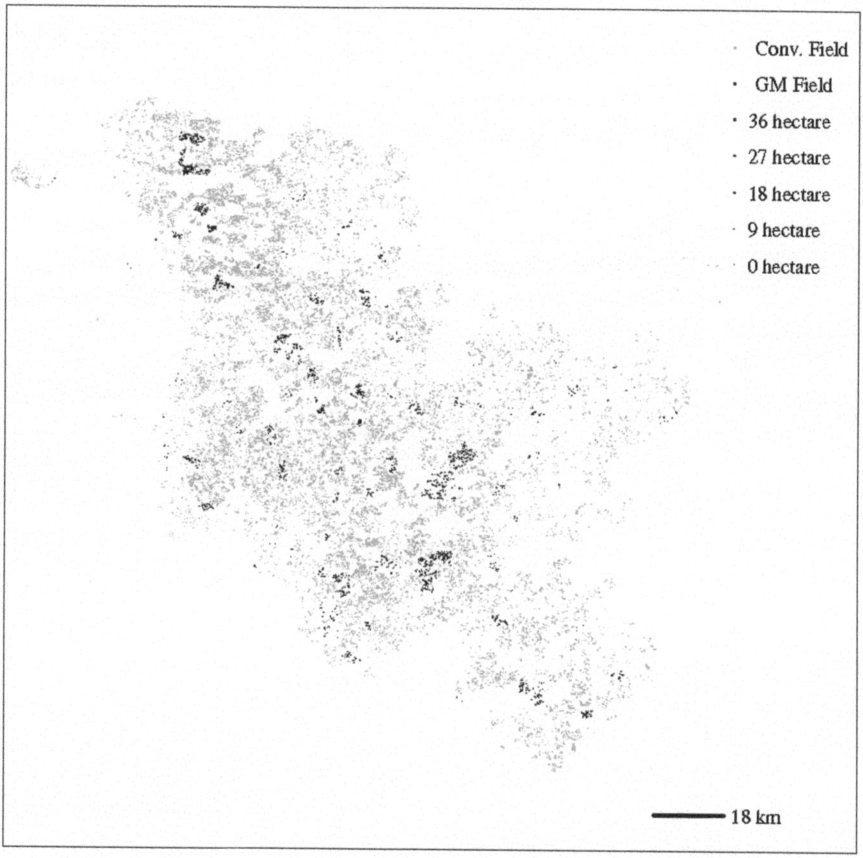

Abb. 5.7 Szenario 4 stellt wie Szenario 1 einen Anteil in Schleswig Holstein von 10% GV-Anbau (dunkelgrau markiert) und 90% konventionellem Mais-Anbau dar (hellgrau markiert). Da hier die Einschränkungen durch Abstände zu Schutzgebieten nicht berücksichtigt wurden, ist der GV-Anbau räumlich weniger eingeschränkt und über einen etwas weiteren Bereich verteilt

Die für Schleswig-Holstein flächendeckende Simulation der GV-Anteile im konventionellen Maiserntegut ergab, dass bei jedem untersuchten Anbauszenario ein bestimmter Anteil auch des konventionellen Ernteguts den Schwellenwert für die Kennzeichnungspflicht überschreiten könnte. Es ist daher möglicherweise von wirtschaftlichen Verlusten für einige Marktteilnehmer schon bei geringen GV-Anteilen an der Gesamtanbaufläche für Mais auszugehen. Die Koexistenzmöglichkeiten verschiedener Bewirtschaftungsformen unterliegen zumindest unter den Bedingungen Schleswig-Holsteins mit seiner typischen kleinstrukturierten Landwirtschaft wahrscheinlich deutlichen Einschränkungen.

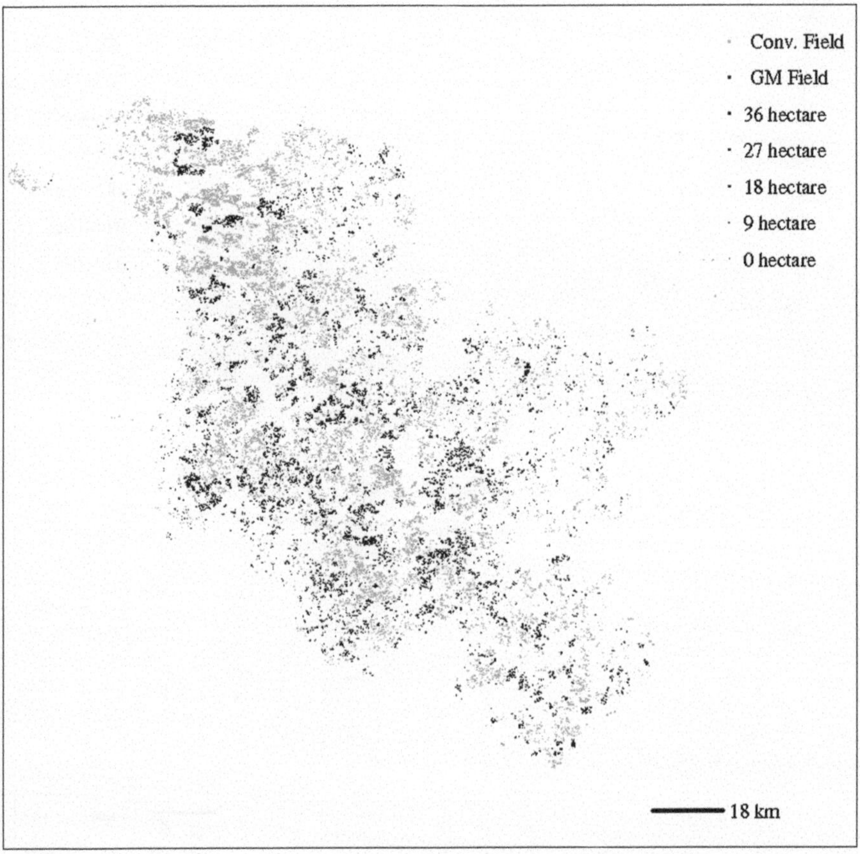

Abb. 5.8 Szenario 5 stellt wie Szenario 2 einen Anteil in Schleswig Holstein von 40% GV-Anbau (dunkelgrau markiert) und 60% konventionellem Mais-Anbau dar (hellgrau markiert). Da in diesem Szenario Abstände zu Schutzgebieten nicht berücksichtigt wurden, ist der GV-Anbau räumlich weniger eingeschränkt und über einen weiteren Bereich verteilt

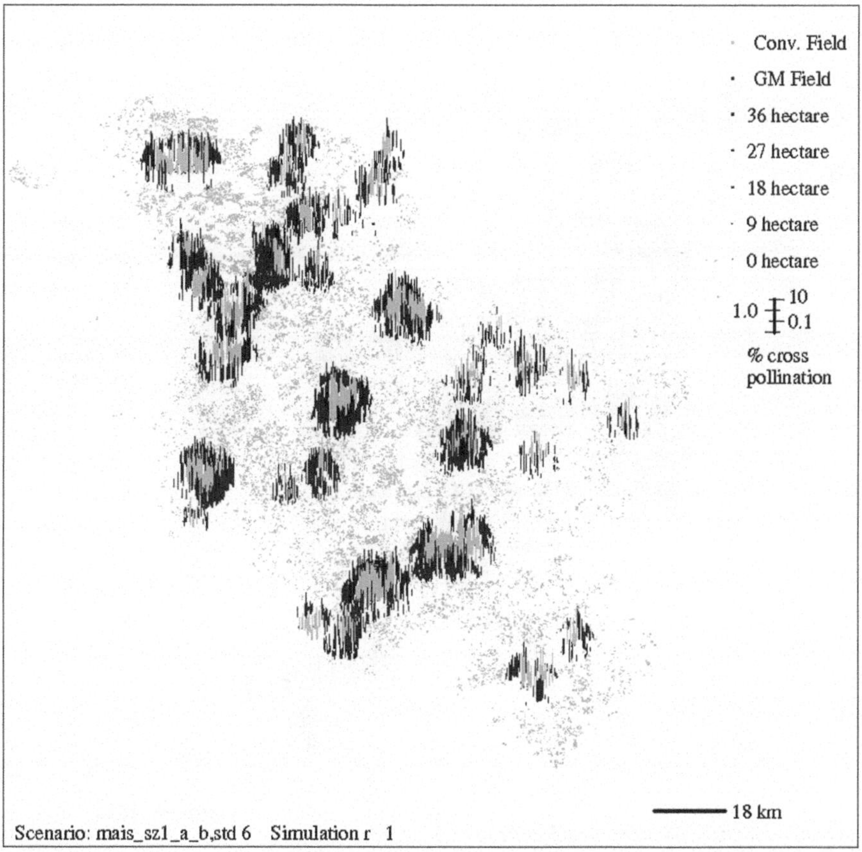

Abb. 5.9 Für das Szenario 1 (10% GV) ergibt sich aufgrund der aufgrund der lokalen Konzentration des GV-Anbaus eine erkennbare Zonierung des Genflusses. Die Regionen, in denen sich der GV-Anbau konzentriert, lassen konventionelle Einkreuzung erkennen (hellgraue Balken). Der konventionelle Anbau in der Umgebung der GV-Cluster weist in erkennbarem Umfang Einkreuzungen von GV-Mais auf (dunkelgraue Balken). Weitere Erläuterung der Darstellungsform siehe Abb. 5.3 (Abschn. 5.1)

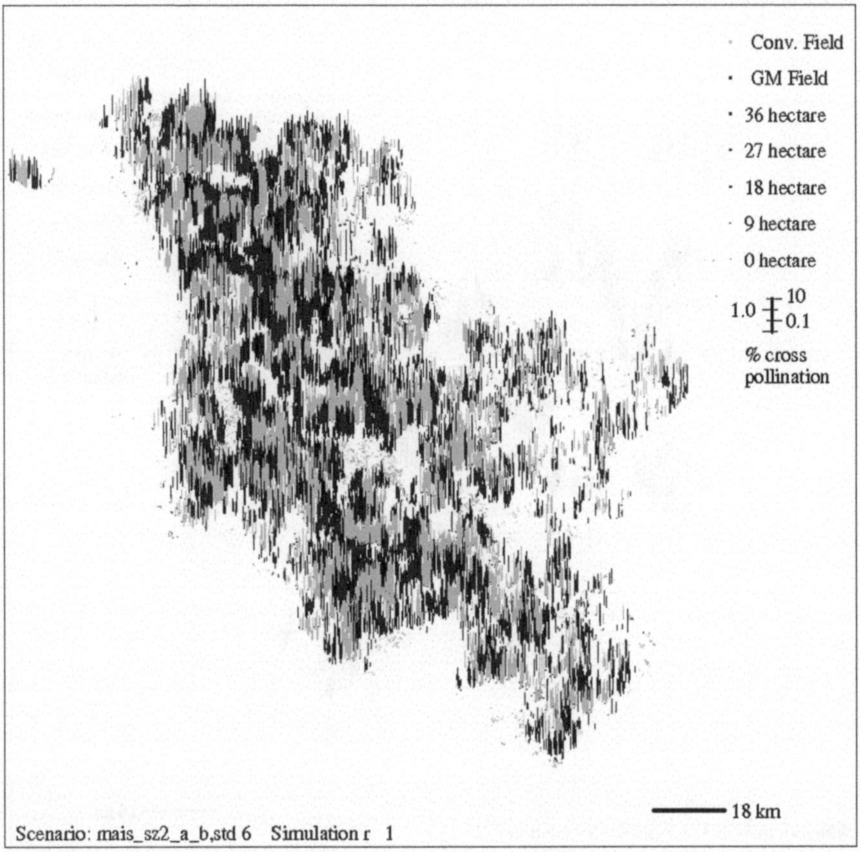

Abb. 5.10 Das Szenario 2 (40% GV-Anbau) lässt eine räumlich wesentlich heterogenere Verbreitung von Einkreuzungen in konventionelle Bestände erkennen. Trotz Einhaltung von Sicherheitsabständen ergibt sich für dieses Szenario ein deutlich erkennbarer Genfluss von GV-Beständen in konventionelle Bestände. Quantitativ ist dies in Abb. 5.13 und 5.14 (unten) dargestellt. Weitere Erläuterung der Darstellungsform siehe Abb. 5.3 (Abschn. 5.1)

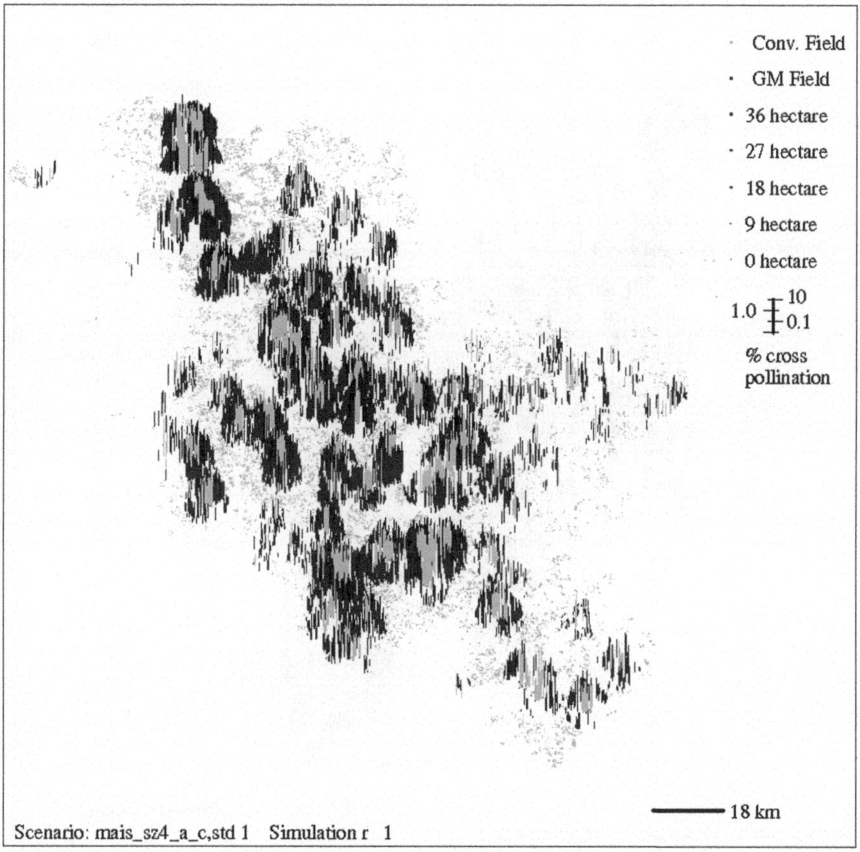

Abb. 5.11 Das Szenario 4 (10% GV-Anbau ohne Einbezug von größeren Sicherheitsabständen zu Schutzgebieten) führt zu einer etwas breiteren räumlichen Verteilung des Genflusses. Quantitativ ist dies in Abb. 5.13 und 5.14 (unten) dargestellt. Weitere Erläuterung der Darstellungsform siehe Abb. 5.3 (Abschn. 5.1)

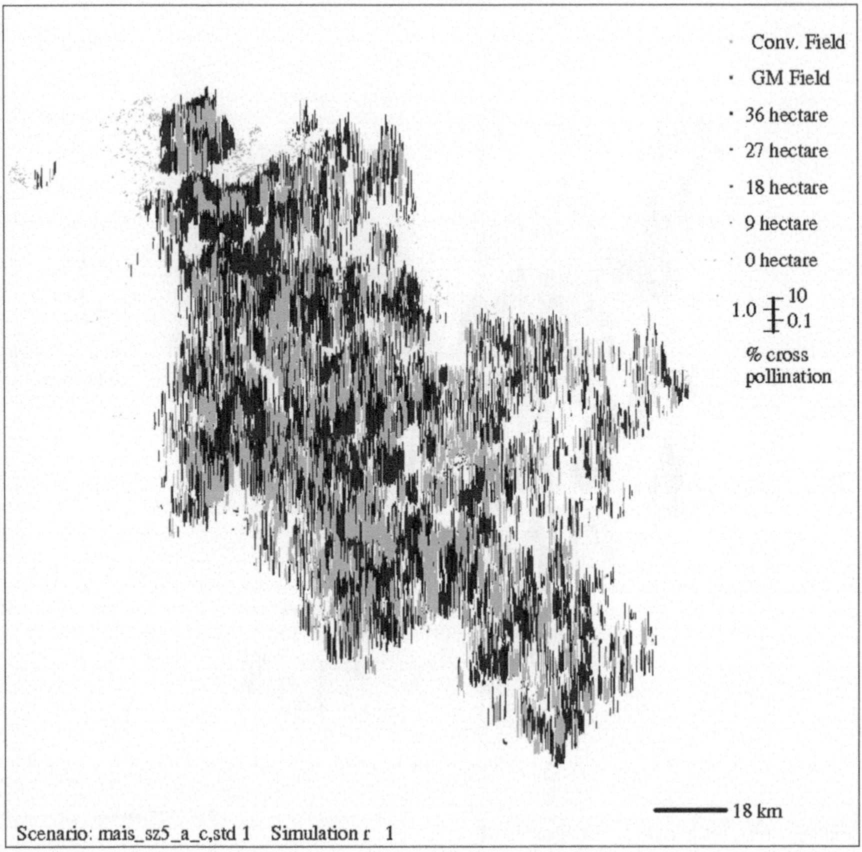

Abb. 5.12 Das Szenario 5 (40% GV-Anbau ohne Einbezug von größeren Sicherheitsabständen zu Schutzgebieten) führt zu verbreitetem Genfluss. Quantitativ ist dies in Abb. 5.13 und 5.14 (unten) dargestellt. Weitere Erläuterung der Darstellungsform siehe Abb. 5.3 (Abschn. 5.1)

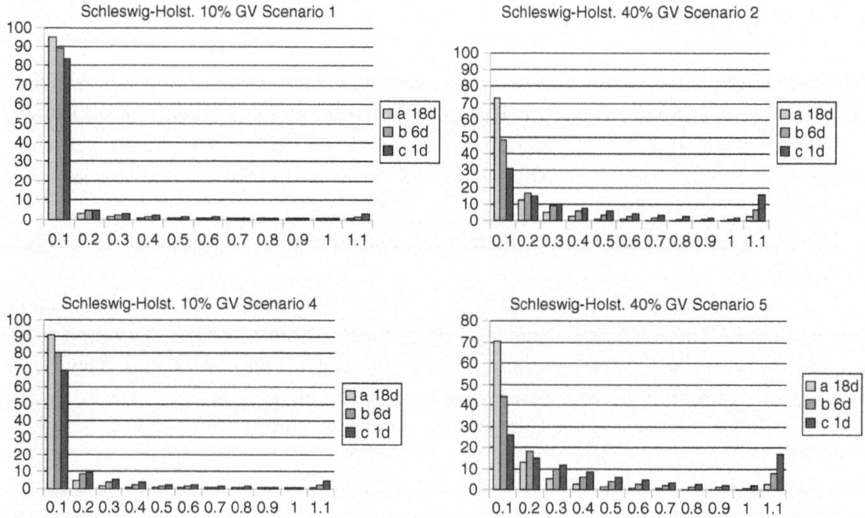

Abb. 5.13 Szenario-Übersicht über die mittleren Genfluss-Raten in % der konventionellen Felder. Dargestellt sind: Szenario 1 (10% GV Anteil am Anbau, Berücksichtigung von Sicherheitsabständen zu konventionellen Feldern von 150 m und 1.000 m zu Schutzgebieten); Szenario 2 (40% GV Anteil am Anbau, Berücksichtigung von Sicherheitsabständen zu konventionellen Feldern von 150 m und 1.000 m zu Schutzgebieten); Szenario 4 (10% GV Anteil am Anbau, Berücksichtigung von Sicherheitsabständen zu konventionellen Feldern von 150 m, ohne Berücksichtigung von Schutzgebieten); Szenario 5 (40% GV Anteil am Anbau, Berücksichtigung von Sicherheitsabständen zu konventionellen Feldern von 150 m, ohne Berücksichtigung von Schutzgebieten); Als Säulen sind jeweils der prozentuale Anteil von konventionellen Feldern dargestellt, die 0,0–0,1%, 0,1–0,2% ... 1,0% GV-Eintrag erhalten haben. Einträge von über 1% sind in der 1,1%-Säule aggregiert. Die Simulationen wurden für verschiedene Grade der Blühsynchronität durchgeführt: *a* (hellgrau): +/− 18 Tage Standardabweichung vom mittleren Blühbeginn, *b* (grau): +/− 6 Tage Standardabweichung vom mittleren Blühbeginn, *c* (dunkelgrau): +/− 1 Tag Standardabweichung vom mittleren Blühbeginn

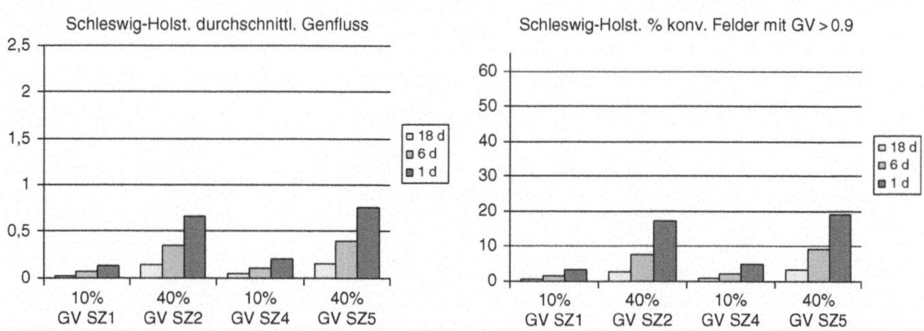

Abb. 5.14 Quantitative Auswertung des Genflusses der für Schleswig-Holstein berechneten Szenarien. Links: Im landesweiten Durchschnitt bleibt der mittlere Eintrag von GV Mais in konventionelle Ernten in allen Fällen (Mittelwert für alle konventionellen Felder) unterhalb der Kennzeichnungsschwelle von 0,9%. Rechts: Im Hinblick auf den Anteil der einzelnen Felder, die die Kennzeichnungsschwelle von 0,9% überschreiten, unterscheiden sich die Szenarien in erkennbarer Weise. Die Blühsynchronisation ist auch hier ein erkennbar wichtiger Parameter

5.3.2 Brandenburg

Für Brandenburg wurden drei Szenarien berechnet. Unter Einhaltung der Abstände des Anbaus von GV Mais von 150 m zu konventionellem Mais, von 300 m zu ökologisch angebautem Mais und einem Abstand von 1.000 m zu Schutzgebieten waren GV-Anbauanteile von 10%, 40% und 70% als Szenarien realisierbar. Die Beschreibung der Datengrundlage findet sich in Kap. 6.

Die Zahl der Maisfelder in Brandenburg betrug in den berechneten Szenarien ca. 6.600.

Die Lokalisierung der GV-Felder und der konventionellen Felder in den Szenarien werden in Abb. 5.15, 5.16, und 5.17 dargestellt. Abbildung 5.18, 5.19, und 5.20 zeigen die grafische Veranschaulichung des regionalen Genflusses und Abb. 5.21 und 5.22 die quantitative Situation im regionalen Rahmen.

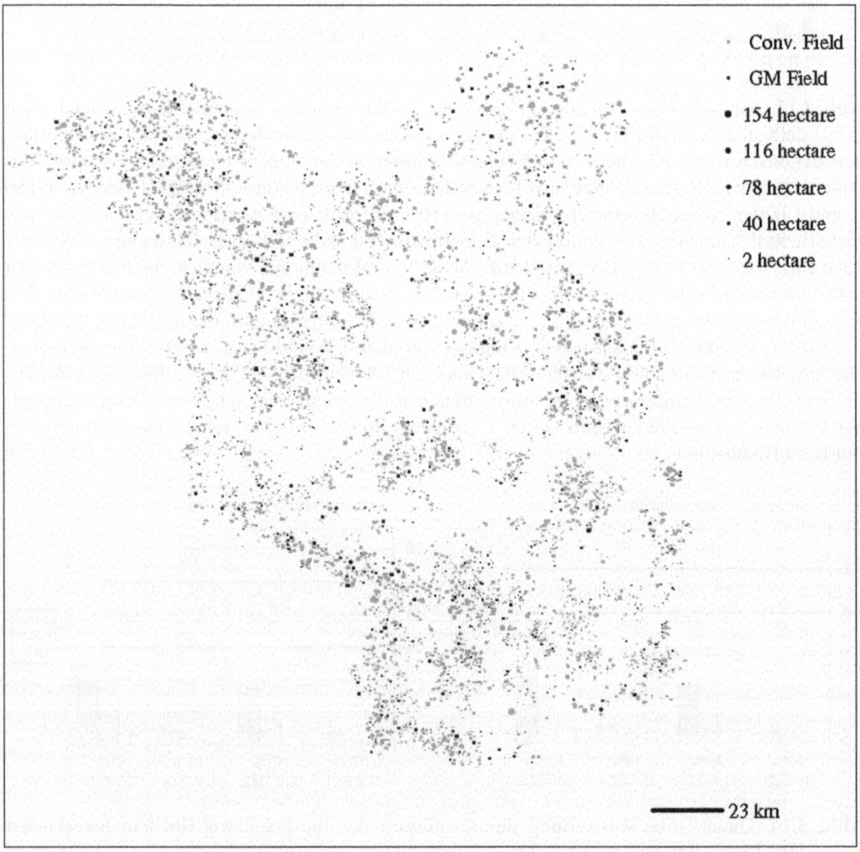

Abb. 5.15 Szenario 1 ist definiert durch die Annahme eines Anbau-Anteils in Brandenburg von 10% GV-Mais (dunkelgrau markiert) und 90% konventionellem Mais (hellgrau markiert). Eingehalten wurde der Abstand zwischen GV- und konventionellem Anbau von 150 m und 1.000 m zu Schutzgebieten

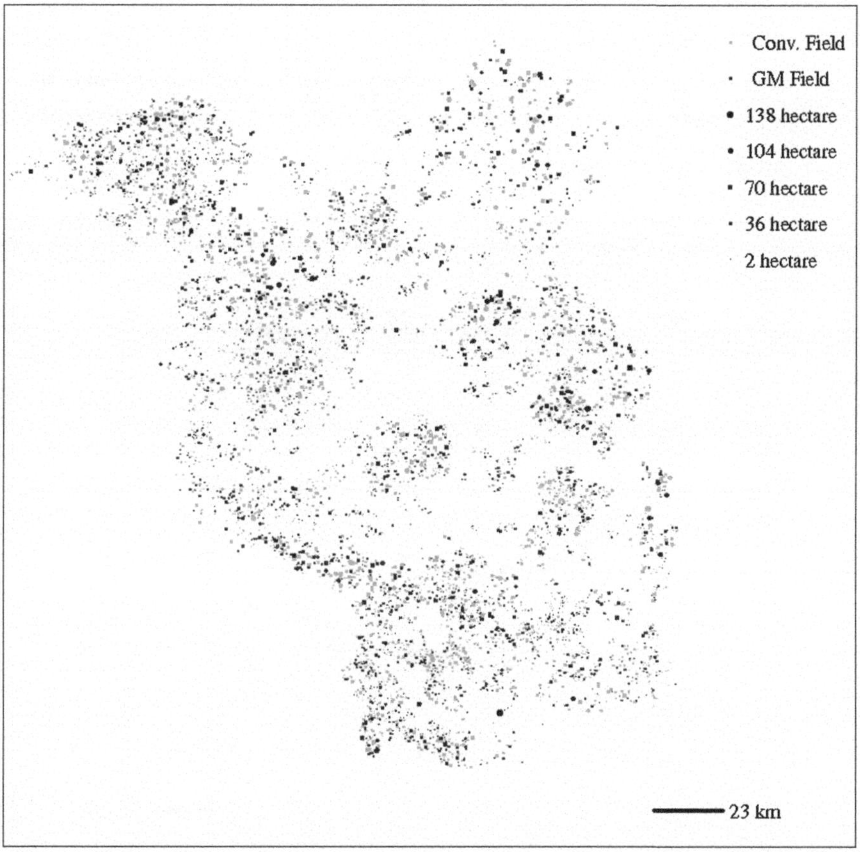

Abb. 5.16 Szenario 2 ist definiert durch die Annahme eines Anbau-Anteils in Brandenburg von 40% GV-Mais (dunkelgrau markiert) und 60% konventionellem Mais (hellgrau markiert). Eingehalten wurde der Abstand zwischen GV- und konventionellem Anbau von 150 m und 1.000 m zu Schutzgebieten

Es zeigte sich, dass beim Szenario 1 (10% GV-Mais) der simulierte Genfluss für fast alle konventionellen Felder unter 0,1% lag und nur in wenigen Fällen knapp darüber. Im Szenario 2 (40% GV-Mais) kam es nur in wenigen Ausnahmefällen in der Simulation zu Einträgen oberhalb von 0,9%. Im Szenario 3 mit 70% Anteil GV-Mais wiesen jedoch etwa 5% der Felder in der Simulation potenzielle Einkreuzungsraten oberhalb der Kennzeichnungsschwelle auf.

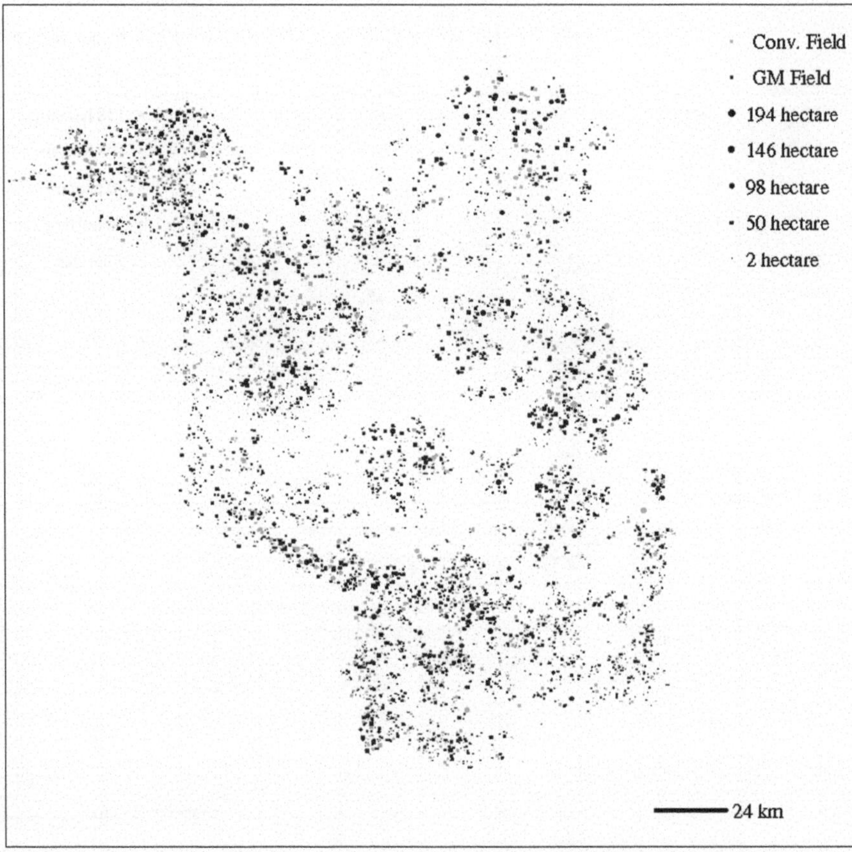

Abb. 5.17 Szenario 3 ist definiert durch die Annahme eines Anbau-Anteils in Brandenburg von 70% GV-Mais (dunkelgrau markiert) und 30% konventionellem Mais-Anbau (hellgrau markiert). Eingehalten wurde der Abstand zwischen GV- und konventionellem Anbau von 150 m und 1.000 m zu Schutzgebieten

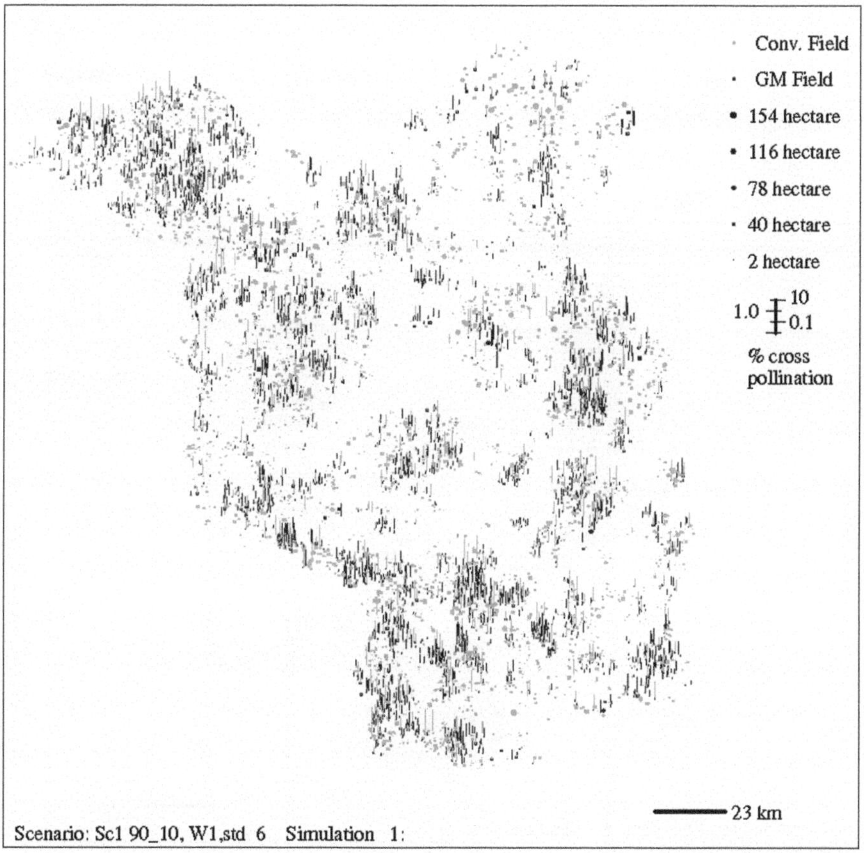

Abb. 5.18 Für das Szenario 1 (10% GV-Anbau) ergab sich ein relativ geringer Genfluss von gentechnisch veränderten in konventionelle Maisbestände. Zur weiteren Erläuterung der Darstellungsform siehe Abb. 5.3 (Abschn. 5.1)

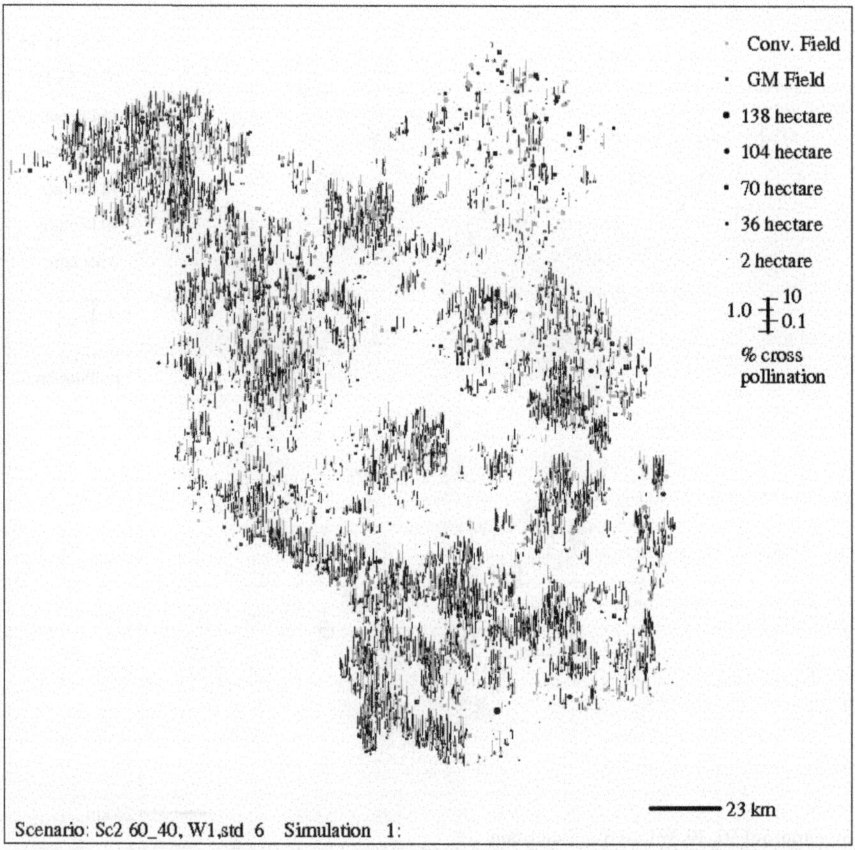

Abb. 5.19 Für das Szenario 2 (40% GV-Anbau) ergab sich ein zwar weiter verbreiteter, aber ebenfalls eher geringer Genfluss in konventionelle Maisbestände. Zur weiteren Erläuterung der Darstellungsform siehe Abb. 5.3 (Abschn. 5.1)

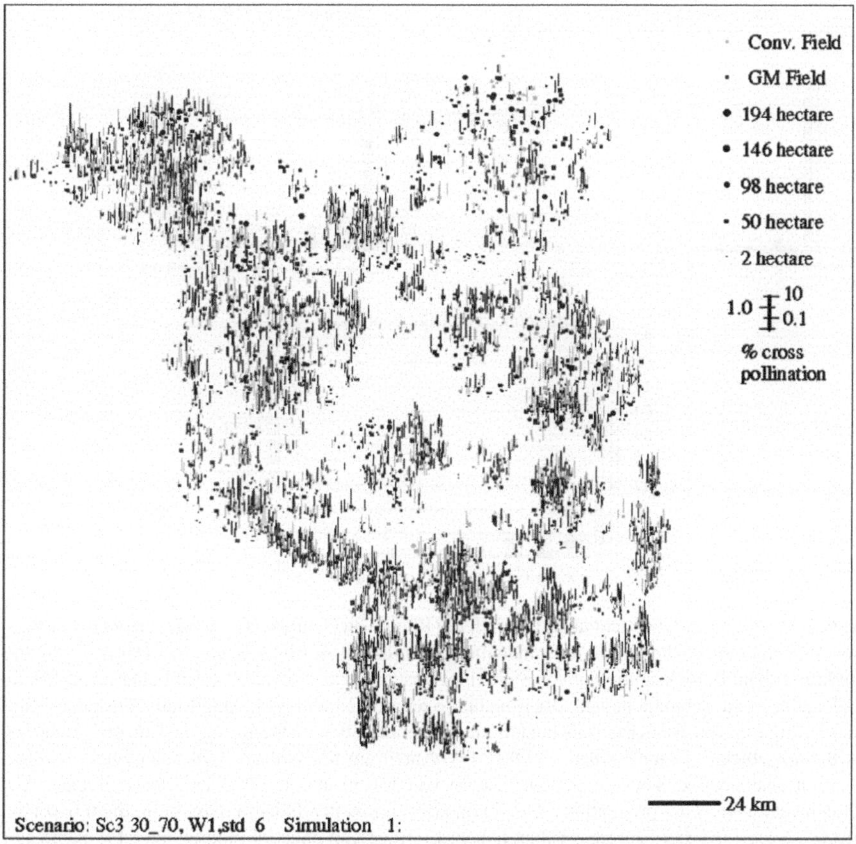

Abb. 5.20 Für das Szenario 3 (70% GV-Anbau) erreichte der Genfluss in konventionelle Bestände einen etwas größeren Umfang. Wie die quantitative Darstellung (Abb. 5.21 und 5.22) zeigt, kann in einzelnen Fällen auch die Kennzeichnungsschwelle überschritten werden. Zur weiteren Erläuterung der Darstellungsform siehe Abb. 5.3 (Abschn. 5.1)

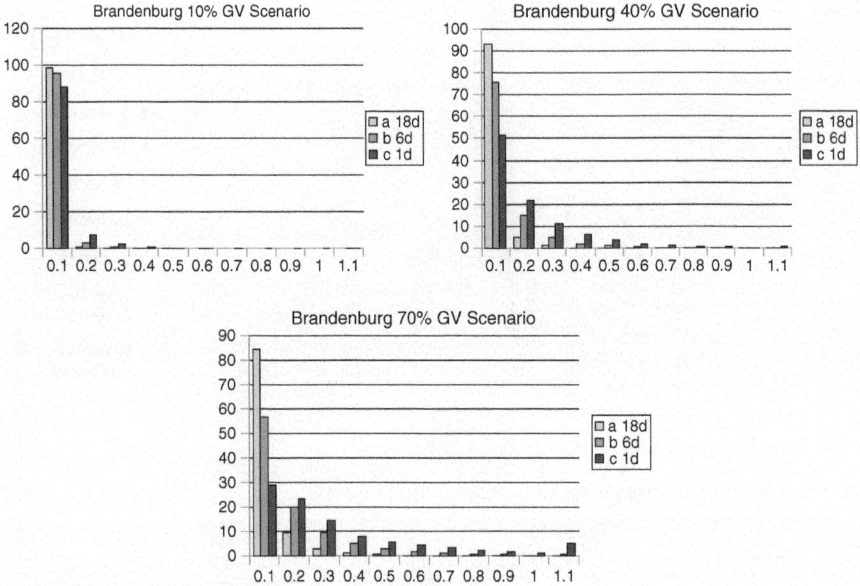

Abb. 5.21 Szenario-Übersicht über die mittleren Raten von Genfluss (GV-Einkreuzung in konventionelle Felder angegeben in %) in Brandenburg. Dargestellt ist Links: Szenario 1 (10% GV-Anteil am Maisanbau, Berücksichtigung von Sicherheitsabständen zu konventionellen Feldern von 150 m und 1.000 m zu Schutzgebieten. Oben rechts: Szenario 2 (40% GV Anteil am Maisanbau, Berücksichtigung von Sicherheitsabständen zu konventionellen Feldern von 150 m und 1.000 m zu Schutzgebieten. Unten:Szenario 3 (70% GV Anteil am Maisanbau, Berücksichtigung von Sicherheitsabständen zu konventionellen Feldern von 150 m und 1.000 m zu Schutzgebieten. Als Säulen sind jeweils der prozentuale Anteil von konventionellen Feldern dargestellt, die 0,0–0,1%, 0,1–0,2% . . . 1,0% GV-Eintrag erhalten haben. Einträge von über 1% sind in der 1,1%-Säule aggregiert. Die Simulationen wurden für verschiedene Grade der Blühsynchronität durchgeführt: *a* (hellgrau): +/− 18 Tage Standardabweichung vom mittleren Blühbeginn, *b* (grau): +/− 6 Tage Standardabweichung vom mittleren Blühbeginn, *c* (dunkelgrau): +/− 1 Tag Standardabweichung vom mittleren Blühbeginn

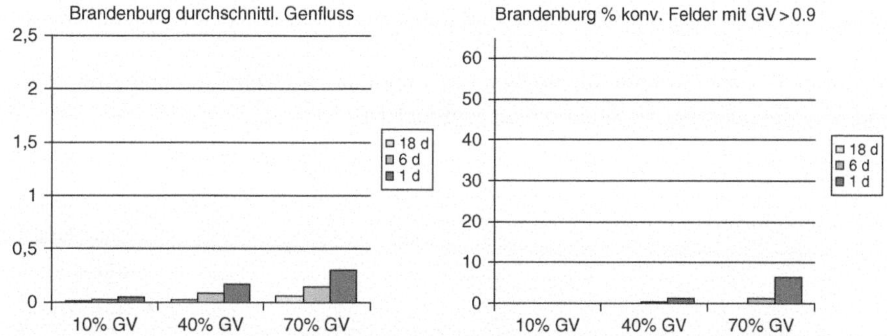

Abb. 5.22 Quantitative Auswertung des Genflusses der für Brandenburg simulierten Szenarien. Links: In allen Szenarien blieb im landesweiten Durchschnitt der simulierte Genfluss (Mittelwert für alle konventionellen Felder) unterhalb der Kennzeichnungsschwelle von 0,9%. Rechts: Auch wenn die Mittelwerte für das ganze Land deutlich unterhalb der Kennzeichnungsschwelle verblieben, kam es bei einzelnen Feldern in der Simulation zu Einkreuzungen oberhalb der Kennzeichnungsschwelle. Hinsichtlich dieses Anteils unterscheiden sich die Szenarien. Während in den Szenarien 1 und 2 (10 bzw. 40% GV-Anbau) die Einkreuzung in konventionelle Bestände die Ausnahme bildet, könnte es im Falle der Annahme eine hohen Blühsynchronisation (+/− 1 Tag) in ca. 6% der Felder zur Überschreitung der Kennzeichnungsschwelle kommen. Ist die Standardabweichung des Blühbeginns größer, verringert sich der Anteil. Die Simulationen lassen erkennen, dass die Synchronität der Blüte eine wesentliche Rolle spielt

5.3.3 Niedersachsen

Die Niedersächsischen Szenarien wurden auf Grundlage von Feldgeometrien durchgeführt, die Kleppin (2010) anhand von Satellitenbildern abgeleitet hat. Der Datensatz weist eine größere Unsicherheit auf, da die Detektion nicht durchgehend zweifelsfrei erfolgt. Aufgrund der fehlenden Verfügbarkeit wolkenloser Aufnahmen ist das Gebiet außerdem nicht ganz vollständig abgedeckt. Es fehlt ein Streifen im östlichen Landesteil. Die Zuordnung von GV- und konventionellen Feldern für die Szenarien erfolgte unter Berücksichtigung eines Abstandes von 150 m zwischen konventionellen und GV-Feldern. In den drei Szenarien variierte jeweils der Anteil von GV-Maisfeldern an der Gesamtanbaufläche:

- Szenario 1: 10% GV-Maisanteil,
- Szenario 2: 40% GV-Maisanteil,
- Szenario 3: 70% GV-Maisanteil.

Schutzgebiete wurden hier nicht in die Szenariobildung einbezogen. Die Zahl der Felder ist die höchste der hier präsentierten Szenarien und beträgt ca. 62.400. Niedersachsen weist gegenüber den beiden anderen untersuchten Bundesländern eine ausgeprägte Heterogenität auf. Es gibt sowohl sehr kleinräumig gegliederte Bereiche mit hohem Maisanteil und auch Teilgebiete, in denen der Maisanbau wenig ausgeprägt ist.

Die Lokalisierung der GV-Felder und der konventionellen Felder in den Szenarien werden in Abb. 5.23, 5.24, und 5.25 dargestellt. Abbildung 5.26, 5.27, und 5.28 zeigen die grafische Veranschaulichung des regionalen Genflusses und Abb. 5.29 und 5.30 die quantitative Situation auf regionaler Ebene.

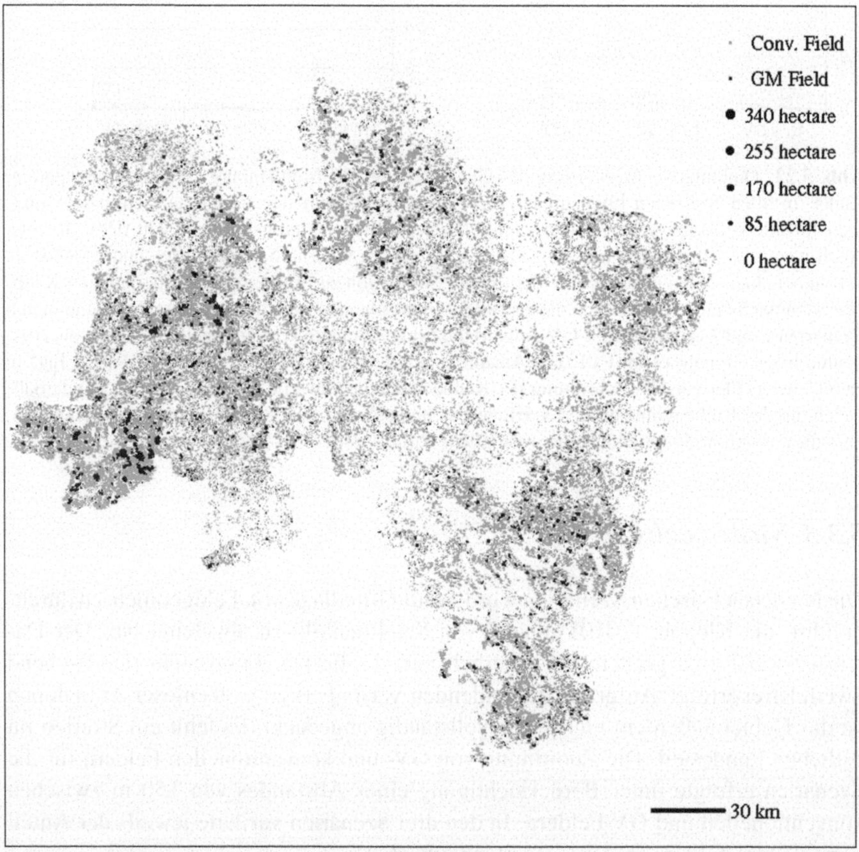

Abb. 5.23 Szenario 1 stellt einen Anteil in Niedersachsen von 10% GV-Maisanbau (dunkelgrau markiert) und 90% konventionellem Maisanbau dar (hellgrau markiert). Berücksichtigt wurde ein Abstand zwischen GV-Anbau und konventionellen Feldern von 150 m

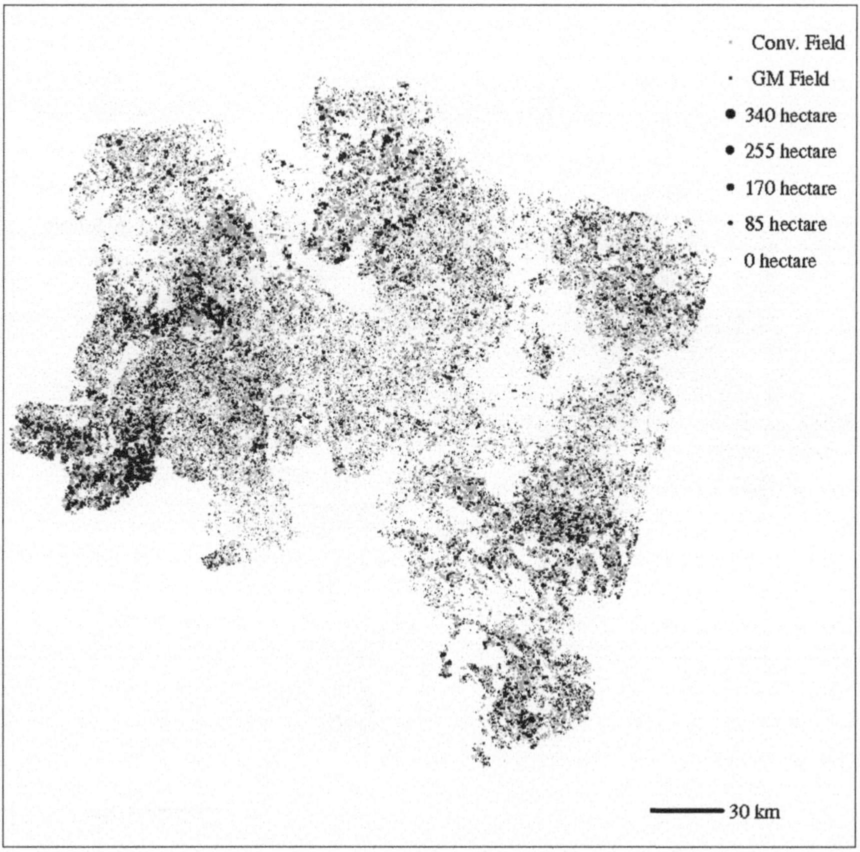

Abb. 5.24 Szenario 2 stellt einen Anteil in Niedersachsen von 40% GV-Maisanbau (dunkelgrau markiert) und 60% konventionellem Maisanbau dar (hellgrau markiert). Berücksichtigt wurde ein Abstand zwischen GV-Anbau und konventionellen Feldern von 150 m

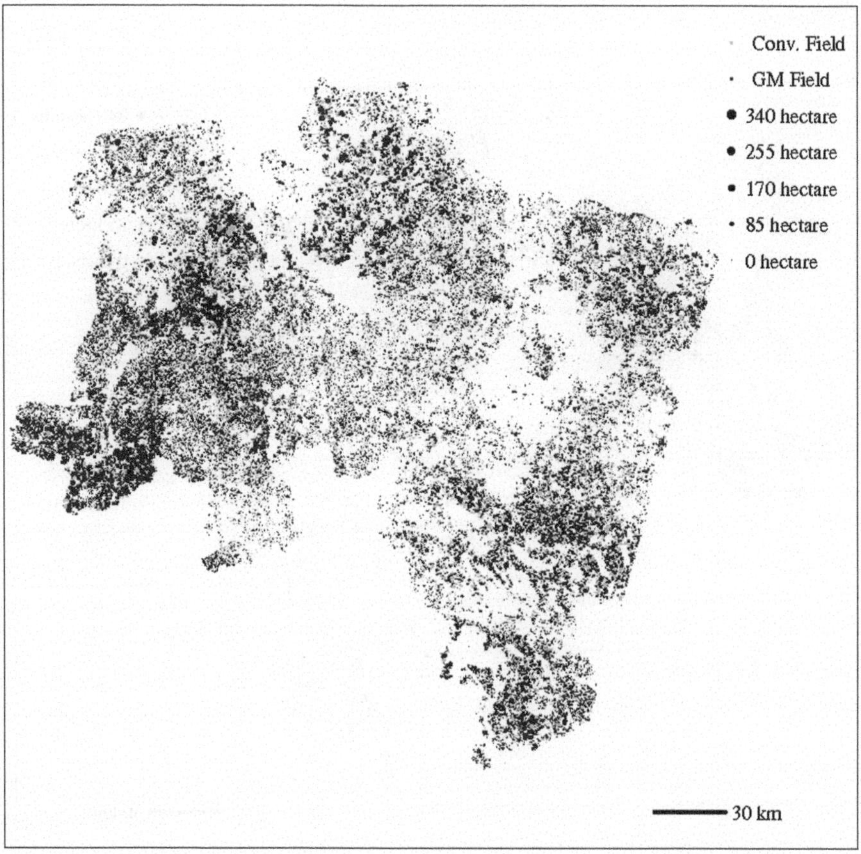

Abb. 5.25 Szenario 3 stellt einen Anteil in Niedersachsen von 70% GV-Maisanbau (dunkelgrau markiert) und 30% konventionellem Maisanbau dar (hellgrau markiert). Berücksichtigt wurde ein Abstand zwischen GV-Anbau und konventionellen Feldern von 150 m

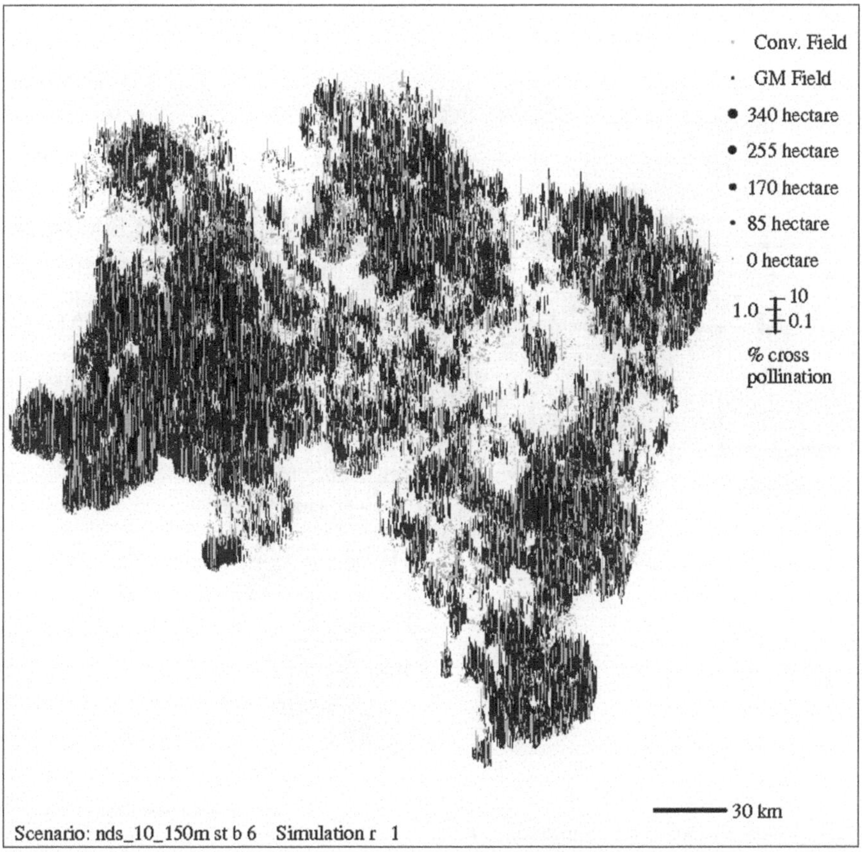

Abb. 5.26 Für die niedersächsischen Szenarien ist aufgrund der hohen Anzahl von Feldern (über 60.000) aus einer grafischen Darstellung nur ein unscharfer Eindruck zu gewinnen. Für das Szenario 1 (10% GV-Anbau) sind Gebiete erkennbar, die von Genfluss frei bleiben, aber regional überwiegend führt der GV-Anbau zu Einkreuzungen in benachbarte konventionelle Bestände. Weitere Erläuterung der Darstellungsform siehe Abb. 5.3 (Abschn. 5.1)

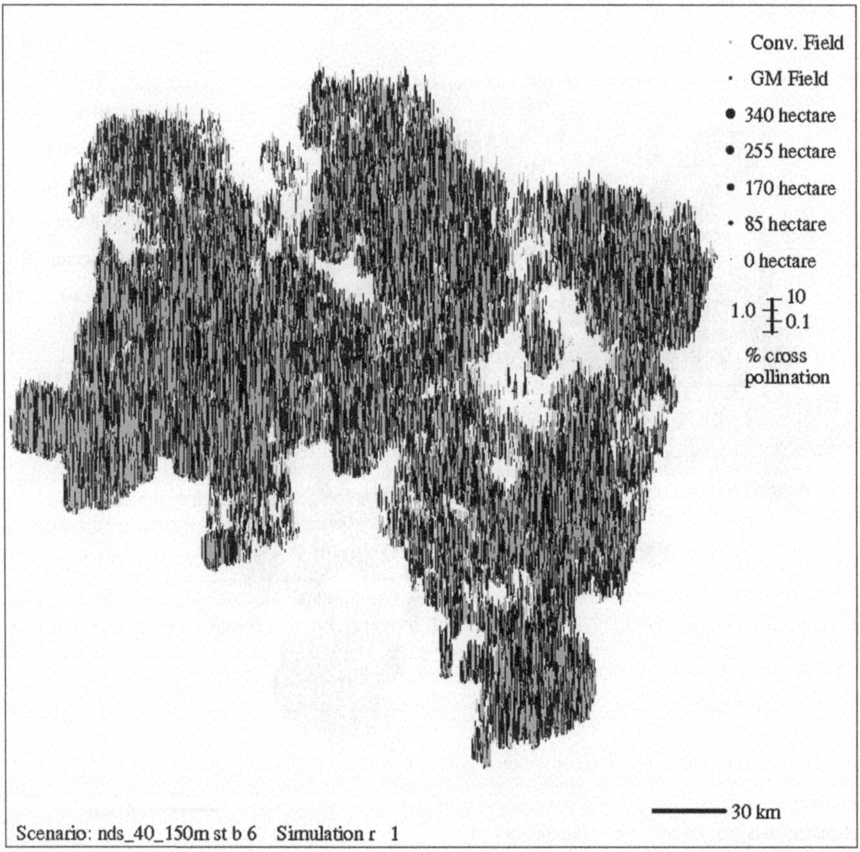

Abb. 5.27 Für die niedersächsischen Szenarien ist aufgrund der hohen Anzahl von Feldern (über 60.000) aus einer grafischen Darstellung nur ein unscharfer Eindruck zu gewinnen. Für das Szenario 2 (40% GV-Anbau) ist nahezu der gesamte Raum von Genfluss betroffen außer in den Gebieten, in denen kein Maisanbau stattfindet. Weitere Erläuterung der Darstellungsform siehe Abb. 5.3 (Abschn. 5.1)

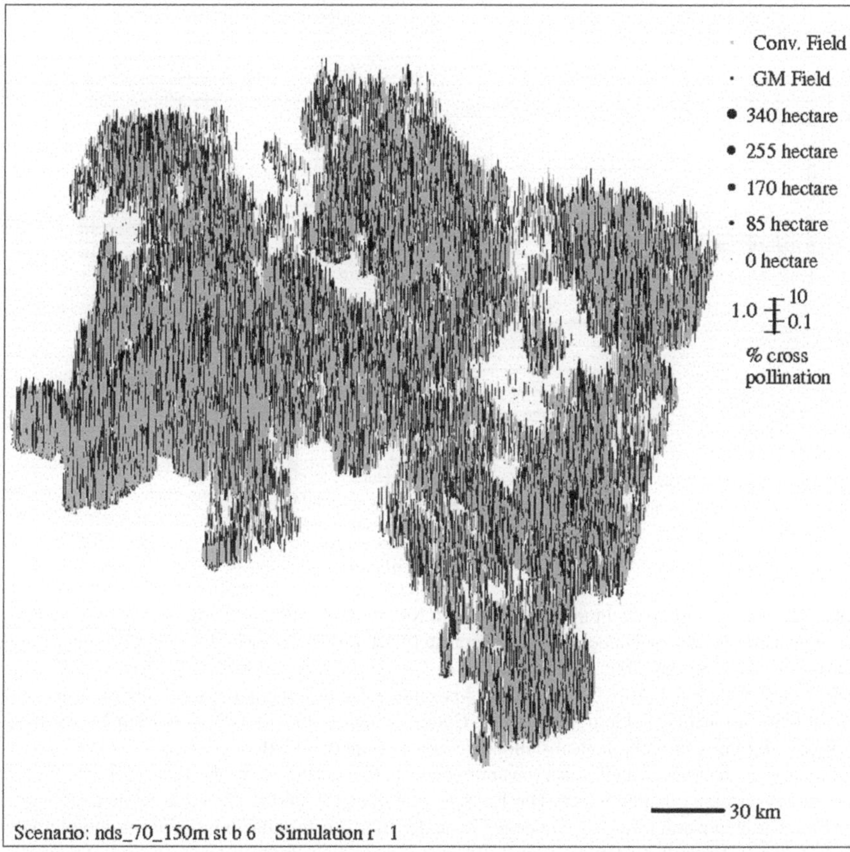

Abb. 5.28 Für die niedersächsischen Szenarien ist aufgrund der hohen Anzahl von Feldern (über 60.000) aus einer grafischen Darstellung nur ein unscharfer Eindruck zu gewinnen. Für das Szenario 3 (70% GV-Anbau) macht sich grafisch bemerkbar, dass der größere Teil von GV-Feldern Einkreuzungen aus konventionellen Beständen erhält (hellgrau gezeichnet). Die 30% der konventionellen Felder erhalten in dem Szenario Einkreuzungen aus den GV-Beständen in wesentlichem Umfang, siehe quantitative Darstellung für die Gesamtregion in den folgenden beiden Abbildungen. Weitere Erläuterung der Darstellungsform siehe Abb. 5.3 (Abschn. 5.1)

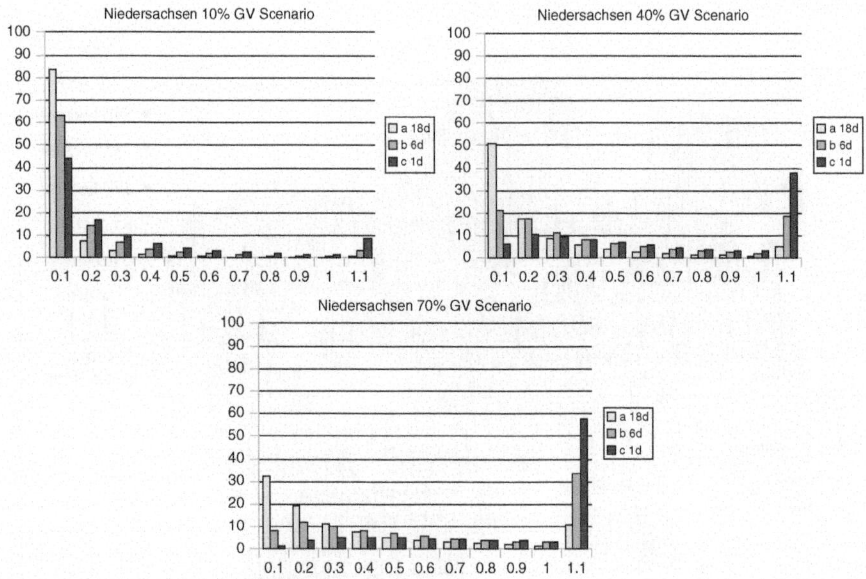

Abb. 5.29 Szenario-Übersicht über die mittleren Raten von Genfluss (GV in konventionelle Felder angegeben in %) in Niedersachsen. Dargestellt ist links: Szenario 1 (10% GV Anteil am Maisanbau, Berücksichtigung von Sicherheitsabständen zu konventionellen Feldern von 150 m. Oben rechts: Szenario 2 (40% GV Anteil am Maisanbau, Berücksichtigung von Sicherheitsabständen zu konventionellen Feldern von 150 m. Unten: Szenario 3 (70% GV Anteil am Maisanbau, Berücksichtigung von Sicherheitsabständen zu konventionellen Feldern von 150 m. Als Säule ist jeweils der prozentuale Anteil von konventionellen Feldern dargestellt, die 0,0–0,1%, 0,1–0,2% ... 1,0% GV-Eintrag erhalten haben. Die Einträge von über 1% sind in der 1,1%-Säule aggregiert. Die Simulationen wurden für verschiedene Grade der Blühsynchronität durchgeführt: *a* (hellgrau): +/− 18 Tage Standardabweichung vom mittleren Blühbeginn, *b* (grau): +/− 6 Tage Standardabweichung vom mittleren Blühbeginn, *c* (dunkelgrau): +/− 1 Tag Standardabweichung vom mittleren Blühbeginn

Es zeigte sich, dass bei allen Szenario-Simulationen für einen Teil der Felder Überschreitungen der Kennzeichnungsschwelle zu erwarten wären. Während diese für das Szenario 1 bei einem Anteil von etwa 5% lagen, stiegen sie für die anderen Szenarien je nach Blühsynchronität auf einen Anteil von 10–50% der konventionellen Maisfelder, die mehr als 0,9% Einkreuzung an GV aufwiesen.

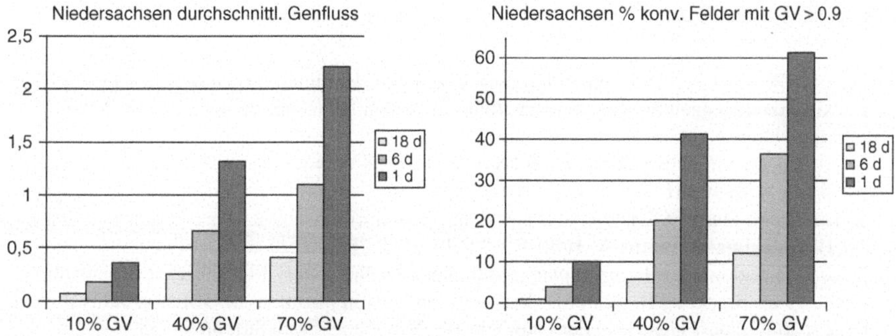

Abb. 5.30 Quantitative Auswertung des Genflusses der für Niedersachsen berechneten Szenarien. Links: Nach den Ergebnissen für das Szenario 1 und 2 wäre zu erwarten, dass im landesweiten Durchschnitt der Genfluss (Mittelwert für alle konventionellen Felder) die Kennzeichnungsschwelle von 0,9% kaum überschritten würde. Für das 70% Szenario kann das nicht mehr als sicher angenommen werden. Hier könnte die mittlere landesweite Einkreuzungsrate 0,9% erreicht oder überschritten werden. Rechts: Im Hinblick auf den Anteil der einzelnen Felder, die die Kennzeichnungsschwelle von 0,9% überschritten haben, unterscheiden sich die Simulationsergebnisse für die Szenarien graduell. Für das Szenario 1 lag der Anteil solcher Felder überwiegend im einstelligen Prozentbereich. Für die Szenarien 2 und 3 stieg der Anteil beträchtlich und kann bei Annahme vollständiger Blühsynchronität mehr als die Hälfte der Felder umfassen, die einen Anteil von mehr als 0,9% aufwiesen

5.4 Diskussion

Die Simulationsergebnisse für die gewählten Szenarien sind als denkbare Möglichkeiten zu bewerten, die bei Vorhandensein der getroffenen Annahmen potenziell zu erwarten wären, sofern nicht noch andere Wirkgrößen hinzutreten, die hier nicht berücksichtigt wurden. Die Ergebnisse entsprechen den Folgerungen, die sich auf der Basis des gegenwärtigen Kenntnisstandes ergeben, sie sind nicht als Vorhersagen zu verstehen. Es deutet sich jedoch als wahrscheinlich an, dass bei Zugrundelegung der geltenden Abstandsregelungen nicht für alle landschaftlichen Situationen sicher davon ausgegangen werden kann, dass eine effiziente Segregation von konventionellem Anbau und dem Anbau von GV-Sorten zu erwarten wäre. Insbesondere in kleinräumig strukturierten Landschaften spielt der Effekt eine Rolle, dass Felder Einträge von mehr als einem Nachbarfeld erhalten. Gerade wenn es sich um kleinere Felder handelt, macht sich ein Eintrag von externem Pollen vergleichsweise stärker bemerkbar als bei größeren Feldern. Es ist daher offenkundig nicht hinreichend, Einzelfeld-Versuche und die dabei gewonnenen Ergebnisse allein als Grundlage zu verwenden, um Abschätzungen für den Landschaftsraum zu begründen. Hier wird deutlich, dass die Landschaft als eigenständige Untersuchungsebene in die Risikobetrachtung einbezogen werden sollte.

Zitierte Literatur

Kleppin L (2010) WebGIS-Implementierung und Fernerkundung für Umweltmonitoring und Koexistenzregelungen in Agrarlandschaften mit Anbau gentechnisch verändertem Mais. Dissertation, Universität Vechta

Reuter H, Böckmann S, Breckling B (2008a) Analysing Cross-pollination studies in maize. In: Breckling B, Reuter H, Verhoeven R (eds) Implications of GM crop cultivation at large spatial scales. Theorie in der Ökologie 14, Peter Lang, Frankfurt, pp 47–52

Reuter H, Breckling B, Wurbs A, Höltl K (2008b) Modelling maize cross-pollination probabilities on the regional level – exemplary simulations for the county Elbe Elster in Brandenburg, Germany In: Breckling B, Reuter H, Verhoeven R (eds) Implications of GM crop cultivation at large spatial scales. Theorie in der Ökologie 14, Peter Lang, Frankfurt, pp 54–58

Kapitel 6
Datengrundlagen und Entwicklung der Regionalstudien zur Modellierung des Anbaus von GV-Mais

Claudia Bethwell, Christiane Eschenbach, Michael Glemnitz, Karen Höltl, Ulrich Stachow, Armin Werner, Wilhelm Windhorst und Angelika Wurbs

6.1 Einleitung

Nach der EU-Richtlinie 2001/18/EC (European Community 2001) soll eine Koexistenz zwischen konventionell, ökologisch und mit Mitteln der Gentechnik erzeugtem Mais (GV-Mais) gewährleistet werden. Für den Anbau und für die Weiterverarbeitung soll die Entscheidungsfreiheit der Landwirte und Verbraucher offen gehalten werden. Somit muss in der Agrarlandschaft zum einen das Nebeneinander der Produktionsverfahren ermöglicht und zum anderen die Einkreuzung von GV-Mais- in Nicht-GV-Mais-Bestände weitgehend vermieden werden. Darüber hinaus soll der Eintrag von GV-Material in Schutzgebiete weitgehend vermieden werden.

In diesem Kapitel werden anhand von zwei Regionalstudien Möglichkeiten des räumlichen Nebeneinanders zwischen Landwirtschaft mit und ohne Gentechnik am Beispiel des Bt-Mais MON810 analysiert. Diese Analyse erfolgte u. a. mit Hilfe eines geographischen Informationssystems (GIS) und diente dazu, die Verteilung von Anbauflächen von konventionellem, ökologischem und GV-Mais zu simulieren (Kap. 5). Hierbei wurden Bedingungen und Restriktionen des Anbaus als Szenarien definiert und angewendet, wie z. B. gesetzlich vorgegebene Mindestabstände des Anbaus von Bt-Mais zu konventionell (150 m) und ökologisch (300 m) erzeugtem Mais (GenTPflEV 2008) sowie Abstände zu Schutzgebieten.

Die Festlegung von Mindestabständen wird auch in anderen europäischen Ländern als eine Maßnahme zur Gewährleistung der Koexistenz eingesetzt (Beckmann et al. 2006, Devos et al. 2009). In Deutschland betrifft das auch Schutzgebiete inklusive einer Pufferzone, in denen kein Anbau von Bt-Mais stattfinden darf. Die Regelungen in den einzelnen Bundesländern sind diesbezüglich unterschiedlich, z. B. gilt in Brandenburg ein Prüfradius von 800 m um NSG und FFH-Gebiete (MLUV 2008a).

C. Bethwell (✉)
Leibniz-Zentrum für Agrarlandschaftsforschung (ZALF) Müncheberg e.V., Institut für Landnutzungssysteme, Eberswalder Str. 84, 15374 Müncheberg, Deutschland
e-mail: Claudia.Bethwell@zalf.de

B. Breckling et al. (eds.), *GeneRisk*, Umweltnatur- & Umweltsozialwissenschaften,
DOI 10.1007/978-3-642-23433-0_6,

Die Kenntnis darüber, ob und zu welchen Anbauanteilen der GV-Mais bei Einhaltung der Abstandsregelungen neben dem Nicht-GV-Mais in der Landschaft angebaut werden kann und wie der GV-Mais unter diesen Restriktionen in der Landschaft räumlich verteilt ist, kann der Entwicklung von Strategien zur Vermeidung oder Verminderung von Risiken und Konflikten dienen. Es wurde daher untersucht, ob und wie viel Fläche für den Anbau von GV-Mais zur Verfügung steht, wenn die Koexistenzregeln, insbesondere Abstände zu Nicht-GV-Maisflächen und Schutzgebieten, eingehalten werden und wie unter diesen Bedingungen die räumliche Verteilung der Anbauflächen von GV- und Nicht-GV-Maisflächen in der Landschaft ausfällt.

Die Regionalstudien wurden in zwei agrarisch und landschaftlich verschieden geprägten Regionen durchgeführt und umfassen die Regionalstudie Schleswig-Holstein (Abschn. 6.3.2) und die Regionalstudie Brandenburg (Abschn. 6.3.3). Anhand der zwei Regionen soll untersucht werden, wie durch verschiedene Landschaftsstrukturen die Risiken und Konflikte im Zusammenhang mit dem Anbau von GV-Mais verstärkt oder abschwächt werden können. Die Studien sollen Hinweise darüber geben, wie die Landschafts- und Anbaustruktur einer Region die möglichen Anbauanteile von gentechnisch veränderten Sorten beeinflussen.

6.2 Szenarien

Im Folgenden wird auf Szenarien eingegangen, die auch in der bundesweiten Übertragung Berücksichtigung fanden (Kap. 7). Die Szenarien berücksichtigen sowohl unterschiedliche Anbauanteile von GV-Mais als auch den unterschiedlichen Umgang mit Schutzgebieten. Es wurden vier Szenarien untersucht, die sich im GV-Mais-Anteil (10% und 70%) sowie in der Nichtberücksichtigung und Berücksichtigung von Schutzgebieten (FFH-Gebiete und NSG, beide inklusive eines Puffers von 1.000 m) unterscheiden. Als Mindestabstände des GV-Mais zum konventionellen Mais wurden 150 m, zu ökologisch angebautem Mais 300 m definiert.

Folgende Szenarien werden in diesem Kapitel vorgestellt:

- **Szenario I**: 10% Anteil GV-Mais, ohne Berücksichtigung der Schutzgebiete (kein Puffer)
- **Szenario II**: 70% Anteil GV-Mais, ohne Berücksichtigung der Schutzgebiete (kein Puffer)
- **Szenario III**: 10% Anteil GV-Mais, mit Berücksichtigung der Schutzgebiete (1000 m Puffer)
- **Szenario IV**: 70% Anteil GV-Mais, mit Berücksichtigung der Schutzgebiete (1000 m Puffer)

Die in Kap. 5 verwendeten Szenarien mit 40% GV-Mais Anteil wurden in methodisch gleicher Weise abgeleitet.

6.3 Regionalstudien

6.3.1 Untersuchungsgebiete und methodischer Ansatz

Auf der Ebene von Bundesländern wurden dabei die Schleswig-Holsteinische Landschaft („Regionalstudie Schleswig-Holstein", Abschn. 6.3.2) und die brandenburgische Landschaft („Regionalstudie Brandenburg", Abschn. 6.3.3) betrachtet, siehe Tabelle 6.1.

In den Studien wurde der Anbau von GV-Mais am Beispiel des Bt-Mais MON810 in Szenarien analysiert. Der konventionell und ökologisch angebaute Mais, der in der Agrarstatistik dokumentiert ist, wurde in den Szenarien in verschiedenem Umfang durch Bt-Mais substituiert. Das räumliche Nebeneinander des konventionellen und ökologischen Mais und des Bt-Mais wurde in Szenarioanalysen auf Landschaftsebene simuliert. Dabei wurden Mindestabstände des Bt-Mais zu den anderen Anbauweisen des Mais und z.T. auch Abstände zu Schutzgebieten berücksichtigt (Abschn. 6.2).

Die räumliche Verteilung der so simulierten Anbauflächen von konventionellem und ökologischem Mais und GV-Mais wurde auch zur Modellierung der Auskreuzung von GV-Mais in konventionelle Bestände verwendet (Kap. 5).

6.3.2 Regionalstudie Schleswig-Holstein

Eingangsdaten und Methode zur Verteilung von Maisanbauflächen und ihre Verwendung

Als Eingangsdaten wurden für die Simulation zur Verteilung der Maisanbauflächen in Schleswig-Holstein Daten zum Maisanbauanteil, zu den Ackerflächen des Landes und zu den Schutzgebietsflächen benötigt. Die Daten zu den Maisanbauanteilen in den Gemeinden wurden der Agrarstatistik (2003) und die Lage der

Tabelle 6.1 Ausgewählte Merkmale der schleswig-holsteinischen und brandenburgischen Agrarlandschaft; Angaben bezogen auf 2007 (Maisanteil – Statistik lokal 2009, Flächenanteil des Ökolandbau – GENESIS 2009), 2006/2009 (Anteil Schutzgebiete Schleswig-Holstein – LLUR Schleswig-Holstein), 2004/2009 (Anteil Schutzgebiete Brandenburg – LUA Brandenburg), 2008 (Ackerfläche – ATKIS)

Merkmal	Schleswig-Holstein 2007	Brandenburg 2007
Anteil Ackerland an Gebietsfläche [%]	53	37
Maisanteil an Ackerfläche [%]	19	13
Anteil Schutzgebiete an Gebietsfläche, incl. 1.000 m Puffer	40	45
Flächenanteil des Ökolandbaus [%]	3	10
Ackerschläge, mittlere Größe [ha]	15	20

Ackerflächen dem Amtlichen Topographisch-Kartographischen Informationssystem (ATKIS) entnommen. Die Lage der Schutzgebietsflächen Schleswig-Holsteins wurde vom Ministerium für Landwirtschaft, Umwelt und ländliche Räume (MLUR) zur Verfügung gestellt.

Die Verteilung der Maisanbauflächen wurde entsprechend den oben beschriebenen Szenarien simuliert (Abschn. 6.2).

Im GIS wurden die Maisanbauflächen auf den zur Verfügung stehenden Ackerflächen so verteilt, dass sie eine möglichst gleichmäßige Verteilung auf den in einer Gemeinde vorkommenden Ackerflächen aufwiesen und die in den Szenarien formulierten Bedingungen einhielten (Tabelle 6.2).

Ergebnisse und Interpretation

Ein Ergebnis der Simulationen war, dass der GV-Mais nur in den Szenarien mit 10% GV Mais verteilt werden konnte, sowohl ohne als auch mit Einbeziehung von Schutzgebieten inklusive eines 1.000 m Puffers (Szenario I und III) (Abb. 6.1). Der Anbau eines hohen Anteils von GV-Mais (70%) konnte in den Szenarien nicht realisiert werden. Da die Flächen der Agrarlandschaften des Landes Schleswig-Holstein im Vergleich zu Brandenburg kleinräumiger strukturiert sind (Tabelle 6.1), wäre zu prüfen, ob die Verteilung der Anbauflächen bei hohen Anteilen von GV-Mais von der Landschaftsstruktur abhängig ist.

Die potenziellen Anbauflächen von GV-Mais sind in Szenario I (keine Berücksichtigung von Schutzgebieten) deutlich anders verteilt als in Szenario III (Berücksichtigung von Schutzgebieten) (Abb. 6.1). Wird beim Anbau von GV-Mais

Tabelle 6.2 Methodischer Ansatz zur Generierung der Datengrundlage für die Szenarien für Schleswig Holstein

Eingangsdaten	Ackerflächen • Schlaggrenzen aus ATKIS Maisanbauanteil • Statistische Angaben auf Ebene der Gemeinde; • Aus der Größe der landwirtschaftlichen Fläche und Anzahl der Betriebe der Gemeinden wurden virtuelle Betriebe generiert. Schutzgebiete • Schutzgebietsgrenzen Schleswig-Holstein.
Methode	Schritte GIS Algorithmus • Zufallsverteilung der Maisanbauflächen; • Innerhalb der Maisanbauflächen wurden GV-Maisflächen so verteilt, dass Mindestabstände und Abstände zu Schutzgebieten entsprechend der Szenariovariante eingehalten wurden. Ergebnisse des GIS-Algorithmus • Anbauflächen von Nicht-GV-Mais und GV Mais;
Verwendung	• Räumliche Problemgebiete der Koexistenz; • Modellierung von Genflüssen zwischen GV Mais und Nicht-GV-Mais.

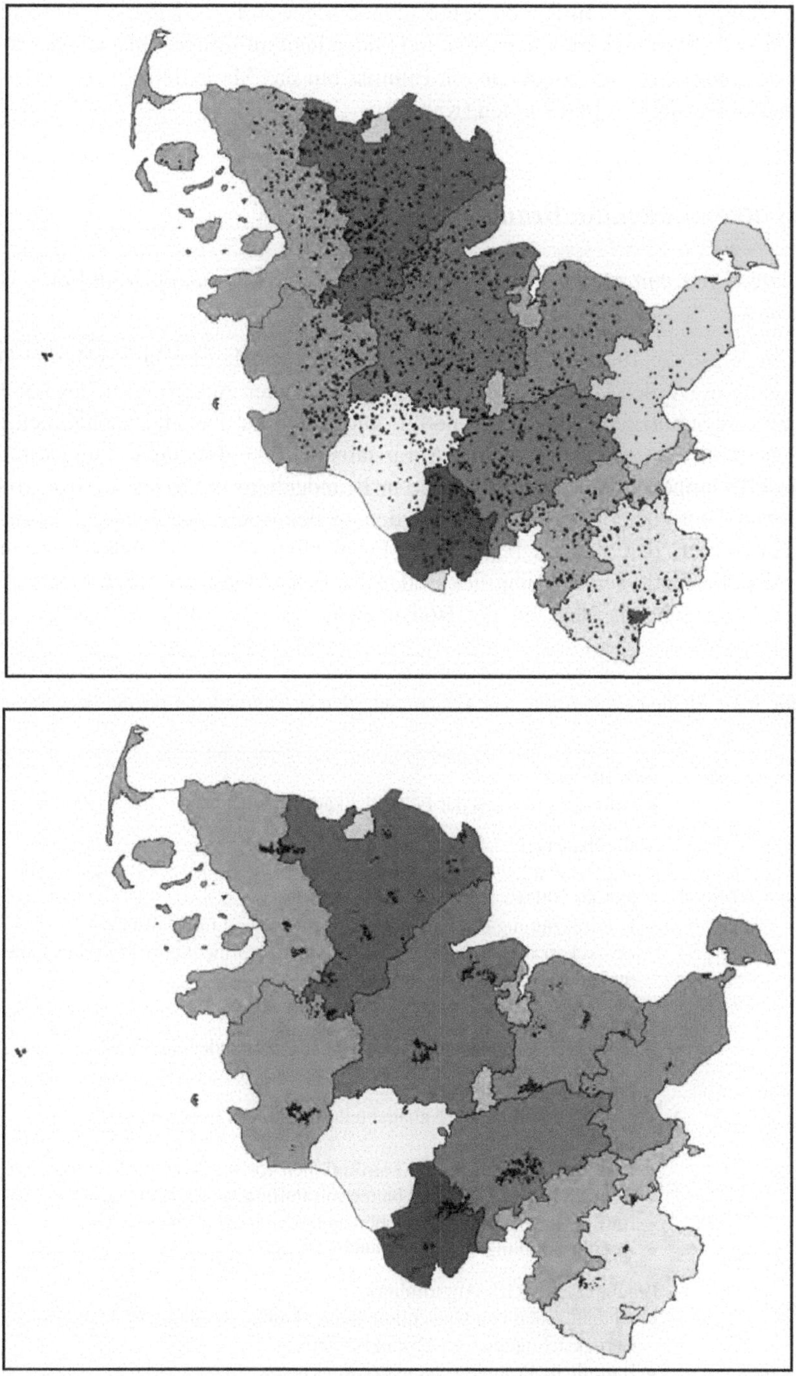

Abb. 6.1 Verteilung von GV-Maisflächen in Schleswig-Holstein für Szenario I (10% GV-Anteil, keine Sicherheitsabstände zu Schutzgebieten) (links) und Szenario III (10% GV-Anteil, 1.000 m Sicherheitsabstand zu Schutzgebieten) (rechts). Farbig unterlegt sind die Schleswig-Holsteinischen Landkreise

ein Abstand von 1.000 m zu den Schutzgebieten gewahrt, so liegen die Anbauflächen des GV-Mais dichter beieinander und bilden haufenförmige Anbaucluster. Aus dieser simulierten Verteilung kann ein Einfluss auf das Modellierungsergebnis zur Pollenausbreitung erwartet werden (Kap. 5).

6.3.3 Regionalstudie Brandenburg

Eingangsdaten und Methode zur Verteilung von Maisanbauflächen und ihre Verwendung

Als Eingangsdaten für die Simulation zur Verteilung der Maisanbauflächen im Land Brandenburg wurden Daten zum Maisanbauanteil, zu den Ackerflächen des Landes und zu den Schutzgebietsflächen benötigt. Die Daten zu den Maisanbauteilen für alle Landkreise beziehen sich auf die Agrarstatistik 2003 (Tabelle 6.3) und wurden in ein GIS eingebunden. Die Landkreise in Brandenburg umfassen jedoch größere Gebiete mit standörtlichen Unterschieden in der Bodenfruchtbarkeit. Deshalb wurden die aus der Statistik bekannten Maisanbauanteile der Landkreise weiter nach der standörtlichen Eignung der Böden für den Maisanbau differenziert. Aus den Ackerzahlen (als Maß für die Bodenfruchtbarkeit der Böden) ergaben sich

Tabelle 6.3 Methodischer Ansatz zur Generierung der Datengrundlage für die Szenarien für Brandenburg

Eingangsdaten	Ackerflächen • Schlaggrenzen aus der Feldblockkarte Brandenburg (MLUV 2008b). Maisanbauanteil • Agrarstatistik 2003, Landkreise (Statistische Ämter des Bundes und der Länder 2005); • Differenzierung des Landkreises nach Eignung für Maisanbau auf Basis der Ackerzahl der Böden, Berechnung unterschiedlicher Maisanbauanteile für Landbaugebiete. Schutzgebiete • Schutzgebietsgrenzen Brandenburg (LUA Brandenburg 2008).
Methode	Schritte GIS Algorithmus • Zufallsverteilung der Anbauanteile von konventionellem und ökologischem Mais; • Pufferung der Maisfelder (konventionell 150 m, ökologisch 300 m); • Einbeziehen von Schutzgebieten mit Pufferung von 1.000 m; • Entfernen der von Pufferflächen angeschnittenen Ackerflächen; • Zufallsverteilung des Anbauanteils Bt-Mais. Ergebnisse des GIS-Algorithmus • Anbauflächen von konventionellem, ökologischem und Bt-Mais bei Berücksichtigung von Abstandsregeln;
Verwendung	• Räumliche Problemgebiete der Koexistenz; • Modellierung von Genflüssen zwischen GV-Mais und Nicht-GV-Mais.

hierbei für das Land Brandenburg fünf Landbaugebiete (LVLF 2005). Sie wurden im GIS mit den Landkreisen verschnitten. Für jedes Landbaugebiet wurde ein eigener Maisanbauanteil generiert, der für dieses Gebiet ein wirtschaftliches Optimum darstellt (Höltl und Wurbs 2008). Die Ackerflächen wurden als Feldblockkarte vom MLUV (2008b) des Landes Brandenburg zur Verfügung gestellt (Tabelle 6.3) Die Schutzgebiete (Naturschutzgebiete und FFH-Gebiete) unterliegen in Brandenburg besonderen Bestimmungen hinsichtlich des Anbaus von Bt-Mais MON810. Der Abstand zu FFH-Gebieten muss mindestens 800 m betragen. Ansonsten ist im Einzelfall eine naturschutzfachliche Verträglichkeitsprüfung vorgesehen und für NSG wird bei Unterschreitung des 800 m-Abstandes eine Untersagungsanordnung geprüft[1] (MLUV Brandenburg 2008a). Die Geometrie und Verteilung von Schutzgebieten ist also für die zur Verfügung stehenden Flächen an GV-Mais von Bedeutung und wurden daher als Geodatensatz für die Simulationen mit einbezogen (Tabelle 6.3).

Die Simulation der Maisanbauflächen erfolgte auf Basis der o.g. Szenarien (Abschn. 6.2).

Mit Hilfe eines GIS-Algorithmus wurden die Anbauflächen von konventionellem, ökologischem und Bt-Mais auf den zur Verfügung stehenden Ackerflächen verteilt. Zunächst wurden der konventionelle und ökologische Mais auf den Ackerflächen zufällig verteilt. Anschließend wurden diese Flächen mit den Mindestabständen 150 m und 300 m gepuffert und je nach Szenario auch die gepufferten Schutzgebietsflächen einbezogen. Alle Ackerflächen, die von den Pufferflächen der Nicht-GV-Maisflächen oder der Schutzgebiete mit ihren Puffern geschnitten wurden, wurden aus dem Restdatensatz der verbliebenen Ackerschläge entfernt, da sie für einen Anbau von GV-Mais unter Einhaltung der vom Szenario vorgegebenen Koexistenzregeln nicht in Frage kamen. Die restlichen Ackerflächen standen für die anschließende Verteilung des GV-Mais zur Verfügung. Auf ihnen wurde der GV-Mais schlagweise schließlich so lange zufällig verteilt, bis die definierten GV-Anteile (10% bzw. 70%) realisiert waren.

Ergebnisse und Interpretation

Im Land Brandenburg konnten im Gegensatz zu Schleswig-Holstein alle Szenarien zur Simulation der Verteilung der Maisanbauflächen realisiert werden.

Die auf Basis der vorgestellten Methodik simulierte potenzielle Verteilung von GV-Mais im Land Brandenburg für die vier Szenarien zeigt Abb. 6.2.

Wie in Schleswig-Holstein zeigen diejenigen Szenarien, die die Abstände des Anbaus von GV-Mais zu den Schutzgebieten berücksichtigten (Szenario III+IV), dass die möglichen Anbauflächen von GV-Mais dichter zusammen liegen. Auch hier ist ein Einfluss auf die Ergebnisse der Modellierung zur GVO-Einkreuzung zu erwarten (Kap. 5).

Für jeden der 14 Landkreise Brandenburgs wurde der jeweilige Anteil der verteilten GV-Maisanbauflächen (d. h. 10% bzw. 70% der gesamten Maisanbaufläche)

---

[1] Runderlass des Brandenburger Ministeriums für Ländliche Entwicklung, Umwelt und Verbraucherschutz vom 27. März 2008;
http://www.brandenburg.de/cms/media.php/2318/bt_mais.pdf

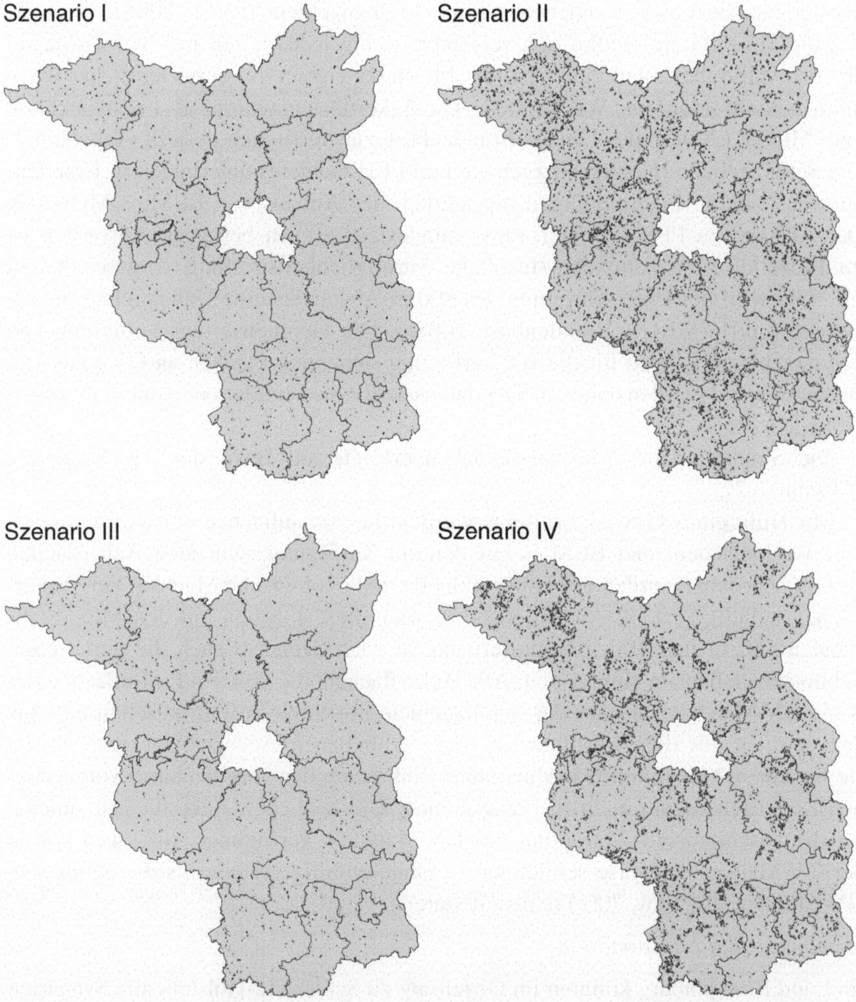

Abb. 6.2 Verteilung von GV-Maisflächen in Brandenburg für die Szenarien I-IV

an der potenziell für den Anbau von GV-Mais zur Verfügung stehenden Ackerfläche (=100%) ermittelt, und zwar nach Verteilung von konventionell und ökologisch bewirtschafteten Maisfeldern (zusammen also 90% bzw. 30% der gesamten Maisanbaufläche) und nach Beachtung der Abstandsregeln von der Ackerfläche noch vorhanden sind (Abb. 6.3).

In allen Landkreisen wurde die „verbrauchte" Ackerfläche bei höherem (70%) Anbauanteil des GV-Mais (Szenarien II, IV) gegenüber 10% GV-Mais (Szenarien I, III) sowie bei Berücksichtigung der Schutzgebiete (Szenarien III, IV) gegenüber der Nichtberücksichtigung der Schutzgebiete (Szenarien I, II) erwartungsgemäß

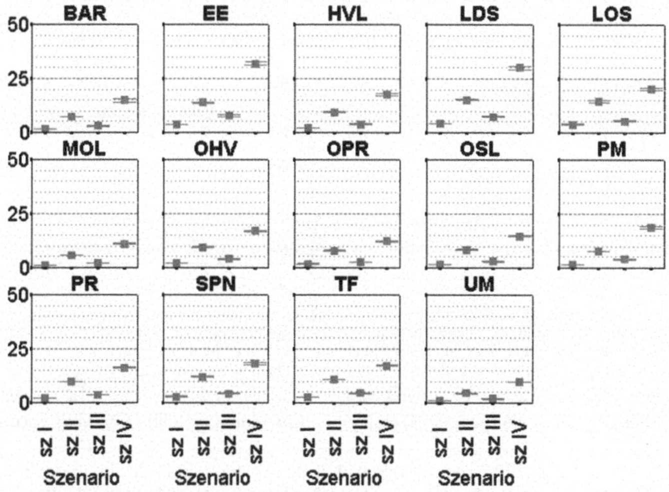

BAR: Barnim
EE: Elbe-Elster
HVL: Havelland
LDS: Dahme-Spree
LOS: Oder-Spree
MOL: Märkisch-Oderland
OHV: Oberhavel
OPR: Ostprignitz-Ruppin
OSL: Oberspreewald-Lausitz
PM: Potsdam-Mittelmark
PR: Prignitz
SPN: Spree-Neiße

Abb. 6.3 Der Anteil des verteilten GV-Mais an der potentiell für den Anbau von GV-Mais zur Verfügung stehenden Ackerfläche (=100%) in den Landkreisen von Brandenburg: Szenarien: sz I (10% GV-Mais, ohne Schutzgebiete), sz II (70% GV-Mais, ohne Schutzgebiete), sz III (10% GV-Mais, mit Schutzgebieten), sz IV (70% GV-Mais, mit Schutzgebieten); die Fehlerbalken entsprechen der einfachen mittleren Standardabweichung von 5 Szenariowiederholungen

größer. Das bedeutet, dass die Auswahlmöglichkeiten zur Verteilung von GV-Maisfeldern bei steigendem Anteil an der Gesamtanbaufläche von Mais und bei Berücksichtigung von Schutzgebietsabständen deutlich abnehmen.

Auch der Anbauanteil von Mais (gemäß Agrarstatistik) an der gesamten Ackerfläche ist für die unterschiedliche Ausschöpfung der potenziell für den Anbau von GV-Mais zur Verfügung stehenden Ackerfläche in den Landkreisen von Bedeutung. Mit zunehmendem Maisanbauanteil wird die potenziell für den Anbau von GV-Mais zur Verfügung stehende Fläche stärker ausgeschöpft (Abb. 6.4). Dagegen konnte ein Einfluss der mittleren Schlaggröße auf die Ausschöpfung der potenziell für den Anbau von GV-Mais zur Verfügung stehenden Fläche nicht festgestellt werden.

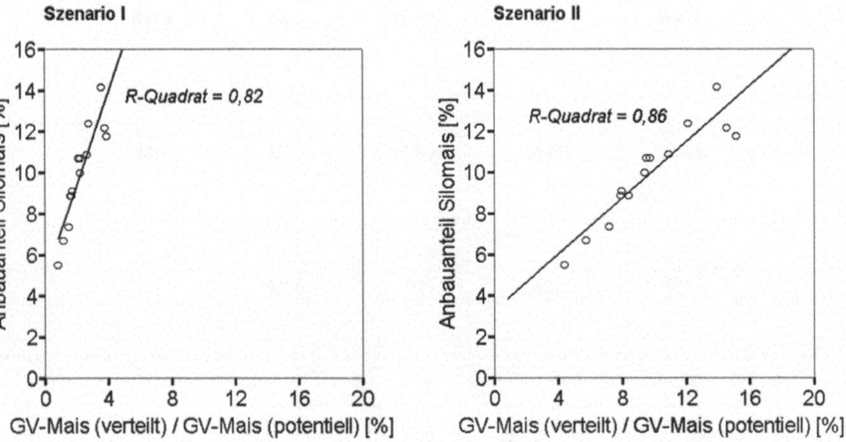

Abb. 6.4 Anbauanteil des Silomais und der Anteil des verteilten GV-Mais an der potentiell für den Anbau von GV-Mais zur Verfügung stehenden Ackerfläche (=100%) für das Szenario I (10% GV-Mais, ohne Schutzgebiete) und das Szenario II (70% GV-Mais, ohne Schutzgebiete); n = 14

Nach der Regionalstudie Brandenburg sind Konfliktpotenziale aus dem räumlichen Nebeneinander der Anbauflächen von GV-Mais und Nicht-GV-Mais vor allem zu erwarten bei:

1. einer Zunahme des Anbauanteils von GV-Mais,
2. einer Verminderung der potenziell für den Anbau von Bt-Mais zur Verfügung stehenden Ackerfläche durch einen hohen Anteil von mit Abstandsauflagen versehenen Schutzgebieten sowie
3. zunehmendem Maisanbauanteil an der Ackerfläche.

Zitierte Literatur

Beckmann V, Soregaroli C, Wesseler J (2006) Coexistence rules and regulations in the European union. Am J Agr Econ 88:1193–1199

Devos Y, Demont M, Dillen K, Reheul D, Kaiser M, Sanvido O (2009) Coexistence of genetically modified (GM) and non-GM crops in the European Union – A review. Agron Sustain Dev 29:11–30. doi:10.1051/agro:2008051

European Community (2001) Directive/2001/18/EC of the European Parliament and of the Council. Official J EU Commun 2001/18/EC:1–64

GenTPflEV (Verordnung über die gute fachliche Praxis bei der Erzeugung gentechnisch-veränderter Pflanzen – Gentechnik-Pflanzenerzeugungsverordnung i.d.F. vom 7. April 2008), BGBl. I S. 655

Höltl K, Wurbs A (2008) Simulation of GM maize-cultivation scenarios under different coexistence regulations. In: Breckling B, Reuter H, Verhoeven R (eds) Implications of GM-crop cultivation at large scales. Theorie in der Ökologie 14. Peter Lang, Frankfurt, pp 43–46

LVLF (Landesamt für Verbraucherschutz, Landwirtschaft und Flurneuordnung) (2005) Datensammlung für die Betriebsplanung und die betriebswirtschaftliche Bewertung landwirtschaftlicher Produktionsverfahren im Land Brandenburg. Frankfurt (Oder), 128S

MLUV (Ministeriums für Ländliche Entwicklung, Umwelt und Verbraucherschutz des Landes Brandenburg) (2008a) Runderlass des Brandenburger Ministeriums für Ländliche Entwicklung, Umwelt und Verbraucherschutz zum Anbau von Bt-Mais und Schutzgebiete, Anforderungen an Sicherheitsabstände und Erforderlichkeit von Verträglichkeitsprüfungen i. d. F. vom 27. März 2008. http://www.brandenburg.de/cms/media.php/2318/bt_mais.pdf

MLUV (Ministerium für ländliche Entwicklung, Umwelt und Verbraucherschutz des Landes Brandenburg) (2008b) Feldblockkarte aus den Geometrien der Erhebungen im Rahmen von InVeKos (interne GIS-Daten für das Projekt zur Verfügung gestellt). Potsdam, 2008

Statistische Ämter des Bundes und der Länder (2005) Statistik regional, Daten für die Kreise und kreisfreien Städte Deutschlands, Düsseldorf, IT.NRW

Kapitel 7
Bundesweite Übertragung der Modellierungsansätze zum Anbau von GV-Mais

Claudia Bethwell und Ulrich Stachow

7.1 Ziele

Um eine bundesweite Abschätzung zur Verteilung von GV-Mais- und Nicht-GV-Maisfeldern, zur Möglichkeit ihrer Koexistenz sowie zum Genfluss zwischen diesen Flächen treffen zu können, war es erforderlich, die in den Regionalstudien entwickelten methodischen Ansätze anzupassen und anzuwenden.

Eine direkte Übertragung der Ergebnisse der Regionalstudien auf das Bundesgebiet war nicht möglich. So wiesen die Ergebnisse der Regionalstudien darauf hin, dass agrar- und landschaftsstrukturell verschiedene Gebiete unterschiedliche Potenziale zur Verteilung von Anbauflächen von GV-Maisfeldern aufweisen, wenn Mindestabstände zu Anbauflächen von Nicht-GV-Mais und Abstände zu Schutzgebieten einzuhalten sind. Die Verteilung und der mögliche Umfang der Anbauflächen von GV-Mais ist demnach abhängig vom Anteil an Maisanbau an der zur Verfügung stehenden Ackerfläche, vom Flächenanteil gepufferter Schutzgebiete am betrachteten Landschaftsausschnitt und – wie in der Regionalstudie Schleswig-Holstein vermutet – auch von der Größe der Ackerflächen. Diese Parameter variieren bundesweit in einem stärkeren Maße als in den Regionalstudien, so dass es sinnvoll ist, die methodischen Ansätze auch auf andere Bundesländer zu übertragen.

Die Ergebnisse der vorgestellten Simulationen können zunächst Aussagen darüber liefern, in welchem Umfang ein räumliches Nebeneinander von Nicht-GV-Mais- und GV-Maisfeldern in einer Region realisierbar bzw. problematisch ist. Anbaubeschränkungen von GV-Mais durch Mindestabstände zu anderen Flächennutzungen bilden hierbei Restriktionen, die sich auf die räumliche Verteilung potenzieller Anbauflächen auswirken.

C. Bethwell · U. Stachow (✉)
Leibniz-Zentrum für Agrarlandschaftsforschung (ZALF) Müncheberg e.V., Institut für Landnutzungssysteme, Eberswalder Str. 84, 15374 Müncheberg, Deutschland
e-mail: Claudia.Bethwell@zalf.de, ustachow@zalf.de

B. Breckling et al. (eds.), *GeneRisk*, Umweltnatur- & Umweltsozialwissenschaften,
DOI 10.1007/978-3-642-23433-0_7,

Die Simulationsergebnisse sind darüber hinaus eine wichtige Grundlage für die Modellierung von Genflüssen zwischen Maisfeldern (Kap. 5). Diese kann Problemgebiete identifizieren, in denen die räumliche Verteilung der Maisanbauflächen eine Überschreitung von Grenzwerten hinsichtlich der Einkreuzung von GV-Material in konventionelle Bestände wahrscheinlich macht (Reuter et al. 2008). Zwar sind Mindestabstände zwischen GV- und Nicht-GV-Maisflächen in der „Verordnung über die gute fachliche Praxis bei der Erzeugung gentechnisch veränderter Pflanzen" (Gentechnik-Pflanzenerzeugungsverordnung – GenTPflEV) vorgeschrieben, um eine Überschreitung der zulässigen Grenzwerte, oberhalb derer auch konventionelles Erntegut als GV-Mais zu kennzeichnen wäre, zu verhindern. Doch auch bei Beachtung dieser Mindestabstände könnten die zulässigen Grenzwerte überschritten werden, so dass vermutete Verursacher zu Schadenersatzzahlungen verpflichtet werden müssten.

Die Simulation zur räumlichen Verteilung von Maisanbauflächen kann auf verschiedenen räumlichen Skalen durchgeführt werden, z. B. eines Bundeslandes, eines Landkreises oder einer Gemeinde. Hierbei ist zu klären, ob die Wahl einer bestimmten Skala Einfluss auf das Simulationsergebnis hat und ob dies ggf. für Aussagen zur Koexistenz relevant ist. Hierzu wurde eine Fallstudie Bundesland vs. Landkreis durchgeführt (Bundesland Bayern, drei Landkreise dieses Bundeslandes). Durch die genannten Restriktionen ist zu erwarten, dass sich sowohl die Flächenanteile als auch die Größe und Lage von Maisanbauflächen sowie von Schutzgebieten in einer Landschaft auf die potenziellen Koexistenz-Problemgebiete auswirken. Deshalb ist es sinnvoll, die Simulationen zur Ermittlung potenzieller Koexistenz-Problemgebiete auch für verschiedene, jeweils strukturell typische Regionen durchzuführen. Hierzu wurde in der bundesweiten Übertragung der weiterentwickelte methodische Ansatz auf agrar- und landschaftsstrukturell verschiedene Regionstypen angewandt (Landkreise aus den Bundesländern Bayern, Rheinland-Pfalz, Niedersachsen, Sachsen).

7.2 Anpassung der Methode für die bundesweite Übertragung

Allgemeine Vorgehensweise und Eingangsdaten

Die hier angewandte Methode ist eine Weiterentwicklung der von Höltl und Wurbs (2008) entwickelten Vorgehensweise zur Simulation des Anbaus von GV-Mais unter verschiedenen Koexistenzregelungen. Sie wurde so weiterentwickelt, dass sie bundesweit übertragbar ist und mit gleichbleibendem Eingangsdatensatz auf unterschiedlichen räumlichen Skalen, z. B. auf den Ebenen Bundesland, Landkreis und Gemeinde, angewendet werden kann. Dazu wurden nur Eingangsdaten verwendet, die weitgehend bundesweit verfügbar waren.

Für die Berechnung musste eine räumliche Ebene ausgewählt werden, die es erlaubt, die Agrar- und Landschaftsstruktur in möglichst repräsentativen und homogenen Typen zu erfassen, und die außerdem regional begrenzt ist, um so die regional begrenzten Anbauentscheidungen landwirtschaftlicher Betriebe wiedergeben zu können. Deshalb wurden Szenarien auf Ebene der Landkreise gerechnet.

Zunächst war eine Anpassung bei den Eingangsdaten notwendig, insbesondere zum Maisanbau in Deutschland, wobei in der hier vorgestellten Weiterentwicklung die Maisanbauflächen für die einzelnen Gemeinden vorlagen. Größe und Lage der Ackerflächen wurde im Hinblick auf die angestrebte bundesweite Übertragbarkeit der Methode aus dem Datenbestand von ATKIS abgeleitet. Folgende Eingangsdaten wurden verwendet:

A. Maisanbau in Deutschland

Für die meisten Bundesländer sind Daten der *Allgemeinen Agrarstrukturerhebung* (ASE) aus dem Jahr 2007 auf Gemeindeebene verfügbar. Dies gilt für alle alten Bundesländer und für Sachsen. Für die restlichen Bundesländer sind Daten auf der Ebene von Landkreisen vorhanden. Die jeweilige Gesamtanbaufläche für Silomais wurde aus der Gemeinschaftsveröffentlichung *Statistik lokal* (Statistische Ämter des Bundes und der Länder 2009a; Tabelle 115-02) bezogen. Die Summe der Anbaufläche für Körnermais wurde aus Veröffentlichungen des jeweiligen Bundeslandes ermittelt (Bayerisches Landesamt für Statistik und Datenverarbeitung 2009, Statistisches Landesamt Rheinland-Pfalz 2009: Tabelle 41131GJ010, Landesbetrieb für Statistik und Kommunikationstechnologie Niedersachsen 2009: Tabelle Agrarstrukturerhebung 2007 – Nutzung der Bodenflächen in den Gemeinden Niedersachsens, Statistisches Landesamt des Freistaates Sachsen 2009: Tabelle Anbauflächen von ausgewählten Feldfrüchten sowie Brachen in den landwirtschaftlichen Betrieben). Zusätzlich wurden landkreisbezogene Daten zum Anteil des ökologischen Landbaus aus der Regionaldatenbank Deutschland, *Genesis* (Statistische Ämter des Bundes und der Länder 2009b; Tabelle 115-35-4), verwendet, um den jeweiligen Anteil von ökologisch angebautem Mais abzuschätzen.

B. administrative Grenzen

Die statistischen Daten zum Maisanbau in Deutschland liegen tabellarisch vor. Jeder Datensatz eines Landkreises oder einer Gemeinde kann über eine Kennziffer mit den entsprechenden Geometrien der Landkreise oder der Gemeinden verknüpft werden. Diese Geodaten lagen als Karte *Verwaltungsgrenzen BRD* 2007 (Vermessungsverwaltungen der Länder und BKG 2006) vor.

C. Geometrie der Ackerflächen

Für die Lokalisierung der Ackerflächen wurde das *Amtliche Topographisch-Kartographischen Informationssystem*, ATKIS (Vermessungsverwaltungen der Länder und BKG 2008), verwendet, welches Angaben zur Größe und Lage aller Ackerflächen in Deutschland enthält.

D. Schutzgebiete (NSG und FFH)

Die Geometrien der Naturschutz- (NSG) und Flora-Fauna-Habitat-Gebiete (FFH) wurden von den jeweils zuständigen Behörden der Länder zur Verfügung gestellt: für Bayern „Schutzgebietsdaten / Ökoflächen aus dem Bayerischen Fachinformationssystem Naturschutz (FIS-Natur)" (Bayerisches Landesamt für Umwelt

2009), für Rheinland-Pfalz „Daten aus dem Landschaftsinformationssystem der Naturschutzverwaltung (LANIS)“ (Ministerium für Umwelt, Forsten und Verbraucherschutz Rheinland-Pfalz 2010), für Niedersachsen „NSG und FFH-Gebiete“ (Niedersächsisches Ministerium für Umwelt und Klimaschutz 2009), für Sachsen „NSG und FFH-Gebiete“ (Sächsisches Landesamt für Umwelt und Geologie 2009).

Simulation der Maisanbauflächen

Abbildung 7.1 illustriert die Datengrundlagen und die Bearbeitungs- und Simulationsschritte. Die Simulation der Maisanbauflächen erfolgte in fünf Wiederholungen. Folgende Szenarien, denen als Mindestabstände des GV-Mais zum konventionellen Mais 150 m bzw. zum ökologischen Mais 300 m zu Grunde liegen, wurden berechnet (siehe auch Abschn. 6.1):

- **Szenario I**: 10% Anteil GV-Mais, ohne Berücksichtigung der Schutzgebiete
- **Szenario II**: 70% Anteil GV-Mais, ohne Berücksichtigung der Schutzgebiete
- **Szenario III**: 10% Anteil GV-Mais, mit Berücksichtigung der Schutzgebiete
- **Szenario IV**: 70% Anteil GV-Mais, mit Berücksichtigung der Schutzgebiete

Schritt 1:

- Die Maisanbauanteile (Silo- und Körnermais) sowie der Anteil des Ökolandbaus wurden im GIS den jeweiligen Landkreisen und Gemeinden zugeordnet. Angaben über den Anteil an ökologisch angebautem Mais lagen nur auf Landkreisebene vor und wurden damit für alle Gemeinden eines Kreises einheitlich verwendet. Wenn für eine Gemeinde keine Maisanbaudaten vorhanden waren, aber eindeutig klar war, dass dort Mais angebaut wurde (Kategorie der amtlichen Statistik: Zahlenwert „unbekannt“ oder „geheim zu halten“), wurde aus den vorhandenen Daten (Gemeinde und Landkreis) der fehlende Anbauanteil ermittelt und flächengewichtet nach dem Ackerland auf diese Gemeinden verteilt.

Schritt 2:

- Um die Szenariorechnungen zu ermöglichen, wurden 20 „Maisanbauklassen“ gebildet, in 5%-Schritten von 0 bis 100, je nach Anteil des Maisanbaus an der Ackerfläche in einer Gemeinde.
- Die Mittelwerte der jeweiligen Maisanbauklasse (2,5% ... 97,5%) gingen als Ausgangswerte in die Szenarioberechnungen ein.

Schritt 3:

- Zunächst wurden die Nicht-GV-Maisfelder mittels Zufallsverteilung aus den Ackerflächen gemäß ATKIS ausgewählt. Dabei wurde bereits die später zu verteilende Fläche an GV-Mais berücksichtigt, die gemeinsam mit der Nicht-GV-Maisfläche die Gesamtanbaufläche des Mais ergibt. Die

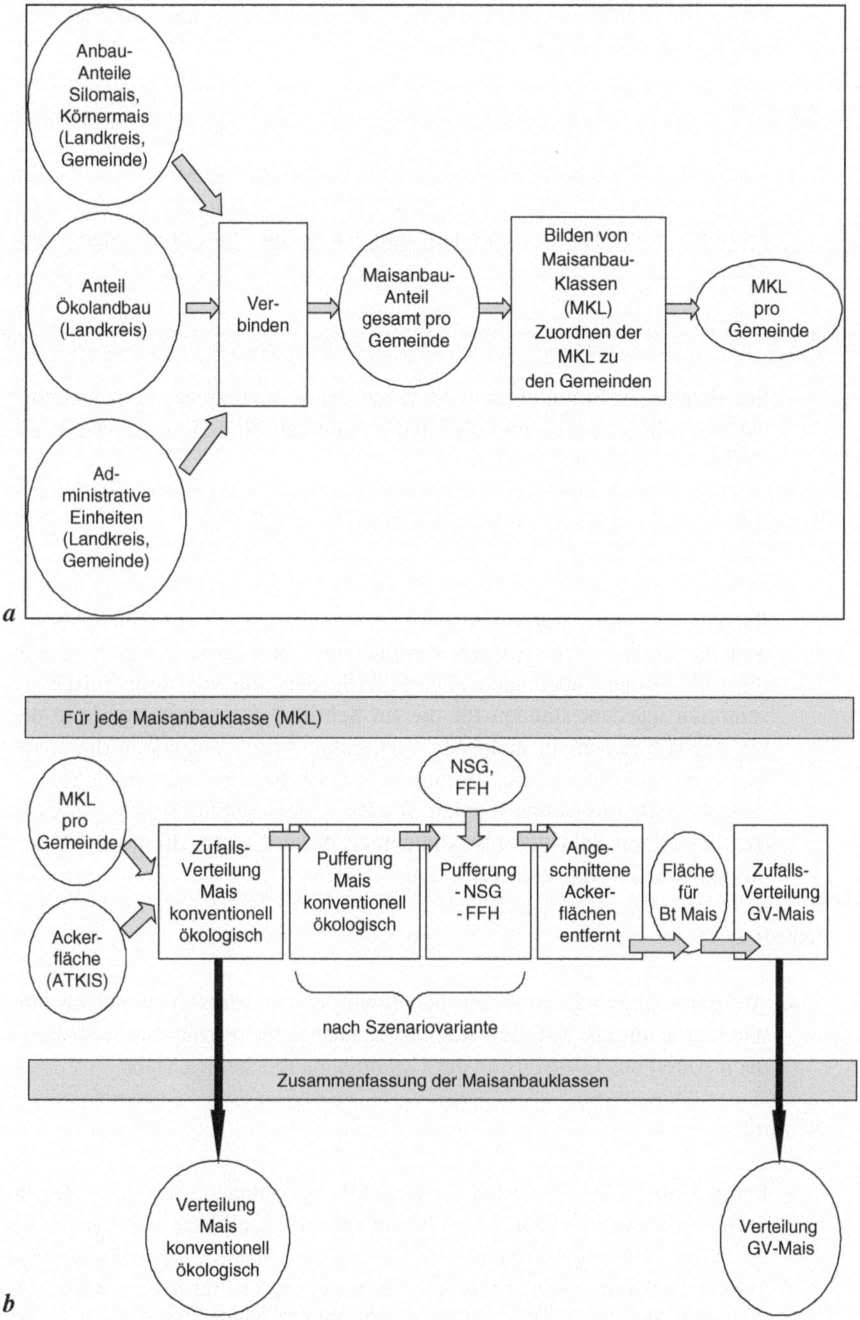

Abb. 7.1 Eingangsdaten, Bearbeitungs- u. Simulationsschritte zur Abschätzung der Verteilung von konventionell angebautem Mais, ökologisch angebautem Mais und GV-Mais. **a** Ableitung von Maisanbauklassen (Anteil Mais am Ackerland einer Gemeinde); **b** Verteilung von Mais-Ackerflächen (konventionell, ökologisch, GV)

Nicht-GV-Maisfelder wurden dabei unterschieden in konventionell und ökologisch bewirtschaftete Flächen.

Schritt 4:

- Um die konventionell und ökologisch bewirtschafteten Maisanbauflächen wurde im GIS entsprechend der aktuell gültigen Abstandsregeln ein Puffer erzeugt, 150 m für konventionell und 300 m für ökologisch angebauten Mais.

Schritt 5:

- Für diejenigen Simulationen, in denen die Schutzgebiete berücksichtigt werden sollten, wurde im GIS um die NSG und FFH-Gebiete jeweils ein Puffer von 1.000 m generiert.

Schritt 6:

- Die nun mit konventionellem und ökologischem Mais belegten Ackerflächen, die Ackerflächen in den Schutzgebieten (FFH-Gebiete, NSG) und die in den Ackerflächen innerhalb der in Schritt 4 und 5 erstellten Pufferzonen, aber auch alle Ackerflächen, die von dem Puffer geschnitten wurden, standen für die im Schritt 7 folgende Verteilung der GV-Maisflächen nicht mehr zur Verfügung. Ansonsten wären die zuvor beschriebenen Koexistenzregelungen in Form der einzuhaltenden Sicherheitsabstände missachtet worden. Als Zwischenergebnis ergaben sich aus den bisherigen Schritten also diejenigen Ackerflächen, die noch für den Anbau von GV-Mais zur Verfügung standen.

Schritt 7:

- Auf den verbleibenden Ackerflächen wurden GV-Maisfelder ausgewählt, wiederum mittels Zufallsverteilung je nach Szenariovariante und damit nach Anteil des GV-Mais an der Gesamtanbaufläche des Mais.

Schritt 8:

- Die Schritte 3 bis 7 wurden für jede Maisanbauklasse gesondert durchgeführt, so dass in einem letzten Schritt die Ergebnisse zur Verteilung der Nicht-GV- und GV-Maisanbauflächen der verschiedenen Maisanbauklassen zusammengefasst wurden. Als Ergebnis resultierte eine Karte, die Auskunft über die Lage von GV- und Nicht-GV-Maisanbauflächen im jeweils modellierten Gebiet (Bundesland, Landkreis, Gemeinde) gibt und als Ausgangsbasis für die Modellierung der Genflüsse auf Landschaftsebene verwendet werden kann.

7.3 Auswahl der Regionen

Fallstudie Bundesland vs. Landkreis

Im ersten Schritt wurde eine Fallstudie durchgeführt, um die Ergebnisse von Szenarioberechnungen für ein Bundesland mit denen ausgewählter Landkreise in diesem Bundesland zu vergleichen. Hierfür wurden das Bundesland **Bayern** und drei Landkreise in Bayern ausgewählt, die sich in ihren agrar- und landschaftsstrukturellen Merkmalen stark unterscheiden. Die strukturellen Merkmale von Bayern und den betrachteten Landkreisen (A = Altötting, B = Rottal-Inn, C = Bad Kissingen) sind in Tabelle 7.1 aufgeführt. Für die Verteilung der Maisanbauflächen stehen so im ersten Fall die Ackerflächen des gesamten Bundeslandes zur Verfügung und im zweiten Fall ist die Verteilung auf die Ackerflächen des Landkreises begrenzt. Damit werden unterschiedliche Ergebnisse hinsichtlich der Verteilungsmöglichkeiten für Anbauflächen von GV-Mais erwartet.

Agrar- und landschaftsstrukturelle Regionstypen

Ein Ergebnis der Regionalstudie **Brandenburg** (Abschn. 6.3.3) war, dass der Anteil des tatsächlich verteilten GV-Mais an der potenziell für den Anbau von GV-Mais zur Verfügung stehenden Ackerfläche vor allem abhängig ist:

1. vom Anbauanteil an GV-Mais,
2. vom Flächenanteil der gepufferten Schutzgebiete und
3. von dem Maisanbauanteil, sofern bei der Verteilung der Anbauflächen von GV-Mais die Abstandsregeln beachtet werden sollen.

In der Regionalstudie **Schleswig-Holsteins** (Abschn. 6.3.2) konnten die Szenarien mit dem Anbauanteil von 70% GV-Mais nicht realisiert werden, da die kleinräumige Agrarstruktur Schleswig-Holsteins mit ihren geringeren Schlaggrößen zu viele Interaktionen zwischen den Maisfeldern ermöglicht, so dass unter Einhaltung der Abstandsregeln zu wenig potenzielle Anbauflächen zur Verfügung standen.

Aus diesen beiden Studien ergab sich somit, dass die agrar- und landschaftsstrukturellen Merkmale: (1) Anbauanteil GV-Mais, (2) Flächenanteil der gepufferten Schutzgebiete, (3) Maisanbauanteil (siehe Regionalstudie Brandenburg) und (4) auch die mittlere Schlaggröße (siehe Regionalstudie Schleswig–Holstein) zu berücksichtigen sind, wenn für ausgewählte Regionen unter Berücksichtigung der Koexistenzregelungen Aussagen zur Möglichkeit der räumlichen Verteilung von Nicht-GV-Mais- und GV-Maisfeldern getroffen werden sollen.

Der Anbauanteil von GV-Mais und der Flächenanteil der Schutzgebiete wurde mit der Auswahl der beschriebenen vier Szenarien berücksichtigt. Der Maisanbauanteil und die mittlere Schlaggröße mussten hingegen über die Gebietsauswahl berücksichtigt werden. In den vier Bundesländern **Bayern**, **Rheinland-Pfalz**, **Niedersachsen** und **Sachsen** wurden Landkreise ausgewählt, die insgesamt neun unterschiedliche Kombinationen von Maisanbauanteil (niedrig, mittel, hoch) und mittlerer Schlaggröße (niedrig, mittel, hoch) repräsentieren. Für jede Merkmalskombination wurden zwei Landkreise exemplarisch für die Szenarioberechnung ausgewählt.

Tabelle 7.1 Agrar- und landschaftsstrukturelle Merkmale des Bundeslandes Bayern und der drei untersuchten bayerischen Landkreise. Die Angaben beziehen sich auf die Jahre 2007 (Maisanteil), 2006/08 (Schutzgebiete), 2008 (Ackerfläche)

Gebiet	Mais Anteil an Ackerfläche	Anteil Ackerland an Gebietsfläche	Ackerland mittlere Größe	Anteil Schutzgebiete an Gebietsfläche (NSG und FFH-Gebiete mit 1.000 m Puffer)	Anteil Ackerland an Gebietsfläche Ackerland außerhalb der Schutzgebiete (mit 1.000 m Puffer)	Anteil Ackerland an Gebietsfläche Ackerland innerhalb der Schutzgebiete (mit 1.000 m Puffer)
	[%]	[%]	[ha]	[%]	[%]	[%]
Bayern	20	33	13	37	21	12
Landkreis A	41	44	12	24	34	10
Landkreis B	42	47	14	6	44	3
Landkreis C	5	32	14	49	18	14

7.4 Ergebnisse der Fallstudie Bundesland vs. Landkreis

Die drei in Bayern untersuchten Landkreise unterschieden sich in den Merkmalen Maisanbauanteil, dem Anteil des Ackerlandes und dem Anteil der Schutzgebietsflächen, einschließlich der Ackerflächen, die innerhalb der Schutzgebiete liegen, sowohl deutlich untereinander als auch vom Durchschnittswert für ganz Bayern (Tabelle 7.1). Nach Durchführung von Schritt 6 (Abschn. 7.2) des GIS-Algorithmus blieben diejenigen Ackerflächen übrig, die potenziell für die Verteilung von GV-Mais zur Verfügung standen. In Abb. 7.2 ist dargestellt, wie hoch der Anteil von GV-Mais, der tatsächlich in der Simulation verteilt werden konnte, an dieser potenziell für den Anbau von GV-Mais zur Verfügung stehenden Ackerfläche ist, also wie viel von der theoretisch zur Verfügung stehenden Anbaufläche „verbraucht" wurde.

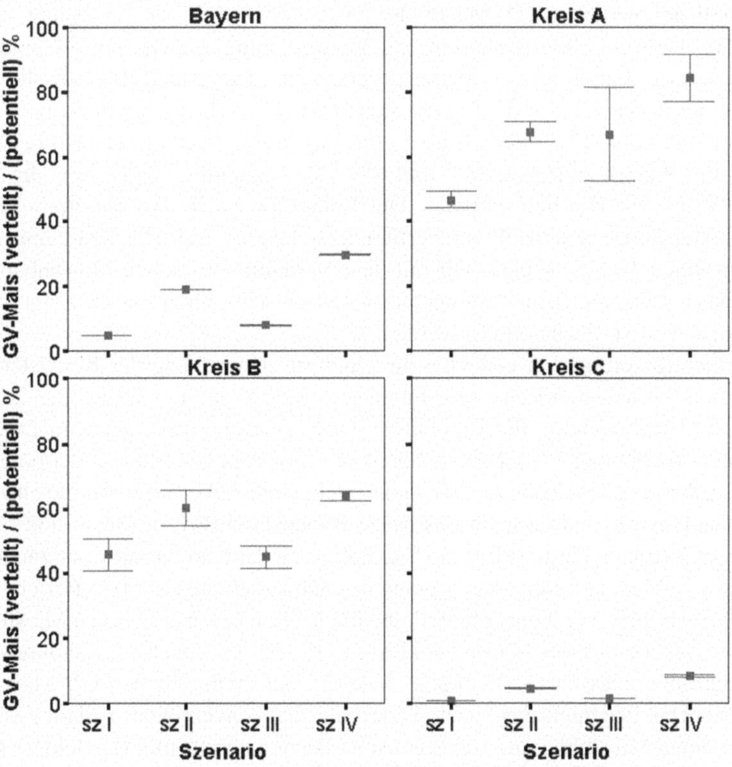

Abb. 7.2 Der Anteil des verteilten GV-Mais an der potenziell für den Anbau von GV-Mais zur Verfügung stehenden Ackerfläche (=100%) in Bayern und den Landkreisen: Altötting (Landkreis A), Rottal-Inn (B), Bad-Kissingen (C); Szenarien: sz I (10% GV-Mais, ohne Schutzgebiete), sz II (70% GV-Mais, ohne Schutzgebiete), sz III (10% GV-Mais, mit Schutzgebieten), sz IV (70% GV-Mais, mit Schutzgebieten); die Fehlerbalken entsprechen der einfachen mittleren Standardabweichung von fünf Szenariowiederholungen

Wie zu erwarten war, schöpfen die Szenarien mit einem Anteil von 70% GV-Mais (sz II, sz IV) diese potenziell zur Verfügung stehende Fläche stärker aus als die Szenarien mit 10% GV-Mais (sz I, sz III).

Die Berücksichtigung der Schutzgebietsflächen (FFH-Gebiete, NSG und jeweils 1.000 m Pufferflächen um diese Gebiete) führte insbesondere beim Landkreis A zu einer Verminderung der für den Anbau von GV-Mais zur Verfügung stehenden Fläche, sowohl bei 10% GV-Mais (sz III) als auch bei 70% GV-Mais (sz IV). Der Landkreis A hat gegenüber B einen hohen Schutzgebietsanteil, in dem sich bei sonst fast gleichem Maisanbauanteil auch ein größerer Anteil der Ackerflächen befindet. Für C war nur eine schwache Verminderung der für den Anbau von GV-Mais zur Verfügung stehenden Fläche durch die Schutzgebiete festzustellen und auch dies nur für die Szenariovariante mit 70% GV-Mais (sz IV).

Am deutlichsten spiegelt Abb. 7.2 jedoch die Unterschiede zwischen den untersuchten Gebieten selbst wieder. Während für ganz Bayern die für den Anbau von GV-Mais zur Verfügung stehende Ackerfläche nicht ausgeschöpft wurde und der Anteil der verteilten GV-Maisfelder an der potenziell zur Verfügung stehenden Ackerfläche in allen Szenarien und Wiederholungen zwischen 5% und 30% lag, zeigten die Landkreise deutliche Unterschiede. Der Anteil des verteilten GV-Mais an der potenziell zur Verfügung stehenden Ackerfläche lag in A mit Werten zwischen 44% und 92% deutlich über dem Landesdurchschnitt, ebenso bei Landkreis B mit Werten zwischen 38% und 66%. Demgegenüber lagen in C die Werte mit 0,8% bis 9% deutlich darunter. Die Reihenfolge der Ausschöpfung der für den GV-Maisanbau potenziell zur Verfügung stehenden Ackerflächen kann für die hier gewählten Beispiele plausibel mit dem Verhältnis zwischen Maisanbauanteil und Ackerland sowie dem Schutzgebietsanteil einschließlich der im Schutzgebiet vorhandenen Ackerfläche erklärt werden.

Zur Identifizierung von Gebieten, in denen die Umsetzung der Koexistenz unter den hier betrachteten Rahmenbedingungen tatsächlich Schwierigkeiten bereiten könnte, ist es notwendig, die Ergebnisse der Szenarioberechnungen im Detail zu betrachten. Abbildung 7.3 zeigt den Anteil des verteilten GV-Mais an der potenziell für den Anbau von GV-Mais zur Verfügung stehenden Ackerfläche für die einzelnen Maisanbauklassen, und zwar für das ganze Bundesland Bayern (oben) und für den Landkreis A (unten) für jeweils eine Wiederholung der Simulation von Szenario III mit 10% GV-Mais und Berücksichtigung der Schutzgebiete (1.000 m Puffer).

Nach Verteilung von konventionell und ökologisch bewirtschafteten Maisfeldern waren in Bayern in zwei Maisanbauklassen (17, 20) und auch im Landkreis A in zwei Maisanbauklassen (5, 12) keine Ackerflächen mehr für den GV-Maisanbau verfügbar. Das bedeutet, dass nach Verteilung der konventionell / ökologisch bewirtschafteten Maisfelder alle weiteren Ackerflächen bereits mit Maisfeldern belegt waren bzw. zu nah an bereits mit Maisanbau belegten Ackerflächen oder innerhalb von 1.000 m Abstand zu Schutzgebieten gelegen waren und damit für einen Anbau von GV-Mais nicht mehr zu Verfügung standen.

Die potenziell für den Anbau von GV-Mais zur Verfügung stehende Ackerfläche wurde in der Simulation für das gesamte Land Bayern in den Maisanbauklassen 11 bis 15, also ab einem Maisanbauanteil von 50%, jeweils zu nahezu 95% oder mehr

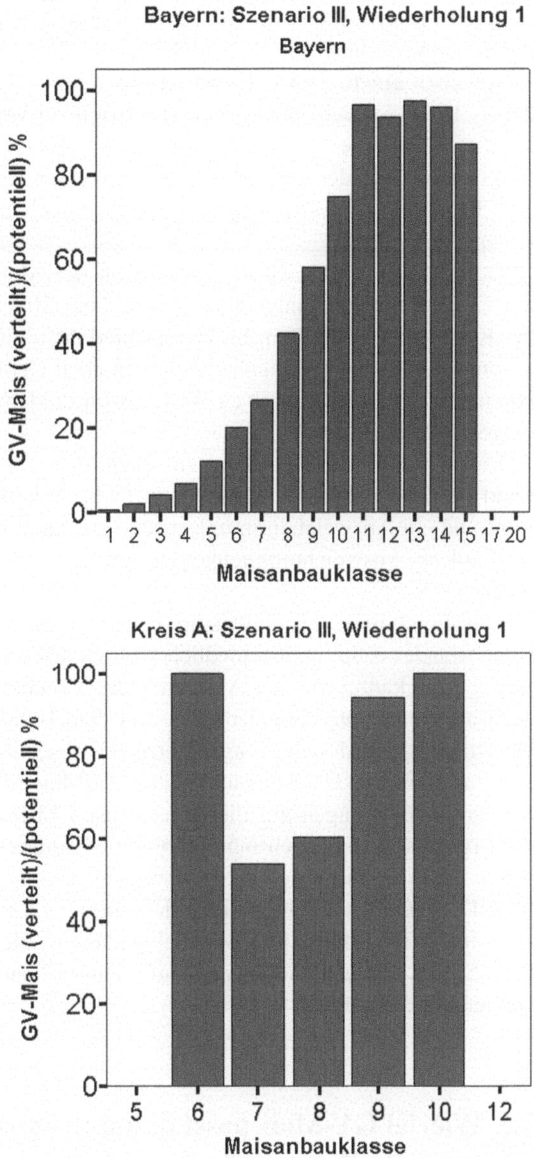

Abb. 7.3 Anteil des verteilten GV-Mais an der potenziell für den Anbau von GV-Mais zur Verfügung stehenden Ackerfläche (=100%) der einzelnen Maisanbauklassen für Bayern und den Landkreis Altötting (Kreis A), Szenario: sz III (10% GV-Mais, mit Schutzgebieten), Szenariowiederholung 1. Im Landkreis Altötting kommen demnach 7 Maisanbauklassen vor, während es im Land Bayern 17 Klassen sind.

ausgeschöpft. In diesen Klassen war die potenziell zur Verfügung stehende Fläche kleiner als die Fläche, die für eine Verteilung von 10% GV-Mais benötigt worden wäre (Klassen 11, 13, 14) oder die verbliebenen einzelnen Restflächen waren zu groß, um in die Flächen für die Verteilung von GV-Mais noch einbezogen zu werden (in Klasse 12 waren 17 ha und in Klasse 15 waren 3 ha übrig). In der Simulation für den Landkreis A wurde die potenziell für den Anbau von GV-Mais zur Verfügung stehende Ackerfläche in drei Maisanbauklassen (Klassen 6, 9, 10) zu mehr als 95% durch die Verteilung von Anbauflächen für GV-Mais ausgeschöpft. Diese Klassen entsprechen einem Maisanbauanteil von 27,5%, 42,5% und 47,5% (jeweils +/− 2,5%). Hier war auch entweder die potenziell zur Verfügung stehende Fläche kleiner als die Fläche, die für eine Verteilung von 10% GV-Mais benötigt worden wäre (Klassen 6, 10), oder die verbliebenen einzelnen Restflächen waren zu groß, um in die Flächen für die Verteilung von GV-Mais noch einbezogen zu werden (in Klasse 9 waren 5 ha übrig).

Demzufolge sind nach der Simulation des Maisanbaus für das gesamte Land nur Gebiete mit Maisanbauanteilen von über 50% als kritisch für die Umsetzung der Koexistenz anzusehen. Im Unterschied dazu müssen auf Landkreisebene unter ansonsten gleichen Rahmenbedingungen auch Gebiete mit einem Maisanbauanteil von unter 50%, und zwar ab ca. 30%, als für die Umsetzung der Koexistenz kritisch eingestuft werden.

Eine Ursache dafür ist darin zu sehen, dass in der Simulation für das gesamte Land pro Maisanbauklasse insgesamt mehr Ackerfläche potenziell zur Verfügung steht und ein Ausweichen in unkritische Gebieten möglich ist. In einem Landkreis sind solche Ausweichmöglichkeiten aufgrund der geringeren Größe naturgemäß niedriger.

Die Ergebnisse der Fallstudie bedeuten einerseits, dass es innerhalb eines Bundeslandes sehr unterschiedliche Möglichkeiten zur Umsetzung der Koexistenz geben kann, wie der Vergleich der Ergebnisse der Szenarioberechnungen der Landkreise untereinander sowie mit dem Bundesland zeigt. Eine bundesweite Übertragung der Modellierungsansätze zur Abschätzung der Möglichkeiten der Koexistenz zwischen GV-Mais und Nicht-GV-Mais sollte daher nach Möglichkeit auf Szenarioberechnungen auf dieser regionalen Ebene basieren. Andererseits zeigen die Ergebnisse, dass auch innerhalb eines Landkreises Gebiete vorhanden sind, in denen die Ausgangsmöglichkeiten zur Umsetzung der Koexistenz unterschiedlich sind. Diese Gebiete können durch detailliertere Analyse der Berechnungsergebnisse, mittels Betrachtung der Maisanbauklassen, identifiziert werden, um anschließend Szenarioberechnungen auch auf lokaler Ebene, der Gemeindeebene, für diese Gebiete durchzuführen.

7.5 Wieviel GV-Mais passt in unterschiedlich geprägte Regionen?

Wie in Abschn. 7.3 ausgeführt, wurde für ausgewählte Landkreise der Bundesländer Niedersachsen, Rheinland-Pfalz und Sachsen untersucht, inwieweit neben dem Anbauanteil von GV-Mais und dem Flächenanteil der Schutzgebiete auch der Maisanbauanteil und die mittlere Schlaggröße Einfluss auf die mögliche Verteilung von GV- und Nicht-GV-Maisfeldern innerhalb eines Landkreises haben können. Entsprechend zeigt Abb. 7.4 den Anteil an GV-Mais, der tatsächlich in der Simulation verteilt werden konnte, an der potenziell für den Anbau von GV-Mais zur Verfügung stehenden Ackerfläche. Jedes einzelne Diagramm zeigt für jeweils einen

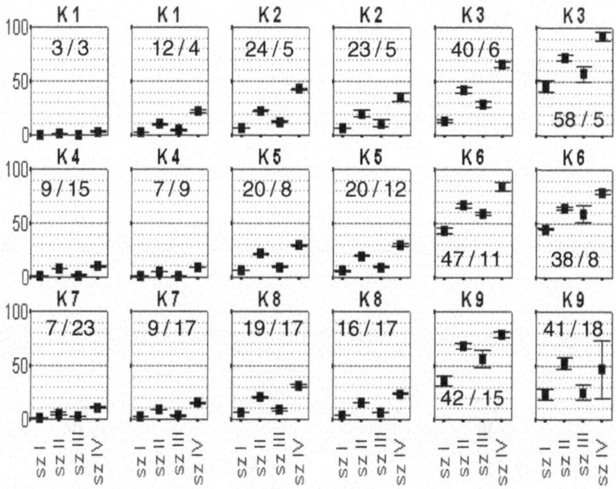

Abb. 7.4 Der Anteil des verteilten GV-Mais an der potenziell für den Anbau von GV-Mais zur Verfügung stehenden Ackerfläche (=100%) in Landkreisen. Diese haben unterschiedliche Kombinationen des Maisanbauanteils und der mittleren Schlaggröße (K1-K9). Das Zahlenwertepaar X/Y steht jeweils für Maisanbauanteil [%] / Schlaggröße [ha]. Von links nach rechts nimmt der Maisanbauanteil zu und von oben nach unten die Schlaggröße. Die Szenarien sind sz I: 10% GV-Mais, ohne Schutzgebiete, sz II: 70% GV-Mais, ohne Schutzgebiete, sz III: 10% GV-Mais, mit Schutzgebieten, sz IV: 70% GV-Mais, mit Schutzgebieten. Die Fehlerbalken entsprechen der einfachen mittleren Standardabweichung von 5 Szenariowiederholungen

Landkreis die Ergebnisse der Simulation zur Verteilung der Maisanbauflächen unter jeweils vier verschiedenen Szenariobedingungen mit je fünf Wiederholungen. Wie in Abschn. 7.2 beschrieben, repräsentieren diese Landkreise neun verschiedene Kombinationen aus den Merkmalen Maisanbauanteil (niedrig, mittel, hoch) und mittlerer Schlaggröße (niedrig, mittel, hoch), wobei der Maisanbauanteil von links nach rechts zunimmt und die mittlere Schlaggröße von oben nach unten.

Für alle Landkreise zeigte sich zunächst, dass die potenziell für den Anbau von GV-Mais zur Verfügung stehende Fläche nicht vollständig ausgeschöpft wurde. Mit höherem Anteil an GV-Mais, also 70% in den Szenarien II und IV wird diese Fläche stärker ausgeschöpft als bei einem Anteil von 10% GV-Mais. Mit Berücksichtigung der Schutzgebiete, inklusive des 1.000 m Puffers, wurde diese Fläche ebenfalls stärker ausgeschöpft, wie die Szenarien III und IV gegenüber den Szenarien I und II zeigen. Zwischen den Landkreisen gibt es jedoch auch Unterschiede.

Mit zunehmendem Maisanbauanteil nimmt die Ausschöpfung der potenziell für den Maisanbau zur Verfügung stehenden Fläche zu (Abb. 7.5). Dieser Zusammenhang zwischen dem Maisanbauanteil und dem Anteil des verteilten GV-Mais an der potenziell für den Anbau von GV-Mais zur Verfügung stehenden Ackerfläche gilt für alle Szenarien (Abb. 7.5). Für die mittlere Schlaggröße konnte ein solcher Zusammenhang nicht festgestellt werden.

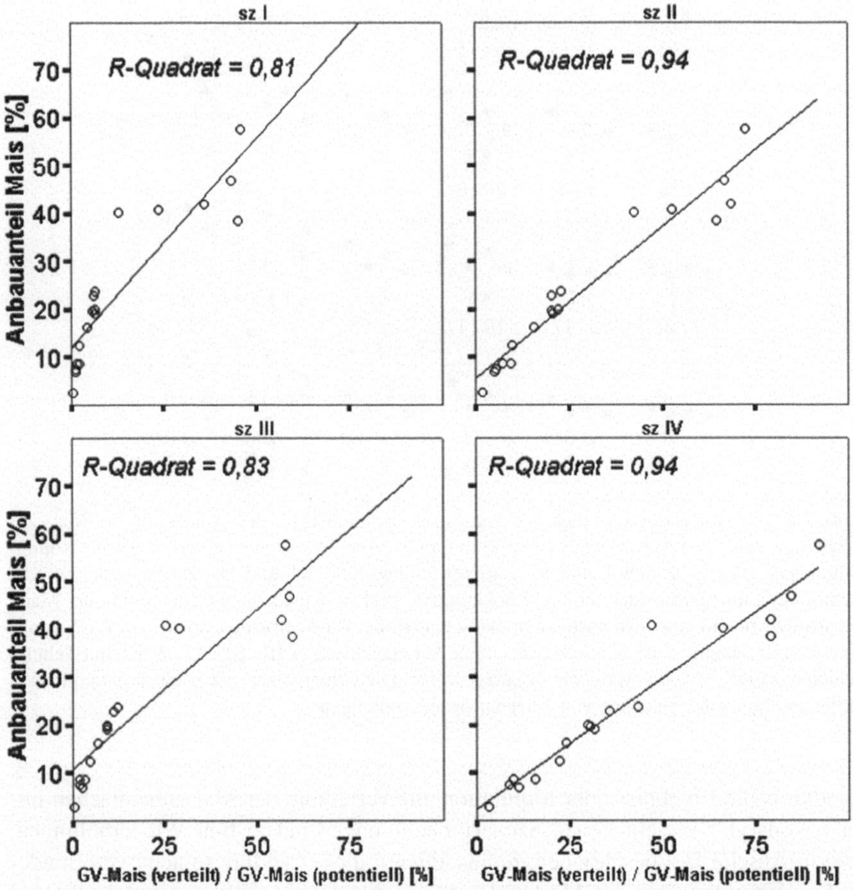

Abb. 7.5 Zusammenhang zwischen dem Maisanbauanteil und dem Anteil des verteilten GV-Mais an der potenziell für den Anbau von GV-Mais zur Verfügung stehenden Ackerfläche (=100%) für das Szenario I (10% GV-Mais, ohne Schutzgebiete), Szenario II (70% GV-Mais, ohne Schutzgebiete); Szenario III (10% GV-Mais, mit Schutzgebieten) und Szenario IV (70% GV-Mais, mit Schutzgebieten), n = 18

Hinsichtlich des Einflusses der Schlaggröße auf das Konfliktpotenzial einer Region sehen wir noch weiteren Untersuchungsbedarf. Der Einfluss der Schlaggröße auf die räumlich mögliche Umsetzbarkeit der Koexistenz konnte mit den hier ausgewerteten Variablen und für die betrachteten Landkreise nicht ermittelt werden. Das heißt nicht, dass es keinen Einfluss der Schlaggröße auf das räumliche Konfliktpotenzial einer Region gibt. Der Einfluss dieses Merkmals sollte gesondert, unter ansonsten konstanten Bedingungen, für eine größere Auswahl von Landkreisen und ggf. unter Einbeziehung weiterer Variablen, die geeignet sind, das Konfliktpotenzial zu beschreiben, untersucht werden.

In den Landkreisen, in denen die Simulationswiederholungen größere Standardabweichungen aufwiesen, wurde gezeigt, dass hier in einzelnen Simulationswiederholungen des Szenarios nicht mehr der angestrebte Anteil an GV-Mais in einzelnen Maisanbauklassen verteilt werden konnte. Das betraf vor allem Landkreise mit hohem Maisanbauanteil und Szenarien mit hohem Anteil an gepufferten Schutzgebieten sowie Szenarien mit hohem Anteil an GV-Mais, also alle die Fälle, in denen schon eine stärkere Ausschöpfung der potenziell für den Anbau von GV-Mais zur Verfügung stehenden Fläche stattfindet.

Die Ergebnisse bedeuten, dass räumliche Konflikte hinsichtlich der angestrebten Koexistenz zwischen dem Anbau von GV-Mais und Nicht-GV-Mais bei einer geeigneten Verteilung der Anbauflächen von GV-Mais unter den für die hier ausgewählten Landkreise gegebenen Rahmenbedingungen, d. h. den agrar- und landschaftsstrukturellen Bedingungen, gelöst werden könnten. Da jedoch die betrieblichen Anbauentscheidungen in einem engeren räumlichen Bezugsrahmen stattfinden und nur in einzelnen Fällen Konflikte durch ein Ausweichen, z. B. durch Flächentausch oder auch durch Schlagteilungen lösbar sind, ist dennoch ein Konfliktpotenzial festzuhalten. Dieses nimmt zu bei:

1. zunehmendem Anbauanteil an GV-Mais,
2. zunehmendem Anteil an gepufferten Schutzgebietsflächen und
3. zunehmendem Maisanbauanteil im Landkreis.

Dieses Ergebnis deckt sich mit denen der Regionalstudie Brandenburg (Abschn. 6.3.3) und den Aussagen der Akteure, die im Rahmen der Interaktionsstudie in der Region Märkisch-Oderland befragt wurden (Kap. 15). Sie sehen auf die Region besonders dann Konflikte zukommen, wenn der Maisanbauanteil steigt, wie es mit dem Bau geplanter Biogasanlagen zu erwarten ist, und wenn sich weitere Landwirte für den Anbau von GV-Mais entscheiden. Verschärfend sehen sie Flächenrestriktionen durch solche Nutzungen, die durch den Anbau von GV-Mais nicht beeinträchtigt werden sollen, wie z. B. Schutzgebiete. Insgesamt wird von den befragten Akteuren eingeschätzt, dass in Zukunft der Druck durch Inanspruchnahme der Flächen für sehr verschiedene Nutzungen (Nahrungserzeugung, Energiepflanzen) zunehmen wird.

7.6 Zusammenfassung

In den Regionalstudien (Kap. 6) wurden für eine Simulation der Anbauflächen von GV-Mais und Nicht-GV-Mais Datengrundlagen recherchiert und geeignete Szenarien und methodische Vorgehensweisen entwickelt, um auf Landschaftsebene Konfliktpotenziale abschätzen zu können, die im Zusammenhang mit dem Anbau von GV-Mais und der umzusetzenden Koexistenz zwischen den konventionellen und ökologischen Anbauweisen von Mais und dem Anbau von GV-Mais entstehen können. In den Szenarien wurden Restriktionen des Anbaus von GV-Mais beachtet, so die Mindestabstände zu konventionellen Maisanbauflächen von 150 m, zu ökologischen Maisanbauflächen von 300 m und Abstände zu Schutzgebieten (FFH-Gebiete und NSG) von 1.000 m.

Die Regionalstudien bildeten die Grundlage für eine bundesweite Übertragung der Methode. Mit Hilfe eines Geographischen Informationssystems (GIS) und einem einheitlichen Set von Eingangsdaten (Angaben zum Maisanbau in Deutschland, administrativen Grenzen, Geometrien der Ackerflächen und der Schutzgebiete) kann die Methode bundesweit und auf drei verschiedenen Skalenebenen angewendet werden: Auf der Ebene des Bundeslandes und des Landkreises, wie in der Fallstudie in Abschn. 7.4 und deren bundesweiter Übertragung auf agrar- und landschaftsstrukturelle Regionstypen in Abschn. 7.5 gezeigt wurde, und sie lässt sich ebenso auf einzelne Gemeinden übertragen. Ergebnisse wurden hier nicht vorgestellt. Die Simulationen der Maisanbauflächen auf diesen verschiedenen Ebenen können für weiterführende Untersuchungen und Auswertungen genutzt werden, z. B. auf der Ebene eines Bundeslandes für großräumige Modellierungen des Genflusses zwischen Anbauflächen von GV-Mais und Nicht-GV-Mais, auf der Ebene des Landkreises für eine regionale Modellierung der Genflüsse und zur Abschätzung des Konfliktpotenzials bei der Umsetzung der Koexistenz zwischen den konventionellen und ökologischen Anbauweisen von Mais und GV-Mais-Anbau und auf der Ebene der Gemeinde für Abschätzungen lokaler Kapazitätsgrenzen zum Anbau von GV-Mais und damit zur Lösung von Koexistenzproblemen. Die Methode ist auch geeignet, auf jeder Ebene detailliertere Datengrundlagen einzubinden, z. B. für den Fall, dass genauere Geometrien tatsächlicher Ackerflächen für einzelne Regionen über Betriebsbefragungen bereitgestellt werden können.

Sowohl in den Regionalstudien als auch in den Simulationen für ausgewählte agrar- und landschaftsstrukturelle Regionstypen konnte gezeigt werden, dass die potenziell für den Anbau von GV-Mais nach Berücksichtigung der Anbaurestriktionen bereitstehende Ackerfläche umso stärker durch den Anbau von GV-Mais ausgeschöpft wird, umso höher der Anbauanteil des GV-Mais ist, umso höher der Anteil der Schutzgebiete, inklusive eines 1.000 m Puffers, an der Gebietsfläche ist und umso höher der Maisanbauanteil ist. Mit Zunahme dieser drei Merkmale nimmt auch das räumliche Konfliktpotenzial in den untersuchten Regionen zu. Der Einfluss dieser drei Merkmale auf das Konfliktpotenzial wird durch die Einschätzung befragter Akteure der Interaktionsstudie Märkisch-Oderland gestützt (Kap. 15).

Zitierte Literatur

Bayerisches Landesamt für Statistik und Datenverarbeitung (2009) Tabelle 41121-204r (2007). https://www.statistikdaten.bayern.de/genesis/online/logon, download 27.07.2009

Bayerisches Landesamt für Umwelt (2009) Schutzgebietsdaten/Ökoflächen aus dem Bayerischen Fachinformationssystem Naturschutz (FIS-Natur), download 23.09.2009

GenTPflEV (Verordnung über die gute fachliche Praxis bei der Erzeugung gentechnisch-veränderter Pflanzen – Gentechnik-Pflanzenerzeugungsverordnung i.d.F. vom 7. April 2008 (BGBl. I S. 655)

Höltl K, Wurbs A (2008) Simulation of GM maize-cultivation scenarios under different coexistence regulations. In: Breckling B, Reuter H, Verhoeven R (eds) Implications of GM-crop cultivation at large scales. Theorie in der Ökologie 14. Peter Lang, Frankfurt, pp 43–46

Landesbetrieb für Statistik und Kommunikationstechnologie Niedersachsen (2009) Tabelle Agrarstrukturerhebung 2007 –Nutzung der Bodenflächen in den Gemeinden Niedersachsens–. pers. Mitteilung vom 11.08.2009

Ministerium für Umwelt, Forsten und Verbraucherschutz Rheinland-Pfalz (2010) kostenfreie Bereitstellung durch das Ministerium für Umwelt, Forsten und Verbraucherschutz Rheinland-Pfalz, download LANIS (Landschaftsinformationssystem der Naturschutzverwaltung Rheinland-Pfalz), download 18.01.2010

Niedersächsisches Ministerium für Umwelt und Klimaschutz (2009) FFH-Gebiete und NSG Daten des Niedersächsischen Ministerium für Umwelt und Klimaschutz downloads vom 31.03.2009 (FFH-Gebiete) und 09.04.2009 (NSG)

Reuter H, Breckling B, Wurbs A, Höltl K (2008) Modelling maize cross-pollination probabilities on the regional level – exemplary simulations for the county Elbe Elster in Brandenburg, Germany. In: Breckling B, Reuter H, Verhoeven R (eds) Implications of GM-crop cultivation at large scales. Theorie in der Ökologie 14. Peter Lang, Frankfurt, pp 54–58

Sächsisches Landesamt für Umwelt und Geologie (2009) NSG (Stand 01.01.2009) und FFH-Gebiete (Stand 31.03.2009), Hrsg.: Sächsisches Landesamt für Umwelt und Geologie, Bearbeitung: Abteilung Natur, Landschaft, Boden, download 05.11.2009

Statistische Ämter des Bundes und der Länder (2009a) Statistik lokal, Daten für die Gemeinden, kreisfreien Städte und Kreise Deutschlands, Düsseldorf, IT.NRW.

Statistische Ämter des Bundes und der Länder (2009b): Regionaldatenbank Deutschland, Genesis, Tabelle 115-35-4, download 14.07.2009

Statistisches Landesamt des Freistaates Sachsen (2009) Tabelle Anbauflächen von ausgewählten Feldfrüchten sowie Brache in den landwirtschaftlichen Betrieben. pers. Mitteilung vom 24.07.2009

Statistisches Landesamt Rheinland-Pfalz (2009) Tabelle 41131GJ010 (Landwirtschaftliche Betriebe und Anbaufläche nach der Bodennutzung 2007). pers. Mitteilung vom 06.07.2009

Vermessungsverwaltungen der Länder und BKG (2006) Verwaltungsgrenzen BRD 2007

Vermessungsverwaltungen der Länder und BKG (2008) Amtliches Topographisch-Kartographisches Informationssystem, ATKIS, Basis-DLM

Kapitel 8
WebGIS für Monitoring und Risikoanalyse von GVO, Koexistenzregelungen und Anbauplanung

Gunther Schmidt, Lukas Kleppin und Winfried Schröder

8.1 Einleitung

GVO-Monitoring und Risikobewertung

Die Einführung von GVO in der Landwirtschaft kann ungewollte und irreversible Schäden verursachen. Ein Langzeitmonitoring von GVO-Flächen und ihrer Umgebung zur Erfassung eventueller negativer Auswirkungen auf die Umwelt, z. B. zur Feststellung von Biodiversitätsänderungen, wurde bisher noch nicht entsprechend dem Stand der wissenschaftlichen und technischen Möglichkeiten eingerichtet. In Deutschland basiert die Abschätzung der durch den Anbau von GVO implizierten Risiken vorwiegend auf Versuchen mit geringer räumlicher Aussageweite, da sie z. B. in Labors, Gewächshäusern oder auf kleinräumigen Versuchsfeldern durchgeführt werden (Chapman und Burke 2006, Devaux et al. 2007, Spök et al. 2005). In diesem Kontext schlagen Craig et al. (2008) erweiterte Untersuchungen auf Landschaftsebene vor, die ein weiträumiges Monitoring umfassen. Großräumige Untersuchungen zu direkten, indirekten und langfristigen Wirkungen des Anbaus von GVO auf natürliche Ökosysteme bilden bisher noch immer eine Ausnahme (Squire et al. 2003, Spök et al. 2005), rücken jedoch zunehmend in den Fokus der wissenschaftlichen Forschung (Andow und Zwahlen 2006, Beismann und Kuhlmann 2006, Castellazzi et al. 2007, Devaux et al. 2007, Hofmann et al. 2005). Ungeachtet des bislang noch fehlenden anbaubegleitenden Monitorings entsprechend dem Stand der Wissenschaft wurde in Deutschland im Zeitraum 2005 bis 2008 auf über 3.000 ha Ackerfläche Bt-Mais MON810 angebaut, bis dahin die einzige für den kommerziellen Anbau zugelassene GV-Pflanze in Deutschland. Seit April 2009 ist die Zulassung für Bt-Mais MON810 ausgesetzt. Im März 2010 wurde die von BASF gentechnisch in ihrer Stärkezusammensetzung veränderte Kartoffel „Amflora" durch die EU-Kommission zugelassen und zur Saatgutvermehrung in Mecklenburg-Vorpommern auf etwa 20 Hektar angebaut.

G. Schmidt (✉)
Lehrstuhl für Landschaftsökologie, Universität Vechta, PF 1553, 49364 Vechta, Deutschland
e-mail: gschmidt@iuw.uni-vechta.de

B. Breckling et al. (eds.), *GeneRisk*, Umweltnatur- & Umweltsozialwissenschaften, DOI 10.1007/978-3-642-23433-0_8,

Gemäß der EU-Richtlinie 2001/18/EG werden neue GVO-Sorten für eine Marktzulassung einem Genehmigungsverfahren unterzogen, das eine Umweltrisikobewertung sowie die Vorlage eines Monitoringplans vorschreibt. Letzterer sieht ein fallspezifisches (Case Specific Monitoring) und ein allgemeines (General Surveillance) Monitoring zur Abschätzung von direkten und indirekten Wirkungen der GVO-Freisetzung für Mensch und Umwelt vor. Ein nach § 16 GenTG (Gentechnik-Gesetz) vorgeschriebener Monitoringplan ist vom Antragsteller auszuarbeiten und auszuführen. Dieser Regulierungsrahmen dient zur Risiko- bzw. Gefahrenvorsorge und soll ermöglichen, unvorhersehbare, potenzielle negative Umwelteffekte auch noch nach der Umweltrisikoprüfung zu erfassen (Sears et al. 2001). Ziel ist es, sowohl die menschliche Gesundheit als auch die Umwelt zu schützen und den Anbau von GVO so zu reglementieren, dass keine unvertretbaren Risiken und Gefahren auftreten. Die Umweltrisikobewertung ist im EFSA Guidance Document[1] erläutert und umfasst z. B. Labortests, Gewächshausversuche oder kleinräumige Versuchsfelder. Jedoch liegt die Herausforderung bei der Bewertung großräumiger und langfristiger Folgen eines GVO-Anbaus darin, Schlüsselregionen mit hohem Risikopotential zu identifizieren, ein geeignetes Überwachungskonzept aufzubauen und adäquate Monitoringmethoden einzuführen. Dies allein mit Versuchen auf kleinen Parzellen oder im Labor zu realisieren, scheint wenig Ziel führend. Daher ist es notwendig, geeignete großräumige Monitoringverfahren, Experimente und Modellierungen durchzuführen (Craig et al. 2008).

Das der Risikoabschätzung nachgelagerte GVO-Monitoring zielt darauf ab, negative Umwelteffekte auf regionaler Ebene aufzudecken. Die Ergebnisse des GVO-Monitorings sollen dazu beitragen, Entscheidungen z. B. über Zulassungen oder zusätzliche Vorsorgemaßnahmen zu treffen. Sie können die Prognosezuverlässigkeit für zukünftige Risikoabschätzungen erhöhen. Das GVO-Monitoring soll als Basis eines Frühwarnsystems dienen, um rechtzeitig reagieren und über Gegenmaßnahmen entscheiden zu können. Da das fallspezifische und das allgemeine Monitoring nicht vollständig voneinander unterschieden werden können, müssen relevante Sachverhalte in beiden Überwachungskonzepten betrachtet werden. Hierzu gehören beispielsweise

- Transgen-Kombinationen mit unerwarteten Eigenschaften, wie multiple Resistenzen bei Raps (Beckie et al. 2003, Knispel et al. 2008),
- Effekte unterschiedlicher Bt-Toxine auf sensible Schmetterlings-Populationen (Dively et al. 2004, Lang und Vojtech 2006, Losey et al. 1999) oder
- Langzeiteffekte aufgrund eines Wechsels der landwirtschaftlichen Praxis (Graef 2009).

[1] GUIDANCE DOCUMENT OF THE SCIENTIFIC PANEL ON GENETICALLY MODIFIED ORGANISMS FOR THE RISK ASSESSMENT OF GENETICALLY MODIFIED PLANTS AND DERIVED FOOD AND FEED (Question No EFSA-Q-2003-005), Adopted on 24 September 2004, Updated on 7 December 2005 Final, edited version of 28 April 2006, May 2006.

Einige der nachteiligen Umwelteffekte können bereits während der Umweltrisikoprüfung ausfindig gemacht, jedoch nicht im vollen Umfang abgeschätzt werden. So dürften Effekte, wie ein beim Anbau auftretender horizontaler Gentransfer, sehr wahrscheinlich erst nach einer längeren Beobachtungsdauer feststellbar sein. Weitere Aspekte, die bei dem Monitoring von GVO beachtet werden sollten, sind:

- erhöhte Mortalität von Nicht-Ziel-Organismen (Sears et al. 2001),
- nicht vorhersehbare und damit auch nicht untersuchte Hybridbildungen (Auskreuzung) (Lefol et al. 1996) oder
- direkte Nachbarschaft zu Nicht-GV-Pflanzen (Rieger et al. 2002) sowie
- der Wechsel landwirtschaftlicher Nutzungspraxis (Graef et al. 2007).

Vor dem Hintergrund eines fehlenden GVO-Langzeitmonitorings entwarf der VDI (2006a) eine entsprechende Rahmenrichtlinie, nach der die möglichen Umweltwirkungen transgener Kulturpflanzen auf ökosystemarer und trophischer Ebene entsprechend dem Stand der Wissenschaft untersucht werden können. Es werden Kriterien für die Auswahl von Erhebungsmethoden, -intervallen, -orten und Beobachtungsflächen genannt sowie für die Qualitätssicherung und Dokumentation der Messungen. Zudem wurden Schutzgüter und Schutzziele aufgelistet und Prüfpunkte aufgestellt, die bei der Beobachtung von durch transgene Kulturpflanzen ausgelösten Umweltwirkungen beachtet werden sollten. Die Liste der Prüfpunkte erlaubt die Recherche nach für das GVO-Monitoring relevanten Messungen innerhalb anderer mit Metadaten beschriebener und etablierter Umweltbeobachtungsprogramme (Reuter et al. 2006, 2010, Züghart 2008).

Ein webfähiges geografisches Informationssystem (WebGIS) eignet sich in diesem Kontext besonders gut für den Aufbau von Daten- bzw. Geodaten-Infrastrukturen, sowohl für das GVO-Monitoring als auch für andere Programme in der Umweltbeobachtung (Kleppin et al. 2010).

Dieser Beitrag soll zeigen, inwieweit das hier vorgestellte „WebGIS GVO-Monitoring", welches im GeneRisk-Projekt entwickelt wurde, die agrarräumliche und naturschutzfachliche Planung sowie das Monitoring des Anbaus von gentechnisch verändertem Mais (Bt-Mais) unterstützen kann und damit auch die Arbeit der Genehmigungsbehörden erleichtern könnte. Einerseits wird dies durch die im WebGIS bereitgestellten GVO-relevanten Geodaten, wie z. B. über den Maisanbau, Naturschutzgebiete sowie über bestehende Monitoring-Programme, ermöglicht. Andererseits wurden hierfür GIS-Funktionen implementiert, die im Internetbrowser ausgeführt werden können. Im Einzelnen wird aufgezeigt, inwiefern die WebGIS-Anwendung als Informationsportal dienen und die Planung als auch den Betrieb des GVO-Monitoring unterstützen kann. Des Weiteren wird unter Verwendung der implementierten GIS-Funktionen demonstriert, wie mit Hilfe des WebGIS bereits vor der Einrichtung neuer GVO-Anbauflächen mögliche Konflikte mit anderen Nutzungen oder z. B. Naturschutzzielen räumlich differenziert analysiert werden können. Dadurch könnten Koexistenzprobleme bereits in der Planungsphase identifiziert werden (Schmidt und Schröder 2009). Ferner sollen die im

„WebGIS GVO-Monitoring“ bereitgestellten Informationen über die reale Anbausituation von Bt-Mais in Deutschland nicht nur für ein GVO-Langzeitmonitoring, sondern auch für die Modellierung der Ausbreitung transgenen Pollens (Reuter et al. 2008) genutzt werden.

WebGIS-Anwendungen

Unter den GIS-Produkten ist grundsätzlich nach Desktop- und Web-Applikationen zu unterscheiden, die sowohl als Open Source Software (OSS) als auch als proprietäre Software auf dem GIS-Markt angeboten werden. Unter Open Source Software versteht man Programme, die inklusive ihrer Quellcodes frei verfügbar sind (Kinberger and Pucher 2005). In diesem Zusammenhang muss die Open Source Software mehrere Kriterien erfüllen, die durch die „Open Source Initiative“ (OSI) festgelegt wurden. Hierzu gehören vor allem

- der freie Zugang zum Quellcode,
- die freie Weitergabe der Software und
- die erlaubte Modifikation der Software (Williams 2002).

Desktop-GIS-Anwendungen sind Programme, die auf jedem Rechner lokal installiert werden müssen. Beispiele für entsprechende proprietäre Produkte sind ArcGIS des Environmental Systems Research Institute (ESRI) oder ERDAS Imagine der Firma ERDAS, Inc. Eine der umfangreichsten frei verfügbaren Desktop-GIS-Software ist GRASS GIS (Geographic Resources Analysis Support System).

Internet-gestützte GIS-Applikationen sind Geoinformationssysteme, deren Funktionalität auf Netzwerktechnologien basieren. Synonym werden hierfür auch Begriffe wie z. B. GIS online, Internet-GIS, WebGIS, NetGIS und Distributed GIS verwendet (Dickmann 2004). Mit dem Begriff Internet-GIS wird die Aufmerksamkeit auf die Netzwerktechnik und die hierfür notwendigen Protokolle gelegt, während WebGIS in seiner Definition die Verwendung eines Webbrowsers signalisiert. Die zuletzt genannte Bezeichnung wurde auch für die Benennung der entwickelten Web-Applikation „WebGIS GVO Monitoring“ gewählt. Ein bekanntes Beispiel für ein proprietäres internetbasiertes GIS, mit dem Geodaten oder interaktive Anwendungen zentral aufbereitet und für andere Nutzer über das Intranet sowie über das Internet zugänglich gemacht werden können, ist ArcIMS, ein Produkt der Firma ESRI. Die WebGIS-Applikationen OpenLayers, Chameleon oder die hier verwendete Mapbender-Software sind Beispiele für lizenzfreie Open Source Produkte.

Jedes Fachgebiet, das Informationen mit einem Raumbezug verwalten, kartographisch darstellen und analysieren muss, kann dies mit Hilfe von webbasierten Geoinformationssystemen realisieren. WebGIS-Applikationen setzen hierbei außer einem Internetbrowser keine zusätzliche GIS-Software auf dem Desktop-PC des Nutzers (Client) voraus. Die Daten werden auf einem zentralen Server verwaltet, der sich mit anderen Systemen über definierte Schnittstellen vernetzen kann. Die Anwender von Desktop GIS-Applikationen sind erfahrene Spezialisten und Privatanwender, die sowohl einfache als auch komplexe raumbezogene Fragestellungen bearbeiten. Demgegenüber werden WebGIS zwar von Geoinformatik-Spezialisten entwickelt, stehen jedoch zur Anwendung der breiten Öffentlichkeit zur Verfügung und sind so konzipiert, dass sie problemlos auch von Laien bedient und als Informationsgrundlage genutzt werden können. Das Werkzeug-Angebot von Desktop-GIS-Anwendungen ist umfangreicher als das von WebGIS-Anwendungen. Die Digitalisierung von Geo-Objekten und komplexere Analysefunktionen innerhalb von WebGIS-Applikationen wird sich jedoch nicht zuletzt aufgrund des steigenden Einsatzes von mobilen WebGIS-Anwendungen weiter beschleunigen.

WebGIS im GVO-Kontext

Eine Recherche nach WebGIS-Applikationen, die im Zusammenhang mit GVO betrieben werden, hat gezeigt, dass bundesweit zurzeit lediglich drei entsprechende Internetportale verfügbar sind:

1. Das Referat „Koexistenz und GVO-Monitoring" des BVL führte mit Inkrafttreten des neuen Gentechnikgesetzes das Standortregister über die Freisetzung und den Anbau von GVP in Deutschland ein. Die Führung eines Standortregisters ist durch EU-Richtlinien vorgeschrieben.[2] Jeder, der GVO freisetzt oder anbaut, ist verpflichtet, dies dem BVL mitzuteilen. Im Standortregister wird die Lage von Flächen der Freisetzung oder des Anbaus von GVP auf Basis von Flurstückskarten erfasst. Ein Ziel des Standortregisters ist ein verbessertes Monitoring möglicher unerwünschter Auswirkungen von GVP auf die Umwelt sowie die Gesundheit von Menschen und Tieren. Gleichzeitig soll die Öffentlichkeit informiert werden, um Transparenz und Koexistenz zu gewährleisten. Das Standortregister liefert Informationen in Tabellenform mit eingeschränkter Option zur kartografischen Veranschaulichung auf Bundesland-, Landkreis und Gemeindeebene. Die genaue Lage der jeweiligen Anbaufläche lässt sich daraus nicht erschließen, da für jede administrative Ebene lediglich die Gesamtanbaufläche von GVO kartiert wird. Aus technischer Sicht basiert die WebGIS-Applikation auf proprietärer Software, nämlich auf dem von ESRI vermarkteten ArcIMS Mapserver sowie auf dem Datenbankmanagement-System (DBMS) von Oracle.
2. Die experimentelle Freisetzung von GVO in die Umwelt bedarf einer Risikoprüfung, bei der potenziell schädliche Wirkungen auf die menschliche Gesundheit oder die Umwelt zu bewerten sind. Natura 2000-Gebiete unterliegen in diesem Kontext einem besonderen gesetzlichen Schutz. Dementsprechend muss für Freisetzungsversuche, in deren Einflussbereich Natura 2000-Gebiete liegen, eine Prüfung nach §§ 34a, 34 des Bundesnaturschutzgesetzes (BNatSchG) durchgeführt werden.[3] Das Bundesamt für Naturschutz (BfN) stellt Antragstellern von GVO-Freisetzungen einen Kartendienst zur Lage der Natura 2000-Gebiete zur Verfügung. Neben den Schutzgebieten können auch vordefinierte Puffer-Flächen

[2] http://www.bvl.bund.de/cln_027/nn_491826/DE/06__Gentechnik/07__Anbau/01__Standortregister/standortregister__node.html__nnn=true

[3] http://www.bfn.de/0503_einstieg_gvo.html

(1.000 m) sowie topographische Karten dargestellt werden. Zusätzliche GIS-Funktionen sind nicht vorhanden. Durch die vorgegebenen Distanzen kann der Aufwand für die Prüfung eines Antrages erheblich verringert werden.[4]
3. Das dritte als „Risikoregister"[5] bekannte und im GVO-Kontext stehende Internetportal bildet alle Bt-Maisflächen, einschließlich der Freisetzungsflächen in Brandenburg, über Google Maps ab. Um Bt-Maisfelder können außerdem Puffer-Zonen als statisch vorliegende Layer eingeblendet und ausgewählte FFH-Gebiete dargestellt werden.

8.2 Daten- und Methodengrundlagen des WebGIS GVO-Monitoring

8.2.1 Software und Systemarchitektur

Die für das „WebGIS GVO-Monitoring" verwendete Open-Source Software umfasst das Linux-Betriebssystem Debian, den darauf installierten http-Server der Apache Foundation, eine PHP-Umgebung, das Datenbankmanagementsystem (DBMS) PostgreSQL mit der PostGIS Erweiterung für die Speicherung von vektorbasierten Geodaten und MySQL für die WebGIS-Clientsuite. Bei dem eingesetzten Mapserver handelt es sich um den UMN Mapserver. Als Benutzeroberfläche für die Ansicht der Geodaten und die Einrichtung der Webservices wird die WebGIS Clientsuite Mapbender (Adams et al. 2004) verwendet.

Mapserver. Der Mapserver dient zur interaktiven Generierung von Karten, indem aus den Geodaten auf dem Webserver des Entwicklers entsprechende Abbildungen im Internetbrowser des Clients erzeugt werden (Adams et al. 2004). Abbildung 8.1 zeigt die für das WebGIS erforderliche serverseitige Architektur, in der die einzelnen Komponenten – Webserver, Mapserver und Geodaten – miteinander verknüpft sind. Das Ergebnis einer Nutzeranfrage ist z. B. ein Rasterkartenausschnitt im JPEG- oder GIF-Format. Diese Bilddateien werden über den Webserver per HTTP (Hypertext Transfer Protocol) an den Internetbrowser übergeben. Dieser stellt das Ergebnis in einem HTML-Dokument dar.

Mapbender. Die Software „Mapbender" ist ein webfähiges Programm, das Module zur Verwaltung und Bearbeitung von Geodaten über einen Internetbrowser zur Verfügung stellt und vollständig über Webseiten bedient und verwaltet wird. Die Bedienelemente bestehen u. a. aus Zoom-Funktionen, Kartenfenster oder Ebenenauswahlfenster. Die HTML-Oberflächen lassen sich individuell gestalten und können beliebigen Benutzern oder ausgewählten Benutzergruppen zugeordnet werden. Als Datenquelle kann neben den eigenen Geodaten jeder WMS-kompatible

[4] http://www.bfn.de/geoinfo/gvo
[5] http://www.risikoregister.de

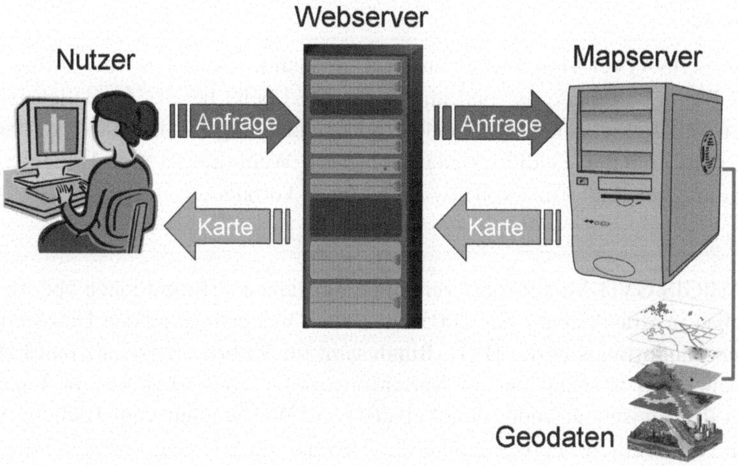

Abb. 8.1 WebGIS Client-Server-Architektur (eigene Darstellung)

Kartendienst eingebunden werden. Ein Web Map Service (WMS) liefert georeferenzierte Karten in Form von Grafiken wie z. B. JPEG an den Browser und definiert darüber hinaus den Standard, über den Kartenbilder angefordert werden können. Mapbender und Mapserver bilden noch keine vollständige WebGIS-Anwendung. Erst durch das Einbinden einer „Map-Datei“ und eines „Abfrage-Templates“ in den Mapbender entsteht ein funktionsfähiges WebGIS. Das Mapfile ist eine Textdatei mit der Endung ".map", das alle Steuerungsparameter beinhaltet, welche die Darstellung der betreffenden Karte bestimmen. Ein Abfrage-Template ist eine HTML-Datei, deren Inhalte zum Teil dynamisch generiert werden, indem die Attribute eines Geoobjekts aus der Datenbank ausgelesen werden, um den Nutzer über die Eigenschaften abgefragter Geometrien einer Karte zu informieren. Im „WebGIS GVO-Monitoring“ werden zudem eigens entwickelte GIS-Funktionen, die über das Funktionsangebot des Mapbender hinausgehen, in ausgewählten Template-Dateien verfügbar gemacht.

PostgreSQL. Mit dem objektrelationalen DBMS PostgreSQL werden die Geodaten eines WebGIS verwaltet. Als GIS-Backend fungiert die "Spatial-Extension" PostGIS, die es ermöglicht, bereits einfache GIS-Funktionen in die Anwenderoberfläche einzubinden. Damit wird der Benutzer in die Lage versetzt, Geodaten des „WebGIS GVO-Monitoring“ interaktiv zu analysieren, ohne dass der Nutzer selbst über ein GIS verfügen muss.

8.2.2 Datenbestand des „WebGIS GVO-Monitoring“

Das „WebGIS GVO-Monitoring“ enthält verschiedene Geodatensätze, mit denen unterschiedliche Anwendungsbeispiele im GVO-Kontext demonstriert werden.

Basisdaten

Das „WebGIS GVO-Monitoring" stellt als Basisinformationen Verwaltungsgrenzen auf Bundes-, Landkreis- und auf Gemeinde-Ebene bereit. Zusätzlich ist eine Karte zu den Ackerflächen im Bundesland Brandenburg (Stand 2009) vorhanden, die auf dem digitalen Feldblockkataster basiert. Weiterhin ist eine Höhenkarte in einer räumlichen Auflösung von etwa 25 × 25 m vorhanden.

Anbaudaten

Das „WebGIS GVO-Monitoring" verwaltet lagegenaue Informationen über den Bt-Maisanbau in Brandenburg von 2005 bis 2008. Die entsprechenden Daten wurden aus dem Standortregister des BVL (Bundesamt für Verbraucherschutz und Lebensmittelsicherheit) bezogen und in Kartenform umgesetzt. Angaben zur Lage von Flächen der Freisetzung oder des Anbaus von GVO werden vom BVL in Tabellenform veröffentlicht. Ferner enthält die Anwendung Informationen über die Lage der konventionellen Maisfelder im Umkreis von 20 km zu den Hauptanbaugebieten des Bt-Mais. Weiterhin sind Landsat 5-Satellitenszenen integriert, die auf Basis von Fernerkundungsmethoden den Rapsanbau für Norddeutschland für das Jahr 2001 abbilden (Breckling et al. 2011). Des Weiteren wurden Karten zum prozentualen Anteil von konventionellem Mais und Raps an der Gesamtackerfläche in das WebGIS integriert, die aus der Agrarstatistik für die Jahre 1999, 2003 und 2007 auf Gemeinde- sowie Landkreis-Ebene abgeleitet wurden. Basierend auf der Agrarstatistik wurden außerdem für jeden Landkreis in Deutschland die prozentualen Anteile der Bt-Maisanbauflächen (1) an der Gesamtackerfläche sowie (2) an der Silomaisfläche für die Jahre 2005 bis 2008 in einem Desktop-GIS berechnet und als weitere Layer in die WebGIS-Anwendung aufgenommen.

Schutzgebiete

Das Ministerium für Umwelt, Gesundheit und Verbraucherschutz (MUGV) des Landes Brandenburg stellt einen kostenlosen Download geografischer Daten bereit.[6] Unter Beachtung der Nutzungsbedingungen können die entsprechenden Daten auch außerhalb des MUGV in WebGIS-Applikationen integriert und anderen Nutzern zur kartografischen Visualisierung zur Verfügung gestellt werden. Dementsprechend konnten in das „WebGIS GVO-Monitoring" Naturschutzgebiete nach § 23 des Bundesnaturschutzgesetzes sowie Großschutzgebiete einbezogen werden. Außerdem wurden aus der gleichen Quelle FFH-Gebiete nach der Richtlinie 92/43/EWG (Fauna-Flora-Habitat-Richtlinie), ausgewiesene FFH-Gebiete mit gegenüber dem Bt-Mais sensiblen Arten und Lebensraumtypen sowie Wasserschutzgebiete des Landes Brandenburg mit einer Einteilung in drei Zonen unterschiedlichen Schutzgrades in das WebGIS eingepflegt.

Monitoringdaten

Das Landesumweltamt (LUA) Brandenburg stellte ebenfalls Informationen zu unterschiedlichen Umweltbeobachtungsprogrammen Brandenburgs bereit. Hierzu

[6] http://www.mugv.brandenburg.de/cms/detail.php/bb2.c.515599.de

zählen Angaben zu den insgesamt 33 Bodendauerbeobachtungsflächen (BDF) auf Agrarflächen oder Grünland einschließlich der entsprechenden Messgrößen und -methoden. Weiterhin sind Daten über das Grundwassergütemessnetz mit 220 Messstellen zur chemisch-operativen Überwachung sowie über das Grundwassergütemessnetz mit 280 Messstellen zur chemisch-überblicksweisen Überwachung enthalten. Ferner wurden Angaben zu insgesamt 4 Oberflächengewässer-Überwachungsmessnetzen einschließlich des zugehörigen Messprogramms zur Verfügung gestellt. Unterschieden wird zum einen zwischen den Messnetzen „Seen-operativ" mit 222 Messstellen und „Seen-Überblick" mit 10 Messstellen und zum anderen zwischen den Messnetzen „Flüsse-operativ" mit 1.488 Standorten und „Flüsse-Überblick" mit 18 Standorten. Für die Biosphärenreservate Schorfheide-Chorin, Spreewald und Flusslandschaft Elbe-Brandenburg wurde ein „handlungsorientiertes, kostengünstiges und arbeitsteiliges Konzept für die Ökosystemare Umweltbeobachtung" entwickelt.[7] Die entsprechenden Monitoring-Standorte sowie Angaben zu den Messgrößen und -methoden wurden ebenfalls in das „WebGIS GVO-Monitoring" eingepflegt.

Weitere Geodaten

Zur Darstellung der **Landschaftseinheiten** wurden sowohl die „Ökologische Raumgliederung" für Deutschland nach Schmidt (2002) mit 21 Raumklassen als auch die „Ökologische Raumgliederung Brandenburgs" nach Graef et al. (2003) mit 14 Raumklassen integriert. Außerdem sind die „Naturraumhaupteinheiten" sowie die „Gruppen der Naturraumhaupteinheiten" nach Meynen et al. (1953, 1962) zugänglich. Des Weiteren wurden Informationen über die Landbedeckung nach Corine Landcover 2000 (Keil et al. 2005) eingepflegt.

Das WebGIS enthält ferner **Klima-Daten** über Niederschlag, Temperatur, Verdunstungshöhe und Sonnenscheindauer (1961–1990, langjähriges Jahresmittel), die mittlere jährliche Windgeschwindigkeit, die Globalstrahlung (1982–1999, langjähriges Jahresmittel) und die Lage der jeweiligen Klimamessstationen des Deutschen Wetterdienstes.

Aus dem DFG-Projekt **„Klimawandel und Pflanzenphänologie"** wurden kartografische Darstellungen zur Rapsblüte (durchschnittlicher Blühbeginn 1961–1990 und 1991–2005), zur Maisblüte (1992–2005), zum Auflaufen des Mais (1992–2005), zur Gelbreife des Mais (1992–2005) und zur Mais-Entwicklungsdauer (1992–2005) in die WebGIS-Datenbank integriert.

Schließlich wurden auch Angaben zur **Maiszünslerbonitur** für Brandenburg für die Jahre 2005 bis 2007 integriert, die das LUA Brandenburg bereitgestellt hatte. Der Maiszünsler (*Ostrinia nubilalis*) ist der Ziel-Organismus für den Einsatz von Bt-Mais.

[7] http://lanuweb.fh-eberswalde.de/oeub/monitoringkonzept.html

8.2.3 Nutzungskartierung anhand von Luft- und Satellitenbildern

Anlass

Die Auswertung und Klassifizierung von Satellitenbildern mit Hilfe von Methoden der Fernerkundung ist ein weit verbreitetes Verfahren, um Landnutzungsinformationen großflächig abzuleiten. So haben Ehlers et al. (2003) auf Grundlage digitaler hoch auflösender multispektraler Scannerdaten entlang von Unter- und Außenelbe Biotoptypen kartiert und klassifiziert. Irrgang (1997) dokumentiert in seiner Diplomarbeit, wie mit Hilfe von SPOT-Satellitenbildern (20 m Auflösung) eine multitemporale Flächennutzungsklassifikation erfolgen kann und geht dabei u. a. auch auf die Detektion von Maisflächen ein. In seiner Dissertation klassifizierte Laue (2004) zur Detektion von Raps-Ackeranbauflächen Landsat-Satellitenszenen, um damit im Rahmen des BMBF-Verbundvorhabens GenEERA eine räumliche Grundlage für die Modellierung der potenziellen Ausbreitung von gentechnisch verändertem Raps zu liefern (Breckling et al. 2011). Das Verbundvorhaben GeneRisk baute auf diesen Erfahrungen auf, um u. a. Ausgangsdaten für die Modellierung der potenziellen Einkreuzung von GV-Mais in konventionelle Bestände zu liefern (Kap. 5).

Hintergrund

Bei der Digitalen Bildauswertung handelt es sich um ein Computerverfahren, dessen Ziel es ist, Bildinhalte durch automatische Verfahren festzustellen. Ein Beispiel hierfür ist die Klassifizierung von multispektralen Satellitenbildern (Albertz 2001, S 160–161). In einer multispektralen Klassifizierung geht es prinzipiell darum, Pixel gleicher oder ähnlicher Farbe in Klassen mit ähnlichen spektralen Eigenschaften zusammenzufassen und diese in Form von thematischen Klassen auszuweisen. Die unterschiedlichen Pixelwerte in Satellitenbildern kommen durch die unterschiedlichen Reflexionseigenschaften von Boden, Vegetation, Wasser usw. zustande (Bruns et al. 2008). Ähnliche Pixelfarben in einem Kanal entsprechen dabei in der Regel gleichen Bodenreflexionsparametern. Die Gesamtheit aller Pixelwerte der zur Verfügung stehenden Satellitenbildkanäle wird auf Homogenität und Gruppierbarkeit hin untersucht, so dass als Resultat mehrere in sich möglichst homogene Klassen entstehen. Jede dieser Klassen entspricht im Optimalfall einer bestimmten Bodenbedeckung. Je nach dem, ob in das Klassifikationsverfahren Referenzdaten einfließen, ist zwischen einer „überwachten" und einer „unüberwachten Klassifikation" zu unterscheiden (Albertz 2001, S 160–170).

Bei der Klassifikation der Satellitendaten ist prinzipiell mit einigen Schwierigkeiten umzugehen. Insbesondere bei gering auflösenden Fernerkundungsdaten treten Mischpixeleffekte auf: Die begrenzte Auflösung der Sensoren führt in Übergangsbereichen, etwa am Rande von Städten oder an Uferzonen von Gewässern, dazu, dass ein Aufnahmepixel mehrere Oberflächentypen repräsentiert, so dass eine eindeutige Zuordnung von Bildpixeln zu einer Landbedeckungsklasse nicht möglich ist. Die Klassifikation des Pixels erfolgt dann entsprechend der dominanten Landnutzung (Bruns et al. 2008).

Mit Hilfe der überwachten Klassifikation können durch das einfließende Wissen des Experten meist bessere Ergebnisse erzielt werden als mit unüberwachten

Klassifikationsmethoden. Der Erfolg der Klassifikation hängt dabei von mehreren Faktoren ab. Neben der Qualität der Fernerkundungsdaten (z. B. Wolkenfreiheit) und Vorhandensein von Referenzdaten sind vorbereitende Arbeitsschritte wie die Festlegung von Trainingsgebieten und der Klassenanzahl besonders wichtig. Des Weiteren können je nach Anforderung und Bedarf bedeutungslose Bodenbedeckungstypen ausmaskiert werden, die so den Klassifikationsprozess nicht mehr beeinflussen können (Albertz 2001, Ehlers et al. 2008, Geßner 2005). Bei der anbauspezifischen Klassifikation von Satellitenbildern ist weiterhin zu berücksichtigen, dass die Feldfrüchte auf unterschiedlichen Anbauflächen verschieden weit in ihrer Entwicklung fortgeschritten sein können. Im Extremfall kann in einem Satellitenbild eine aufgelaufene Untersaat als gerade sprießende Wiese identifiziert werden, da die zugehörigen Reflexionscharakteristika einander entsprechen.[8] Die spektralen Signaturen der Ackerfrüchte können also nicht immer eindeutig voneinander unterschieden werden, so dass Fehlklassifikationen bei der Auswertung von Satellitenbildern in gewissem Umfang unvermeidbar sind (Kopka 2008). Darüber hinaus kann sich bei großflächigen Auswertungen im Vergleich zu kleinräumigen Bodenbedeckungs-Klassifikationen die Variabilität der Einflussfaktoren auf die spektralen Signaturen von Kulturpflanzenbeständen beträchtlich erhöhen.[9] Die Qualität der Klassifikationsergebnisse lässt sich insbesondere deutlich durch eine multitemporale Analyse verbessern. Hierbei werden für einen definierten Raumausschnitt mehrere Fernerkundungsdatensätze unterschiedlicher Aufnahmezeitpunkte ausgewertet. Im Jahresverlauf zeigt die Vegetation typische phänologische Veränderungen. Je nach Aufnahmezeitpunkt können die spektralen Ausprägungen der phänologischen Phasen einiger Landnutzungsklassen deutlich oder schwer voneinander getrennt werden. Ein geeignetes Verfahren, die erzielten Klassifikationsergebnisse zu verifizieren, ist der Abgleich des Kartenprodukts mit Referenzdaten, die die Realität korrekt abbilden.

Datengrundlagen

Für die Kartierung von Maisfeldern mit Fernerkundungsmethoden wurden Bilder des indischen Umwelt-Satelliten IRS-P6 bzw. Resourcesat-1 erworben. Mit insgesamt drei unterschiedlichen Sensoren LISS-IV Mono, LISS-III und AWiFS zeichnet der Satellit simultan Daten in unterschiedlichen Auflösungen auf. Aus Kostengründen und wegen der räumlichen Auflösung wurde die Wahl zugunsten der Multispektraldaten des LISS-III Sensors getroffen. Die räumliche Auflösung der Daten liegt in jedem Aufnahmekanal bei 23,5 m, d. h. ein Pixel bildet einen 552,25 m^2 großen Ausschnitt der Landesfläche ab. Dabei deckt eine Satellitenszene (Vollszene) eine Flächengröße von 141 km × 141 km ab. Die Bilddaten werden in 4 unterschiedlichen Spektralkanälen erfasst: Band 2: Grünkanal (520–590 nm), Band 3: Rotkanal (620–680 nm), Band 4: NIR-Kanal (770–860 nm) und Band 5:

[8] http://papinga.bis.uni-oldenburg.de/mirror/presse/einblick/24/fern.htm

[9] http://www.landwirtschaft-mlr.baden-wuerttemberg.de/servlet/PB/menu/1043423_l1/index.html

SWIR-Kanal (1.550–1.700 nm). Band 1 ist nicht belegt, so dass der Wellenlängenbereich des Blaukanals (ca. 420–520 nm) nicht aufgezeichnet wird. Das zeitliche Intervall für die Wiederaufnahme des gleichen Erdoberflächenausschnitts (zeitliche Auflösung) beträgt 24 Tage[10] (Lutes 2005).

Verfahrensschritte zur Detektion von Maisfeldern

Wie oben beschrieben, ist es ein wichtiges Ziel des GeneRisk-Verbundvorhabens, die großräumigen Auswirkungen des Anbaus von GVO in Deutschland zu untersuchen. Da entsprechende Angaben über die Lokalisierung von Maisanbauflächen in Deutschland nicht verfügbar sind, wurde sowohl ein statistischer Ansatz gewählt, der sich neben Informationen zur Lage von Ackerflächen (z. B. auf Basis von ATKIS, Amtliches Topographisch-Kartographisches Informationssystem) auf Agrarstatistiken, Bodenkennwerten (Ackerzahl) und Betriebsdaten stützt (vgl. Kap. 6 und 7), als auch der Versuch unternommen, existierende Maisfelder unterschiedlicher Anbaujahre anhand von Satellitendaten zu identifizieren. Aus den oben beschriebenen Gründen wurde zur Verbesserung der Detektionsrate eine multitemporale Klassifikationsmethode gewählt, bei der für ein Untersuchungsgebiet zwei Satellitenbildszenen unterschiedlicher Aufnahmezeitpunkte aus der gleichen Vegetationsperiode zugrunde liegen. Entscheidend für die Wahl des Aufnahmezeitpunktes der Fernerkundungsdaten sind die phänologischen Entwicklungsstadien der Maispflanze.[11] Dazu wurde ein Satellitenbild aus dem Frühjahr klassifiziert, wenn der Mais noch nicht aufgelaufen ist, die meisten anderen Ackerfrüchte aber bereits aufwachsen und dadurch den Ackerboden bedecken. Dem wurde ein im Herbst aufgenommenes Satellitenbild gegenüber gestellt. Dabei wurde der Aufnahmezeitpunkt so gewählt, dass der Mais die Gelbreife erreicht hat, während die meisten anderen Ackerfrüchte bereits abgeerntet sind. Eine anschließende Überlagerung und Kombination der beiden Klassifikationsergebnisse sollte zu einem optimierten Ergebnis führen.

Im **ersten Schritt** wurden die beschafften Fernerkundungsdaten mittels Erdas Imagine und ArcGIS vorverarbeitet, indem die 4 spektralen Bänder zusammengelegt (Layerstack) und die Bilder anschließend georeferenziert wurden. Außerdem wurden alle für die Klassifizierung und Verifizierung notwendigen Informationen zusammengestellt und in ein einheitliches Bezugssystem überführt.

Im **zweiten Schritt** wurden aus den Satellitenbildern mit Hilfe von ATKIS-Daten die Bereiche extrahiert, die als landwirtschaftlich genutzte Ackerflächen ausgewiesen waren. Dies vereinfachte die spätere nutzungsspezifische Klassifikation der Restpixel.

Im **dritten Schritt** wurden die Satellitenbilder zunächst einer unüberwachten Klassifikation unterzogen, um die Anzahl unterschiedlicher Spektralklassen und die Trennbarkeit der spektralen Signatur von Mais abzuschätzen. In der darauf folgenden überwachten Klassifikation wurden 2 Landnutzungstypen (1 = Mais, 0 = nicht Mais) bestimmt, für die jeweils 20–30 Trainingsgebiete formuliert

[10] http://www.euromap.de/docs/doc_005.html

[11] http://www.sozial-oekologische-forschung.org/de/1208.php

wurden. Nach Ausführung der Klassifikation entstand ein thematisches Bild, dessen Klasseneinteilung auf Basis der zuvor definierten Trainingsgebiete erfolgte. Zur groben Abschätzung des Ergebnisses wurden diese Ground Truth-Daten mit den klassifizierten Maisflächen abgeglichen. Bei starken Abweichungen wurden die Trainingsgebiete ergänzt, gelöscht oder verändert und der Klassifikationsprozess wiederholt.

Im **vierten Schritt** erfolgte die Nachbearbeitung mit dem Ziel, die vielen unterschiedlichen, wenig zusammenhängenden und flächenhaft kleinen Klassen zu eliminieren. Dieser so genannte „Salz-und-Pfeffer-Effekt" kommt durch die pixelbasierte Klassifikationsmethode zustande und kann durch die Funktion „Eliminate" in Erdas Imagine z. T. bereinigt werden (Ehlers et al. 2008). Hierbei wird eine Mindestflächengröße zusammenhängender Pixel definiert, unterhalb derer kleine Flächen der dominierenden, größeren Klasse zugeordnet werden. Weitere Nachbearbeitungsschritte erfolgten in ArcGIS. Die klassifizierten Raster-Dateien wurden zunächst konvertiert und anschließend die Bilder aus einer Vegetationsperiode mittels der Funktion „Überschneidung / Intersect" miteinander verschnitten, um so diejenigen Flächen zu extrahieren, die zu beiden Aufnahmezeitpunkten als Maisfelder identifiziert wurden. Anschließend wurden alle Maisfelder, die kleiner als 1 ha waren, gelöscht. Die Güte der Klassifikationsergebnisse wurde durch den Abgleich mit den Ground Truth-Daten bestimmt.

8.3 Ergebnisse

8.3.1 Das WebGIS GVO-Monitoring

Aufbau und Funktionsweise

Die graphische Benutzeroberfläche des „WebGIS GVO-Monitoring" basiert auf der Software Mapbender (Abschn. 8.2.1). Das zentrale Element bildet hierbei das Kartenfenster, das ergänzt wird durch eine Maßstabsleiste und Navigationspfeile, mit denen sich die Karte in alle Richtungen verschieben lässt (Abb. 8.2-5). Die Referenzkarte ist ein verkleinertes Abbild der Gesamtkarte und dient der Orientierung (Abb. 8.2-2). Die Werkzeugleiste ermöglicht grundlegende GIS-Operationen, wie z. B das interaktive Festlegen eines Zoomausschnitts (Abb. 8.2-3). Das Inhaltsverzeichnis zur Layerauswahl ähnelt dem Windows-Explorer (Abb. 8.2-1). Mit der ersten Checkbox, die sich neben dem jeweiligen Layer befindet, lässt sich dieser im Kartenfenster ein- bzw. ausblenden. Lässt sich die zweite Checkbox aktivieren, ist eine Abfrage der Sachdaten des jeweiligen Layers im Kartenfenster mit dem Info-Button möglich. Für jeden aktivierten Layer wird automatisch eine Legende generiert (Abb. 8.2-4).

Das „WebGIS GVO-Monitoring" dient u. a. als Informationsplattform, mit deren Hilfe Bt-Mais relevante Geodaten kartografisch dargestellt und mit zusätzlichen Sachinformationen verknüpft werden können. Alle verfügbaren Karten sind in der Layerauswahl zusammengestellt und in den meisten Fällen mit Attributen unterlegt, die dem Nutzer eine Karten-Abfrage erlauben.

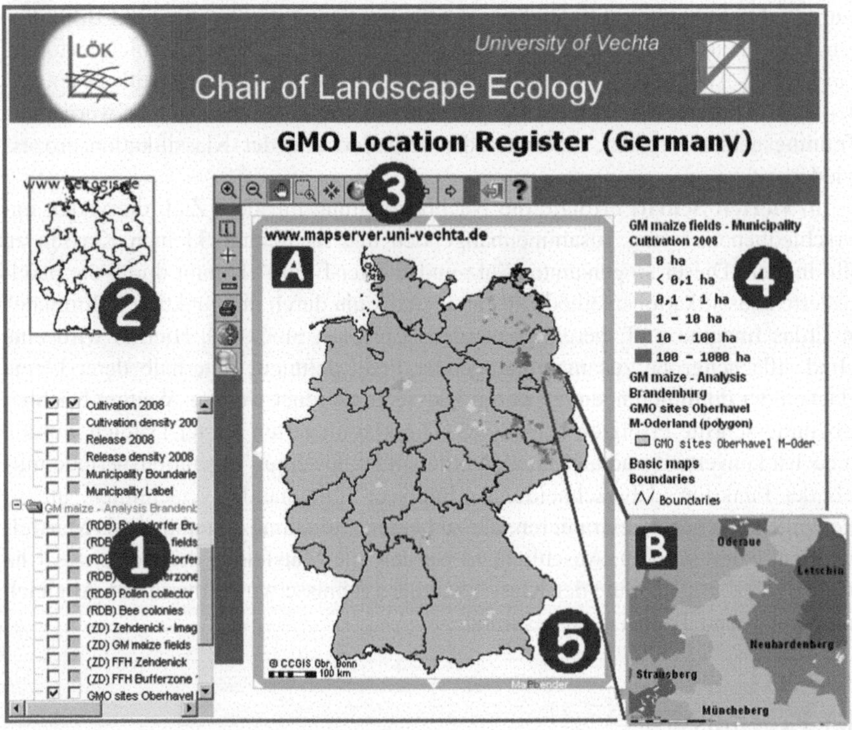

Abb. 8.2 Anwenderoberfläche des „WebGIS GVO-Monitoring" 1: Inhaltsverzeichnis zur Layerauswahl und zweite Checkbox zur Abfrage der Sachdaten (Info-Button). 2: Referenzkarte, 3: Werkzeugleiste, 4: Legende, 5: Kartenfenster

In Abb. 8.3 ist die bundesweite Anbaudichte von Bt-Mais auf Landkreis-Ebene dargestellt. Die Berechnungen basieren auf dem Verhältnis von Gesamtanbaufläche von Bt-Mais zur Gesamtanbaufläche von konventionellem Silomais pro Landkreis. Während die Angaben zur Bt-Maisanbaufläche aus dem Standortregister des BVL stammen, wurden die Informationen zum Silomais aus der Agrarstatistik (Gebiets-Stand 2009, Bezugsjahr 2007) entnommen. Da die Agrarstatistik in einem Intervall von 4 Jahren aktualisiert wird, beziehen sich die Berechnungen für alle 4 Anbaujahre des Bt-Mais (2005–2008) auf das Anbaujahr 2007 des Silomais. Zu erkennen ist, dass die Anbauintensität von Bt-Mais deutschlandweit von 2005 (342 ha) bis 2008 (3.168 ha) deutlich zugenommen hat. In gleicher Weise wurden zusätzlich Karten zur Anbaudichte auf Gemeindeebene und für Postleitzahlgebiete erstellt. Letztere und die in Abb. 8.4 dargestellte Gemeinde bezogene Karte zum Bt-Maisanbau sind mit weiterführenden Informationen unterlegt und können vom Anwender abgefragt werden.

Mit Hilfe des Info-Buttons kann der Nutzer Informationen zu Anzahl, Ausdehnung oder Flurstücknummer der Bt-Maisfelder in den jeweiligen Gemeinden erhalten (Abb. 8.4, rechts).

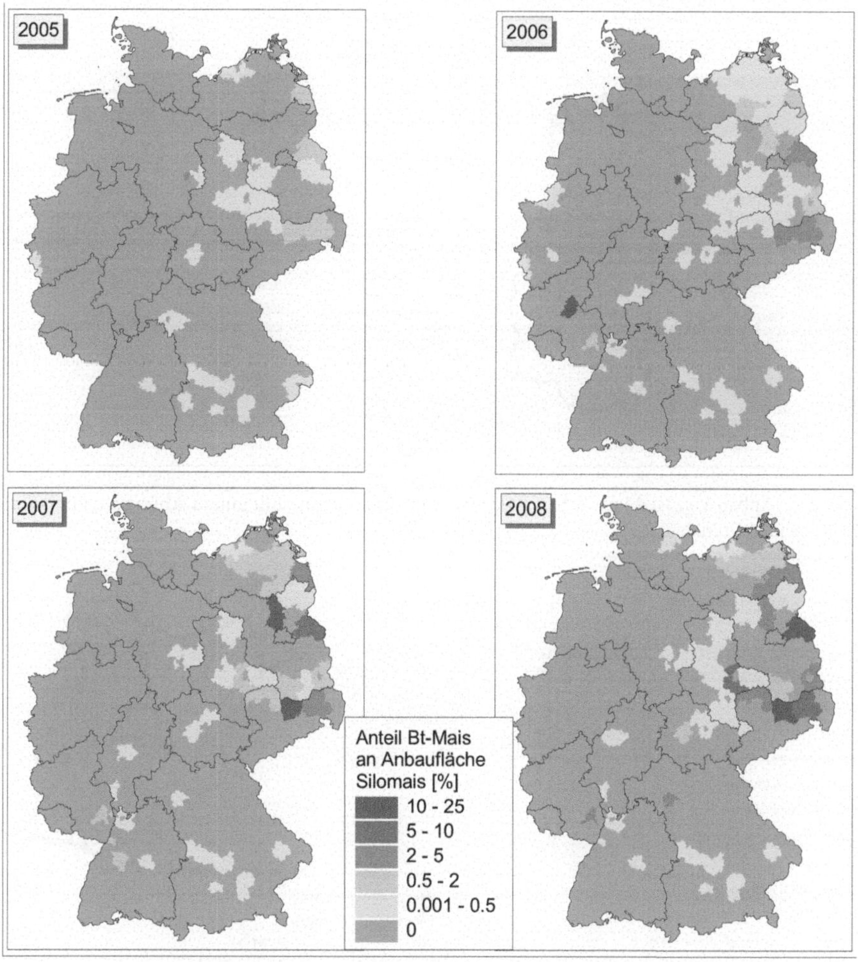

Abb. 8.3 Anbaudichte von Bt-Mais je Landkreis (Verhältnis Bt-Mais zu Silomais)

Ein weiteres Beispiel, das WebGIS als Informationsplattform zu nutzen, besteht in der Möglichkeit, Umweltbeobachtungsmessnetze des Landes Brandenburg kartografisch darzustellen und Informationen zu den einzelnen Messstellen abzurufen. Wie in Abb. 8.5 veranschaulicht ist, erhält der Nutzer zu einem gewählten Messstandort des Grundwassergütemessnetzes Metadaten sowie Angaben zum Messspektrum. Die aufgeführten Metadaten geben z. B. Auskunft über den Namen der Messstelle, die Art der Überwachung, den Ansprechpartner und den Messrhythmus. Das Messspektrum ist nach Parametergruppen aufgegliedert, die der Nutzer interaktiv als Dropdown-Menü öffnen kann, und stellt Informationen über die Art der gemessenen Parameter und die angewandten Methoden bereit. Dergestalt konzipierte Kartenabfragen stehen zu allen verfügbaren Monitoringmessnetzen des Landes Brandenburg bereit.

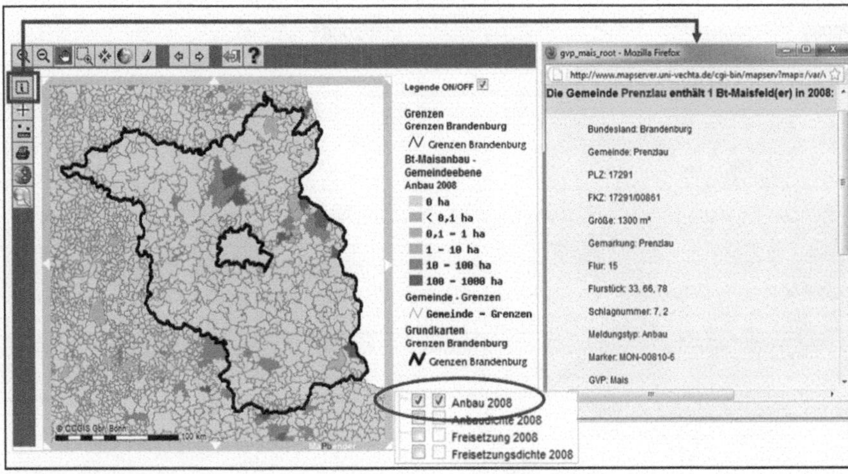

Abb. 8.4 Anbau von Bt-Mais in ha (2008) auf Gemeinde-Ebene mit einem Abfrageergebnis für die Gemeinde Prenzlau

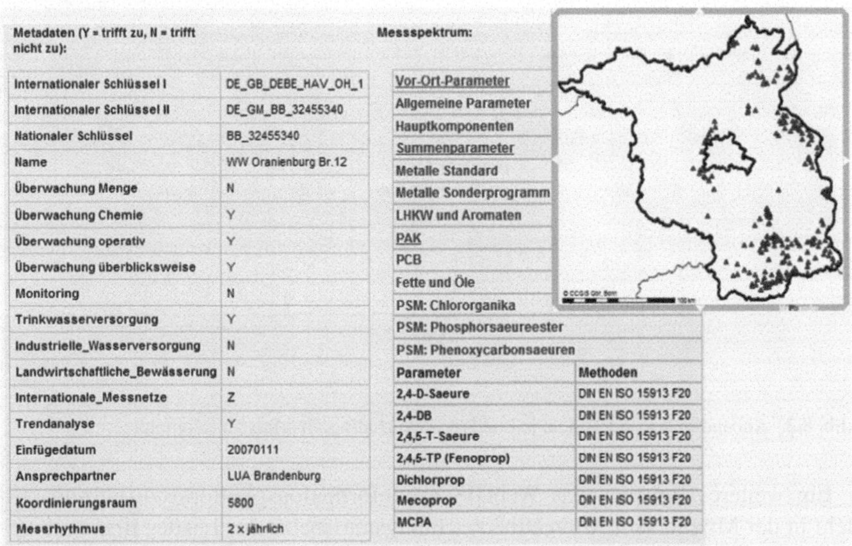

Abb. 8.5 Grundwassergüte-Messnetz (rechts oben) mit entsprechenden Metadaten für einen selektierten Standort

Implementierung zusätzlicher GIS-Funktionen

GIS-Funktionen, die über das normale "Mapping" hinausgehen und zusätzlich zu den im Mapbender implementierten Funktionen entwickelt wurden, sind die Pufferung (buffer) von selektierten Geoobjekten, die Verschneidung ausgewählter Layer (clip, union), die Ermittlung des Inhalts einer Puffer-Zone in Form eines Auszugs

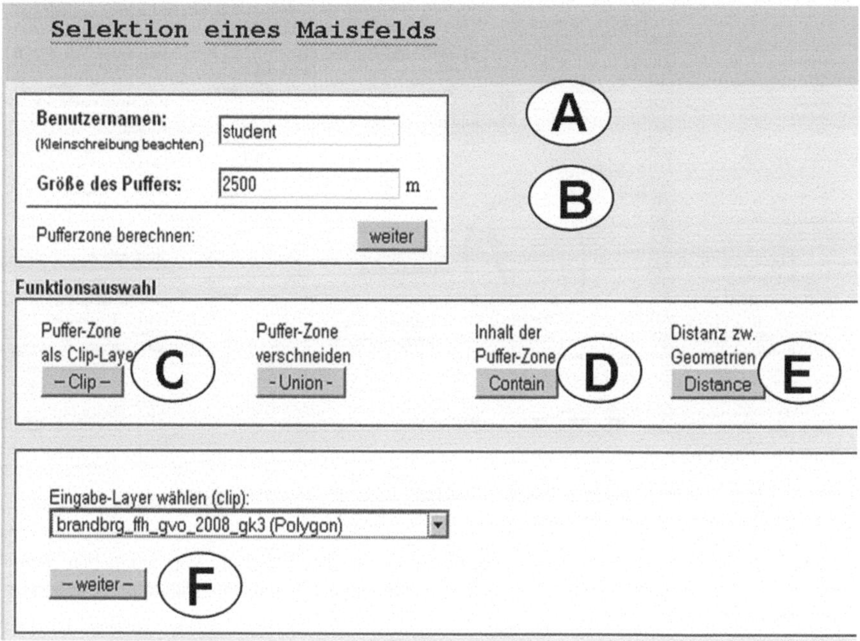

Abb. 8.6 Funktionsauswahl für die Analyse der Bt-Maisflächen, weitere Erläuterungen im Text

der Sachdaten der darin enthaltenen Objekte (contain) und eine Distanzberechnung (Abb. 8.6, C-E). Abhängig davon, welche Abfrage-Checkbox aktiviert ist, können unter Angabe des Benutzernamens (Abb. 8.6, A) und des Abstands (Abb. 8.6, B) einzelne oder alle in einer Gemeinde liegenden Bt-Maisfelder gepuffert werden. Der Nutzername wird für die eindeutige Benennung des Layers und des Mapfiles verwendet. Das Mapfile wird während der Pufferberechung automatisch generiert und in die Mapbender-Datenbank eingetragen. Parallel hierzu erfolgt ein dynamischer Eintrag der festgelegten Puffer-Geometrien sowie der entsprechenden SRID (Spatial Reference Identifier) und des Geometrie-Typs in die Geo-Datenbank. Nach einer Aktualisierung des Browser-Fensters erscheint ein neuer Layer-Ordner (Bt-Mais – GIS Funktionen), welcher die interaktiv generierten Geodatensätze enthält (Abb. 8.7, links eingekreist). Nach der Ausführung der Puffer-Funktion kann der neue Layer mit anderen Geoinformationen aus der Geo-Datenbank verschnitten werden, die der Nutzer aus einer Dropdown-Liste aussuchen kann. Als Ergebnis wird ein weiterer Layer mit dem Verschneidungsergebnis einschließlich einer Abfrage-Option angezeigt. Eine Layer-Abfrage wird durch die Erzeugung eines Abfrage-Templates sowie durch die Berücksichtigung dieser HTML-Datei bei der automatischen Erstellung des Mapfiles ermöglicht. Beim Löschen der Resultate durch den Nutzer oder nach dessen Abmeldung werden alle von ihm erzeugten Dateien und Geodaten gelöscht, um die Speicherkapazität des Servers zu schonen.

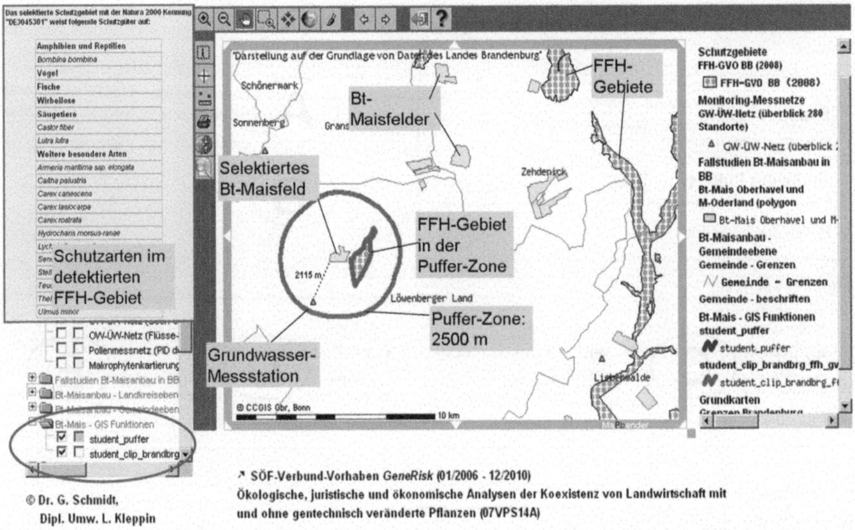

Abb. 8.7 Ergebnisse der Puffer- und Clip-Funktion zur Identifizierung von möglichen räumlichen Nutzungskonflikten und zur Auffindung vorhandener Monitoringstandorte bestehender Umweltmessnetze

Anwendung der GIS-Funktionen

Das „WebGIS GVO-Monitoring" ist gut geeignet, auf planerischer Ebene mögliche Koexistenzprobleme zu überprüfen. Landwirte, die konventionellen Mais anbauen, können Abstände zu benachbarten Bt-Maisflächen ermitteln und damit überprüfen, ob die im Gentechnik-Gesetz (GenTG) festgelegten Sicherheitsabstände von 150 m zum konventionellen und 300 m zum Biomais-Anbau eingehalten werden. Auch der umgekehrte Fall ist denkbar: Landwirte suchen unter Beachtung der Mindestabstände geeignete Flächen, um dort Bt-Mais anzubauen. Als Datengrundlage können hierfür die aus den Satellitenbildern abgeleiteten Maisfeldgeometrien (Abschn. 8.3.2) sowie das für Brandenburg verfügbare Feldblockkataster zur Lage von konventionellen Maisfeldern verwendet werden. In gleicher Form können Konfliktpotenziale zwischen GV-Maisanbau und dem Naturschutz identifiziert werden. Eine bundesweite Abstandsregelung zu Schutzgebieten wurde nicht beschlossen. Das Ministerium für Ländliche Entwicklung, Umwelt und Verbraucherschutz empfiehlt jedoch einen Mindestabstand von 800 m zu geschützten Gebieten in Brandenburg. Eine Unterschreitung ist nur in Abstimmung mit der Unteren Naturschutzbehörde auf der Grundlage einer Verträglichkeitsprüfung möglich.

Im vorgestellten Beispiel (Abb. 8.6 und 8.7) selektiert der Nutzer ein beliebiges Bt-Maisfeld und generiert im zweiten Schritt eine 2.500 m breite Puffer-Zone (Abb. 8.6, A / B) um die Feldgrenzen dieses Bt-Maisfelds (Abb. 8.7, rechts im Kartenfenster eingekreist). Im weiteren Verlauf extrahiert der Nutzer Objekte aus dem Layer „FFH-Gebiete" unter Verwendung der Puffer-Zone als Clip-Layer (Abb. 8.6, C, F). Als Ergebnis erscheint innerhalb der Puffer-Zone eine FFH-Fläche, die zusätzlich mit einem Abfrageformular unterlegt ist, wodurch Sachinformationen zu der extrahierten Fläche abgerufen werden können. Die entsprechenden Informationen über geschützte Arten im detektierten FFH-Gebiet erscheinen in einem Pop-Up-Fenster (Abb. 8.7, links oben). Die in der Puffer-Zone identifizierte Grundwasser-Messstelle ist ähnlich wie das FFH-Gebiet mit Angaben zu Metadaten, Messspektrum und Messmethoden unterlegt (Abb. 8.5).

Mit der Distanz-Funktion kann der Abstand zwischen dem selektierten Bt-Maisfeld und dem FFH-Gebiet ermittelt werden (Abb. 8.6, E). Die Contain-Funktion erlaubt dem Nutzer zu untersuchen, welche weiteren GVO relevanten Geodaten innerhalb der Puffer-Zone liegen (Abb. 8.6, D). Soll beispielsweise für das Gebiet einer Gemeinde ein GVO-Monitoring durchgeführt werden, so können zunächst Puffer-Zonen zu allen GVO-Feldern der Gemeinde gleichzeitig generiert werden, um anschließend mittels der Contain-Funktion zu analysieren, welche in der Umgebung installierten Messstationen verschiedener bestehender Umweltmessnetze für das GVO-Monitoring genutzt werden könnten (Abschn. 8.1). Mit einer darauf folgenden Verschneidung der Pufferflächen mit ausgewählten Geodaten und dem Download der Ergebnisse kann die Arbeit mit dem erstellten Geodatensatz auf einem Desktop-GIS fortgesetzt werden. Beispielsweise können darauf basierend Daten über die Windbedingungen ausgewertet werden, um geeignete Standorte für die Aufstellung von Pollensammlern zu bestimmen. Mit Hilfe der gesammelten GV-Pollen können Aussagen darüber abgeleitet werden, ob, wie weit und wie viel Pollen vom Bt-Maisfeld in dessen Umgebung getragen werden. Dies hilft bei der Abschätzung von Folgeschäden, z. B. der Schädigung von Schmetterlingslarven, die diesen bei entsprechenden Konzentrationen toxisch wirkenden Pollen als Nahrung aufnehmen könnten.

8.3.2 Detektion von Maisfeldern anhand von Satellitendaten

Die Detektion der Maisflächen erfolgte mit dem in der Fernerkundung häufig verwendeten Maximum-Likelihood-Verfahren, das in dem Produkt „Erdas Imagine“ für die überwachte Klassifikation bereitgestellt wird (Abschn. 8.2.3). Die Datenvorverarbeitung sowie die Bearbeitung der Klassifikationsergebnisse wurden in Kombination der beiden Produkte Erdas Imagine und ArcGIS realisiert.

Für die Klassifizierung von Maisfeldern wurde ein ca. 2.000 km^2 großer Satellitenbildausschnitt ausgewählt, für den flächendeckend Ground Truth-Daten verfügbar waren (Abb. 8.8). Nach erfolgter Klassifikation dienten die Ground Truth-Daten für eine Überprüfung und Bewertung der erzielten Klassifikationsergebnisse. Dabei wurden die detektierten und nachbearbeiteten Maisflächen mit den Ground Truth-Daten in ArcGIS verschnitten, um die Anteile „richtig“ und „falsch“ klassifizierter Flächen festzustellen. Die richtig klassifizierten Maisflächen ergaben sich direkt aus dem Überschneidungsergebnis, das in Abb. 8.9 (links) dargestellt ist. Hier sind „richtig gefundene Maisanbauflächen“ abgebildet, die 77% der tatsächlichen

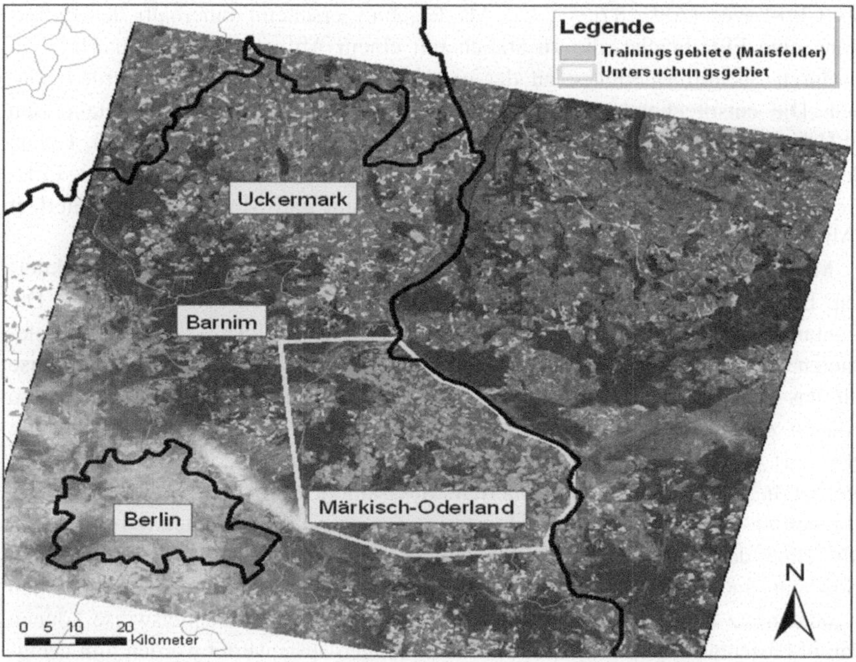

Abb. 8.8 Satellitenbild (Infrarot) mit eingezeichnetem Untersuchungsgebiet und Trainingsgebieten (Ground Truth-Daten)

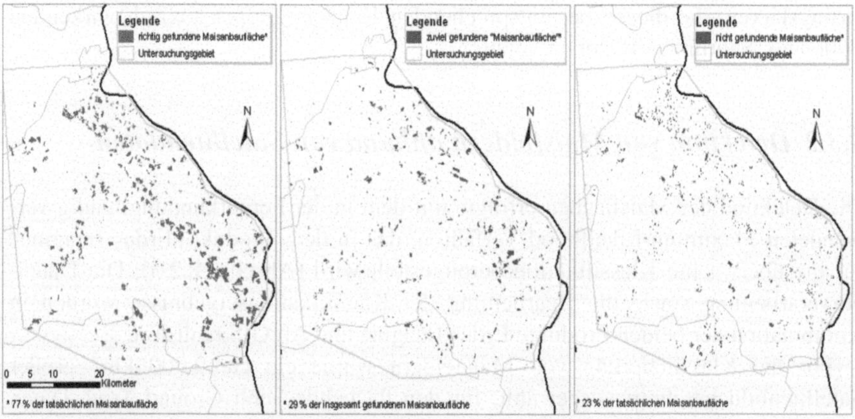

Abb. 8.9 Qualität der Klassifikation. Gegenüberstellung „richtig gefundener", „zuviel gefundener" und „nicht gefundener" Maisanbauflächen

Maisanbaufläche entsprechen. Im Umkehrschluss wurden, wie in Abb. 8.9 (rechts) dargestellt ist, 23% der tatsächlich vorhandenen Maisanbaufläche nicht gefunden. Außerdem lagen 29% der insgesamt gefundenen Maisanbaufläche außerhalb des Ground Truth-Bereichs und wurde somit falsch klassifiziert (Abb. 8.9, Mitte).

Mit der angewandten Detektionsmethode können für Gebiete mit unzureichenden oder sogar fehlenden (z. B. Entwicklungsländer) Geoinformationen Realgeometrien von Maisfeldern aus Satellitendaten abgeleitet werden. Entsprechend erarbeitete Informationen können für die Operationalisierung der Koexistenz und Konfliktprüfung genutzt werden sowie für die Simulation der Einkreuzungsraten von GV-Pollen in konventionelle Bestände (Kap. 5).

8.4 Diskussion

Das „WebGIS GVO-Monitoring" ist keine Konkurrenz sondern eine Erweiterung des öffentlichen Standortregisters (Abschn. 8.1). Die Vorteile der vorgestellten WebGIS-Applikation gegenüber dem Standortregister des BVL liegen neben der flächenscharfen Abbildung der Bt-Maisfelder in der Erweiterung um für das Monitoring relevante Geodaten sowie um GIS-Funktionen, die für die Analyse von Auswirkungen sowie der Planung und das Monitoring von GVO-Freisetzungs- oder Inverkehrbringungsflächen verwendet werden können. Die Verwendung lizenzfreier Produkte für das „WebGIS GVO-Monitoring" ist ein weiterer Vorteil im Vergleich zum Standortregister des BVL, das auf proprietären, kostenintensiven Produkten wie dem ArcIMS Mapserver von ESRI und dem Oracle DBMS aufbaut.

Auch der vom Bundesamt für Naturschutz (BfN) bereitgestellte Kartendienst zur Lage der Natura 2000-Gebiete, der insbesondere für Antragsteller von GVO-Freisetzungen genutzt werden kann, wird durch das WebGIS ergänzt. Die BfN-Applikation enthält neben den Schutzgebieten vordefinierte Puffer-Flächen (1.000 m), jedoch keine weiteren Geodaten und keine über das Mapping (also die Kartendarstellung) hinausreichenden WebGIS-Funktionen. Die interaktive Abfrage der Schutzgebiete erlaubt lediglich die Ausgabe von Basisinformationen, z. B. über den Gebietsnamen oder die Flächen-ID, jedoch nicht die Angabe von geschützten Arten, die in diesem Schutzgebiet vorkommen.

Im „Risikoregister" können u. a. alle Bt-Maisflächen in Brandenburg über Google Maps angezeigt werden. Die Unterschiede zum „WebGIS GVO-Monitoring" liegen in der Funktionalität. Während die Google Maps-Anwendung die GVO-Flächen kartografisch darstellt und Puffer-Zonen um Bt-Maisfelder lediglich als statische Layer eingeblendet werden können, erlaubt das „WebGIS GVO-Monitoring", die Pufferflächen dynamisch zu generieren, GIS-Funktionen anzuwenden, zusätzliche Geodaten darzustellen und mit den Anbauflächen zu verschneiden.

Reuter et al. (2006, 2010) entwickelten ein Konzept für ein „Informationssystem für ein Monitoring gentechnisch veränderter Organismen (ISMO)", das folgende Komponenten umfasst:

- Die „Datenbank Wissen" enthält Informationen über unterschiedliche biologische Organisationsstufen, die für ein Monitoring relevant sind. Darin sind Hypothesen über Umweltwirkungen von GVO sowie geeignete Prüfpunkte im

Detail beschrieben. Prüfpunkte sind Spezifikationen, die den Zustand eines Schutzgutes beschreiben.
- Die „Datenbank Monitoring“ stellt relevante Monitoring-Daten bereit und fungiert als Schnittstelle zu weiteren Umweltinformationssystemen.
- Die „Datenbank Vollzug“ verwaltet alle für das Genehmigungsverfahren notwendigen Informationen.

Das ISMO-Konzept sieht vor, am Zulassungsverfahren beteiligte Behörden zu unterstützen und eine Analyse der Umweltwirkungen von GVO nach Marktzulassung durchzuführen (Reuter et al. 2010). Mit den in ISMO identifizierten Prüfpunkten wurden geeignete laufende Umweltmonitoring-Programme für das „WebGIS GVO-Monitoring“ zusammengestellt. Dementsprechend ist das vorgestellte WebGIS zum Teil eine Umsetzung der in ISMO beschriebenen „Datenbank Monitoring“.

Ein weiteres Konzept für das GVO-Monitoring wurde von der Arbeitsgruppe „Anbaubegleitendes Monitoring gentechnisch veränderter Pflanzen im Agrarökosystem“ unter Federführung der Biologischen Bundesanstalt (BBA) für Land- und Forstwirtschaft entwickelt (Wilhelm et al. 2002). Aus Gründen der Praktikabilität sollen regional typische landwirtschaftliche Referenzflächen mit und ohne GVO-Anbau für die detaillierte Datenerhebung genutzt werden. Das Konzept der BBA sieht eine Erhebungsliste von 8 Parametern zur Erfassung möglicher Langzeitwirkungen auf Agrarökosysteme vor. Hierzu sollen das Vorkommen von Schädlingen, Unkrautpopulationen, Nützlingspopulationen, Wirkung von Pflanzenschutzmitteln, Mikroflora (Phylloplane und Rhizosphäre), Symbionten, Saprobier und bodenbiologische Parameter erfasst und untersucht werden. In der Studie wird empfohlen, die Methodik der Pflanzenschutzdienste einzubeziehen und deren Messnetz für das GVO-Monitoring zu nutzen.

8.5 Fazit und Ausblick

Die vorgestellten Arbeiten zeigen, dass für eine individuelle und flächenscharfe Abschätzung der Auswirkungen eines flächenhaften GVO-Anbaus die Verwendung eines digitalen Anbaukatasters wünschenswert ist, das konkrete Angaben über die zeitliche und räumliche Entwicklung der konventionellen Anbauflächen im Umfeld eines Schutzgebiets und in Nachbarschaft von GVO-Anbauflächen liefert. Diesbezüglich wurde bereits im Jahr 1992 im Zuge der Reform der „Gemeinsamen Agrarpolitik“ (GAP) die Einführung eines „Integrierten Verwaltungs- und Kontrollsystems“ (InVeKoS) beschlossen und per Verordnung Nr. 1782/2003 am 03.12.2004 (BGBl. 1 S. 3194) in Deutschland u. a. zur Festlegung der Betriebsprämien eingeführt. Ein gesamtdeutsches Anbauinformationssystem, das die Anbauinformationen aller Bundesländer zusammenführt, ist allerdings bisher noch nicht realisiert. Dieses hätte z. B. zur Ermittlung von realen und potenziellen Konfliktregionen des Anbaus von konventionellem und GV-Mais in Deutschland genutzt werden können.

Hierfür muss neben der Lage und Ausdehnung der Bt-Maisfelder auch die Lage der konventionellen Maisanbauflächen bekannt sein. Daher wurden Techniken der Fernerkundung genutzt, um schlaggenaue Informationen über den Maisanbau aus Satellitendaten abzuleiten und im „WebGIS GVO-Monitoring" z. B. für Koexistenz-Analysen verfügbar zu machen.

Das „WebGIS GVO-Monitoring" kann mit den integrierten Geodaten und GIS-Funktionen als Informationsplattform für Landwirte dienen, die zu Ihrer eigenen Sicherheit vor und während der Anlage des Bt-Maisfelds die Einhaltung der gesetzlich festgelegten Abstände zu konventionellem und Bio-Mais nachprüfen möchten. Das Gleiche gilt auch bei umgekehrten Rollen: Konventionell wirtschaftende und Bio-Bauern können prüfen, ob und in welchem Umfang GVO-Anbau in ihrer Nachbarschaft stattfindet, und sich entsprechend untereinander abstimmen. Ferner kann das System von öffentlichen Einrichtungen als Planungsinstrument zur Durchführung eines GVO-Monitorings zwecks Überwachung potenzieller Wirkungen auf die Umwelt eingesetzt werden. Dazu gehört die Prüfung, ob und welche bestehenden Umweltbeobachtungsmessnetze für ein GVO-Monitoring mitgenutzt werden können. Ferner erlaubt es den Naturschutzbehörden, mit Hilfe der WebGIS-Anwendung zu prüfen, ob Bt-Mais innerhalb von Schutzgebieten angebaut wird und damit dort vorhandene Schutzgüter, z. B. geschützte Schmetterlingsarten, potenziell gefährdet sind. U. a. aus diesem Grund hat das Bundesland Brandenburg Schutz-Zonen (800 m) um FFH-Gebiete festgeschrieben, in denen der Bt-Maisanbau verboten ist. Die Kenntnis über die reale Anbausituation von Bt-Mais in Deutschland sowie die Möglichkeit, diese Flächen mit Naturschutzgebieten und weiteren Geoinformationen in Verbindung zu bringen, führt zu einem verbesserten Informationsfluss und erhöht die Transparenz beim Anbau transgener Maispflanzen.

Das „WebGIS GVO-Monitoring" kann ein bundesweites GVO-Monitoring technisch unterstützen. Zusätzliche in der WebGIS-Applikation verfügbare Informationen über Windverhältnisse oder Monitoring-Messnetze können hilfreich sein, repräsentative Monitoring-Standorte zu finden, um potenzielle Risiken eines GVO-Anbaus für die Umwelt frühzeitig zu entdecken. Auch wird die Einrichtung eines langfristigen, großräumigen Pollenmonitorings unterstützt. Dadurch kann die potenzielle Verbreitung von GVO-Pollen untersucht werden und somit Anhaltspunkte für die Einführung „realistischer Sicherheitsabstände" zu Schutzgebieten oder zum konventionellen Maisanbau liefern. Durch die Bereitstellung komplexer GIS-Funktionen ist das WebGIS nicht nur für die Planung und Unterstützung des GVO-Monitorings geeignet, sondern auch für die Analyse von großräumigen und langzeitbezogenen Umwelteffekten von GVO. Dafür sollten nach Einrichtung eines GVO-Monitorings auch die erhobenen Messdaten in das WebGIS integriert werden.

Problematisch ist die Vorhersage von Risiken – insbesondere für Prozesse unter großräumig und zeitlich variierenden Bedingungen wie etwa dem Klimawandel – häufig durch das limitierende Fachwissen und die Verfügbarkeit von Daten. Eine wachsende Menge an Informationen kann über das Internet mit Hilfe von WebGIS verfügbar gemacht werden. Diese neue und inzwischen weit verbreitete Technologie ermöglicht es, Informationen zu verwalten und zu kombinieren, die z. B. Aufschluss über die räumliche Ausdehnung von GVO-Risiken geben könnten (OECD

2003). Das WebGIS dient jedoch nicht nur als Präventivsystem zur Risikoabschätzung, sondern auch zur Verbesserung der Schadensbegrenzung, des Monitorings und der Schutzpläne. Auf diese Weise ermöglicht das WebGIS, administrative, sozioökonomische und anderen Daten miteinander zu verknüpfen, und fördert den Informationsaustausch und die Übermittlung der Ergebnisse an die Politik und die Öffentlichkeit.

In der Zukunft soll der Datenbestand des „WebGIS GVO-Monitoring" u.a. um die geografische Lage von allen Bt-Maisfeldern in Deutschland ergänzt werden. Schwierigkeiten treten auf, wenn ALK-Daten (Automatisierte Liegenschaftskarte) zur räumlichen Identifikation des Bt-Maisfeldes nicht kostenfrei zur Verfügung stehen. Dies trifft für ca. ein Drittel der Bundesländer zu und kann zunächst nur gelöst werden, indem solche Daten bei den zuständigen Katasterämtern gekauft werden. Das „Integrierte Verwaltungs- und Kontrollsystem" (InVeKoS) wäre in diesem Fall eine bessere und effiziente Lösung. Ein freier Zugriff auch auf diese Daten ist jedoch zurzeit noch nicht möglich.

Die Verbreitung von Pollen spielt für die Auskreuzung von GVO eine wichtige Rolle. Aus diesem Grund wurde das Ausbreitungsmodell AUSTAL2000, das vom Ing.-Büro Janicke (Janicke und Janicke 2004) im Auftrag des Umweltbundesamtes entwickelt wurde, in das „WebGIS GVO-Monitoring" implementiert. Das System AUSTAL2000[12] ist eine Umsetzung des Anhangs 3 der TA Luft und berechnet auf Basis des Lagrange'schen Partikelmodells die Ausbreitung von Schadstoffen und Geruchsstoffen in der Atmosphäre. Das dem Programm zu Grunde liegende Modell ist in der VDI-Richtlinie 3945 Blatt 3 beschrieben. Anders als beim Modell MaMo, bei dem die Auskreuzung in konventionelle Maisbestände MaMo im Landschaftskontext abgeschätzt wird (Kap. 4), wird hier ausschließlich der Pollenflug von einem Quell- zu einem Zielfeld untersucht. Mit Hilfe der Software ist es auch möglich, die Ausbreitung von Partikeln wie Bt-Maispollen in Schutzgebiete oder in konventionelle Maisfelder zu simulieren. Außerdem könnte das Ausbreitungsmodell helfen, ein geeignetes Messnetz für technische und biologische Pollensammler (VDI 2006b, c) einzurichten. Die entsprechenden Pollensammler sind für die Detektion und Quantifizierung der Verbreitung von GVO-Pollen und damit für die potenzielle Einkreuzung in konventionelle Bestände wichtig.

Das Monitoring von Umweltwirkungen transgener Kulturpflanzen muss hinsichtlich der Auswahl von Erhebungsmethoden, -parametern, -intervallen und Beobachtungsflächen standardisiert werden, um die Erhebungsgrößen sinnvoll auswerten zu können. Der VDI hat entsprechende Standards entwickelt und gewährleistet dadurch eine bundesweite Vergleichbarkeit von zukünftigen Beobachtungsprogrammen und schafft für die Betreiber / Nutzer diesbezüglich Rechtssicherheit. Ein weiteres zukünftiges Ziel des „WebGIS GVO-Monitoring" liegt daher darin, die in der VDI-Richtlinie 4330 Blatt 1 (VDI 2006a) aufgeführten Prüfpunkte zu berücksichtigen, indem hierfür geeignete Umweltbeobachtungsmessnetze identifiziert und

[12] http://www.kisu-umwelt.de/aktuell/AUSTAL2000.html

in das WebGIS integriert werden, sowie die Erfassung von entsprechenden Daten während der Durchführung eines GVO-Monitorings zu ermöglichen.

Für viele Bereiche der Internet-gestützten Informationsvermittlung ist inzwischen praktisch erprobt, welche nützlichen Beiträge sich durch WebGIS Anwendungen erreichen lassen. Im Hinblick auf GVO konnte das GeneRisk-Projekt nun zeigen, dass spezifische Anwendungen auch für die Verbesserung der Risikoanalyse, das Monitoring und für die Handhabung und das Management sozioökonomischer Implikationen von wichtiger Bedeutung sein können.

Zitierte Literatur

Adams T, Biakowski C, Christl A, Emde A, Thelen B, Trakas A (2004) Praxishandbuch WebGIS mit Freier Software. Architektur, Beschreibung, Technik und Beispiele mit den Open Source Projekten: UMN MapServer, AVeiN!, PostgreSQL / PostGIS, Mapbender. CCGIS GbR / terrestris GbR / Geo-Consortium, Bonn

Albertz J (2001) Einführung in die Fernerkundung. Grundlagen der Interpretation von Luft- und Satellitenbildern. 2. Auflage. Wissenschaftliche Buchgesellschaft. Darmstadt

Andow DA, Zwahlen C (2006) Assessing environmental risks of transgenic plants. Ecol Lett 9:196–214

Beckie HJ, Warwick SI, Nair H, Seguin-Swartz G (2003) Gene flow in commercial fields of herbicide-resistant canola (Brassica napus). Ecol Appl 13:1276–1294

Beismann H, Kuhlmann M (2006) Raumrepräsentativität technischer Pollensammler für ein Langzeitmonitoring von gentechnisch veränderten Pflanzen (GVP). BfN-Skripten 169, Bonn

Breckling B, Laue H, Pehlke H (2011) Remote sensing as a data source for up-scaling the effects of genetically modified plants in agriculture – oilseed rape (Brassica napus) in Northern Germany. Ecological Indicators 11:942–950

Bruns G, Gähler M, de Lange N (2008) Flächenmonitoring in der Regional- und Bauleitplanung. Neue Möglichkeiten durch die Analyse von Satellitenbildern. Standort – Z Angew Geogr 32:6–12

Castellazzi MS, Perry JN, Colbach N, Monod H, Adamczyk K, Viaud V, Conrad KF (2007) New measures and tests of temporal and spatial pattern of crops in agricultural landscapes. Agr Ecosys Environ 118:339–349

Chapman MA, Burke JM (2006) Letting the gene out of the bottle: the population genetics of genetically modified crops. New Phytol 170:429–443

Craig W, Tepfer M, Degrasi G, Ripandelli D (2008) An overview of general features of risk assessments of genetically modified crops. Euphytica 164:853–880

Devaux C, Lavigne C, Austerlitz F, Klein EK (2007) Modelling and estimating pollen movement in oilseed rape (*Brassica napus*) at the landscape scale using genetic markers. Mol Ecol 16:487–499

Dickmann F (2004) Einsatzmöglichkeiten neuer Informationstechnologien für die Aufbereitung und Vermittlung geographischer Informationen – das Beispiel kartengestützte Online-Systeme. Habilitationsschrift 2003, Georg-August-Universität, Göttingen

Dively GP, Rose R, Sears MK, Hellmich RL, Stanley-Horn DE, Calvin DD, Russo JM, Anderson PL (2004) Effects on monarch butterfly larvae (*Lepidoptera: Danaidae*) after continuous exposure to Cry1ab-expressing corn during anthesis. Environ Entomol 33:1116–1125

Ehlers M, Janowsky R, Gähler M (2003) Computergestützte Klassifizierung und Kartierung von Biotoptypen auf der Grundlage digitaler hochauflösender multispektraler Scannerdaten Wiederholungsbefliegung 2002. Abschlussbericht. Institut für Umweltwissenschaften. Hochschule Vechta

Ehlers M, Schiewe J, Klonus S, Rosso P (2008) Prüfung von Luftbilddaten zweier unterschiedlicher Aufnahmesensoren hinsichtlich eines optimalen Aufnahmesystems zur Erfüllung von Aufgaben von Vermessungs- und Umweltverwaltung für das Landesamt für Natur und Umwelt. gi-reports@igf. Institut für Geoinformatik und Fernerkundung. Band 9, Osnabrück

Geßner U (2005) Landbedeckungs- / Landnutzungsklassifizierung von Deutschland auf der Grundlage von Daten des Sensors MERIS. Diplomarbeit, Universität Augsburg. Fakultät für Angewandte Informatik. Institut für Geographie

Graef F (2009) Agro-environmental effects due to altered cultivation practices with genetically modified herbicide-tolerant oilseed rape and implications for monitoring. A review. Agron Sustain Dev 29:31–42

Graef F, Schmidt G, Schröder W, Stachow U (2003) Prüfung der Repräsentativität von Bodendauerbeobachtungsflächen an ökologischen Räumen Brandenburgs mit CART (Classification and Regression Trees). Mitt Dtsch Bodenkundl Ges 102:481–482

Graef F, Stachow U, Werner A, Schütte G (2007) Agricultural practice changes with cultivating genetically modified herbicide-tolerant oilseed rape. Agr Sys 94:111–118

Hofmann F, Schlechtriemen U, Wosniok W, Foth M (2005) GVO-Pollenmonitoring Technische und biologische Pollenakkumulatoren und PCR-Screening für ein Monitoring von gentechnisch veränderten Organismen. BfN-Skripten 139, Bonn

Irrgang A (1997) Anwendung von Geo-Informationssystemen zur Erstellung einer multitemporalen satellitenbildgestützten Flächennutzungsklassifikation in Schleswig-Holstein. Diplomarbeit, Universität Kiel

Janicke L, Janicke U (2004) Enhancement of a diagnostic wind field model for licensing industrial facilities (TA Luft). Umweltforschungsplan des Bundesministeriums für Umwelt, Naturschutz und Reaktorsicherheit. Anlagenbezogener Immissionsschutz. Förderkennzeichen (UFOPLAN) 203 43 256. Im Auftrag des Umweltbundesamtes Berlin

Keil M, Kiefl R, Strunz G (2005) CORINE Land Cover 2000 – Germany. Final Report. Project Period: 1 May 2001–31 December 2004. German Remote Sensing Data Center Oberpfaffenhofen, Wessling

Kinberger M, Pucher A (2005) Opensource GIS als Alternative im Desktop -Bereich – Evaluation freier Software im Bereich Geoinformation. In: Schrenk M (Hg) 10th International Conference on Information & Communication Technologies (ICT) in Urban Planning and Spatial Development and Impacts of ICT on Physical Space 22.02.-25.02.2005, Wien, pp 467–471

Kleppin L, Breckling B, Schmidt G, Schröder W, Eschenbach C (2010) Simulation der Einkreuzung gentechnisch veränderter Maispollen in Maisfelder Schleswig-Holsteins. In: Strobl J, Blaschke T, Griesebner G (Hg) Angewandte Geoinformatik 2010. Beiträge zum 22. AGIT-Symposium Salzburg. Wichmann, Heildelberg, pp 856–865

Knispel AL, MClachlan SM, Van Acker RC, Friesen LF (2008) Gene flow and multiple herbicide resistance in escaped canola populations. Weed Sci 56:72–80

Kopka A (2008) Analyse multispektraler Fernerkundungsdaten im Hinblick auf deren Eignung zur Einschätzung des Biomassepotenzials großer Landschaftsräume am Beispiel des Naturparks TERRA.vita. Dissertation, Veröffentlicht im Electronic Library (ELib) System der Universitätsbibliothek Osnabrück am 28.01.2008

Lang A, Vojtech E (2006) The effects of pollen consumption of transgenic Bt maize on the common swallowtail, *Papilio machaon L.* (Lepidoptera, Papilionidae). Basic Appl Ecol 7:296–306

Laue H (2004) Automated detection of canola / rapeseed cultivation from space. Application of new algorithms for the identification of agricultural plants with multispectral satellite data on the example of canola cultivation. Dissertation, Institute of Environmental Physics, University of Bremen

Lefol E, Fleury A, Darmency H (1996) Gene dispersal from transgenic crops. II. Hybridization between oilseed rape and the wild hoary mustard. Sex Plant Reprod 9:189–196

Losey JE, Rayor LS, Carter ME (1999) Transgenic pollen harm monarch larvae. Nature 399:214

Lutes J (2005) Resourcesat-1 geometric accuracy assessment. In Proceedings, ASPRS 2005 Annual Conference. "Geospatial Goes Global: From Your Neighborhood to the Whole Planet". March 7–11, 2005. Baltimore, Maryland (12 pp)

Meynen E, Schmithüsen J, Gellert J, Neef E, Müller-Miny H, Schultze JH (1953, 1962) Handbuch der naturräumlichen Gliederung Deutschlands. 2 Bde., Bad Godesberg

OECD (Organisation for Economic Co-operation and Development) (2003) Emerging risks in the 21st Century. An agenda for action. Paris

Reuter H, Böckmann S, Breckling B (2008) Analysing cross-pollination studies in maize. In: Breckling B, Reuter, H, Verhoeven R (eds) Implications of GM-Crop cultivation at large spatial scales. Theorie in der Ökologie 14. Peter Lang, Frankfurt, pp 47–53

Reuter H, Middelhoff U, Graef F, Verhoeven R, Batz T, Weis M, Schmidt G, Schröder W, Breckling B (2010) Information system for monitoring environmental impacts of genetically modified organisms. Environ Sci Pollut Res 17:1479–1490. doi:10.1007/s11356-010-0334-y

Reuter H, Verhoeven R, Middelhoff U, Breckling B (2006) Information System for the Monitoring of Genetically Modified Organisms (GMO) – ISMO. J Verbr Lebensm 1:89–91

Rieger MA, Lamond M, Preston C, Powles, SB, Roush RT (2002) Pollen-mediated movement of herbicide resistance between commercial canola fields. Science 296:2386–2388

Schmidt G (2002) Eine multivariat-statistisch abgeleitete ökologische Raumgliederung für Deutschland. Dissertation, Vechta, ISBN 3-89825-518-2, dissertation.de, Berlin

Schmidt G, Schröder W (2009) GIS-gestützte Analysen zur möglichen Gefährdung von Naturschutzgebieten durch den Anbau gentechnisch veränderter Kulturpflanzen. Umweltwiss Schadstoff Forsch 21:76–93

Sears MK, Hellmich RL, Stanley-Horn DE, Oberhauser KS Pleasants JM, Mattila HR, Siegfried BD, Dively GP (2001) Impact of Bt corn pollen on monarch butterfly populations: a risk assessment. PNAS 98(21):11937–11942. doi:10.1073/pnas.211329998

Spök A, Hofer H, Lehner P, Valenta R, Stirn S, Gaugitsch H (2005) Risk assessment of GMO products in the European Union. Toxicity assessment, allergenicity assessment and substantial equivalence in practice and proposals for improvement and standardisation. Berichte BE-253, Wien

Squire GR, Brooks DR, Bohan DA, Champion GT, Daniels RE, Haughton AJ, Hawes C, Heard MS, Hill MO, May MJ, Osborne JL, Perry JN, Roy DB, Woiwod IP, Firbank LG (2003) On the rationale and interpretation of the Farm Scale Evaluations of genetically modified herbicide-tolerant crops. Philos Trans R Soc B Biol Sci 358:1779–1799

VDI (Verein Deutscher Ingenieure) (2006a) Beobachtung ökologischer Wirkungen gentechnisch veränderten Organismen – Gentechnisch veränderte Pflanzen – Grundlagen und Strategie. VDI 4330, Blatt 1. Düsseldorf

VDI (Verein Deutscher Ingenieure) (2006b) Beobachtung ökologischer Wirkungen gentechnisch veränderten Organismen – Gentechnisch veränderte Pflanzen – Grundlagen und Strategie. VDI 4330, Blatt 3. Düsseldorf

VDI (Verein Deutscher Ingenieure) (2006c) Beobachtung ökologischer Wirkungen gentechnisch veränderten Organismen – Gentechnisch veränderte Pflanzen – Grundlagen und Strategie. VDI 4330, Blatt 4. Düsseldorf

Williams S (2002) Free as in freedom. Richard Stallman's crusade for free software. OReilly, Sebastopol, Cambridge

Wilhelm R, Beißner L, Schiemann J (2002) Gestaltung des Monitoring der Auswirkungen gentechnisch veränderter Pflanzen im Agrarökosystem (Designing the monitoring of effects of genetically modified plants in agroecosystems). GESUNDE PFLANZEN 54:194–206

Züghart W (2008) Long-term and large-scale effects of genetically modified organisms require specific environmental monitoring designs. In: Breckling B, Reuter H, Verhoeven R (eds) Implications of GM-crop cultivation at large spatial scales. Theorie in der Ökologie 14. Peter Lang, Frankfurt, pp 81–85

Kapitel 9
Rechtliche Regelung systemischer Risiken von GVO: (Ökologische) Modellierung und ihre juristische Verwertbarkeit

Jantje Struß und Gerd Winter

Die Gentechnologie ist eine hoch komplexe und vergleichsweise junge Technologie, die – jedenfalls zum jetzigen Zeitpunkt – mit vielen Unsicherheiten behaftet ist. Das Transgen lässt sich bei landwirtschaftlicher Verwendung (Grüne Gentechnik) nicht räumlich begrenzen, sondern findet Eingang in die natürliche Umwelt und wechselwirkt mit der gesellschaftlichen Sphäre. Aufgrund der vielfältigen Beziehungen innerhalb gesellschaftlicher und ökologischer Systeme sind die Risiken, die mit einer großflächigen Ausbringung von GVO verbunden sind, bislang kaum abschließend geklärt und somit entsprechend schwer eindämmbar.[1]

Für das Verständnis ökologischer Systemzusammenhänge und zur Folgenabschätzung systemischer Risiken werden in der ökologischen Wissenschaft und Praxis häufig ökologische Modelle verwendet.[2] Auch für die Folgenabschätzung der großflächigen Ausbringung von GVO werden entsprechende Modelle entwickelt. In diesem Zusammenhang stellt sich die Frage, inwieweit die Ergebnisse derartiger Modelle im Rahmen der gentechnikrechtlichen Risikoanalyse juristisch verwertbar sind.

Ein Modell ist die vereinfachte Darstellung eines (komplexen) Realausschnittes.[3] Mithilfe von Modellen können also umfangreiche Sachverhalte vereinfacht werden, die ansonsten aufgrund ihrer Komplexität gedanklich nur schwer zu durchdringen

[1] Im Rahmen des juristischen Teilprojekts von „GeneRisk" ist eine umfassende systematische Darstellung der aktuellen Rechtslage für Freisetzungen und das Inverkehrbringen von GVO entstanden, in der u.a. auch die Frage der juristischen Verwertbarkeit ökologischer Modelle behandelt wurde: ***Struß***: Die großflächige Ausbringung von GVO in die Umwelt (2010).

[2] Insbesondere in den USA werden Modelle bereits vielfach in ökologischen Zusammenhängen eingesetzt. Siehe hierzu z. B. ***Wagner/Fisher/Pascual:*** Misunderstanding models in environmental and public health regulation. In: N.Y.U. Environmental Law Journal 2010, 293.

[3] Vgl. ***Brockhaus***, 10 Bände (2005), Band 6 (Lit-Norc), Stichwort „Modell".

J. Struß (✉)
Forschungsstelle für Europäisches Umweltrecht (FEU), Universität Bremen,
28334 Bremen, Deutschland
e-mail: jantje.struss@gmx.de

B. Breckling et al. (eds.), *GeneRisk*, Umweltnatur- & Umweltsozialwissenschaften,
DOI 10.1007/978-3-642-23433-0_9, © Springer-Verlag Berlin Heidelberg 2012

sind. Auf diese Weise tragen Modelle dazu bei, komplizierte Tatbestände zugänglich zu machen und ein größeres Verständnis der zugrunde liegenden Prozesse herzustellen.

Ein ökologisches Modell ist die vereinfachte, auf mathematischen und biologischen Regeln basierende Darstellung eines Ökosystems oder bestimmter oft komplexer ökologischer Prozesse bzw. Teile davon.[4] Ökologische Modelle können beispielsweise zum besseren Verständnis der häufig vielschichtigen Strukturen und der in vielfältigen Wechselbeziehungen zueinander stehenden funktionalen Gefüge in Ökosystemen beitragen.[5] Beispielsweise können mithilfe ökologischer Modelle verzweigte Kausalprozesse abgebildet werden, die u.a. für die rechtliche Einordnung dieser Prozesse von erheblicher Bedeutung sein können. Da im Zusammenhang mit komplexen ökologischen Systemen die zugrunde liegenden Informationen in den seltensten Fällen vollständig vorhanden sind, werden bei ökologischen Modellen Informationen und Kenntnisse regelmäßig mit Befunden und Schätzungen aus der empirischen Biologie oder Ökologie verknüpft. Auf diese Weise sind die Modelle als eine Art „virtuelle Labore" einsetzbar. Es können Fragestellungen behandelt werden, die sich einem direkten empirischen Zugang verschließen oder mit denen man in der Realität nicht experimentieren will.[6] Als „Output" können ökologische Modelle gegebenenfalls Prognosen und / oder quantitative Ergebnisse im Hinblick auf die jeweils betrachtete Fragestellung liefern.[7]

Aufgrund ihrer Vereinfachungsfunktion sowie des besseren Verständnisses, das durch sie erreicht wird, können Modelle eine wesentliche Hilfestellung für die Verantwortlichen in Entscheidungsprozessen bieten. Aus diesem Grund wären ökologische Modelle beispielsweise auch im GVO-Genehmigungsverfahren sinnvoll einsetzbar. In diesem Zusammenhang stellt sich jedoch die Frage, inwieweit die Ergebnisse der ökologischen Modellierung in juristisch relevanten Kontexten wie dem GVO-Genehmigungsverfahren verwertbar sind.

Um dieser Frage auf den Grund zu gehen, soll nachfolgend zunächst ein für die GVO-Risikoanalyse geeignetes Modell exemplarisch dargestellt werden (dazu Abschn. 9.1). Vor dem Hintergrund dieses Modells sollen dann Kriterien entwickelt werden, mit deren Hilfe das dargestellte Modell sowie vergleichbare Modelle im Hinblick auf ihre juristische Verwertbarkeit bewertet werden können (dazu Abschn. 9.2).

---

[4] Vgl. ***Jopp/Reuter/Breckling*** 2011: Modelling complex ecological dynamics. Springer, Heidelberg.

[5] Vgl. ***Leemans:*** Computer Models for synthesis of pattern and process in the boreal forest. In: Shugart/Leemans/Bonan, A Systems Analysis of the Global Boreal Forest (1992), S 308.

[6] Dies ist zum Beispiel im Zusammenhang mit ökologischen Prozessen der Fall, bei denen irreversible Auswirkungen auf der Landschaftsebene zu befürchten sind.

[7] ***Wagner/Fisher/Pascual:*** Misunderstanding models in environmental and public health regulation. In: N.Y.U. Environmental Law Journal 2010, 293 ff. weisen in diesem Zusammenhang mehrfach darauf hin, dass Modelle jedoch keine "answer machines" bzw. "truth machines" sind.

9.1 Modellbeispiel: Das Maiseinkreuzungsmodell

Im Rahmen des vorliegenden Forschungsverbundes hat das ökologische Teilprojekt[8] ein Modell zur großräumigen Abschätzung der GV-Maispollenverbreitung und der Berechnung der entsprechenden durchschnittlichen Einkreuzungsraten entwickelt (siehe Kap. 4 und 5). Mithilfe dieses Modells soll die regionale Transgen-Ausbreitung bei großflächigem landwirtschaftlichem Anbau von Bt-Mais dargestellt und simuliert werden. Der Schwerpunkt der Simulation liegt auf dem im Zusammenhang der Ausbreitungsprozesse bei Mais biologisch und ökonomisch entscheidenden Faktor Pollenverbreitung (Abb. 9.1). Das Ziel des Modellansatzes liegt in der großräumigen Abschätzung der Verbreitung des GV-Maispollens bzw. der entsprechenden Einkreuzungsraten.

Das Maiseinkreuzungsmodell arbeitet objektorientiert – d. h. zur Darstellung einzelner Felder und anderer Entitäten werden separat zugreifbare Datenobjekte angelegt, die einzeln verändert werden können. Geometrisch vereinfacht dargestellte Felder bilden die kleinste berücksichtigte räumliche Einheit. Die Parametrisierung – d. h. die quantitative Spezifizierung der Reichweite der Pollenverbreitung – basiert auf der Auswertung von Daten aus einer Vielzahl von veröffentlichten empirischen Studien. Es erfolgt eine Abschätzung von Interaktionen auf Landschaftsebene.

Das Modell macht im Ergebnis keine Aussagen zu Einzelfällen, sondern simuliert den in Abhängigkeit von verschiedenen Umweltfaktoren zu erwartenden mittleren Polleneintrag. Das Modell liefert somit ein Ergebnis, das wahrscheinliche Ergebnisse in Form regionaler Mittelwerte mit einer deutlichen zu erwartenden

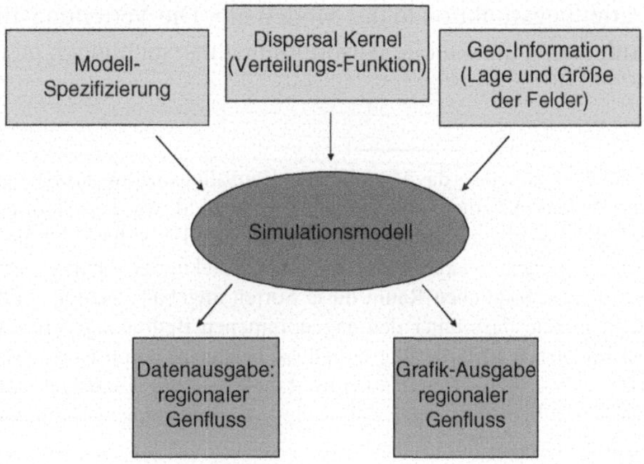

Abb. 9.1 Schema des Datenflusses zur Ermittlung des Genflusses auf regionaler Ebene (siehe auch Kap. 4 und 5) (eigene Darstellung)

[8] Zentrum für Umweltforschung und Umwelttechnologie (UFT), Universität Bremen (Projektleitung Prof. Dr. Juliane Filser), siehe Kap. 4 und 5.

Streuung abbildet. Hierbei werden die Interaktionen der einzelnen Felder untereinander zwar berücksichtigt, eine Ergebnisbetrachtung des konkreten Einzelfalls (Feld-zu-Feld) findet indes nicht statt.[9]

Als feste Eingabedaten sind Daten über die Pflanzenentwicklung und über weitere charakterisierende Größen für die beteiligten Prozesse (Parameter) in das Modell eingespeist worden. Hierfür war zuvor eine Wirkungspfadanalyse erstellt worden, anhand derer die wichtigsten Modellparameter extrahiert worden sind (siehe Kap. 3). Als Eingabedaten können sodann die Landschaftskarten der zu betrachtenden Region eingegeben werden. Durch diese Funktion können unterschiedliche Szenarien durchgespielt werden. Beispielsweise können unterschiedliche Feldanordnungen sowie verschieden hohe Anteile an GVO-Anbau betrachtet werden.[10]

Die Pflanzenentwicklung wird im Rahmen des Modells als ein von Zufallseinwirkungen überlagerter Prozess dargestellt. Wesentlich für die durch das Modell vorgenommene Betrachtung sind bei der Pflanzenentwicklung letztlich die Blühzeiträume, in denen eine Einkreuzung möglich ist, und die Entfernungen zwischen den Beständen.

Nach der Pollenreife wird die Pollenverteilung simuliert. Die Pollenverteilung ist insbesondere abhängig von der Feldgröße, der Entfernung der Felder sowie von dem Faktor Wind. Diese Faktoren gehen mit Ausnahme des Faktors Wind als variable Größen in das Modell ein und können je nach betrachteter Region auf der Basis empirischer Daten in das System eingespeist werden. Hinsichtlich der Feldgrößen sowie der Entfernung der Felder geschieht dies über Landschaftsgeometrien (Karten). Winddaten werden nach dem aktuellen Entwicklungsstand des Modells nicht berücksichtigt, da davon ausgegangen werden kann, dass sich die Auswirkung von Windverdriftung über größere Räume hinweg mittelnd ausgleicht. Die Effekte unterschiedlicher Windstärken und Richtungen gehen über die Variabilität der Verteilungsfunktion in das Modell ein. Die Verteilungsfunktion für den Pollen ist in Anlehnung an aktuelle Ausbreitungsuntersuchungen modelliert (siehe Abschn. 4.3).

---

[9] Das bedeutet, dass das Modell einen Kausalitätsnachweis über die konkrete Herkunft des transgenen Pollens auf einem konventionellen Maisfeld, wie er in haftungsrechtlichen Zusammenhängen gefordert wird, nicht erbringen kann und soll. Ein solcher Nachweis ließe sich wohl allein empirisch erbringen, beispielsweise mit einer molekularen Analyse auf Sortenanteile und der Kenntnis, wo in dem fraglichen Raum diese Sorten angebaut werden. Mithilfe des Modells lässt sich jedoch zeigen, dass unter den angenommenen Bedingungen bestimmte Wahrscheinlichkeiten für entsprechende Einkreuzungsereignisse bestehen. Somit ist das Maiseinkreuzungsmodell hilfreich für die prospektive Betrachtung im Rahmen der Risikoanalyse. Mit seiner Hilfe können die (großräumigen) Wirkungen der Zulassung von gentechnisch verändertem Mais innerhalb bestimmter Regionen abgeschätzt werden.

[10] In einem Vorgängerprojekt ("GenEERA"), welches ebenfalls vom BMBF gefördert wurde, ist ein entsprechendes Modell für die großräumige Abschätzung der Wirkungen des transgenen Rapsanbaus entwickelt worden. Für dieses Modell gilt Entsprechendes. Siehe Breckling B, Reuter H, Middelhoff U, Glemnitz M, Wurbs A, Schmidt G, Schröder W, Windhorst W (2011) Risk indication of genetically modified organisms (GVO): modelling environmental exposure and dispersal across different scales. Oilseed rape in Northern Germany as an integrated case study. Ecological Indicators 11(4):936–941. doi:http://dx.doi.org/10.1016/j.ecolind.2009.03.002

Schließlich wird das Stadium der Befruchtung betrachtet. Hierbei wird zwischen der internen Pollenmenge – das ist die Pollenmenge, die sich innerhalb des jeweiligen Feldes verteilt hat – und der externen Pollenmenge – also der Pollenmenge, die von den umliegenden Feldern auf das jeweils betrachtete Feld gelangt ist – unterschieden. Innerhalb der externen Pollenmenge wird sodann der Anteil an konventionellem und an transgenem Maispollen errechnet. Diese Werte werden dann in Relation zu der internen Pollenmenge gesetzt. So kann für jedes betrachtete Feld das Verhältnis von transgenem und konventionellem Anteil an der Ernte bestimmt und der zu erwartende mittlere transgene Polleneintrag ausgewiesen werden.

Mit Hilfe regionaler Anbaustatistiken können auf diese Weise Szenarioprognosen für unterschiedlichste Regionen erstellt werden. Das Maiseinkreuzungsmodell könnte so z. B. dazu beitragen, im Rahmen einer Analyse der Koexistenz zwischen gentechnischen und nicht-gentechnischen Anbauweisen die (großräumigen) Wirkungen einer B.t.-Mais-Zulassung innerhalb einer bestimmten Region besser abschätzen zu können. Die Methode der Erstellung des Maiseinkreuzungsmodells kann aber auch für solche Pflanzen genutzt werden, die wilde Verwandte haben und an diese Transgene weitergeben können. Das Modell kann insofern auch für Umweltrisikoanalysen – konkreter für die Bestimmung der Ausbreitung von Transgenen – verwendet werden. Weiterhin kann es dazu dienen, den Monitoringplan, der zusammen mit dem Genehmigungsantrag einzureichen und durch die zuständige Behörde festzulegen ist, im Hinblick auf den räumlichen Umfang des fallspezifischen Monitorings einzugrenzen.

9.2 Kriterien für die Bewertung der juristischen Verwertbarkeit von (ökologischen) Modellen

Die ökologische Modellierung erlangt immer mehr Beachtung und hat sich in den letzten Jahren als ein eigenständiges Fachgebiet etabliert. In der Forschung und in der Praxis werden ökologische Modelle immer häufiger zur Betrachtung und zum Verständnis ökologischer Zusammenhänge genutzt.[11] Aber unter welchen Voraussetzungen kann ein Modell auch in juristischen Zusammenhängen verwendet werden?

In rechtlich relevanten Zusammenhängen ist auf die Verwertbarkeit von Modellen und den Modellergebnissen ein besonderer Wert zu legen. Problematisch ist insofern, dass Modelle vereinfachte Darstellungen der Realität sind, und daher Aussagen auch immer nur über einen bestimmten Teilaspekt der Realität möglich sind.[12] Damit die Erkenntnisse der Modellbetrachtung dennoch für reale Zusammenhänge nutzbar sind, müssen diese – auf Teilaspekte beschränkten – Ergebnisse

[11] Vgl. ***Leemans:*** Computer Models for synthesis of pattern and process in the boreal forest. In: Shugart/Leemans/Bonan, A Systems Analysis of the Global Boreal Forest (1992), S 308; ***Grimm/Berger/Bastiansen et al.:*** A standard protocol for describing individual based and agent-based models. In: Ecological Modelling 2006, 115, 116 m.w.N.

[12] Modelle können in dieser Hinsicht mit Straßenkarten verglichen werden. Diese bilden auch lediglich bestimmte Aspekte der Realität (Straßen ab einer bestimmten Größe) ab, andere Aspekte

in den Gesamtkontext rückführbar sein. Um dies leisten zu können, muss das Modell die Realität so vereinfacht wie nötig, aber auch so wahrheitsgetreu und komplex wie möglich abbilden.[13]

Mit der Frage der rechtlichen Verwertbarkeit von ökologischen Modellen und ihren Ergebnissen haben sich die deutschen Gerichte allerdings – soweit ersichtlich – bislang nicht explizit auseinandergesetzt.[14] Auch in der rechtswissenschaftlichen Literatur ist dieses Thema kaum behandelt worden.[15] Aus diesem Grund soll die Frage der juristischen Verwertbarkeit von Modellen vorliegend von zwei Seiten beleuchtet werden. Zum einen sollen die Kriterien herangezogen werden, die sich die Modellentwickler selbst für die Erstellung eines aussagekräftigen Modells auferlegen (dazu Abschn. 9.2.1). Zum anderen soll der rechtliche Umgang mit sachverständiger Expertise in anderen Zusammenhängen betrachtet werden (dazu Abschn. 9.2.2). Anschließend ist zu untersuchen, inwieweit die entsprechenden Kriterien auf die Verwertbarkeit von Modellen übertragbar ist (dazu Abschn. 9.2.3).

9.2.1 Anforderungen aus der Modellierungspraxis

Auch unter den Modellentwicklern sind bislang weder ein allgemein anerkannter Kriterienkatalog noch allgemein gültige Grundsätze für die Entwicklung von aussagekräftigen Modellen vorhanden.[16] Eine Vielzahl von Modellierern und Forschungsinstituten erlegen sich jedoch im Rahmen ihrer Modellentwicklung gewisse Standards auf, die zur Verwertbarkeit ihres Modells bzw. von Modellen generell beitragen sollen. Zum Teil existieren auch bereits Ansätze, die die Vereinheitlichung von Modellentwicklungs-Grundsätzen anstreben.[17]

---

hingegen nicht (Abwasserleitungen, Stromleitungen, Gebäude etc.). Siehe den ***Bericht des amerikanischen National Research Council:*** „Environmental effects of transgenic plants" (2002), S 458.

[13] Vgl. ***Levin:*** Models in Ecotoxicology, in: Levin/Hallam/Gross, Applied Mathematical Ecology (1990), S 315 f.; ***Becker/Schütte/Geib et al.:*** Grundsätze ordnungsgemäßer Modellierung – Abschlussbericht (1999), S 14; ***Manderscheid:*** Modellentwicklung zum Wasser- und Stoffhaushalt (1992), S 11.

[14] Auch in anderen Ländern ist ein abgestimmter Umgang mit Modellen in juristischen Kontexten noch nicht erkennbar. Vgl. Hierzu ***Wagner/Fisher/Pascual:*** Misunderstanding models in environmental and public health regulation. In: N.Y.U. Environmental Law Journal 2010, 293, 296 (dort Fn. 11) und 313 ff.

[15] S. aber zu ökonomischen Modellen ***Seehafer:*** Die Verwendung ökonomischer Modelle in der Fusionskontrollverordnung aus juristischer Perspektive. In: WuW 2009, 728 ff.

[16] Siehe ***Moody:*** Theoretical and practical issues in evaluating the quality of conceptual models. In: Data & Knowledge Engineering 2005, 243, 245 m.w.N; siehe auch bereits ***Moody/Shanks:*** What Makes a Good Data Model? In: The Australian Computer Journal 1998, 97 ff.

[17] So z. B. ***Becker/Schütte/Geib et al.:*** Grundsätze ordnungsgemäßer Modellierung – Abschlussbericht (1999); vgl. auch ***Grimm/Berger/Bastiansen et al.:*** A standard protocol for describing individual based and agent-based models. In: Ecological Modelling 2006, 115 ff.; ***Frank:*** Evaluation of Reference Models, in: Fettke/Loos, Reference Modeling for Business Systems Analysis (2006), S 118 ff.; ***Bericht des Committee on Models in the Regulatory Decision***

Bei den Anforderungen, die für die Modellentwicklung formuliert werden, kann grundsätzlich zwischen formellen und materiellen Kriterien unterschieden werden, wobei die formellen Anforderungen letztlich dazu dienen, die materiellen Anforderungen sicherzustellen.

Auf der Seite der materiellen Anforderungen werden unterschiedliche Kriterien angeführt, die die Verwertbarkeit des Modells sicherstellen sollen. Negativ formuliert wird zum Beispiel, dass ein gutes Modell nicht inkonsistent, nicht unzuverlässig, nicht willkürlich und nicht unberechenbar sein darf.[18] Positiv formuliert werden unter anderem Forderungen nach Objektivität, Vollständigkeit der Daten[19] und Ergebnisse, Transparenz, Vergleichbarkeit, Plausibilität, Schlüssigkeit und Zugänglichkeit des Modells.[20] Mit anderen Worten geht es bei diesen materiellen Anforderungen darum, dass das Modell verständlich sowie valide (d. h. sachlich stimmig) und verlässlich (reliabel) (d. h. methodisch stimmig) ist.

Auf der Seite der formellen Anforderungen wird insbesondere verlangt, dass eine vollständige Modelldokumentation erstellt wird, die die komplette Entwicklungsgeschichte des Modells von der zugrunde liegenden Fragestellung über das Modelldesign bis zur Verwertbarkeit der Ergebnisse darlegt.[21] Zudem soll das Modell empirisch validiert sein.[22] Zum Teil wird darüber hinaus gefordert, dass ein Modell, bevor seine Ergebnisse anerkannt werden können, durch Experten in dem entsprechenden Bereich bewertet bzw. abgenommen wird.[23]

Process (National Research Council): Models in environmental Regulatory Decision Making (2007). Für Software Systeme besteht hingegen ein international anerkannter Standard: ISO/IEC Standard 9126: Software Product Quality, International Standard Organisation (ISO), International Electrotechnical Commission (IEC), 2001.

[18] Siehe ***Bericht des amerikanischen National Research Council:*** „Environmental effects of transgenic plants" (2002), S 76 ff.

[19] Vgl. hierzu ***Ranson/Darrel:*** Remote sensing technology for forest ecosystem analysis. In: Shugart/Leemans/Bonan, A Systems Analysis of the Global Boreal Forest (1992), S 267; ***Batini/Scannapieco:*** Data Quality – Concepts, Methodologies and Techniques (2006), S 19 ff.

[20] Vgl. z.B. ***Becker/Schütte/Geib et al.:*** Grundsätze ordnungsgemäßer Modellierung – Abschlussbericht (1999), S 14; vgl. ***Bart:*** Acceptance criteria for using individual-based models to make management decisions. In: Ecological Applications 1995, 411, 412 ff.; ***Conroy/Cohen/James et al.:*** Parameter estimation, reliability, and model improvement for spatially explicit models of animal populations. In: Ecological Applications 1995, 17 ff.; ***Batini/Ceri/Navathe:*** Conceptual Database Design – An Entity-Relationship Approach (1992), S 139 ff.; ***Frank:*** Möglichkeiten und Grenzen einer objektorientierten Modellierungslehre. In: Tagungsband STJIA (1997); ***ders.:*** Evaluation of Reference Models. In: Fettke/Loos, Reference Modeling for Business Systems Analysis (2006), S 118 ff. m.w.N.

[21] Hierzu ***Grimm/Berger/Bastiansen et al.:*** A standard protocol for describing individual based and agent-based models. In: Ecological Modelling 2006, 115 ff.

[22] Vgl. ***Moody:*** Theoretical and practical issues in evaluating the quality of conceptual models. In: Data & Knowledge Engineering 2005, 243, 247 ff., 261 ff. m.w.N.

[23] Vgl. z.B. ***Bart:*** Acceptance criteria for using individual-based models to make management decisions. In: Ecological Applications 1995, 411 m.w.N.

9.2.2 Rechtlicher Umgang mit sachverständiger Expertise

Eingangs ist bereits erwähnt worden, dass sich die deutsche Rechtsprechung mit der Frage der Verwertbarkeit von ökologischen Modellen – soweit ersichtlich – bislang noch nicht explizit auseinandergesetzt hat. Aufschluss über die Bewertung ökologischer Modelle in juristischen Kontexten könnte neben den Anforderungen aus der Modellierungspraxis der rechtliche Umgang mit sachverständiger Expertise in anderen Bereichen geben. Nachfolgend sollen daher die Grundsätze der verwaltungsgerichtlichen Prüfung von behördlichen Prognosen (dazu a), des Beweises durch Sachverständige (dazu b), der Überprüfbarkeit von Entscheidungen mit Beurteilungsspielraum (dazu c) sowie der allgemeinen Anerkennung von technischen Regeln (dazu d) analysiert werden.

a. Verwaltungsgerichtliche Prüfung von behördlichen Prognosen

Anhaltspunkte für die Verwertbarkeit von ökologischen Modellen in rechtlich relevanten Zusammenhängen können der vom BVerwG entwickelten Praxis zur gerichtlichen Prüfung von behördlichen Prognosen entnommen werden. Bei behördlichen Prognosen führt das BVerwG in ständiger Rechtsprechung eine dreistufige Kontrolle durch: Es überprüft, ob die Prognose nach einer geeigneten Methode durchgeführt wurde, ob der der Prognose zugrunde liegende Sachverhalt zutreffend ermittelt wurde und ob das Ergebnis einleuchtend begründet ist.[24] Um die für die Überprüfung notwendigen Feststellungen zu treffen, soll es prinzipiell ausreichen, sich in der mündlichen Verhandlung die Datenbasis und das prognostische Vorgehen erläutern zu lassen und die Prognoseergebnisse einer Plausibilitätskontrolle zu unterziehen.[25]

Meist ganz unbehandelt bleibt die Frage der Irrtumswahrscheinlichkeit von Kausalaussagen. Aus Anlass einer Überprüfung eines Berechnungsmodells für Verkehrsprognosen hat das BVerwG immerhin ausgeführt, die vom Kläger vermissten Ermittlungen zur Irrtumswahrscheinlichkeit des Modells seien verzichtbar, soweit die Verwendung derartiger Modelle dem aktuellen Stand der Prognosemethodik entspreche und sich nicht Hinweise auf eine außergewöhnliche Fehleranfälligkeit des konkret verwendeten Modells aufdrängten.[26]

b. Der Beweis durch Sachverständige

Weitere Anhaltspunkte für die juristische Verwertbarkeit von Modellen könnten die Vorschriften über den Beweis durch Sachverständige im Rahmen des Verwaltungs- und Zivilprozesses (§§ 96 ff. VwGO, §§ 402 ff. ZPO) enthalten. Nach § 402 ZPO mit § 98 VwGO sind für den Sachverständigenbeweis grundsätzlich die Vorschriften für den Zeugenbeweis entsprechend anwendbar.

---

[24] Vgl. BVerwG, Beschl. v. 15.01.2008 – BVerwG 9 B 7.07, Rn. 4 des Umdrucks, bislang unveröffentlicht; BVerwGE 114, 364, 378 m.w.N.

[25] BVerwG, Beschl. v. 15.01.2008 (Fn. 9), Rn. 4 des Umdrucks.

[26] BVerwG, Beschl. v. 15.01.2008 – BVerwG 9 B 7.07 (Fn. 9), Rn. 7 des Umdrucks, bislang unveröffentlicht.

Hieraus ergibt sich zunächst, dass sich das Gericht von der spezifischen Sachkunde sowie von der Unparteilichkeit des Gutachters überzeugen muss.[27] Um dem Urteil die Ergebnisse eines Sachverständigengutachtens zugrunde zu legen, darf letzteres jedenfalls nicht offensichtlich mangelhaft, nicht lückenhaft oder widersprüchlich sein.[28] Vielmehr muss der Sachverständige die seiner Überzeugung zugrunde liegenden Tatsachen und die von ihm benutzten Erfahrungssätze derart schlüssig darlegen, dass das Gericht sowie die Parteien ihre Richtigkeit und Vollständigkeit sowie die Anwendung der wissenschaftlichen Erkenntnisse und die aus ihr gezogenen Schlussfolgerungen nachvollziehen und nachprüfen können.[29] Aus diesem Grund muss auch der Gutachter dem Gericht alle zur Begutachtung verwendeten Unterlagen offen legen (§ 407a Abs. 4 ZPO mit § 98 VwGO).

c. Überprüfbarkeit von Entscheidungen mit Beurteilungsspielraum

Hinsichtlich der Bewertung außergerichtlicher Sachverständigenexpertise können aus dem Verwaltungsrecht darüber hinaus die Grundsätze der gerichtlichen Überprüfbarkeit von Verwaltungsentscheidungen mit Beurteilungsspielraum zu Rate gezogen werden. Ein Beurteilungsspielraum wird der Behörde insbesondere dann zugebilligt, wenn diese über eine höhere Sachkompetenz oder über bessere Erkenntnismöglichkeiten zur Würdigung gewisser wissenschaftlicher Streitfragen verfügt. Die Gerichte können und dürfen eine auf dem behördlichen Beurteilungsspielraum basierende Entscheidung aufgrund fehlender eigener Kompetenz nur eingeschränkt überprüfen. Die gerichtliche Kontrolle fokussiert sich in solchen Fällen also auf diejenigen Punkte, die das Gericht mittels eigener Sachkompetenz nachprüfen kann. Sie ist damit im Wesentlichen auf die Frage beschränkt, ob den verfahrensrechtlichen Anforderungen genüge getan wurde, ob der zutreffende Sachverhalt bzw. ausreichende Daten ermittelt und ob diese der Bewertung zugrunde gelegt wurden sowie ob die dargelegten wissenschaftlichen Erkenntnisse die gezogenen Schlussfolgerungen zulassen.[30]

d. Allgemeine Anerkennung von technischen Regeln

Weitere Erkenntnisse für die Beurteilung der juristischen Verwertbarkeit von Modellen könnte die allgemeine Anerkennung von technischen Regeln im privaten

---

[27] Bei einem gerichtlich bestellten Gutachter ergibt sich dies aus § 404 ZPO. Für Privatgutachten vgl. z. B. BGH, Urt. v. 16.09.1997 – X ZR 54/95, GRUR 1998, 366; BVerwG, Urt. v. 15.10.1985 – 9 C 3/85, unveröffentlicht; Hanseatisches OLG Hamburg, Urt. v. 07.12.2005 – 5 U 181/04, ZUM-RD 2007, 71.

[28] Siehe ***Baumbach/Lauterbach:*** ZPO, 66. Auflage (2008), § 286, Rn. 50 ff.

[29] Siehe z. B. BayObLG, Beschl. v. 14.01.1986 – Breg 1 Z 92/85, FamRZ 86, 727; ***Baumbach/Lauterbach:*** ZPO, 66. Auflage (2008), Übers § 402, Rn. 4.

[30] Vgl. ***Gerhardt:*** § 114 VwGO in: Schoch/Schmidt-Aßmann/Pietzner, VwGO (2008), § 114, Rn. 62; vgl. z. B. auch OVG Berlin, Beschl. v. 09.07.1998 – OVG 2 S 9.97, abgedr. in Eberbach/Lange/Ronellenfitsch: Recht der Gentechnik und Biomedizin (2001), Entscheidungen (Bd. 4), Nr. 8 zu § 16.

Baurecht liefern. Die allgemeine Anerkennung einer technischen Regel wird dabei angenommen, wenn eine Anerkennung auf theoretischer und auf praktischer Ebene erreicht ist: Zunächst muss sich die betreffende Regel in der Wissenschaft als (theoretisch) richtig durchgesetzt, also eine allgemeine wissenschaftliche Anerkennung erreicht haben. Darüber hinaus muss sie auch in der (Bau-) Praxis erprobt sein und sich dort überwiegend bewährt haben.[31] Dabei ist es nicht erforderlich, dass sich die technische Regel überall und restlos durchgesetzt hat. Vor dem Hintergrund des Schutzzwecks der „allgemein anerkannten Regeln der Technik", eine zuverlässige Vertrauensgrundlage bezüglich der Qualität einer Bauleistung sowie der Beachtung sicherheitstechnischer Belange zu gewährleisten,[32] reicht es vielmehr aus, wenn die technische Regel die vorherrschende Ansicht der technischen Fachleute in dem jeweils betroffenen Bereich darstellt.[33]

Bei der Beurteilung, ob die „allgemein anerkannten Regeln der Technik" eingehalten wurden, kann der Sachverständige auf vielfältige Erkenntnisquellen zurückgreifen. Neben kodifizierten Regelwerken stehen ihm z. B. der intensive fachliche Erfahrungsaustausch, eine sorgfältige und umfassende Literaturauswertung in dem jeweiligen Bereich, die Analyse von Statistiken sowie die Durchführung von Befragungen der maßgeblichen Fachleute zur Verfügung.[34]

9.2.3 Übertragbarkeit auf die juristische Verwertbarkeit von (ökologischen) Modellen

Sowohl die in der Modellierungspraxis geäußerten Kriterien als auch die Maßstäbe beim rechtlichen Umgang mit sachverständiger Expertise in den betrachteten Bereichen zeigen, dass die größte Schwierigkeit beim Umgang mit Ergebnissen hochkomplexer Lebenssachverhalte die Nachvollziehbarkeit der Plausibilität dieser Ergebnisse für Nichtexperten darstellt. Es muss daher zunächst eine gewisse Transparenz hergestellt werden, anhand derer jedenfalls auf handwerkliche Sorgfältigkeit (richtige und vollständige Datenbasis, Dokumentation) und methodische Richtigkeit (geeignete Methode, Sachbezug) geschlossen werden kann. Die Ergebnisse des Modells bzw. des Sachverständigen, der dieses Modell anwendet, müssen darüber hinaus den allgemeinen Regeln der Wissenschaftlichkeit (Objektivität, Unparteilichkeit) entsprechen und insbesondere allgemeinen Erfahrungssätzen oder -mustern (Bewährtheit, Schlüssigkeit) zugänglich sein. Diese Grundannahmen aus

---

[31] So **Seibel:** Die allgemeine Anerkennung von technischen Regeln und ihre Feststellbarkeit, in: ZfBR 2008, 635, 636.

[32] **Seibel:** Die allgemeine Anerkennung von technischen Regeln und ihre Feststellbarkeit, in: ZfBR 2008, 635, 636.

[33] Vgl. RG, Urt. v. 11.10.1910 – IV 644/10, RGSt 44, 75, 78 ff.; **Seibel:** Die allgemeine Anerkennung von technischen Regeln und ihre Feststellbarkeit. In: ZfBR 2008, 635, 636.

[34] **Seibel:** Die allgemeine Anerkennung von technischen Regeln und ihre Feststellbarkeit, in: ZfBR 2008, 635, 636; **Kamphausen/Warmbrunn:** Zur Feststellung anerkannter Regeln der Bautechnik. In: BauR 2008, 25, 28.

der Modellierungspraxis und dem rechtlichen Umgang mit sachverständiger Expertise in anderen Bereichen dürften aufgrund der vergleichbaren Interessenlage auch auf die rechtliche Verwertbarkeit von (ökologischen) Modellen und ihre Ergebnisse übertragbar sein.

In diesem Zusammenhang stellt sich allerdings die Frage, wie man dem Bedürfnis nach Nachvollziehbarkeit der Modellergebnisse – vermittelt durch die o.g. Kriterien zur Transparenz und Wissenschaftlichkeit – z. B. für die Beteiligten von Genehmigungsverfahren und anderen behördlichen oder gerichtlichen Verfahren praktisch gerecht wird. Denkbar wäre z. B., dass die Bundesregierung ein Sachverständigengremium einsetzt, das Leitlinien sowohl für die Modellentwicklung als auch für die Modellanwendung erarbeitet.[35] Dieses Gremium könnte darüber hinaus als „Validierungsausschuss" dienen, der eine Art „staatliche Anerkennung" von Modellen vornimmt. Maßstab für die staatliche Modell-Anerkennung könnten die Modellentwicklung nach Maßgabe der Modellentwicklungs-Leitlinien (allgemeine Validierung) und die Überprüfung der Übereinstimmung des konkreten Modells und seiner Ergebnisse mit den o.g. Kriterien (modellspezifische Validierung) sein. Denkbar ist auch, dass ein anerkanntes Organ der Wissenschaft entsprechende Standards etabliert, wie z. B. der Verein Deutscher Ingenieure (VDI) oder das Deutsche Institut für Normung (DIN). Sofern das Modell nach seiner fachlichen Anerkennung in rechtlich relevanten Zusammenhängen eingesetzt wird, müssten sich die Anwender an die Modellanwender-Leitlinien halten. Diese könnten z. B. einen Nachweis verlangen, dass der Modellanwender eine Modelleinführung erhalten hat. Im Übrigen könnten standardisierte Dokumentationsbögen, anhand derer der Modellanwender die Rückführbarkeit der Modellergebnisse (Teilaspekt der Realität) in den fraglichen Gesamtkontext überprüfen und bejahen muss, den konkreten Sachbezug sicherstellen.

Zusammenfassend ist festzustellen, dass eine verstärkte Einbeziehung von Modellen in den risikoanalytischen Diskurs der Gentechnik zusätzliche Einsichten verspricht, die über direkte empirische Ansätze hinausgehen. Damit verbundene rechtliche Fragen sind im gentechnischen Zusammenhang noch nicht vollständig aufgearbeitet. Auf dem Wege der Analogiebildung zu anderen Bereichen sind aber geeignete Schlussfolgerungen möglich.

[35] Vorbild für dieses Modell könnten die Verdingungsausschüsse nach Vergaberecht und die von ihnen erlassenen Verdingungsordnungen (VOL/A, VOB, VOF) oder auch der Verein Deutscher Ingenieure e.V. (VDI) und seine VDI-Richtlinien sein.

Kapitel 10
Koexistenz-Studie Schleswig-Holstein

Christiane Eschenbach und Wilhelm Windhorst

10.1 Einführung und Fragestellung

In Verbundvorhaben GeneRisk war es Aufgabe des Arbeitsbereichs „Wirkungsanalyse, Raumbezug Schleswig-Holstein, GIS-Modellkopplung und -anwendung Mais“, Betroffenheitskulissen, die sich durch den Anbau von GVP (gentechnisch veränderte Pflanzen) ergeben würden, über räumliche Analysen darzustellen und zu quantifizieren. Vor dem Hintergrund einer räumlich hoch aufgelösten Datenbasis wurden durch Simulationsrechnungen und GIS-Anwendungen Zielkonflikte für verschiedene Gruppen von Betroffenen (Stakeholder) bei bestimmten Anbausituationen (GVP-Anbauszenarien) in Schleswig-Holstein dargestellt. Mit diesen Studien wurden Einschränkungen der Handlungsoptionen für einzelne Betroffene deutlich und quantifizierbar und es wurde Transparenz für die Reichweite von Entscheidungen hergestellt.

Identifikation der Stakeholder

Durch einen Anbau von GV-Kulturpflanzen in Deutschland sind neben den ökologischen Auswirkungen auch soziale und ökonomische Effekte für verschiedene betroffene Bevölkerungsgruppen zu erwarten. Man spricht hier auch von Stakeholdern als Sammelbezeichnung für Einzelpersonen, Gruppen oder Organisationen, die von wirtschaftlichen oder politischen Aktivitäten und Entscheidungen beeinflusst werden oder diese selbst beeinflussen können.

Durch Literaturrecherchen und Gespräche wurden, neben der Gesellschaft allgemein (als Verbraucher), insbesondere folgende Stakeholder eines potenziellen GVP-Anbaus in Schleswig-Holstein identifiziert:

- GVP-anbauende Landwirte,
- konventionell wirtschaftende (d. h. nicht-GVP-anbauende) Landwirte (Grenzwert für eine Kontamination der Produkte durch GVO (gentechnisch veränderte Organismen): 0,9%),

C. Eschenbach (✉)
Ökologiezentrum, Universität Kiel, Olshausenstr. 75, 24118 Kiel, Deutschland
e-mail: ceschenbach@ecology.uni-kiel.de

B. Breckling et al. (eds.), *GeneRisk*, Umweltnatur- & Umweltsozialwissenschaften, 163
DOI 10.1007/978-3-642-23433-0_10,

- biologisch wirtschaftende Landwirte (Grenzwert für eine Kontamination der Produkte durch GVO: 0,1%),
- Imker,
- Naturschutz.

Für diese Stakeholder wurden konkrete Fragestellungen und Szenarien zur qualitativen und quantitativen Umsetzung der Betroffenheitskulisse entwickelt und bearbeitet.

10.2 Beispiel Imkerei: Konfliktpotenzial von GVP-Anbau und nicht-landwirtschaftlichen Stakeholdern

Um abschätzen zu können, ob und inwieweit in Schleswig-Holstein ein Konfliktpotenzial Imker *vs.* potenzieller GVP-Anbau besteht, wurde für 2006 untersucht, welche Flächen zu dieser Zeit durch Imker genutzt werden und ob es Überschneidungen dieser Flächen mit potenziellen GVP-Anbaugebieten gibt. Die Fragen zur Imkerei betrafen insbesondere

(1) die Anzahl der Imker und
(2) ihre Bewirtschaftungsstrategie, d. h. Anzahl und Verteilung der Bienenstöcke und Standorte, sowie
(3) den Aktionsradius der Bienen in der Landschaft.

Ziel war es darzustellen, ob und inwieweit die Gruppe der Imker in ihrer (Entscheidungs-)Freiheit zu handeln und zu wirtschaften durch den Anbau von GVP eingeschränkt würde und welche weitergehenden Folgen sich für die Gesellschaft dadurch eventuell ergeben würden.

Methode

Zur Beantwortung dieser Fragen wurden Literaturrecherchen durchgeführt, sieben zufällig ausgewählte Imker in Schleswig-Holstein ausführlich befragt, Szenarien für einen exemplarischen Imkerbetrieb erstellt und die Ergebnisse in Tabellen und Karten dargestellt. Die Zahlen wurden hier auf den Stand 31.12.2008 aktualisiert, in Klammern die Zahlen von 2004.

Ergebnisse

In Schleswig-Holstein gab es 2.447 im *Deutschen Imkerbund (DIB) e.V.* organisierte Imker (2004: 2.665) und 21.114 (2004: 23.511) beim DIB gemeldete Bienenvölker (http://www.deutscherimkerbund.de). Die Interviewten besaßen zwischen 2 und 25 Wirtschaftsvölker (durchschnittlich 13,1 Völker), hinzu kamen meist noch mehrere Jungvölker. Die Völker waren an 1 bis 5 Standorten aufgestellt (durchschnittlich 5,2 Wirtschaftsvölker pro Standort).

Verschiedene Landschaftselemente wie Wälder, Straßen, Gehölzstreifen / Knicks, kleine Gewässer, Siedlungen, benachbarte Nicht-Trachtgebiete oder Puffer-Streifen bewirkten keine wesentlichen Änderungen der Flugrichtung der Bienen. Die einzig feststellbare Barriere stellten mittlere und größere Gewässer dar.

Der gewöhnliche Aktionsradius einer Arbeitsbiene beträgt 3 (bis maximal 12) km. Die Flugentfernung hängt im Wesentlichen von der Temperatur (Jahreszeit) und dem Trachtangebot ab. Raps wird bevorzugt angeflogen, selbst in größerer Entfernung und wenn andere Trachtangebote in größerer Nähe vorhanden sind. Ein Bienenvolk sammelt Nektar, Pollen und Harz auf einem Gebiet von 30 km^2 bis 160 km^2 (Deutscher Berufs- und Erwerbsimkerbund 2003). Für die folgenden Berechnungen und Darstellungen wurde von kreisförmigen Aktionsflächen der Bienen mit verschiedener Flugentfernung ausgegangen (Radius: 3 km $\rightarrow$ Kreisfläche 28,27 km^2, Radius 6 km $\rightarrow$ Kreisfläche 113,10 km^2, Radius 12 km $\rightarrow$ Kreisfläche 452,39 km^2). Je nach angenommener Anzahl von Bienenstöcken pro Standort verteilen sich die insgesamt in Schleswig-Holstein gemeldeten 21.114 Bienenstöcke auf minimal 1.408 bis maximal 4.060 Standorte, und die Gesamtfläche der durch Bienenweide genutzten Fläche in Schleswig-Holstein liegt bereits bei dem geringsten angenommenen Aktionsradius der Bienen von nur 3 km bei 39.799 bis 114.805 km^2 (Tabelle 10.1). Da ein Vergleich mit der Fläche Schleswig-Holsteins (15.763 km^2) zeigt, dass die benötigte Bienenweidefläche diese in jedem Fall um ein Vielfaches übersteigt, ist davon auszugehen, dass die gesamte Landesfläche Schleswig-Holsteins von Wirtschaftsbienen genutzt wird.

Am Beispiel eines mittelgroßen Imkereibetriebs im östlichen Hügelland wurde exemplarisch das Konfliktpotenzial Imkerei *vs.* GVP-Anbau dargestellt. Die Wirtschaftsfläche dieses Betriebs mit 22 Wirtschaftsvölkern (und 8 Jungvölkern) an fünf Standorten betrug demnach ca. 115 km^2 (Aktionsradius 3 km) bzw. 361 km^2 (Aktionsradius 6 km) oder 1.075 km^2 (Aktionsradius 12 km) (Abb. 10.1).

Bereits wenn auf 10% der Rapsschläge zufällig verteilt GV-Raps angebaut wird (Abb. 10.2) ergeben sich deutliche Konflikte, die sich bei einem Anbau von GV-Raps auf 50% der Rapsflächen (Abb. 10.3) deutlich verstärken würden.

Die Berechnungen verdeutlichen, dass bei Anbau von gentechnisch verändertem Raps in Schleswig-Holstein immer Imker betroffen sein werden. Die Produkte der betroffenen Imker würden gentechnisch veränderten Pollen oder andere gentechnisch veränderte Substanzen enthalten und ihre Bienen würden durch

Tabelle 10.1 Gesamte durch Honigbienen in Schleswig-Holstein (S-H) genutzte Fläche, in Abhängigkeit von der Anzahl der Bienenvölker pro Standort (Aktionsradius der Bienen 3 km, Fläche S-H 15.763 km^2)

Bienenvölker/Standort	Anzahl Standorte	Fläche (km^2)	% von Fläche S-H
5,2	4.060	114.805	728
8	2.639	74.623	473
10	2.111	59.698	379
15	1.408	39.799	252

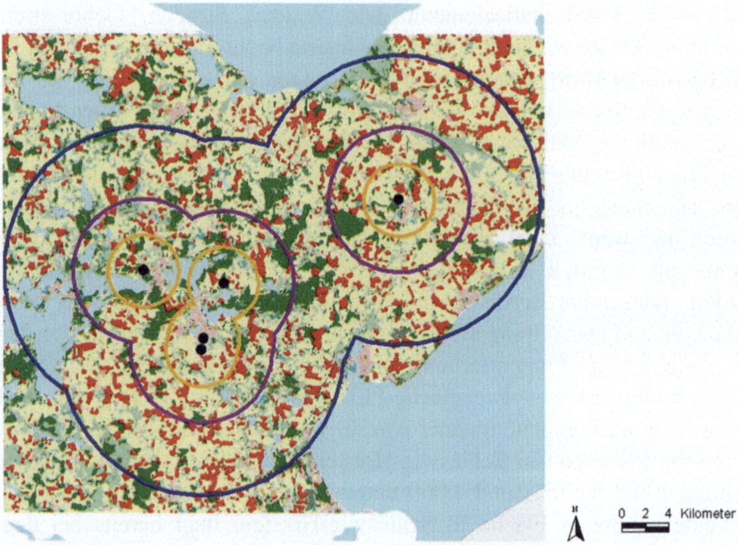

Abb. 10.1 Wirtschaftsfläche eines mittelgroßen Imkereibetriebs (5 Standorte (schwarze Punkte), 22 Wirtschaftsvölker, dazu 8 Jungvölker) bei 3 km-Radius: 115 km^2 (gelb), bei 6 km-Radius: 361 km^2 (violett) und bei 12 km-Radius 1.075 km^2 (blau) sowie reale Verteilung der konventionellen Rapsschläge im Jahr 2000 (rote Flächen)

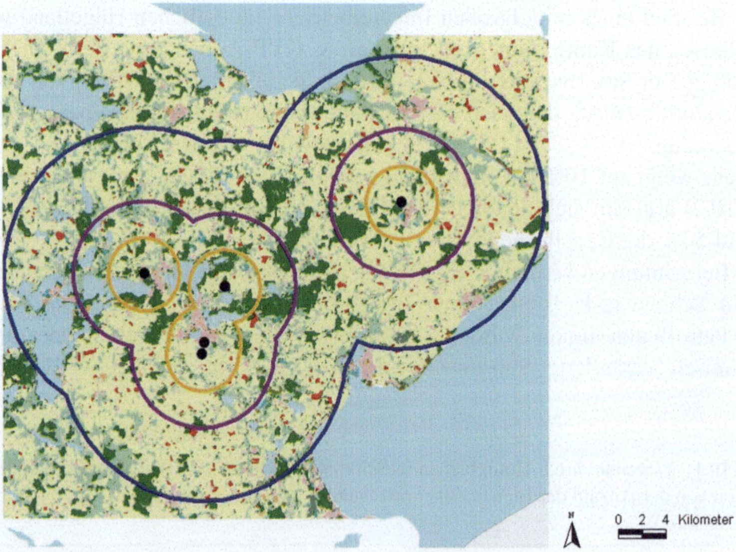

Abb. 10.2 Zufällig verteilte Felder mit GV-Raps (rot) auf der durch einen mittelgroßen Imkereibetrieb genutzten Fläche bei 10% GV-Raps (Standorte mit 3 km-Radius, 6 km-Radius und 12 km-Radius)

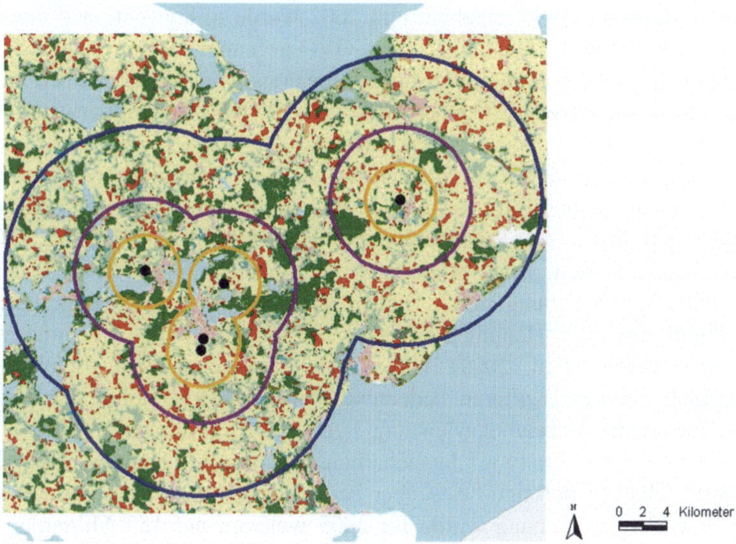

Abb. 10.3 Zufällig verteilte Felder mit GV-Raps (rot) bei einem Anteil von 50% an der Rapsanbaufläche

die Bestäubungstätigkeit zur Ausbreitung des gentechnisch veränderten Genoms beitragen.

Diskussion

Ursprünglich wurden Wildpflanzen durch Wildbienen bestäubt. Sehr viele der einheimischen Wildbienenarten sind akut bedroht oder bereits ausgestorben. Heute wird die flächendeckende Bestäubung durch die Honigbiene gewährleistet, die oft durch Teilzeit- oder Freizeitimker in kleinen Völkerbeständen gehalten und gepflegt wird. Die Zahl der Imker und der Bienenvölker hat aber in den letzten Jahren kontinuierlich abgenommen. Durch Agro-Gentechnik sehen die Imker nun ihre Existenz gefährdet (Haefeker 2008, http://www.bienen-gentechnik.de). In Übereinstimmung mit dieser Einschätzung erklärten auch in den von uns geführten Interviews sehr viele Imker, dass sie aus ihrer subjektiven Betroffenheit heraus die Imkerei aufgeben würden, wenn GVP angebaut würden. Der Aufwand für zusätzliche Analysen und Rückstellproben würde steigen, vor allem befürchten sie aber, ihre Imkereiprodukte dann nicht mehr vermarkten zu können.

Eine besondere Problematik ergibt sich für Pollen von Bt-Mais MON810, da hierfür keine Lebensmittel-Sicherheitsprüfung nach aktuellem EU-Zulassungsrecht erfolgte und damit Lebensmittel, die MON810 enthalten, nicht zugelassen sind. (Radsetzki 2008).

Honig wird von den Verbrauchern besonders als natürliches Produkt geschätzt, daher werden auch kleinste Mengen an GVO im Honig und in anderen Imkereiprodukten nicht akzeptiert. Aus Kanada liegen entsprechende Erfahrungen zur Unverkäuflichkeit von GV-kontaminiertem Honig vor: In Kanada wird gentechnisch veränderter Raps seit 1996 angebaut und 2002 wurde in konventionell erzeugten kanadischen Raps- und Kleehonigen Raps-GVO gefunden. Mehrere deutsche Unternehmen nahmen kanadischen Rapshonig umgehend vom Markt und bereits 2001 teilte das National Research Council mit, dass „Kanada ... mittlerweile seinen Raps- und Honig-Markt in der EU verloren“ hat.[1]

Da Bienen als Bestäuber zahlreicher Kultur- und Wildpflanzen sowohl ökologisch als auch ökonomisch von großer Bedeutung sind, hätte ein „Rückzug“ der Imker und damit ein Rückgang der Bienenvölker weit über die Imkerei hinausreichende Folgen. Etwa 80 Prozent aller Blütenpflanzen sind in unseren Breiten auf die Bestäubung durch Bienen angewiesen. Der Rückgang der Bestäuber stellt eine der Hauptbedrohungen für die Erhaltung der biologischen Vielfalt dar (Gallai et al. 2009). Ohne Bienen würden zudem wichtige landwirtschaftlich genutzte Kulturen bedeutend weniger Ertrag liefern. Der ökonomische Nutzen der Bestäubungsleistung liegt um ein Vielfaches höher als der Erlös der Imkereiprodukte (www.biosicherheit.de/schule/473.bienen-gentechnisch-veraenderte-pflanzen-fleissige-bestaeuber-beobachtung.html). Der gesamte ökonomische Wert der Bestäubung wurde für 2005 weltweit auf 153 Milliarden Euro geschätzt, das entspricht 9,5 Prozent des Wertes der jährlichen Weltagrarproduktion an Lebensmitteln (Gallai et al. 2009). Neben den hier berücksichtigten Bestäubungsleistungen für Agrarpflanzen sind auch weitreichende Auswirkungen auf Wildblumen und weitere Ökosystem-Dienstleistungen anzunehmen.

10.3 Konfliktpotenzial von GVP-Anbau und biologisch wirtschaftender Landwirtschaft und Wirkung von Isolationsmaßnahmen (Fallstudie Wulksfelde)

Einführung und Fragestellung

Um eine mögliche Einschränkung der Handlungsoptionen für biologisch wirtschaftende Landwirte durch GVP-Anbau in der Nachbarschaft darzustellen und zu quantifizieren, wurde eine Fallstudie auf dem biologisch wirtschaftenden Betrieb „Gut Wulksfelde“ (Abb. 10.4) bei Hamburg durchgeführt (Windhorst 2007). Während der Grenzwert für kennzeichnungspflichtige Lebens- und Futtermittel nach EG-Verordnung (1829/2003) bei 0,9% liegt, werden im ökologischen Landbau strengere Grenzwerte (technische Nachweisgrenze 0,1%, siehe Stellungnahme Bioland-Verband 20.07.2007, http://www.bioland.de) angesetzt. Um für Landwirte die Wahlfreiheit zum Anbau und zur Erzeugung von gentechnik-freien Produkten zu gewährleisten, werden verschiedenen Sicherheitsmaßnahmen diskutiert, für windbestäubende Arten zum Beispiel Mindestabstände zwischen Feldern, regionale

[1] Environmental Effects of Transgenic Plants. The Scope and Adequacy of Regulation”. National Academy Press, Washington, DC, pp. 224–225, zitiert nach: Hintergrundpapier: Kritik an der geplanten RAPS-Freisetzung in Mecklenburg – Vorpommern, V.i.S.d.P.: Koordination Gentechnikfreie Regionen in Deutschland, Annemarie Volling, c/o AbL, www.gentechnikfreie-regionen.de).

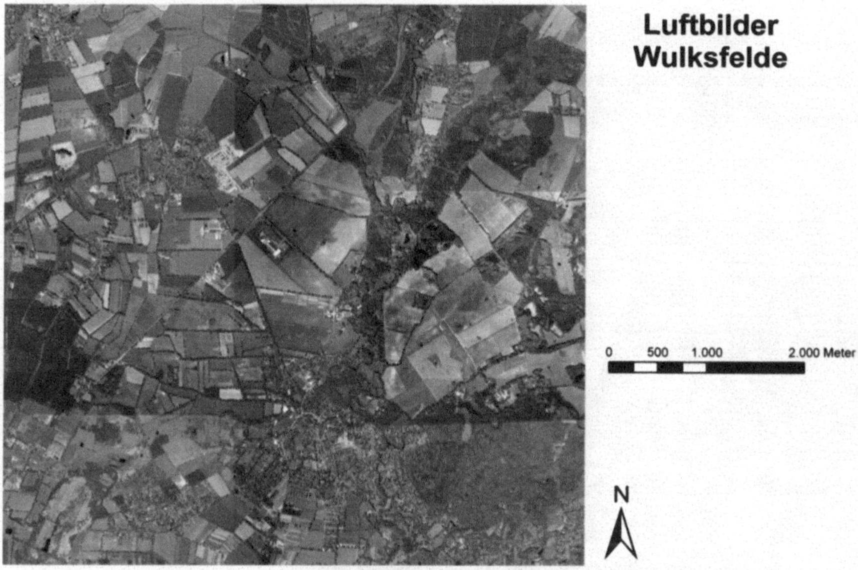

Abb. 10.4 Orthofoto der näheren Umgebung des Hofgutes Wulksfelde (Orthofotos des Kreises Stormarn, Quelle: MLUR)

Beschränkungen für den Anbau von GVP, Pollenfallen und Pollenhindernisse (wie Hecken und Randstreifen), unterschiedliche Saatzeiten und Pufferzonen (z. B. Kuparinen et al. 2007). Während der Mindestabstand zwischen Anbauflächen von gentechnisch verändertem Mais und ökologisch bewirtschafteten Flächen laut GenTPflEV 300 m betragen soll, fordert der Bioland-Verband für Mais einen Mindestabstand von 800 m (Stellungnahme Bioland-Verband, dito).

Die hier dargestellten Untersuchungen basieren auf GIS-Anwendungen. Zur Abschätzung der Pollenverbreitung wurde das Modell Pappus (Tackenberg 2001, 2003) eingesetzt. Die Berechnungen erfolgten ohne und mit Berücksichtigung einer 300 m breiten Pufferzone zwischen dem Rand einer Anbaufläche mit gentechnisch verändertem Mais und dem Rand einer benachbarten Fläche mit ökologisch angebautem, nicht gentechnisch verändertem Mais als Sicherheitsmaßnahme.

Die Fragestellungen waren:

- Welchen Einfluss hätte der Anbau von GV-Mais durch benachbarte Betriebe auf einen potentiellen Maisanbau des Biolandbetriebs Gut Wulksfelde?
- Wie verändern Isolationsabstände den GV-Einfluss?

Material und Methoden

Anbauszenarien

Die Luftbilder der Umgebung des Hofgutes Wulksfelde (Abb. 10.4, MLUR) wurden digital aufbereitet und kategorisiert (Ackerflächen, Grünlandflächen, Wald und Knicks, Siedlungen und bebaute Flächen, Fließgewässer und Seen). Für die

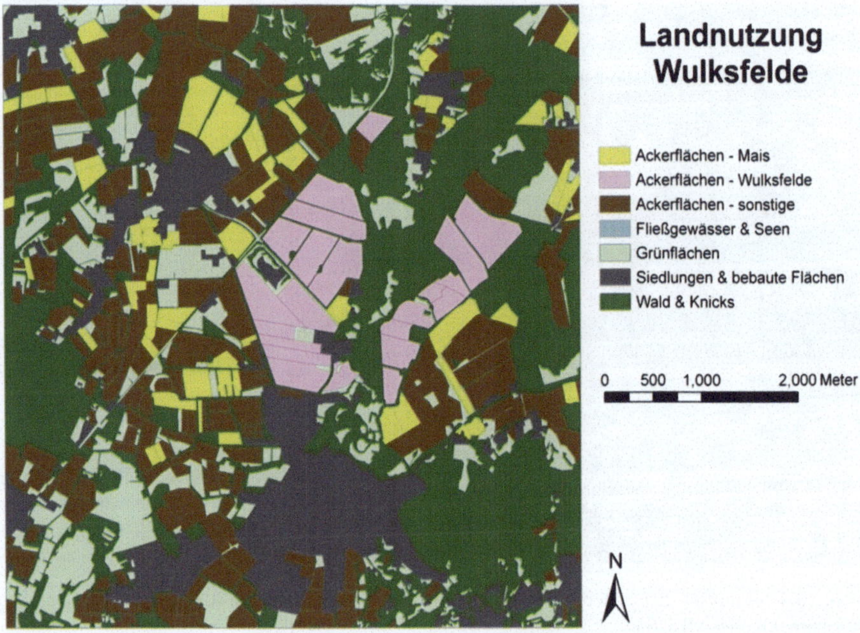

Abb. 10.5 Landnutzung in der näheren Umgebung des Hofgutes Wulksfelde. Die Ackerflächen des Hofgutes Wulksfelde sind zur Unterscheidung von den Flächen benachbarter Betriebe violett dargestellt

Anbauszenarien wurde angenommen, dass auf einem Viertel der nicht zum Gut Wulksfelde gehörenden Ackerflächen (90 von 361 Felder) Mais angebaut wurde (Abb. 10.5). Die Positionierung der Felder erfolgte zufällig. Damit wird eine vierjährige (zufällige) Fruchtfolge nachgeahmt.

Das Wind-Ausbreitungsmodell „Pappus"

Das Modell „Pappus" wurde ursprünglich zur Ausbreitungsmodellierung von Diasporen (Samen) entwickelt und beruht auf den physikalischen Gesetzmäßigkeiten, die den Ausbreitungsprozess bestimmen (Oberflächenrauigkeit, Fallgeschwindigkeit, Windgeschwindigkeit usw.). „Pappus" folgt dem Lagrange-Ansatz, bei dem sich die Partikel mit dem Luftstrom, in dem sie transportiert werden, bewegen (Arritt et al. 2007). In modifizierter Form wurde „Pappus" erfolgreich zur Simulation der Ausbreitung von Maispollen herangezogen (Kuparinen et al. 2007). Die Eingangsparameter unterteilen sich in landschaftsbezogene Faktoren, artspezifische Merkmale, meteorologische Faktoren und Turbulenzen (Tabelle 10.2). Die Rauigkeitslänge der Oberfläche, als Maß der Oberflächenrauigkeit (zum Beispiel Kaimal und Finnigan 1994), dient unabhängig von den Windverhältnissen zur Beschreibung der Beschleunigung bzw. Verzögerung des Luftflusses bei sich verändernden Oberflächenstrukturen (Savelyev und Taylor 2005).

Zusätzlich zu den in Tabelle 10.2 genannten Faktoren wurden hier zur Bestimmung des erforderlichen Simulationszeitraumes der Blühzeitpunkt und der zeitliche Verlauf der Maisblüte ermittelt und herangezogen.

Tabelle 10.2 Eingangsparameter für das Simulationsmodell Pappus (Tackenberg 2001)

- **Landschaftsbezogene Faktoren**
  - o Höhe und räumliche Verteilung der Pollenproduktion
  - o Höhe über NN:
  - o Rauigkeitslänge der Vegetationsdecke
- **Artspezifische Merkmale**
  - o Fallgeschwindigkeit der Pollen
  - o Anfangshöhe der Ausbreitung
- **Meteorologische Faktoren**
  - o Von der Topographie hervorgerufene vertikale Windkomponente
  - o Logarithmisches Windprofil
  - o Windrichtung und -geschwindigkeit
- **Turbulenzen**

Parametrisierung

- Wie für windausgebreitete Arten typisch, ist die Pollenproduktion von Mais mit 4,5 * 10^6 Pollen pro Rispe relativ hoch (Westgate et al. 2003). Die in den Anbauszenarien angenommenen Maisfelder (Abb. 10.5) sind die Orte der Pollenproduktion und liefern die Startkoordinaten der modellierten Pollenflüge.
- Die Höhe ü. NN wurde mittels des Digitalen Höhenmodell des Landes Schleswig-Holstein (Quelle: MLUR) erfasst.
- Die Landschaftstypen um Gut Wulksfelde (Abb. 10.4) wurden nach Geländeoberflächen kategorisiert (Abb. 10.5) und diesen Kategorien wurden nach Angaben der Danish Wind Industry Association (DWIA, http://www.windpower.org/de/stat/unitsw.htm, 27.10.2007) Werte für Rauigkeitslängen zugeordnet.
- Die Fallgeschwindigkeit von Maispollen ist hoch (bedingt durch Größe und Gewicht) und variiert zwischen den Sorten (zum Beispiel Aylor 2002, Fonseca und Westgate 2005). Die Parametrisierung erfolgte hier mit einer Fallgeschwindigkeit von 0,21 ms^{-1}.
- Die Anfangshöhe ist durch die Größe der Pflanzen und die Höhe der männlichen Blüten gegeben und wurde auf 3 m festgelegt.
- Der Blühzeitpunkt wurde anhand der phänologischen Aufzeichnungen des Deutschen Wetterdienstes (DWD) aus dem Jahr 2006 und des Interpolationsverfahrens „Inverse Distance Weighting" (für fünf nächste Stationen, gewichtet nach ihrer Entfernung) bestimmt. Als Beginn der Maisblüte im Raum der Gemeinde Tangstedt wurde der 23. Juli 2006 ermittelt.
- Blühdynamik: Zur Berechnung einer mittleren Verteilungsfunktion der Maispollen über den Blühzeitraum wurden Literaturdaten aus 12 Studien (Abb. 10.6; Jemison und Vayda 2001, Fonseca 2002, Uribelarrea et al. 2002, Lizaso et al. 2003, Westgate et al. 2003, Fonseca et al. 2004, Goggi et al. 2006) herangezogen. Aus Blühzeitpunkt und Dynamik des Blüteverlaufs ergibt sich ein Simulationszeitraum vom 23.07. bis zum 07.08.2006.
- Meteorologische Faktoren: Anhand hochaufgelöster mikrometeorologischer Winddaten (Windgeschwindigkeiten in drei Raumrichtungen, Ultraschall-Anemometer) werden in „Pappus" die Turbulenz-Charakteristika in der

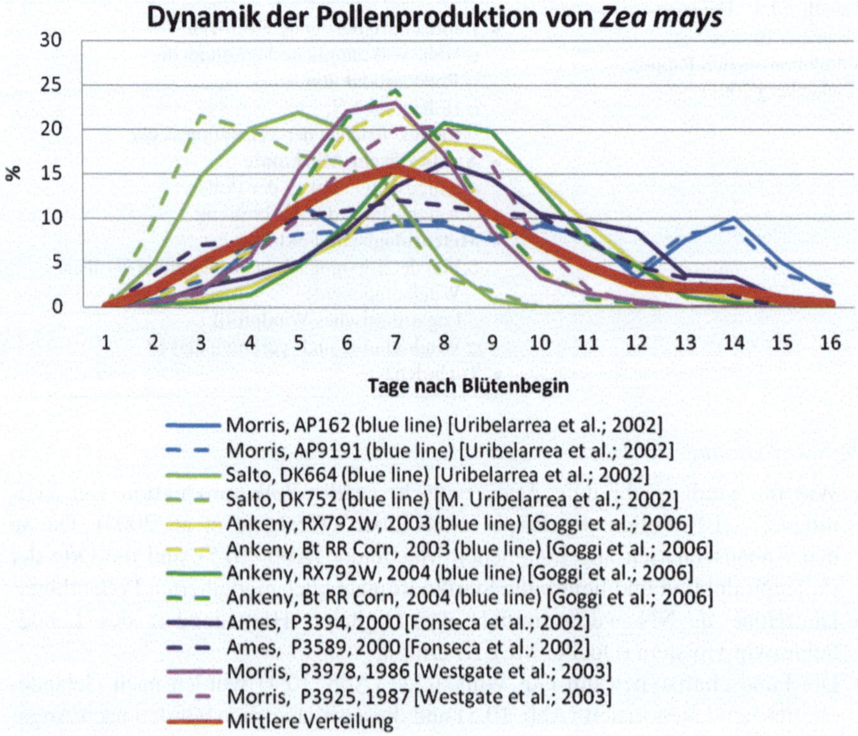

Abb. 10.6 Dynamik der Pollenproduktion von *Zea mays*

Atmosphäre nachgebildet und unter Zuhilfenahme eines logarithmischen Windprofils die tatsächliche horizontale Windgeschwindigkeit in einer bestimmten Höhe bestimmt (Tackenberg 2001). Messdaten wurden vom Institut für Meteorologie, Klimatologie und Fernerkundung der Universität Basel (Maisbestand in der Nähe von Basel, Schweiz; EU-Projekt „Interreg IIIa", 3c.10) zur Verfügung gestellt. Aus den Datensätzen wurden die Eingangsdaten für „Pappus" berechnet.

- Anzahl Simulationsläufe: Für jedes Maisfeld wurden 36.000 Pollenflüge berechnet, die nach der Blühdynamik gewichtet wurden. Insgesamt liegen den Ergebnissen 3.240.000 variierte berechnete Pollenflüge zugrunde.

Ergebnisse und Diskussion

Distanz Pollenflug

Die berechnete durchschnittliche Ausbreitungsdistanz der Pollen betrug 4,2 m und die maximale Distanz 1.454 m. 95% der Pollen legte weniger als 10 m und 99,9% legten weniger als 200 m zurück. Diese für windbestäubende Arten geringe Ausbreitungsdistanz ist der Grund dafür, dass der Großteil der Pollen das Feld nicht verlässt

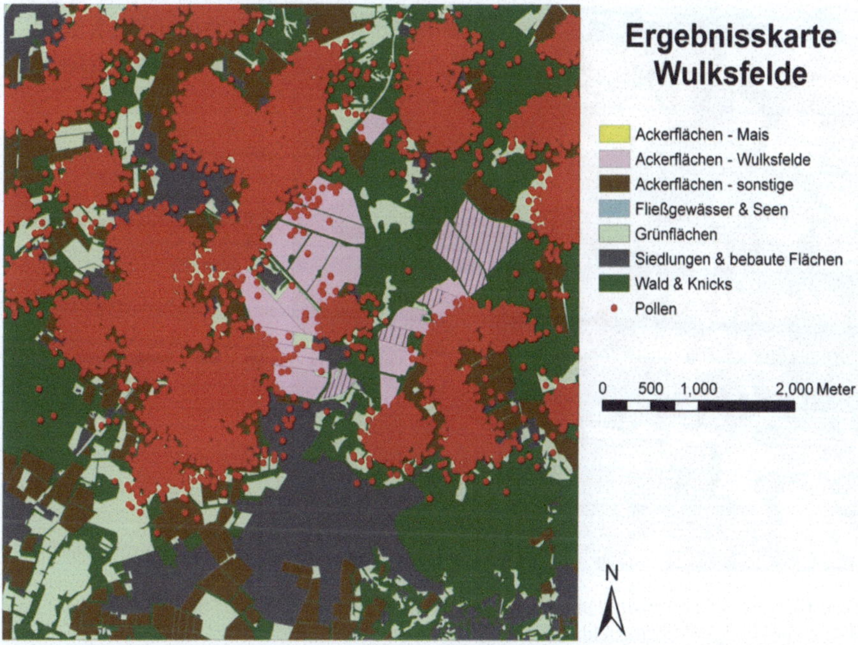

Abb. 10.7 Polleneintrag ohne Sicherheitsmassnahmen. Die roten Punkt repräsentieren die Landepunkte der Maispollen. Die Flächen des Hofgutes Wulksfelde sind violett dargestellt, vgl. Abbildung 10.5, schraffiert die Felder ohne Eintrag von Fremdpollen)

und nur im Randbereich mit einer erhöhten Pollenkonkurrenz durch Fremdpollen zu rechnen ist.

Polleneintrag ohne Sicherheitsmaßnahmen

Die räumliche Verteilung der Landepunkte der simulierten Pollenflüge zeigt, dass der Großteil der Pollen direkt im Ausgangsfeld oder in dessen Nähe abgelagert wird (Abb. 10.7). Aber auch auf relativ weit von der nächsten Pollenquelle entfernten Flächen lassen sich Polleneinträge feststellen. Mit Ausnahme von fünf Feldern (schraffiert) würde auf alle Flächen des Hofgutes Wulksfelde Fremdpollen eingetragen. 248 Einträge von Fremdpollen wurden registriert, die mittlere Ausbreitungsdistanz dieser Pollen betrug 218,9 m.

Ein Abgleich mit den Ausgangskoordinaten der eingetragenen Pollen zeigt, dass diese größtenteils aus direkt an die hofeigenen Flächen angrenzenden Beständen stammen (Abb. 10.8). Ein geringer Anteil der Pollen kommt aber von Flächen, die mehrere hundert Meter entfernt liegen.

Polleneintrag mit 300 m-Puffer als Sicherheitsmaßnahme

Im zweiten Szenariolauf wurde eine GVP-freie Pufferzone von 300 m um die Felder des Hofgutes Wulksfelde angenommen. Mit dieser Sicherheitsmaßnahme wurde für 14 von 22 Feldern des Hofgutes kein Eintrag von Fremdpollen festgestellt

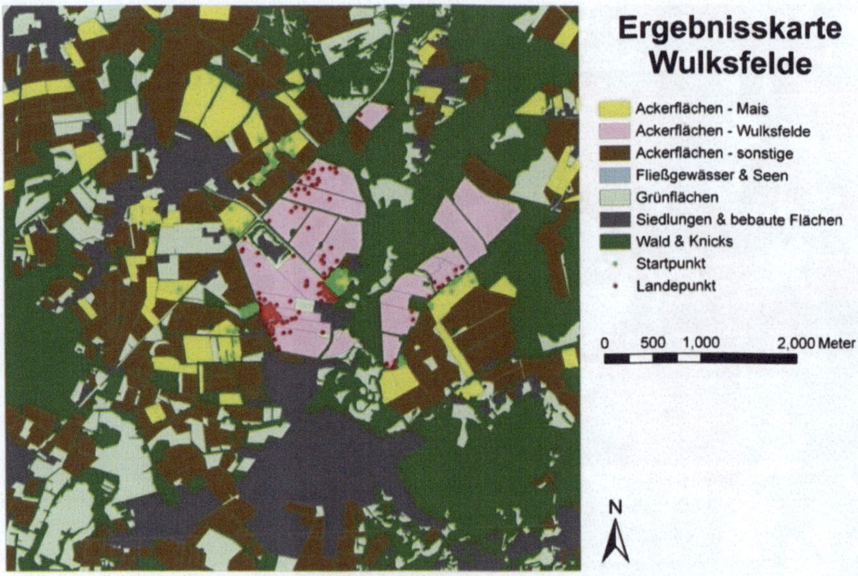

Abb. 10.8 Start- (hellgrüne Punkte) und Landekoordinaten (rote Punkte) der Pollen, die auf den Flächen des Hofgutes Wulksfelde eingetragen wurden

(schraffiert, Abb. 10.9). Achtzehn Einträge von Fremdpollen wurden registriert, die mittlere Ausbreitungsdistanz betrug 374,9 m. Die maximale Distanz lag bei 1131,3 m. Die Polleneinträge auf die Flächen des Hofgutes Wulksfelde nahmen mit der Einführung eines 300 m-Pufferstreifens auf 13,83% des ursprünglichem Niveaus ab.

Diskussion

Die für das Gut Wulksfelde berechneten Ausbreitungsdistanzen der Maispollen stimmen gut mit dem in der Literatur angegebenen Bereich überein. Untersuchungen zur Ausbreitungsdistanz von Pollen wurden in den letzten Jahren insbesondere im Kontext der Koexistenzproblematik durchgeführt. Zahlreiche Studien analysieren die Einkreuzungsraten von Mais in benachbarte Felder (siehe zum Beispiel Devos et al. 2005, Sanvido et al. 2005, 2007, Reuter et al. 2008a, b). Daten zur Maispollendeposition in Abhängigkeit vom Abstand vom nächsten Maisfeld von 122 Standorten aus verschiedenen Regionen Deutschlands und der Schweiz liegen von Hofmann (2007) vor. Feldgröße, Standortcharakteristika, Sorten und klimatische Verhältnisse (zum Beispiel Temperatur, Feuchtigkeit, Wind) beeinflussen die Pollenausschüttung, den Pollenflug und die Pollendeposition. Die in der Literatur angegebenen Datensätze weisen daher eine relativ große Spannbreite auf. Die Zusammenstellung von Reuter et al. (2008a) ergab, dass in 50 m Abstand die mittlere Einkreuzungsrate bei 0,41% liegt und in 100 m Entfernung auf 0,14% absinkt. Die von Sanvido et al. (2007) berechneten Werte betragen weniger als die Hälfte davon

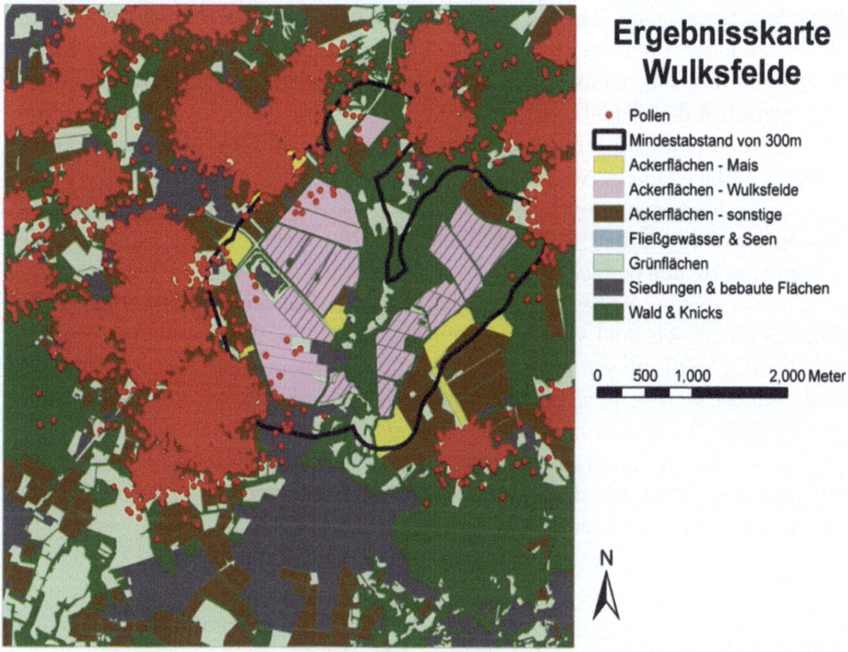

Abb. 10.9 Polleneintrag mit Sicherheitsmaßnahme 300 m Mindestabstand

und beruhen auf einer anderen Schwerpunktlegung bei der Auswahl der herangezogenen Studien. Andererseits wurden bis in eine Entfernung von über 2.000 m vom nächstgelegenen Maisfeld Maispollen nachgewiesen (einzelne Maispollen bis 3.300 m Entfernung, Hofmann 2007).

Zur Sicherung der Koexistenz von GVP-Anbau und anderen Nutzungen werden verschiedene Maßnahmen diskutiert (zum Beispiel Devos et al. 2004, 2005, Sanvido et al. 2005, Messéan et al. 2006). Durch Isolationsabstände zwischen GVP- und Nicht-GVP-Anbau lässt sich die Ausbreitung von GVP bzw. ihren Produkten in benachbarte landwirtschaftliche Flächen und die Umwelt vermeiden bzw. vermindern (zum Beispiel Devos et al. 2004). Die spezifischen Risikoaspekte und daraus abzuleitenden Abstandregelungen sind besonders von der Biologie der veränderten Kulturpflanze abhängig. Relevante Aspekte sind zum Beispiel Verwilderungspotenzial, Persistenz der Samen im Boden und das Vorkommen potenzieller Hybridisierungspartner. Abhängig von der Blühbiologie der Kulturpflanzenart sind unterschiedliche Isolationsabstände notwendig, um eine gewisse räumliche und zeitliche Begrenzung zu gewährleisten und ein Auskreuzen zu vermeiden oder im Umfang zu vermindern. Dabei spielen die Besonderheiten von wind- oder insektenbestäubten Pflanzen und auch die Tendenz der Kulturpflanzenart zur Fremd- oder Selbstbefruchtung eine wesentliche Rolle.

Der aktuell festgeschriebene Stand zu pflanzenartspezifischen Vorgaben in Deutschland (bisher nur für Mais) für den einzuhaltenden Mindestabstand findet sich in der „Verordnung über die gute fachliche Praxis bei der Erzeugung gentechnisch veränderter Pflanzen (Gentechnik-Pflanzenerzeugungsverordnung – GenTPflEV, 10.08.07). Für gentechnisch veränderten Mais gilt ein Mindestabstand von 150 m zwischen dem Rand einer Anbaufläche mit gentechnisch verändertem Mais und dem Rand einer benachbarten Fläche für konventionellen, nicht gentechnisch veränderten Mais und ein Abstand von 300 m zum Rand einer benachbarten Fläche mit ökologisch angebautem Mais.

Nach den dargestellten Berechnungen stellt die Wahrung eines solchen Mindestabstandes für den betrachteten Einzelfall ein Mittel dar, welches eine Einhaltung des Schwellenwertes wahrscheinlich macht. Nach den angestellten Rechnungen würde bei einem Abstand von 300 m nur noch 0,0425% der simulierten Flüge zu einem Eintrag in die zu schützenden Felder führen. Damit ware fast die Hälfte des Wertes von 0.1% erreicht, wobei das Ergebnis einem erheblichen Ausmaß an Streuung unterliegt. Der vom Bioland-Verband vorgeschlagene Mindestabstand von 800 m verringert diesen Anteil auf 0,0019%. Unter den angenommenen Simulationsbedingungen wäre ein Mindestabstand von 1131,3 m notwendig gewesen, um eine Einkreuzungsrate von 0% zu gewährleisten

10.4 Nachbarschaftsanalysen zur Abschätzung des Konfliktpotenzials bei verschiedenen GV-Mais-Anbau-Szenarien

Einleitung und Fragestellung

Die Koexistenzregelungen wurden von der EU eingeführt, um auf der Basis von technischen Sicherheitsmaßnahmen, zum Beispiel Isolationsabständen, das Nebeneinander von verschiedenen Wirtschaftsformen und die Wahlfreiheit der Landwirte (und der Verbraucher) zu gewährleisten. Die Umsetzung des Konzepts der Koexistenz zwischen GV-anbauenden, konventionellen (Nicht-GV) und biologisch wirtschaftenden Landwirten bedeutet aber auch immer erhöhten Kommunikationsbedarf zwischen den benachbarten „koexistierenden" Landwirten. Diese Kommunikation kann von nachbarschaftlichen Gesprächen zur Abstimmung bis zu Gerichtsverfahren zur Lösung von Konflikten verschiedene Formen umfassen (siehe auch Kap. 15) . In jedem Fall entstehen sogenannte Transaktionskosten. Sie umfassen zum Beispiel Informationsbeschaffungskosten, Kontaktaufnahme, Verhandlungen, Vertragsformulierungen und Kontrollkosten.

Um eine Basis zur Abschätzung dieser Transaktionskosten zu erhalten, ist zunächst festzustellen, wie viele konfliktträchtige Nachbarschaften bei verschiedenen Anbauszenarien entstehen. Die Frage dieser Teilstudie lautet daher: Wie viele Nachbarschaften von GVO-Betrieben bestehen bei Anwendung eines bestimmten Mais-Anbauszenarios mit konventionellen Mais-Anbauern und mit biologisch bewirtschafteten Betrieben?

Methoden

Für die Nachbarschaftsanalysen wurde für das 10%-GV-Mais-Anbauszenario mit rein zufälliger Verteilung (Abschn. 6.2) ermittelt, wie viele Nachbarschaften zwischen GVP-anbauenden Betrieben und konventionellen bzw. biologisch wirtschaftenden Betrieben bestehen. Ausgehend von den GVO-Betrieben bzw. GVO-Flächen wurden mittels GIS-Anwendung die angrenzenden Nachbarschaften auf Betriebs- und Schlagniveau ermittelt. Die mittlere Anzahl und die Häufigkeitsverteilung der direkt benachbarten konventionellen und biologisch bewirtschafteten Betriebe wurde bestimmt.

Ergebnisse

Für das 10%-GV-Mais-Szenario mit Berücksichtigung von biologisch bewirtschafteten Betrieben ergibt sich die folgende Situation (Tabelle 10.3): 2.065 Betriebe bauen GV-Mais an. Sie haben zusammen 7.029 Nachbarn, von denen 1.738 zwar konventionellen Mais, aber keinen GV-Mais anbauen. Zu diesen zählen 9 biologisch bewirtschaftete Betriebe, die 29 Felder in direkter Nachbarschaft zu GV-Mais-Schlägen bewirtschaften.

Im Mittel haben die GV-Mais-Betriebe 0,84 nicht-GV-Mais anbauende Nachbarn. Diese Nachbarschaften treten in folgender Häufigkeitsverteilung auf: 1.382 (67%) der GV-Mais-Betriebe haben keinen nicht-GV-Mais-Nachbarbetrieb. Das heißt, diese Betriebe haben entweder Nachbarn, die keinen Mais anbauen, oder aber Nachbarn, die ebenfalls GV-Mais anbauen. Mit diesen Nachbarn besteht kein Abstimmungs- und Gesprächsbedarf bzw. Konfliktpotenzial. Knapp 11% haben einen und knapp 8% bzw. 7% zwei bzw. drei nicht-GV-Mais-Betriebe als direkte Nachbarn. In jeweils knapp 4% der Fälle besteht eine potenziell konfliktträchtige Nachbarschaft mit vier oder fünf und mehr direkten Nachbarn.

Tabelle 10.3 Anzahl von GVP-Betrieben und direkt benachbarten konventionellen und biologisch bewirtschafteten Betrieben für das 10%-GV-Mais-Anbauszenario mit rein zufälliger Verteilung (vgl. Abschn. 6.2)

10%-GV-Mais-Szenario (zufällig)		
Anzahl GV-Mais-Betriebe	2065	
Anzahl Nachbarbetriebe	7029	
Anzahl nGV-Mais-Nachbarbetriebe	1738	
Mittelwert nGV-Mais-Nachbarbetriebe	0,84	
Anzahl biologisch bewirtschafteter Betriebe	9	
Anzahl biologisch bewirtschafteter Flächen	29	
Verteilung der nGVO-Nachbarbetriebe		
Anzahl nGV-Mais-Nachbarbetriebe	**Anzahl**	**%**
0	1382	66,9
1	225	10,9
2	161	7,8
3	144	7,0
4	74	3,6
5 und mehr	78	3,8

Diskussion

GVP-anbauende Betriebe haben dafür Sorge zu tragen, dass benachbarte Landwirte keine Schäden erleiden. Nach dem Gentechnik-Gesetz haftet der GVP-anbauende Betrieb gegenüber seinen Nachbarn für wirtschaftliche Schäden, die zum Beispiel durch Auskreuzung von Mais entstehen – auch wenn alle Regeln der Guten fachlichen Praxis (GenPflEV) eingehalten und nicht gegen bestehende Vorschriften verstoßen wurde. Ein entschädigungspflichtiger Schaden liegt vor, wenn es als Folge eines GVP-Anbaus in den Ernteprodukten des konventionell wirtschaftenden Nachbarn zu GVO-Einträgen über dem gesetzlich festgelegten Schwellenwert von 0,9 Prozent gekommen ist und die Ernteprodukte dadurch kennzeichnungspflichtig sind. Können Schäden durch GVO-Einträge nicht eindeutig auf einzelne Verursacher zurückgeführt werden, haften alle Landwirte, die als mögliche Verursacher in Betracht kommen. Ein regionales Anbaumanagement erfordert Absprachen zur Anpassung von Fruchtfolgen und Kontrollen der Ernten auf Verunreinigungen und macht damit zusätzliche Ressourcen nötig.

Da Einkreuzung durch Polleneintrag über mehrere 100 m (bis über 1 km) vorkommt, sind eventuell nicht nur die direkt angrenzenden Nachbarn, wie von uns bestimmt, sondern auch weiter entfernte Nachbarn betroffen, sofern ihre Felder sich innerhalb der Ausbreitungsdistanz befinden. Dies kann besonders für die kleinstrukturierte Landwirtschaft in Schleswig-Holstein gegeben sein. Aheto und Breckling (2008) bestimmten für ein Rapsszenario in Schleswig-Holstein einen mittleren Abstand von 506,7 m (± 390,3 m) zum nächsten Nachbarn. Die von uns ermittelten direkten Nachbarschaften unterschätzen daher die Anzahl betroffener Nachbarn und geben einen Minimalwert an. Für Schleswig-Holstein ist bei GVO-Anbau ein entsprechendes Konfliktpotenzial zu erwarten, wie es sich bereits in anderen Regionen mit GVP-Anbau manifestiert hat. Neue Studien aus Spanien zeigen zum Beispiel, dass der Anbau von GV-Mais einen drastischen Rückgang des biologischen Maisanbaus zur Folge hat (Binimelis 2008). In Katalonien und Aragon mit 55% bzw. 42%-GV (Bt)-Anteil am Maisanbau ist es kostenintensiv und schwierig, die GV-Produktionskette ganz von der konventionellen und biologischen Produktion zu trennen. Unsicherheiten und Konflikte hinsichtlich der technischen Sicherheitsmaßnahmen behindern die Umsetzung des Koexistenzkonzepts. Aber auch potenzielle soziale Konflikte unter Nachbarn (Stichwort „Krieg in den Dörfern") hindern biologisch wirtschaftende Landwirte daran, ihre Rechte einzuklagen. Während die biologische Landwirtschaft in Spanien generell zunimmt, ist dieser Trend für Mais umgekehrt. In Aragon nahm die biologisch bewirtschaftete Maisanbaufläche von 2004 bis 2007 um 75% ab (Katalonien von 2002 bis 2005 Abnahme um 5%). Binimelis (2008) zieht die Schlussfolgerung, dass die Koexistenzregelungen und die Vorschläge zur Umsetzung neue Probleme geschaffen haben, anstatt existierende Probleme zu lösen.

Die wichtigste Maßnahme, um GVO-Einträge zu vermeiden, sind Abstandsflächen zwischen Feldern mit GV- und konventionellem bzw. biologischem Mais. Sie wurden daher im nächsten Schritt untersucht.

10.5 Isolationsmaßnahmen und GVO-Vorranggebiete

Einleitung und Fragestellung

Da Mindestabstände und Pufferzonen als Maßnahmen zur Sicherung der Koexistenz diskutiert werden (zum Beispiel Devos et al. 2004, Messéan et al. 2006, Sanvido et al. 2007) und in der Gentechnik-Pflanzenerzeugungsverordnung (GenTPflEV) für Mais ein Sicherheitsabstand von 150 m zu konventionellen bzw. 300 m zu biologisch bewirtschafteten Maisfeldern festgeschrieben ist, wurden Mindestabstände in die Anbauszenarien aufgenommen (siehe Abschn. 6.2). Bei verschiedenen GVP-Anbauszenarien entsteht für die benötigten Pufferflächen jeweils bestimmter Flächenbedarf. Dieser Flächenbedarf ist von der Verteilung der GVP-Anbauflächen abhängig. Es ist davon auszugehen, dass durch die Klumpung der GVP-Anbauflächen in bestimmten Regionen (GVO-Vorranggebiete) die Gesamtsumme der benötigten Pufferflächen gegenüber einem gleichmäßig verteilten GVO-Anbau sinkt.

Die Frage ist, welcher Flächenbedarf für die benötigten Pufferflächen bei verschiedenen GVP-Anbauszenarien entsteht und insbesondere in welchem Umfang dieser Flächenbedarf bei Klumpung der GVP-Anbauflächen sinkt. Für die typische, durch kleine Felder geprägte Situation in Schleswig-Holstein wurden diese Fragen quantitativ untersucht.

Methode

Für diese Berechnungen wurden die rein zufälligen Verteilungen der GV-Maisflächen in Schleswig-Holstein zugrunde gelegt. Für die Berechnungen mit 10%-, 40%- und 70%-GV-Anteil an den Maisflächen wurde angenommen, dass alle GV-Maisfelder von einem 150 m-Pufferstreifen umgeben sind (Abb. 10.10). Die Summe der Pufferflächen wurde für rein zufällige und stark geklumpte Verteilungen der GV-Maisflächen für ganz Schleswig-Holstein berechnet („GVO-Vorranggebiete“).

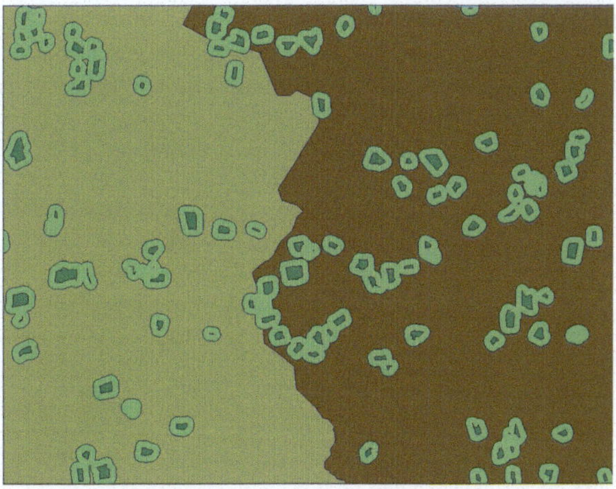

Abb. 10.10 10% GV-Mais-Szenario mit 150 m-Pufferflächen (zufällig verteilt)

Ergebnisse

Für die typische Situation in Schleswig-Holstein mit kleinen Feldern übertrifft die Fläche der Pufferstreifen die GVP-Anbauflächen für alle drei Szenarien (10%-, 40%-, und 70%-Anteil). Wie erwartet, war die Summe der Pufferfläche kleiner, wenn die Flächen geklumpt auftraten, als wenn sie zufällig verteilt waren. Die Berechnungen ergaben, dass die Unterschiede zwischen „geklumpt" und „zufällig verteilt" von 48% (10%-Szenario) auf 30% (40%-Szenario) bis auf weniger als 20% bei den 70%- Szenarien abnahmen (Abb. 10.11).

Diskussion

Ein regionales Anbaumanagement wäre eine wichtige Maßnahme zur Gewährleistung der Koexistenz. Ein solches Anbaumanagement würde allerdings für Absprachen zwischen benachbarten Betrieben mit verschiedenen Wirtschaftsformen (ohne / mit GV-Anbau, biologisch wirtschaftend) zusätzliche Ressourcen erfordern (siehe Abschn. 10.4). Durch die Einrichtung von GVO-Vorranggebieten und GVO-freien Gebieten würden diese Maßnahmen innerhalb der betreffenden Regionen überflüssig.

Gentechnikfreie Regionen auf freiwilliger Basis der betroffenen Akteure sind z. Zt. das einzige Instrument, das großräumig eine gentechnikfreie Landwirtschaft sicherstellen kann und mit dem EU-Recht konform ist. Eine „Gentechnikfreie Region ist ein Gebiet, in dem die Eigentümer, Nutzer und Bewirtschafter vor allem land- und forstwirtschaftlicher Flächen wissentlich keine gentechnisch veränderten Kulturen verwenden. Darüber hinaus verpflichten sich einige Gentechnikfreie Regionen auch im Bereich der Tierhaltung keine GVO-haltigen Futtermittel einzusetzen". In der Bundesrepublik Deutschland gibt es z. Zt. 188 Gentechnikfreie Regionen/Initiativen, die eine Fläche von 1.046.921 ha umfassen und an denen 29.405 Landwirte beteiligt sind (Stand 02.06.09, http://www.gentechnikfreie-regionen.de).

Von der „Qualitätsinitiative Lebensmittel ‚ohne Gentechnik' am Oberrhein", einem Zusammenschluss von landwirtschaftlichen Produzenten, Lebensmittelverarbeitern und Futtermittelunternehmen, wurde ein „Entwurf für ein Landesgesetz Baden-Württemberg zur Ausweisung von geschlossenen Anbaugebieten am Oberrhein für bestimmte landwirtschaftliche Kulturen zur Erzeugung von Lebens- und

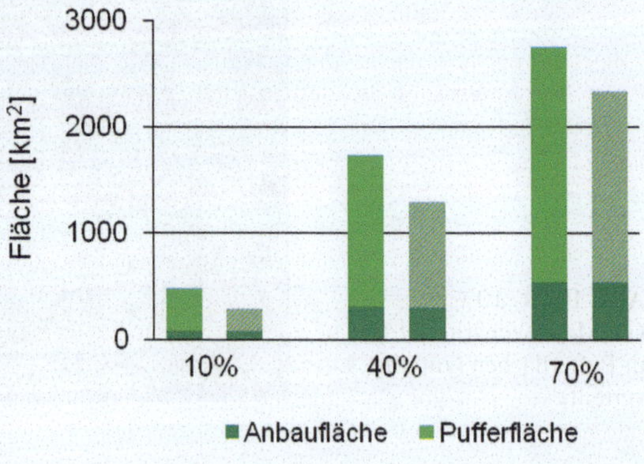

Abb. 10.11 Summe der Pufferflächen (150 m) für 10%-, 40%- und 70%-GV-Anteil an den Maisflächen, verteilt (jeweils linke Säule) und geklumpt (jeweils rechte Säule)

Futtermitteln ohne Gentechnik" vorgelegt (http://www.biopress.de). Es hat zum Ziel, mittels eines marktwirtschaftlichen Instruments die konkurrierenden Kulturen durch räumliche und zeitliche Maßnahmen zu trennen (analog zur Ausweisung von Saatgutvermehrungsgebieten).

Die hier dargestellten Ergebnisse verdeutlichen, dass die Pufferflächen, die durch die in der GenTPflVE festgeschriebenen Mindestabstände notwendig werden, durch die Trennung der Kulturen in GVO-Vorranggebiete und Gentechnikfreie Gebiete erheblich gesenkt würden. Gerade wenn die GV-Anteile an der gesamten Landwirtschaft nicht hoch sind (siehe zum Beispiel 10%-Szenario), ist die Ersparnis an Pufferflächen groß.

10.6 Zusammenfassende Diskussion

Für die Kulturarten HR-Raps und Bt-Mais wurden durch GIS-Anwendungen und Simulationsrechnungen für bestimmte Stakeholder bei verschiedenen Anbausituationen Konfliktpotenziale dargestellt und quantifiziert. Zum Beispiel verdeutlicht die Imkerstudie, dass bereits bei geringen GVO-Anteilen die Möglichkeiten und Handlungsoptionen der Imker deutlich eingeschränkt würden und dass diese Einschränkung und der resultierende Rückzug der Imkerei weitreichende Folgen auch für die Landwirtschaft und die Verbraucher hätte.

Eine wichtige Maßnahme, um GVO-Einträge in andere Felder zu vermeiden, ist die Einhaltung von Mindestabständen zwischen Feldern mit GV- und konventionellen bzw. biologischen Kulturpflanzen, wie sie zum Beispiel in der GenTPflVE für Mais rechtsverbindlich geregelt ist. Unsere Berechnungen verschiedener Szenarien quantifizieren einige Effekte. Die dargestellten landesweiten Nachbarschaftsanalysen können als Grundlage für die Abschätzung der zu erwartenden Transaktionskosten dienen. Durch regionale Differenzierung in GVO-Voranggebiete und GVO-freie Gebiete könnten weitere Koexistenz-Maßnahmen innerhalb der betreffenden Regionen sehr reduziert werden. Die dargestellten landesweiten Raumanalysen können Hilfestellung bei der Frage bieten, ob und unter welchen Bedingungen bei einem GVO-Anbau in Schleswig-Holstein (und mit Einschränkungen darüber hinaus) die Koexistenz verschiedener Wirtschaftsformen zu gewährleisten ist. Nicht zuletzt gemäß der EU-Koexistenzrichtlinie (2003/556/EC) müssen bei diesen Fragen und ihrer Beantwortung immer die Handlungsoptionen der beteiligten Stakeholder im Mittelpunkt stehen.

Zitierte Literatur

Aheto DW, Breckling B (2008) Analysis of the spatial density and neighbourhood distances of cultivated oilseed rape (*Brassica napus*) fields in Northern Germany. In: Breckling B, Reuter H, Verhoeven R (eds) Implications of GM crop cultivation at large spatial scales. Theorie in der Ökologie 14. Peter Lang, Frankfurt, pp 124–130

Arritt RW, Clark CA, Goggi AS, Sanchez HL, Westgate ME, Riese JM (2007) Lagrangian numerical simulations of canopy air flow effects on maize pollen dispersal. Field Crops Res 102:151–162

Aylor DE (2002) Settling speed of corn (Zea mays) pollen. Aerosol Sci 33:1601–1607

Binimelis R (2008) Coexistence of plants and coexistence of farmers: is an individual choice possible? J Agric Environ Ethics 21:437–457

Deutscher Berufs und Erwerbsimkerbund e.V. (DBIB) Positionspapier. 12.1.2003

Devos Y, Reheul D, De Schrijver A (2005) The co-existence between transgenic and non-transgenic maize in the European Union: a focus on pollen flow and cross-fertilization. Environ Biosaf Res 4:71–87

Devos Y, Reheul D, De Schrijver A, Cors F, Moens W (2004) Management of herbicide-tolerant oilseed rape in Europe: a case study on minimizing vertical gene flow. Environ Biosaf Res 3:135–148

Fonseca AE (2002) Application of fluorescence microscopy and image analysis for quantifying dynamics of maize pollen shed. Crop Sci 42:2201–2206

Fonseca AE, Lizaso JI, Westgate ME, Grass L, Dornbos DL (2004) Simulating potential kernel production in maize hybrid seed fields. Crop Sci 44:1696–1709

Fonseca AE, Westgate ME (2005) Relationship between desiccation and viability of maize pollen. Field Crops Res 94:114–125

Gallai N, Salles JM, Settele J, Vaissière BE (2009) Economic valuation of the vulnerability of world agriculture confronted with pollinator decline. Ecol Econ 68:810–821 doi:10.1016/j.ecolecon.2008.06.014

Goggi AS, Caragea P, Sanchez HL, Westgate M, Arritt R, Clark C (2006) Statistical analysis of outcrossing between adjacent maize grain production fields. Field Crops Res 99:147–157

Haefeker W (2008) Co-existence of GM-crops with beekeeping – impact of GM-crops on the supply chain for honey and other bee products. In: Breckling B, Reuter H, Verhoeven R (eds) Implications of GM-crop cultivation at large spatial scales. Theorie in der Ökologie 14. Peter Lang, Frankfurt, pp 131–133

Hofmann F (2007) Kurzgutachten zur Abschätzung der Maispollendeposition in Relation zur Entfernung von Maispollenquellen mittels technischem Pollensammler PMF. Im Auftrag des BfN, 22 S

Jemison JM, Vayda ME (2001) Cross pollination from genetically engineered corn: wind transport and seed source. AgBioForum 4:87–92

Kaimal JC, Finnigan JJ (1994) Atmospheric boundary layer flows – their structure and measurement. Oxford University Press, Oxford

Kuparinen A, Schurr F, Tackenberg O, O'Hara RB (2007) Air-mediated pollen flow from genetically modified to conventional crops. Ecol Appl 17:431–440

Lizaso JI, Westgate ME, Batchelor WD, Fonseca A (2003) Predicting potential kernel set in maize from simple flowering characteristics. Crop Sci 43:892–903

Messéan A, Angevin F, Gomez-Barbero M, Menrad K, Rodriguez-Cerezo E (2006) New case studies on the coexistence of GM and non-GM crops in European agriculture. European Commission, Joint Research Centre

Radsetzki T (2008) „Augsburger Gerichtsurteil: Gen-Mais-Anbau macht Honig unverkäuflich" ADIZ/db/IF 7/2008

Reuter H, Böckmann S, Breckling B (2008a) Analysing cross-pollination studies in maize. In: Breckling B, Reuter H, Verhoeven R (eds) Implications of GM-crop cultivation at large spatial scales. Theorie in der Ökologie 14. Peter Lang Verlag, Frankfurt, pp 47–53

Reuter H, Böckmann S, Breckling B, Wurbs A. (2008b) Modelling maize hybridisation probabilities on the regional level – Exemplary simulations for Elbe Elster in Brandenburg, Germany. In: Breckling B, Reuter H, Verhoeven R (eds) Implications of GM-crop cultivation at large spatial scales. Theorie in der Ökologie 14. Peter Lang Verlag, Frankfurt, pp 54–58

Sanvido O, Widmer F, Winzeler M, Streit B, Szerencsits E, Bigler F (2005) Koexistenz verschiedener landwirtschaftlicher Anbausysteme mit und ohne Gentechnik. Schriftenreihe der FAL Nr. 55

Sanvido O, Widmer F, Winzeler M, Streit B, Szerencsits E, Bigler F (2007) Definition and feasibility of isolation distances for transgenic maize cultivation. Transgenic Res 17:317–335

Savelyev SA, Taylor PA (2005) Internal boundary layers: I. height formulae for neutral and diabatic flows. Boundary-Layer Meteorol 115:1–25

Tackenberg O (2001) Dissertation: „Modellierung des Windausbreitungspotentials und regelbasierte Ableitung des Fernausbreitungspotentials", Marburg

Tackenberg O (2003) Modeling long-distance dispersal of plant diaspores by wind. Ecol Monogr 73(2):173–189

Uribelarrea M, Cárcova J, Otegui ME, Westgate ME (2002) Pollen production, pollination dynamics, and kernel set in maize. Crop Sci 42:1910–1918

Westgate ME, Lizaso J, Batchelor W (2003) Quantitative relationships between pollen shed density and grain yield in maize. Crop Sci 43:934–942

Windhorst D (2007) Der Einfluss der Ausbringung gentechnisch veränderter Organismen auf gentechnikfreie Betriebe – ein Modell unter Anwendung geografischer Informationssysteme (Praktikumsarbeit, Justus-Liebig-Universität Giessen, Fachbereich 09 – Agrarwissenschaften, Ökotrophologie und Umweltmanagement)

Kapitel 11
Koexistenz gentechnikfreier und gentechniknutzender Landwirtschaft: Von individueller zu systemischer Konfliktlösung

Gerd Winter und Sarah Stoppe-Ramadan

11.1 Zusammenfassung

Die Koexistenz ökologischer, konventioneller und gentechnischer Landwirtschaft gilt als probater Ausweg aus dem Grundsatzstreit über die Umwelt- und Gesundheitsrisiken der Gentechnik: Statt Entscheidung pro oder contra Gentechnik steht die Ermöglichung aller Wirtschaftsweisen nebeneinander. Koexistenz ist aber nicht konfliktfrei und deshalb regelungsbedürftig. Die vorliegende Studie untersucht die getroffenen Regelungen und ihre Vereinbarkeit mit einschlägigen Grundrechten. Sie bewertet die gefundenen Lösungen und erwägt Reformmöglichkeiten, die die individuelle durch eine planerische Konfliktlösung ergänzt. Diese planerischen Ansätze werden sodann auf ihre Vereinbarkeit mit Verfassungs-, Unions- und Völkerrecht geprüft.

11.2 Rechtsgrundlagen der Koexistenz

Das europäische und deutsche Gentechnikrecht dient primär dem Schutz der menschlichen Gesundheit und Umwelt. Ziel der Koexistenzmaßnahmen ist demgegenüber nicht eine zusätzliche Vorsorge gegen Gesundheits- und Umweltrisiken, sondern der Schutz vor ökonomischen Schäden dadurch, dass konventionell oder ökologisch wirtschaftende Landwirte ihre Produkte nicht gentechnikfrei anbauen und verkaufen können. Die Europäische Kommission drückt dies wie folgt aus:

Das Kapitel wurde vorabgedruckt in „Natur und Recht" 33/6 (2011), pp. 396–405, DOI: 10.1007/s10357-011-2084-0.

G. Winter (✉)
Forschungsstelle für Europäisches Umweltrecht (FEU), Universitätsallee, GW 1,
D 28359 Bremen
e-mail: gwinter@uni-bremen.de

B. Breckling et al. (eds.), *GeneRisk*, Umweltnatur- & Umweltsozialwissenschaften,
DOI 10.1007/978-3-642-23433-0_11,

> Die Koexistenz gibt dem Landwirt die Möglichkeit, unter Einhaltung der Rechtsvorschriften für Etikettierung und / oder Sortenreinheit zwischen konventionellen und ökologischen Anbaumethoden einerseits und gentechnisch veränderten Kulturen andererseits zu wählen (Kommission 2003, S. 3).

Hinzu tritt das Ziel, auch der Lebensmittelindustrie, dem Handel und letztlich den Verbrauchern die Wahl zwischen gentechnischen und nicht-gentechnischen Produkten zu ermöglichen. Zur Erreichung dieser Ziele ist ein Komplex von Maßnahmen vorgesehen, der bei Erzeugung, Verarbeitung und Vermarktung für eine Separierung der Produkte sorgt.

Anders als die Kontrolle der Risiken für Gesundheit und Umwelt, die unionsrechtlich genau vorgeschrieben wird, liegt die Koexistenzsicherung weitgehend im Entscheidungsraum der Mitgliedstaaten. Durch Art. 43 Nr. 2 der Verordnung 1829/2003/EG wurde Art. 26 a in Teil D der Freisetzungsrichtlinie eingefügt, der es den Mitgliedstaaten ermöglicht, „geeignete Maßnahmen [zu] ergreifen, um das unbeabsichtigte Vorhandensein von GVO in anderen Produkten zu verhindern." Wegen Unstimmigkeiten zwischen einigen gentechnikkritischen Mitgliedstaaten und anderen Mitgliedstaaten sowie der Kommission über den Regelungsspielraum jenseits Gesundheits- und Umweltrisiken legte die Kommission am 13. Juli 2010 einen Vorschlag für einen Art. 26b der Freisetzungsrichtlinie 2001/18 vor, der diesen Spielraum erweitern und präzisieren soll (Kommission 2010b). Hiernach können die Mitgliedstaaten

> Maßnahmen erlassen, um den Anbau aller oder bestimmter GVO, die gemäß Teil C der genannten Richtlinie oder der Verordnung (EG) Nr. 1829/2003 zugelassen wurden und die aus gemäß den einschlägigen EU-Rechtsvorschriften über das Inverkehrbringen von Saatgut und Pflanzenvermehrungsmaterial auf den Markt gebrachten genetisch veränderten Sorten bestehen, auf ihrem Hoheitsgebiet oder in Teilen desselben zu beschränken oder zu untersagen, sofern
> a) sich diese Maßnahmen auf andere Gründe stützen als diejenigen, die auf der Bewertung der schädlichen Auswirkungen auf Gesundheit und Umwelt beruhen, die sich aus der absichtlichen Freisetzung oder dem Inverkehrbringen von GVO ergeben könnten; und
> b) sie im Einklang mit den Verträgen stehen.

Der Vorschlag lässt das Verfahren und die Maßstäbe der Zulassung des Inverkehrbringens von GVO unberührt. Vielmehr bezieht er sich auf die Verwendung von GVO. Er erkennt an, dass die Mitgliedstaaten besser als die Kommission beurteilen können, wie angesichts der regionalen / lokalen landwirtschaftlichen Anbaubedingungen Koexistenz organisiert werden kann. Allerdings müssen sich die Maßnahmen auf andere Gründe stützen als Risiken für Gesundheit und Umwelt und sie dürfen nicht gegen primärrechtliche Bestimmungen, insbesondere die Warenverkehrsfreiheit nach Art. 34 und 36 AEUV verstoßen (Kommission 2010b).

Am 13. Juli 2010 hat die Kommission zugleich eine Empfehlung erlassen, in der in Fortentwicklung der Vorläuferempfehlung von 2001 mögliche nationale Koexistenzmaßnahmen aufgeführt werden (Kommission 2010a). Dabei wird die Notwendigkeit einer klaren Unterscheidung zwischen den wirtschaftlichen Aspekten einerseits und denen der Umweltverträglichkeitsprüfung betont (Kommission 2010a, Anhang 1.2).

Wichtiger Orientierungspunkt für Koexistenzmaßnahmen sind die Toleranzschwellen für die Pflicht zur Kennzeichnung von Produkten als „GVO enthaltend" (Art. 12 Abs. 2, Art. 24 Abs. 2 VO (EG) 1829/2003). Die getroffenen Maßnahmen gelten als normalerweise ausreichend, wenn die Toleranzschwellen eingehalten werden (Kommission 2010a, Anhang 2.3.1). Es wird aber auch anerkannt, dass insbesondere für ökologisch wirtschaftende und u.U. auch für konventionell arbeitende Landwirte wirtschaftliche Schäden bereits durch geringere GVO-Einträge als die vorgegebenen 0,9% entstehen können. Die Mitgliedstaaten können Maßnahmen treffen, um die Einträge von GVO in Kulturpflanzen auf Werte von unter 0,9% zu begrenzen (Kommission 2010a, Anhang 2.3.3).

Deutschland hat den Regelungsspielraum des Art. 26a RL 2001/18 genutzt. Das Gentechnikgesetz nennt als seinen Zweck neben dem Schutz von Gesundheit und Umwelt

> die Möglichkeit zu gewährleisten, dass Produkte, insbesondere Lebens- und Futtermittel, konventionell, ökologisch oder unter Einsatz gentechnisch veränderter Organismen erzeugt und in den Verkehr gebracht werden können (§1 Nr. 1 und 2 GenTG).

Das GenTG enthält in § 16b eine allgemeine Sorgfaltspflicht für das Anbauen, Weiterverarbeiten und Inverkehrbringen von GVO. Hierbei ist

> Vorsorge dafür zu treffen, dass die in § 1 Nr. 1 und 2 genannten Rechtsgüter und Belange durch die Übertragung von Eigenschaften eines Organismus, die auf gentechnischen Arbeiten beruhen, durch die Beimischung oder durch sonstige Einträge von gentechnisch veränderten Organismen nicht wesentlich beeinträchtigt werden.

Die Vorsorgepflicht wird durch Regeln der guten fachlichen Praxis konkretisiert und gilt bei deren Einhaltung als erfüllt (§ 16b Abs. 2 GenTG). Diese Regeln wurden im GenTG auf gesetzlicher Ebene vorstrukturiert (§ 16b Abs.3 GenTG) und durch Verordnung spezifiziert (GenTPflEV 2008). Sie umfassen Sorgfaltspflichten bei Anbau, Beförderung, Lagerung und Weiterverarbeitung von GVO. Besonders bedeutsam sind die in der Anlage zur Verordnung niedergelegten pflanzenspezifischen Abstandsregeln wie z. B. bei gentechnisch verändertem Mais 150 m zu konventionell und 300 m zu ökologisch angebautem Mais.

Während die Koexistenzpflicht nach § 1 Nr. 2 GenTG bis zur Novelle von 2009 gegenüber jeder Person galt und unabdingbar war, ist sie nunmehr unbeachtlich, soweit sie nur einem Anderen (insbesondere dem benachbarten Landwirt) gegenüber besteht und dieser ausdrücklich oder durch Ausschweigen auf seinen Schutz verzichtet (§ 16b Abs. 1 S. 2 GenTG). Der Andere erfährt von der bevorstehenden Ausbringung dadurch, dass der Betreiber (d. h. der den GVO ausbringende Landwirt) 3 Monate vorher seine Nachbarn darüber informieren muss (§ 3 Abs. 1 GenTPflEV). Erhält der Betreiber nicht innerhalb eines Monats nach Zugang der Mitteilung an den Nachbarn Rückmeldung, kann er davon ausgehen, dass der Nachbar keine Pflanzen derselben Art oder anderer Auskreuzungspartner auf benachbarten Flächen ausbringt (§ 3 Abs. 2 GenTPflEV). Erhält er Rückmeldung, so ist er verpflichtet, die vorgeschriebenen Mindestabstände einzuhalten (§ 4 GenTPflEV).

Neben den Verhaltens- und Informationspflichten im Nachbarschaftsverhältnis stehen Informationspflichten gegenüber der zuständigen Bundesoberbehörde, dem Bundesamt für Verbraucherschutz und Lebensmittelsicherheit (BVL). Wer eine Fläche bewirtschaftet, auf der GVO angebaut werden, hat dies 3 Monate vorher mitzuteilen. Wer einen GVO in Durchführung einer Freisetzungsgenehmigung ausbringt, hat dies spätestens 3 Werktage vorher mitzuteilen. Diese mitzuteilenden Informationen werden in ein bundesweites Standortregister eingetragen (§ 16a Abs. 1 und 2 GenTG). Das Register ist in Bezug auf die Bezeichnung und den Erkennungsmarker des GVO, seine gentechnisch veränderten Eigenschaften und das Grundstück, auf dem er ausgebracht wird, öffentlich zugänglich (§ 16a (1) Satz 3 i.V.m. (4) GenTG). Dasselbe gilt für eine ggf. abgeschlossene Verzichtsvereinbarung mit dem Nachbarn und – weiterhin ggf. – den Umstand, dass der Nachbar auf eine Anfrage keine Antwort gegeben hat (§ 16b Abs. 1a Satz 2 GenTG). Darüber hinausgehende Informationen sind bei berechtigten und überwiegenden Interessen des Zugangssuchenden zugänglich zu machen (§ 16 Abs. 4 GenTG).

Das dritte Instrument der Koexistenzsicherung neben Verhaltens- und Informationspflichten sind Abwehr- und Haftungsregeln. Der Nachbar hat einen Unterlassungsanspruch gegen den Betreiber, wenn dieser durch „unwägbare Stoffe“, zu denen Pollen gehören, in seinem landwirtschaftlichen Betrieb wesentlich beeinträchtigt wird (§§ 1004 und 906 BGB). Als eine wesentliche Beeinträchtigung gilt es nach § 36a GenTG, wenn die Erzeugnisse nicht ohne Genehmigung in Verkehr gebracht werden dürfen – dies ist bereits bei jeder Kontamination der Fall –, oder wenn das Erzeugnis zwar zugelassen ist, aber einer Kennzeichnung als „gentechnisch verändert“ unterliegt – dies ist bei Lebens- und Futtermitteln bei Überschreiten der Schwelle von 0,9% der Fall (Art. 12 (2) und 24 (2) VO (EG) Nr. 1829/2003) – oder wenn das Erzeugnis normalerweise als gentechnikfrei gekennzeichnet werden könnte, im konkreten Fall aber wegen der Kontamination nicht so gekennzeichnet werden kann (§ 36a Abs. 1 GenTG; Palme und Schlee 2009). Wenn die angebaute Pflanze – gleich, ob sie gentechnisch verändert ist oder nicht (§ 36a Abs. 3 GenTG) – allerdings ortsüblich ist und wenn der Betreiber mehr tun müsste, als die gute fachliche Praxis gebietet, um den Schaden abzuwenden (z. B. größere Abstandsflächen einhalten müsste), so entfällt der Abwehranspruch und verwandelt sich in einen Anspruch auf Schadensausgleich. Hält der Betreiber aber die GLP nicht ein (unterschreitet er etwa die vorgeschriebenen Abstandsflächen), so bleibt es beim Abwehranspruch des Nachbarn. Für den Fall, dass dieser Abwehranspruch aus besonderen Gründen nicht geltend gemacht werden kann, hat die Rechtsprechung einen Ausgleichsanspruch analog § 906 Abs. 2 Satz 2 BGB entwickelt (BGH 2003 S. 102). Wenn z. B. der gentechnikmeidende Landwirt nichts von der GVO-Ausbringung wusste und deshalb nicht auf Unterlassung klagen konnte, kann er dann zumindest Schadensausgleich beanspruchen.

Neben dem spezifisch auf Koexistenz bezogenen Abwehr- und Entschädigungsanspruch aus §§ 1004, 906 BGB mit § 36a GenTG steht die allgemeine Haftung aus § 32 GenTG. Sie setzt voraus, dass ein GVO durch seine gentechnisch veränderten Eigenschaften eine Sache beschädigt. Gemeint ist nach h.M. eine Beschädigung der Substanz. Die bloße Kontamination einer Pflanze und ihrer Früchte auf dem

Nachbargrundstück stellt nach h.M. allerdings noch keine Beschädigung dar (Palme und Schlee 2009, S. 162). Sie muss sich auf die Gebrauchsfähigkeit der Sache erstrecken. Das ist erst dann der Fall, wenn die kontaminierte Pflanze z. B. ihre Reproduktionsfähigkeit verliert oder wenn ihr Verzehr Gesundheitsschäden verursacht.

Wie dargelegt, unterscheiden sowohl das EU-Recht wie das GenTG zwischen Zielen des Gesundheits- und Umweltschutzes einerseits und Zielen der ökonomischen Koexistenz andererseits. Wie ebenfalls gezeigt, lässt sich eine ganze Reihe von Maßnahmen aufzählen, die die Koexistenz sichern sollen. Diese Maßnahmen sind jedoch nicht sämtlich allein auf Koexistenz bezogen. Manche von ihnen dienen zugleich auch dem Gesundheits- und Umweltschutz. Dies gilt zum Beispiel für das Standortregister: Es soll einerseits der Koexistenz dienen, weil der ökologische und / oder konventionelle Landwirt durch Kenntnis des gentechnischen Anbaus in der Nachbarschaft sich mit seinem eigenen Anbau darauf einstellen kann. Andererseits können die im Register gesammelten Daten dafür genutzt werden, Schäden an Mensch und Umwelt auf Anbaufälle rückzuverfolgen.

In ähnlicher Weise die Ziele vermischend legen die Regelungen der guten fachlichen Praxis pflanzenartspezifische Mindestabstände zwischen GVO- und Nicht-GVO-Feldern fest. Einerseits sollen die Abstände dazu dienen, Einträge und Auskreuzungen in Kulturen benachbarter Felder zu verhindern bzw. unter dem Schwellenwert zu halten. Dies zielt auf den rein ökonomischen Sachgüterschutz im Sinne der Koexistenz. Andererseits soll aber auch die Weiterverbreitung von ökologisch problematischen Eigenschaften eingeschränkt werden, wie z. B. die Weitergabe von Herbizidresistenz oder Insektenresistenz an andere Linien der angebauten Sorte.

Gegen eine solche doppelte Zweckverfolgung einzelner Maßnahmen ist nichts einzuwenden. Sie wird auch durch Art. 26a RL 2001/18 nicht ausgeschlossen, denn diese Vorschrift fordert nur Klarheit darüber, dass zwischen den Zwecken unterschieden werden soll. Allerdings muss bei der Dimensionierung der einzelnen Maßnahmen differenziert werden, welcher Zweck welche Maßnahme erfordert. Zum Beispiel nötigen die ökonomischen Koexistenzgründe möglicherweise zu größeren Abstandsflächen als ökologische Gründe. Solche Klarstellungen erleichtern auch die verfassungsrechtliche Überprüfung: Die Sortierung der Zwecke führt jeweils zu spezifischen Legitimationsgründen, die Inbezugsetzung von Maßnahmen und Zwecken strukturiert den Verhältnismäßgkeitstest.

11.3 Vereinbarkeit der Koexistenzmaßnahmen mit den Grundrechten

Die Maßnahmen zur Sicherung der Koexistenz werfen Fragen der Vereinbarkeit mit den Grundrechten auf, die im Folgenden erörtert werden sollen. In Betracht kommen Eingriffe in die Eigentumsgarantie, die Berufsfreiheit, die Wissenschaftsfreiheit, das Recht auf informationelle Selbstbestimmung und das Recht auf Gleichbehandlung.

Dabei sind als Grundrechtsträger sowohl gentechnikmeidende wie gentechniknutzende Akteure einzubeziehen. Wir beschränken unsere Ausführungen dabei auf Landwirte. Im Wesentlichen gilt das für sie Entwickelte aber auch für Lebensmittelproduzenten und -händler.

11.3.1 Grundrechte des gentechnikmeidenden Landwirts

Die Grundrechte haben traditionell die Aufgabe, Freiheiten des Bürgers gegen Eingriffe des Staates zu sichern. Sie binden nach Art. 1 (3) GG nur die öffentliche Gewalt, gelten also nicht (unmittelbar) im Verhältnis zu privaten Dritten. Dies ist für den vorliegenden Zusammenhang insofern relevant, als es nicht der Staat, sondern andere Landwirte sind, die GVO anbauen und dadurch Risiken für die gentechnikmeidenden Landwirte verursachen. Dennoch wirken die Grundrechte auf das Verhältnis der Bürger untereinander mittelbar insofern ein, als Einzelne einen Schutzanspruch gegen den Staat haben, dass dieser das Rechtsverhältnis Dritten gegenüber im Lichte der Wertentscheidungen der Grundrechte ausgestaltet (BVerfG 1981a, S. 73).

Im vorliegenden Fall ist zweifelhaft, ob die Schutzrechtskonstellation vorliegt oder ob nicht doch eine klassische Konstellation staatlichen Eingriffs gegeben ist. Da die Gesetzgebung den gentechnikmeidenden Landwirten gegenüber konkrete Handlungsanweisungen vorschreibt, spricht mehr für die letztere Variante. Wegen seiner Gentechnikgesetzgebung können die Gentechnik und ihre Auswirkungen deshalb dem Staat zugerechnet werden. Ähnlich argumentiert auch das BVerfG in seiner Rechtsprechung zur Frage der staatlichen Schutzpflichten aus Art. 2 Abs. 2 GG bei der Genehmigung von Kernkraftwerken (BVerfG 1979, S. 58).

Als Prüfmaßstab heranzuziehen ist zunächst die Eigentumsgarantie. Für den GVO-freien Landwirt bestehen Belastungen durch das Gentechnikrecht darin, dass er in gewissem Umfang eine Kontamination hinnehmen und seine Produkte bei Überschreitung von Schwellenwerten kennzeichnen muss. Hierfür muss er das Saatgut und seine Erzeugnisse von GV-Produkten getrennt halten[1] und u.U. kostenaufwendig untersuchen. Ferner trägt er – trotz gesetzlicher Beweiserleichterungen (§ 36a Abs. 4 GenTG) – die Beweislast für die Verursachung von ökonomischen Schäden durch einen GVO-Landwirt und erhält nur eine begrenzte Entschädigung. Er muss sogar eine Genehmigung für das Inverkehrbringen der ohne sein Zutun modifizierten Erzeugnisse einholen, weil es für die Genehmigungsbedürftigkeit des GVO-Produkts nicht auf die Intention, sondern auf das Vorhandensein der gentechnischen Veränderung ankommt (Schröder 2010; Generalanwalt Bot 2011, Nr. 115). Auch kann er sich Ansprüchen des Inhabers von Patenten oder Sortenschutzrechten an der transgenen Pflanze ausgesetzt sehen.

---

[1] Zu den erheblichen Kosten in der Verwertungskette s. Friends of the Earth 2011.

Als betroffene Eigentumsgegenstände sind das landwirtschaftlich genutzte Grundstück des Landwirts und der Gewerbebetrieb des Landwirts, Produzenten und Händlers in Betracht zu ziehen.

Inwieweit die Nutzung dieser Eigentumsgegenstände durch Art. 14 GG geschützt ist, m.a.W. wieweit der Schutzbereich dieses Grundrechts zu ziehen ist, wird von der jeweiligen Gesetzgebung inhaltlich ausgestaltet. Man könnte vertreten, dass, weil die Gesetzgebung zur Gentechnik eine Restkontamination der landwirtschaftlichen Nicht-GVO-Produktion zulässt, der Schutzbereich des Eigentums von vornherein beschnitten ist. Ebenso lässt sich vertreten, es gehöre zum Schutzbereich, dass der Landwirt sein Land so nutzen kann, dass die Pflanzen nach seiner eigenen Vorstellung (nämlich gentechnikfrei) aufwachsen und dass er seinen Betrieb so führen kann, dass er seine Produkte wie von ihm konzipiert (nämlich wiederum gentechnikfrei) vermarkten kann. Zumindest seit sich die gentechnikrechtliche Gesetzgebung nicht nur den Gesundheits- und Umweltschutz, sondern auch den Sachgüterschutz zum Ziel gesetzt hat, dürfte die zweite Version vorzuziehen sein. Die Verunreinigung des Saatguts berührt also den Schutzbereich des Art. 14 (1) GG.

Weiterhin ist zu prüfen, ob ein Eingriff in den Schutzbereich vorliegt. Dies ist zu bejahen, weil der Landwirt gehindert wird, das Marktsegment der gentechnikfreien Produkte zu bedienen. Bloße Marktchancen werden zwar von der Eigentumsgarantie nicht geschützt, aber der Nicht-GVO-Landwirt wird – wie oben gesagt – gesetzlich gezwungen, seine Produkte, wenn sie nicht (oberhalb bestimmter Schwellenwerte) gentechnikfrei sind, zu kennzeichnen und unter Umständen sogar eine Vermarktungsgenehmigung einzuholen.

Eingriffe sind rechtfertigungsfähig, wenn sie einem öffentlichen Interesse dienen und dabei den Verhältnismäßigkeitsgrundsatz beachten. Der Einzelne muss also Einschränkungen hinnehmen, die im überwiegenden Interesse anderer oder der Allgemeinheit liegen. Dem Gesetzgeber kommt dabei ein weiter Gestaltungsspielraum zu. Er darf jedoch die Grenzen der Institutsgarantie des Eigentums nicht überschreiten.

Als öffentliches Interesse kommen im vorliegenden Fall das gentechnische Wirtschaften und die Koexistenz verschiedener Wirtschaftsweisen in Betracht. Man könnte allerdings fragen, ob die Förderung einer bestimmten Technikrichtung, also hier der Gentechnik, ein solches Interesse darstellt. Dies zu bejahen, liegt im Gestaltungsspielraum des Gesetzgebers. Das öffentliche Interesse an der Technologieförderung wird zudem durch das Grundrecht des GVO-Landwirts auf GVO-gestützte Landwirtschaft gestützt. Abzulehnen ist dagegen, ein Interesse des Verbrauchers, Produkte aus gentechnischer Herstellung konsumieren zu können, als öffentliches Interesse anzuerkennen. Denn es ist schon zweifelhaft, ob Verbraucher ein solches Interesse überhaupt prästieren und nicht vielmehr Gentechnik, wenn sie sie überhaupt akzeptieren, nur hinnehmen. Grundsätzlicher gesehen ist es jedoch nicht Aufgabe des Gesetzgebers, den Verbraucher mit den neuest möglichen Produkten zu versorgen.

Zur Institutsgarantie gehört, dass das Privateigentum in der Wirtschaftsordnung eine wesentliche Rolle behalten muss, und zwar insbesondere als Vermögensgrundlage der freien Entfaltung der Persönlichkeit (BVerfG 1981b, S. 330 ff.). Hieran wird durch das Gentechnikrecht aber nicht gerüttelt. Der gentechnikfreie Landwirt, Produzent und Händler wird an der Nutzung seines Eigentums nicht wesentlich gehindert.

Zweifel bestehen dagegen an der Verhältnismäßigkeit der Kostentragungsregeln. Wie gezeigt, muss der gentechnikfreie Landwirt die Kosten der Tests auf Gentechnikfreiheit dann tragen, wenn sie zu einem negativen Ergebnis kommen. Ihm wird also zugemutet, hinsichtlich solcher Umstände Untersuchungen durchzuführen und am Marktzutritt gehindert zu werden, die er nicht verursacht hat. Dieser Umstand ist am Maßstab der Erforderlichkeit zu prüfen. Statt des gentechnikfreien Landwirts könnte der gentechniknutzende Landwirt zur Untersuchung oder zumindest Kostentragung verpflichtet werden. Er ist näher dran an der Verursachung und hat es besser als der andere in der Hand, Kontaminationen zu vermeiden.

Im Ergebnis ist deshalb festzuhalten, dass der gentechnikfreie Landwirt durch die Auswirkungen der Gentechnik zwar im Grundsatz nicht in seinem Eigentumsgrundrecht verletzt ist, dass dies aber doch hinsichtlich der Kostentragungspflicht für Gentechniktests anzunehmen ist.

Zum gleichen Ergebnis führt eine Prüfung am Maßstab der Berufsfreiheit (Art. 12 Abs. 1 GG). Durch die genannten Belastungen greift das Gentechnikgesetz in die Freiheit seiner Berufsausübung ein. Dieser Eingriff ist jedoch durch das öffentliche Interesse an der Koexistenz legitimiert und auch – mit Ausnahme der Kostentragung für Untersuchungen – verhältnismäßig.

11.3.2 Grundrechte des gentechnikverwendenden Landwirts

Der gentechnikverwendende Landwirt wird durch folgende gesetzliche Maßnahmen belastet: Er muss seinen Anbau registrieren und den Nachbarn bekanntmachen, die Regeln guter fachlicher Praxis (insbesondere die Abstände zu Nicht-GVO-Feldern) einhalten, für Kontaminationen anderer Ernten haften und die Produkte kennzeichnen.[2]

Das Bundesverfassungsgericht hat in seinem Urteil vom 24.11.2010 die meisten dieser Belastungen auf ihre Vereinbarkeit mit den Grundrechten der gentechnikverwendenden Landwirte geprüft (BVerfG 2010). Nicht thematisiert wurde die Kennzeichnungspflicht; sie ist durch EU-Verordnungen vorgeschrieben und wäre allenfalls am Maßstab der EU-Grundrechte zu prüfen. Im Folgenden wird das genannte Urteil zusammengefasst.

[2] Der Frage, ob nicht auch eine Auskreuzung von bspw. ökologischem Saatgut in die Ernte des GVO verwendenden Landwirts einen Eingriff darstellen könnte, soll im Rahmen dieser Untersuchung nicht nachgegangen werden.

Antragstellerin in dem Normenkontrollverfahren war das Land Sachsen-Anhalt.[3] Eine Reihe von Verbänden trat als Unterstützer des Landes auf (BVerfG, 2010). Das Gericht thematisiert die o.g. Belastungen nacheinander nach dem üblichen Grundrechtsschema: Ist der Schutzbereich des jeweiligen Grundrechts berührt? Liegt ein Eingriff vor? Gibt es ein legitimes öffentliches Interesse an dem Eingriff? Ist der Eingriff hinreichend genau umschrieben? Ist er verhältnismäßig?

Im Ergebnis stellt es fest, dass sämtliche Eingriffe verfassungsmäßig seien. Dabei erweisen sich zwei Gemeinwohlziele als legitimierend: die Risikovorsorge im Hinblick auf menschliche Gesundheit und Umwelt und die Koexistenz verschiedener Anbauweisen. Die meisten der untersuchten Eingriffe werden dementsprechend als Instrumente mit doppeltem Zweck angesehen. Eine genaue Unterscheidung, in welchem Umfang jedes einzelne Instrument dem einen oder anderen Zweck dient, wird also nicht vorgenommen und ist, da die verfassungsrechtliche Prüfung pauschalieren können muss, auch nicht geboten. Im Einzelnen:

Sozusagen vor der Klammer erörtert das Gericht den *Anwendungsbereich* des Gentechnikgesetzes, und insbesondere die Erstreckung des Kontrollregimes auf unbeabsichtigte Auskreuzungen. Diese führten zu eigenen Vorsorge-, Kennzeichnungs- und ggf. Genehmigungspflichten, die insofern mittelbar auf die Berufsfreiheit des gentechnikverwendenen Landwirts wirkten, als der betroffene Landwirt Abwehr- und Entschädigungsansprüche geltendmachen könne. Das Gericht nimmt in der Tat einen (mittelbaren) Eingriff an, hält diesen aber für gerechtfertigt, weil Art. 20a GG Umweltschutz gebiete und der Gesetzgeber sich für eine Risikovorsorge entscheiden dürfe, die gleichermaßen geplante und nicht geplante GVO erfasst (BVerfG 2010, Rn. 142).

Aus den gleichen Gründen seien auch die Eigentumsgarantie (BVerfG 2010, Rn. 143) und die Wissenschaftsfreiheit (BVerfG 2010, Rn. 150) nicht verletzt.

Das Gericht untersucht weiter die Bestimmungen über das *Standortregister* (§ 16a GenTG). Es zieht als Maßstab vor allem das Grundrecht auf informationelle Selbstbestimmung heran. Dessen Schutzbereich sei betroffen, weil personenbezogene Daten über persönliche und sachliche Verhältnisse (Name des Bewirtschafters, Bezeichnung des GVO und der Ausbringungsfläche) in Frage stünden. Ein Eingriff liege in der Mitteilungspflicht, der Erfassung der Daten und in deren Weitergabe an Dritte (BVerfG 2010, Rn. 163). Als Gemeinwohlziele, die den Eingriff rechtfertigen können, nennt das Gericht neben dem Gesundheits- und Umweltschutz auch die Koexistenz, die sich verfassungsrechtlich auf die konkurrierenden Grundrechte der

[3] Als Unterstützer des Landes traten auf: der Deutsche Bauernverband e.V., der Deutsche Raiffeisenverband e.V., der Bundesverband Deutscher Pflanzenzüchter e.V., die Gesellschaft für Pflanzenzüchtung e.V., der Bundesverband Deutscher Saatguterzeuger e.V., die Deutsche Forschungsgemeinschaft und die Deutsche Industrievereinigung Biotechnologie im Verband der Chemischen Industrie e.V. Auf Seiten des Bundes als Antragsgegner traten auf: Der Deutsche Bauernbund e.V., der Sachverständigenrat für Umweltfragen, der Bund für Umwelt und Naturschutz Deutschland e.V., der Bund Ökologische Lebensmittelwirtschaft e.V., das Öko-Institut e.V., die Verbraucherzentrale Bundesverband e.V. und der Verband Katholisches Landvolk e.V. S. BVerfG (2010, Rn. 115 f.).

gentechnikmeidenden Landwirte aus Art. 14 und 12 stütze (BVerfG 2010, Rn. 177). Bemerkenswert ist weiterhin, dass das Gericht die Information der Öffentlichkeit als einen Eigenwert ansieht:

> Insbesondere kann die Information der Öffentlichkeit über das Ausbringen von gentechnisch veränderten Organismen in die Umwelt ein eigenes Urteil über den staatlich genehmigten und überwachten Einsatz von Gentechnik schaffen und die Akzeptanz der staatlichen Entscheidungen verbessern (BVerfG 2010, Rn. 178).

Die „Akzeptanz der staatlichen Entscheidungen" stammt allerdings wieder aus dem Vokabular instrumentellen Denkens, ebenso wie die „gesellschaftliche Befriedung" durch Information möglicher Betroffenen, die an späterer Stelle erwähnt wird (BVerfG, 2010, S. Rn. 182). Die Erfassung und Weitergabe der Daten sei auch verhältnismäßig. Sie stelle bereits in sich keinen besonders schwerwiegenden Eingriff dar, während demgegenüber die Gemeinwohlbelange gewichtig seien. Etwaiger Missbrauch der Daten für mutwillige Zerstörungen müssten auf andere Weise verhindert werden als deren Vorenthaltung (BVerfG 2010, Rn. 194).

Ein Eingriff in die Berufsausübungsfreiheit der gentechnikverwendenden Landwirte sei anzunehmen, wenn durch das Standortregister Betriebs- und Geschäftsgeheimnisse offengelegt würden. Der Anbau finde aber im öffentlichen Raum statt; der GVO und der Ort der Ausbringung seien deshalb nicht – wie es der Begriff des Geheimnisses voraussetze – nur einem begrenzten Personenkreis bekannt (BVerfG 2010, Rn. 205). Zudem seien seine Eigenschaften (scl. im Zusammenhang mit dem Genehmigungsverfahren) im Internet bekannt. Hervorzuheben ist, dass das Gericht es für den Schutz von Betriebs- und Geschäftsgeheimnissen für unerheblich hält, „ob ein Unternehmen ein negatives Image, das mit dem Einsatz von Gentechnik verbunden sein mag, abwenden will" (BVerfG 2010, Rn. 205).

Das Gericht prüft weiter die Verfassungsmäßigkeit der *Vorsorgepflicht, der Bindung an die gute fachliche Praxis und der Anforderung geeigneten Personals* (§ 16b GenTG). Maßstab ist vor allem die Berufsausübungsfreiheit. Die Regelungen stellen einen Eingriff dar, sind aber durch das doppelte Ziel der Risikovorsorge und Koexistenz gerechtfertigt (BVerfG 2010, Rn. 225). Sie sind auch verhältnismäßig, zumal die Belastungen des genetechnikverwendenden Landwirts dadurch gemildert werden, dass eine gewisse Ausbreitung von Transgenen unterhalb der Schwelle wesentlicher Beeinträchtigung hingenommen wird (BVerfG 2010, Rn. 232, 238).

Die genannten Regelungen sind desgleichen auch mit der Wissenschaftsfreiheit vereinbar, da sie verfassungsrechtlich gestützte Gemeinwohlbelange verwirklichen, die auch die Wissenschaftsfreiheit zu beschränken vermögen (BVerfG 2010, Rn. 243).

Schließlich untersucht das Gericht die *Haftungsregelung* (§ 36a GenTG). Als Maßstab zieht es vor allem die Eigentumsgarantie heran. Es betont, dass es sich bei der Haftungsregelung um eine abstrakt-generelle Inhaltsbestimmung des Eigentums handele. Sie stelle keine erhebliche Belastung dar, weil sie sich nicht stark von dem ohnehin bestehenden zivilrechtlichen Nachbarrecht unterscheide. Insbesondere werde nicht eine Gefährdungshaftung geschaffen, sondern eine Störerhaftung, deren Vermeidung in der Hand des gentechnikverwendenden Landwirts liege (BVerfG

2010, Rn. 262). Der mit der Regelung verbundene Eingriff sei durch das Koexistenzziel gerechtfertigt. Dieses erstrecke sich auf die Wahlfreiheit der Produzenten und der Konsumenten (BVerfG 2010, Rn. 278). Daneben würde auch die Risikovorsorge bezweckt (BVerfG 2010, Rn. 282). Es werde ein gerechter Interessensausgleich zwischen den Beteiligten erzielt (BVerfG 2010, Rn. 276, 288). Ein weniger eingreifendes Mittel wie etwa ein Haftungsfonds der Saatgutindustrie oder der öffentlichen Hand sei ungeeignet, weil es den Störer von der Verantwortung freistelle (BVerfG 2010, Rn. 285). In ähnlicher Weise hält das Gericht auch den mit der Haftungsregelung verbundenen Eingriff in die Berufsfreiheit und Wissenschaftsfreiheit für gerechtfertigt. Auch sei der allgemeine Gleichheitssatz nicht verletzt, weil die Haftung an einen Störertatbestand anschließe, der bei sonstigen Grundstücksnutzungen nicht gegeben sei (BVerfG 2010, Rn. 317).

Insgesamt gibt das Gericht in seiner Entscheidung dem gesetzgeberischen Bemühen um einen Kompromiss beider Fronten der Gentechnikkontroverse eine verfassungsrechtliche Basis. Die Kontroverse spiegelt sich in konfligierenden Grundrechten wider, und die Lösungen entsprechen einer praktischen Konkordanz dieser Grundrechte. Im Bemühen um Kompromissfindung bleiben allerdings einige tiefergehende Fragen offen. Nicht wirklich geklärt wird, wie sich die Koexistenz als Verfassungswert legitimieren lässt. Das Gericht leitet sie aus den konkurrierenden Grundrechten der gentechnikverwendenden und der gentechnikmeidenden Landwirte ab. Genannt werden auch die Wahlfreiheit der Verbraucher und die die Akzeptanz heischende öffentliche Kontroverse. Zu fragen wäre: Können sich auch die Verbraucher auf Grundrechte (wie die allgemeine Handlungsfreiheit nach Art. 2 Abs. 1 GG) berufen und dementsprechend Schutz des Gesetzgebers fordern? Ist die Aufklärung der Öffentlichkeit auf die Meinungsfreiheit zu stützen? Oder, näherliegend, aber hochkontrovers: Ist sie Teil des Demokratieprinzips? Andererseits, wenn der gentechnikmeidende Landwirt Freihaltung seiner Landwirtschaft von Transgenen grundrechtlich fordern kann, erstreckt sich der Grundrechtsschutz dann womöglich auch auf andere Erzeugnisse, die er gegen die Konkurrenz neuerer anderer Erzeugnisse bewahren möchte? Kann ein lokaler Käse auf diese Weise gegen den allmächtigen Gouda geschützt werden? Und wenn der andere, innovative Landwirt den Einsatz von GVO grundrechtlich durchsetzen kann: Wie weit ist der Schutzbereich zu ziehen? Wird er sich auch auf Grundrechte berufen können, wenn er in möglicher Zukunft biosynthetische Pflanzen will?

11.4 Rechtspolitische Bewertung

11.4.1 Individuelle und systemische Koexistenz

Betrachtet man die genannten gesetzlichen Maßnahmen der Koexistenzsicherung im Überblick, so fällt auf, dass sie den Konflikt zwischen den Wirtschaftsweisen auf der individuellen Ebene der einzelnen Landwirte zu überwinden versuchen. Das ist aus mehreren Gründen problematisch:

1. Ökologisch: Gentechnisch veränderte Pollen fliegen weit über die Nachbarschaft hinaus, werden von der nachbarschaftlich orientierten Regelung aber nicht erfasst Dies betrifft z. B. Imker, deren Honig durch GVO-Pollen verunreinigt wird. Die Gerichte haben bisher zwar anerkannt, dass der Honig kontaminiert und deshalb schlecht absetzbar sein kann, sie haben jedoch den Imkern die Verantwortung zugeschoben, der Kontamination durch geeignete Aufstellung der Bienenkörbe auszuweichen.[4] Auch andere Wirkungspfade (Nicht-Ziel-Organismen, horizontaler Gentransfer) transzendieren das Nachbargrundstück.
2. Ökonomisch: Bei stark parzellierter Landwirtschaft führen die Abstandsregelungen dazu, dass ein Mosaik getrennter Wirtschaftsweisen entsteht, in dem viele Flächen als Pufferzonen vergeudet werden.
3. Sozial: Wegen der Vielzahl von Beteiligten werden die aufwendigen Abstimmungen in der Praxis häufig unterbleiben, etwa weil GVO-Landwirte die frühzeitige Mitteilung unterlassen oder weil die betroffenen Bauern sich nicht wehren.

Die individualisierende Konfliktlösung verkennt, dass es sich bei dem Risiko der Gentechnik nicht um ein begrenztes, sondern um ein systemisches Risiko handelt. Unter systemischen Risiken werden verstanden

> solche Ereignisse oder Prozesse, die weit über den Ort ihres Ursprungs oder ihrer unmittelbaren Wirkung hinaus negative Effekte in anderen Bereichen oder Systemen haben, die sich im Verlauf der Risikoausbreitung noch verstärken können (Renn und Keil 2008, S. 350).

Ein Beispiel solcher Risiken ist die jüngste Finanzkrise, in der die Finanzspekulation über komplexe Verursachungsprozesse die „real" wirtschaftenden privaten Haushalte, Unternehmen und öffentlichen Kassen infizierte (OECD 2003). Solche systemischen Wirkungen gibt es auch im Bereich natürlicher Prozesse. Ein Beispielsfall ist, wie gezeigt, die Gentechnik.

Zu fragen ist deshalb, ob es Mittel und Wege gibt, die dem systemischen Charakter besser Rechnung tragen als die individuelle Konfliktaustragung vor Ort. Im Hinblick auf Gesundheits- und Umweltrisiken geschieht dies durch ein recht weit entwickeltes Instrumentarium der präventiven und mitlaufenden Prüfung, die gerade auch die weiterreichenden Auswirkungen in den Blick nimmt. Im Hinblick auf die Koexistenz im ökonomischen Sinne fehlt es dagegen noch an geeigneten systemisch wirksamen Mitteln.

Als ein solches Mittel kommt die räumliche Clusterung der Wirtschaftsweisen in Betracht. Eine Variante dessen ist die Schaffung sogenannter gentechnikfreier Regionen. Über die räumliche Clusterung ließe sich der Fernflug von Pollen zumindest teilweise beherrschen, würden Pufferzonen reduziert und ließen sich Vollzugsdefizite vermeiden.

Für die Ausgestaltung der räumlichen Entzerrung der Wirtschaftsweisen bieten sich aus rechtlicher Sicht zwei Methoden an: Zum einen die räumliche Planung, zum anderen freiwillige Absprachen zwischen den Landnutzern.

---

[4] Vgl. u. a. VG Augsburg v. 30 Mai 2008, Az Au 7 K 07.276.

11.4.2 *Reform durch Landnutzungsplanung?*

a) Raumplanung

Die Europäische Kommission zeigte sich in ihrer Empfehlung von 2003 dem Einsatz von räumlichen Plänen gegenüber noch eher skeptisch. Zwar könnten „Maßnahmen mit regionaler Geltung (...) in Betracht gezogen werden“, aber sie sollten „nur für bestimmte Kulturpflanzen gelten, deren Anbau sich mit der Sicherstellung der Koexistenz nicht vereinbaren ließe, wobei der betreffende geografische Geltungsbereich soweit wie möglich eingegrenzt werden sollte“ (Kommission 2003, S. 41). In den abgeänderten Leitlinien von 2010 wird diese Möglichkeit stärker betont: Die neue Empfehlung bietet den Mitgliedstaaten die Möglichkeit, den Anbau von GVO in weiten Bereichen ihres Hoheitsgebiets einzuschränken, um das unbeabsichtigte Vorhandensein von GVO in konventionellen und ökologischen Kulturen zu vermeiden. Es steht ihnen daher frei, so genannte „GVO-freie Zonen“ einzurichten, die jedoch dem Nachweis unterliegen sollen, dass in den betroffenen Gebieten andere Maßnahmen nicht ausreichen, um das unbeabsichtigte Vorhandensein von GVO in konventionellen und ökologischen Kulturpflanzen zu vermeiden. Die einschränkenden Maßnahmen müssen zudem im Verhältnis zu dem angestrebten Ziel stehen, nämlich die besonderen Bedürfnisse des konventionellen oder ökologischen Anbaus zu schützen (Kommission 2010a, Anhang 2.4).

Als Gesichtspunkte, die bei der Austarierung der Anbauweisen in Betracht kommen, werden genannt: Betriebsstrukturen (z. B. Größe der Betriebe und Felder), Anbauverfahren und Anbausysteme (z. B. Fruchtfolge) und natürliche Gegebenheiten (Kommission 2010a, Anhang 1.3; vgl. auch Kommission 2010b, Nr. 2.1).

Das am nächsten liegende Instrument der räumlichen Planung sind die Landschaftsplanung und die Raumordnung. Die Landschaftsplanung hat in ihrer deutschen Variante zur Aufgabe, den vorhandenen und den zu erwartenden Zustand von Natur und Landschaft zu beschreiben, die Ziele des Naturschutzes und der Landschaftspflege zu konkretisieren, den vorhandenen und zu erwartenden Zustand von Natur und Landschaft nach Maßgabe dieser Ziele einschließlich der sich daraus ergebenden Konflikte zu beurteilen sowie die Erfordernisse und Maßnahmen zur Umsetzung der konkretisierten Ziele des Naturschutzes und der Landschaftspflege festzulegen (§ 9 Abs. 3 BNatSchG). Diese Maßnahmen können einerseits dem Zweck der Vermeidung, Minderung oder Beseitigung von Beeinträchtigungen von Natur und Landschaft dienen (§ 9 Abs. 3 Nr. 4(a) BNatSchG), andererseits aber auch der Erhaltung und Entwicklung von Vielfalt, Eigenart und Schönheit sowie des Erholungswertes von Natur und Landschaft (§ 9 (3) Nr. 4 (f) BNatSchG).[5] Diese letztere Zweckbestimmung – die Erhaltung der Vielfalt, Eigenart und Schönheit der Landschaft – würde landschaftsplanerische Festlegungen rechtfertigen, die über

[5] S. zu Möglichkeiten landschaftsplanerischer Ausweisungen von Anbau- und Taburäumen auf der Grundlage eines Drei-Barrieren-Konzepts Langer und Albert (2001).

die Abwehr von Schäden für den Naturhaushalt hinausgehen.[6] Eine räumliche Ordnung, in der die drei Anbauweisen großflächig nebeneinander existieren können, wäre ein Fall der Sicherung der Vielfalt der Landschaft, die verhindert, dass bei kleinteiligem Anbaumosaik sich die gentechnische Anbauweise letztlich de facto durchsetzt.

Streitig ist allerdings, ob nur – „negativ" – Gentechnikfreiheit oder ob auch – „positiv" – Eignungsgebiete für die Ausbringung von GVO festgelegt werden können. Letzteres ist zu bejahen, weil die „positive" Planung indikativ ist, d. h. weil ein bestimmter Anbau nicht vorgeschrieben, sondern nur als passend ausgewiesen würde.[7]

Die Landschaftsplanung ist in den meisten Ländern der BRD verbindlich nur gegenüber den Behörden, nicht jedoch nach außen gegenüber den Einzelnen.[8] Die innenwirkende Verbindlichkeit der Landschaftsplanung wird weiter dadurch relativiert, dass sie in Planungen und Verwaltungsverfahren nur „zu berücksichtigen ist" (§ 9 Abs. 5 S. 1 BNatSchG).

Diese doppelte Schwäche der Landschaftsplanung muss jedoch kein Mangel sein. Gerade wegen ihrer Unverbindlichkeit kann sie in einem persuasiven Sinn wirken und Anleitungsfunktion erhalten. Gerade wegen der Unverbindlichkeit könnten Planungsträger ermutigt sein, mit dem Instrument zu experimentieren.

Ist einmal Erfahrung mit der Landschaftsplanung gemacht worden, kommt in Betracht, dass sie in Raumordnungspläne übernommen wird. Gentechnikfreie Zonen oder eine anspruchsvollere Ausweisung unterschiedlicher Eignungszonen könnten als Ziele der Raumordnung deklariert werden. Sie wären dann jedenfalls innerbehördlich zu beachten und könnten auch durch außenwirksames Recht in Bezug genommen werden.[9]

Echte Außenwirkung erhielten gentechnikfreie Zonen, wenn sie im Zusammenhang mit Naturschutzgebieten eingerichtet würden. Die Zielsetzung wäre dann

---

[6] Lemke 2003, S. 198; anderer Ansicht Dederer 2010, S. 59–63, der GVO-freie Zonen nur für zulässig hält, wenn sie vor Schäden für den Naturhaushalt schützen sollen, und wenn sie sich nur auf spezifische GVO beziehen.

[7] Anderer Ansicht Dederer 2010, S. 99 f., der meint, derartige positive Ausweisungen widersprächen dem Ziel der Landschaftsplanung. Dies ist nicht zwingend, denn Landschaftspläne enthalten auch sonst Zonen geringeren Schutzes.

[8] In Nordrhein-Westfalen (NRW) kann die Landschaftsplanung dagegen auch Außenwirkung erhalten. S. Gesetz zur Sicherung des Naturhaushalts und zur Entwicklung der Landschaft (Landschaftsgesetz – LG) in der Fassung der Bekanntmachung vom 21. Juli 2000 (Gesetz- und Verordnungsblatt NRW. S. 568), zuletzt geändert durch Artikel 1 des Gesetzes vom 19. Juni 2007 (GV. NRW. S. 226, 316). § 38 lautet: „Nach § 26 Abs. 3 Satz 1 festgesetzte Entwicklungs- und Pflegemaßnahmen können im Rahmen des Zumutbaren den Grundstückseigentümerinnen und -eigentümern oder Grundstücksbesitzerinnen und -besitzern aufgegeben werden." S. dazu näher Korella 1995, S. 28.

[9] § 4 Abs. 1 Nr. 1 ROG. Ebenso Dederer 2010, S. 91 f., der allerdings darauf hinweist, dass bei Festlegung der Ziele das Abwägungsgebot zu beachten sei, und dass generell GVO-freie Zonen meist daran scheitern würden, dass unterschiedliche GVO unterschiedliche Raumwirkungen haben. Dederer verkennt damit die Unvermeidlichkeit und deshalb auch Zulässigkeit von Pauschalierungen in der Raumordnung.

allerdings nicht Koexistenz im Sinne der unterschiedlichen landwirtschaftlichen Anbauweisen, sondern Koexistenz mit möglichst ursprünglicher Natur. Die entsprechenden Festlegungen müssten im Rahmen der Rechtsakte erfolgen, die die Schutzziele der Schutzgebiete festlegen. In Betracht kommen vor allem die Kategorien Naturschutzgebiet, Nationalpark und Biosphärenreservat, und zwar unter den Gesichtspunkten Erhaltung wild lebender Tier- und Pflanzenarten, besondere Eigenart von Gebieten, nicht beeinflusster Zustand, historisch gewachsene Arten- und Biotopvielfalt und frühere Kulturformen.[10]

Schließlich ist denkbar, dass für räumliche landwirtschaftliche Koexistenzplanung statt der Landschaftsplanung eine – verbindliche – landwirtschaftliche Nutzungsplanung eingeführt wird. Sie ist schon länger für den Ökolandbau gefordert worden (Schmidt 2001) und könnte mit der Koexistenzplanung zusammengeführt werden. Diese käme auch der Clusterung zwischen konventioneller und ökologischer Landwirtschaft entgegen, die in manchen Regionen ohnehin ein probates Instrument wäre. Im Sinne der oben genannten Zielkombination sollte sie nicht nur die ökonomische Wahlfreiheit sichern, sondern zugleich ökologische Risikominderung anstreben. Insofern kommen zwei Kompetenzgrundlagen für Bundesregelungen in Betracht: diejenige für Naturschutz und Landschaftspflege (Art. 74 29 GG) und diejenige der Förderung der landwirtschaftlichen Erzeugung (Art. 74 Nr. 17 GG).

b) Freiwillige Vereinbarungen

Freiwillige Vereinbarungen zwischen den Landnutzern sind eine weitere Möglichkeit der Koexistenzsicherung. Sie sind verschiedentlich genutzt worden, um GVO-freie Regionen zu schaffen (Binimelis 2008). Im November 2010 ergab sich folgendes Bild: 205 Gentechnikfreie Regionen / Initiativen mit 30.139 Landwirten sowie 1.158 einzelne Landwirte, alles zusammen auf einer landwirtschaftlichen Fläche von 3.104.928 ha.[11] Zusammenschlüsse zu GFR und Einzelunternehmen beruhen auf Selbstverpflichtungen, die die teilnehmenden Landwirte den anderen Teilnehmern bzw der Allgemeinheit gegenüber eingehen.[12] Im Fall von Pachtverhältnissen erklärt der Verpächter dem Pächter gegenüber, dass er den Anbau von GVO als Änderung der landwirtschaftlichen Bestimmung im Sinne des § 590

[10] S. näher Winter 2007, S. 635–637. Dederer 2010, S. 67 hat hierfür nur die spöttische Bemerkung, es würden ein „gentechnikfreies Heidi-Land“ und Reservate nach Art der Amish-Sekte angestrebt. Er zeigt damit, wie groß die Distanz der herrschenden Meinung zu einer kritischen Sicht auf die industrialisierte Landwirtschaft ist. Empfohlen sei ihm die Lektüre des Weltagrarberichts von 2008 (Zusammenfassung des Berichts in Zukunftsstiftung Landwirtschaft 2009).

[11] Website des BUND http://www.gentechnikfreie-regionen.de/regionen-gemeinden/zahlen-fakten-analysen/aktuelle-zahlen.html, besucht am 8. 4. 2011. Gentechnikfreie Regionen (GFR) sind dort definiert als zusammenhängende Bewirtschaftungsflächen mit einem Flächendeckungsgrad von mindestens 2/3 einer Bezugseinheit (Gemeinde, Landkreis oder Naturraum), GFR-Initiativen als Initiativen, die noch keine zusammenhängende Bewirtschaftungsfläche oder den Mindestflächendeckungsgrad noch nicht erreicht haben.

[12] Vgl. die Mustererklärung des BUND unter http://www.gentechnikfreie-region-giessen.de/pdf/selbstverpflichtung_GFR_GI_08-01-23.pdf; sowie http://www.gentechnikfreie-regionen.de/aktiv-werden/material/mappen-und-broschueren.html.

BGB ansehe und die dafür erforderliche Zustimmung nicht erteilen werde.[13] Eine dingliche Sicherung durch Eintragung einer Dienstbarkeit auf dem Grundstück des Landwirts oder Verpächters wird dagegen wohl kaum vorgenommen. Auch fehlt es an Sanktionen für den Fall von Verstößen gegen die einseitigen oder mehrseitigen Verpflichtungen.

Als Vorbilder für eine stärkere rechtliche Einbettung solcher freiwilligen Vereinbarungen könnten die Projekte „Autofreies Wohnen" dienen. In diesen Projekten werden Verträge über den Verzicht der Anschaffung oder Nutzung von PKW zwischen Anwohnern einer Straße oder eines Viertels abgeschlossen. Im Fall von Mietverhältnissen werden entsprechende Klauseln in Mietverträge aufgenommen. Im Fall von Wohnungseigentum kommen Beschlüsse der Wohnungseigentümerversammlung nach §§ 21, 23 Wohnungseigentumsgesetz (WEG) in Betracht.[14]

Hinsichtlich der freiwilligen GVO-freien Zonen sind Zweifel an der Vereinbarkeit mit Unionsrecht geäußert worden. Dederer (2010) meint, die Mitgliedstaaten seien verpflichtet, sie zu unterbinden, um den freien Warenverkehr der – unionsrechtlich zugelassenen – GVO zu garantieren. Er zieht insoweit eine Parallele mit den Urteilen des EuGH zu demonstrativen Straßenblockaden gegen Lastwagentransporte aus Spanien nach Frankreich und zwischen Italien und Österreich (EuGH 1997 und 2003). Diese Parallele ist jedoch unpassend, weil die GVO-freien Zonen nicht den Warenverkehr behindern, sondern die Verwendung der Waren betreffen. Dederers Ansatz würde zu dem absurden Ergebnis führen, dass bereits jeder Konsumverzicht als Angriff auf die Warenverkehrsfreiheit angesehen werden müsste. Der Mitgliedstaat müsste dann z. B. gegen alternative Medizin vorgehen, weil sie den Gebrauch zugelassener Arzneimittel unterläuft.

11.5 Vereinbarkeit räumlicher Maßnahmen mit höherrangigem Recht

11.5.1 Verfassungsrecht

Das Bundesverfassungsgericht hat in seinem oben besprochenen Urteil räumliche Maßnahmen der Koexistenzsicherung nicht geprüft. Sie waren vom Antragsteller nicht gerügt worden, zumal sie, mit Ausnahme einiger weniger Naturschutzverordnungen, von staatlicher Seite auch noch nicht ergriffen worden sind. Man kann

[13] Vgl. Musterformulierung für Pachtverhältnisse unter http://www.gentechnikfreie-regionen.de/aktiv-werden/material/mappen-und-broschueren.html. Ob der GVO-Anbau allgemein als eine solche Änderung anzusehen ist, ist zweifelhaft, wenn sich nach GVO-Anbau der ursprüngliche Zustand wiederherstellen lässt. Dem Verpächter steht es aber frei, den Vertrag regulär zu kündigen und die GVO-Freiheit in neue Pachtverträge einzuschreiben.

[14] Zur Zulässigkeit und zu möglichen Verankerungen im Wohnungseigentumsgesetz s. Aydin und Tönnes 1994.

aber annehmen, dass das Gericht in ähnlicher Weise wie hinsichtlich der bereits eingeführten Koexistenzmaßnahmen annehmen würde, dass sie zwar Eingriffe in verschiedene Grundrechte darstellen, dass sie aber durch das Koexistenzziel gerechtfertigt werden. Im Hinblick auf ihre Verhältnismäßigkeit kann sogar gesagt werden, dass sie noch geeigneter sind als die bestehenden, den Konflikt individualisierenden Maßnahmen.[15]

11.5.2 Unionsrecht

Räumliche Nutzungsplanung, insbesondere die Einrichtung verbindlicher gentechnikfreier Zonen, dürfte durch den vorgeschlagenen Art. 26b RL 2001/18, würde er verabschiedet, gedeckt sein. Sie wäre dann durch europäisches Sekundärrecht akzeptiert. Allerdings verlangt die genannte Vorschrift, dass die Vorschriften über GVO-freie Gebiete „mit den Verträgen vereinbar" sein müssen.

Dies bedeutet, dass Art. 34 und 36 AEUV zu beachten sind, die jedwede Beschränkungen des Handelsverkehrs untersagen und nur ausnahmsweise rechtfertigungsfähig machen. Diese Anforderung ist zwar in gewisser Weise zirkulär, weil die neue Richtlinienbestimmung planerische Maßnahmen ja explizit zulässt, aber die Voraussetzung ist nun einmal hinzunehmen und abzuprüfen.

Zu fragen ist dabei zunächst, ob die Ausweisung GVO-freier Zonen überhaupt eine Beschränkung des Handelsverkehrs darstellt. Örtliche Ausbringungsbeschränkungen behindern nämlich keineswegs die Möglichkeit, das GVO-Saatgut zu verkaufen und zu kaufen. Allerdings ist einzuräumen, dass dies de facto der Fall sein kann, wenn GVO praktisch nirgendwo in einem Mitgliedstaat ausgebracht werden dürfen. Dies hat auch der EuGH in zwei Urteilen anerkannt.

In einem Urteil ging es um ein italienisches allgemeines Verbot der Verwendung von Kradanhängern. Das Gericht stellte fest, dass dadurch in Italien praktisch der Absatz von Kradanhängern unmöglich gemacht werde (EuGH 2009a, Rn 56 f.). Das Gericht wertete dementsprechend das Verwendungsverbot als eine Handelsbeschränkung, erkannte im zweiten Prüfungsschritt dann aber an, dass es legitime Gründe für die Beschränkung gebe. Im zweiten Fall ging es um eine schwedische Regelung, die den Gebrauch von Wassermotorrädern nur auf ausgewiesenen öffentlichen Wasserstraßen gestattet. Das Gericht schätzte auch diese Regelung als eine faktische Behinderung des Handels – in diesem Fall mit Wassermotorrädern – ein, erkannte aber wiederum an, dass Schweden legitime Gründe für diese Beschränkung hat (EuGH 2009b, Rn 24 f.). Wendet man diese Rechtsprechung auf GVO-freie Gebiete an, so ist angesichts der Begrenztheit solcher Festlegungen sehr

---

[15] Dederer 2010, S. 117, meint dagegen, GVO-freie Zonen schlössen Koexistenz gerade aus, weil sie den gentechnikverwendenden Landwirt nicht zum Zuge kommen lassen. Dem liegt ein reduziertes Verständnis der Koexistenz zu Grunde. GVO-freie Zonen sollen GVOs in anderen Gebieten gerade ermöglichen. Der Begriff ist deshalb großräumig, nicht kleinteilig zu verstehen.

zweifelhaft, ob der EuGH hier ebenfalls eine Handelsbeschränkung annehmen würde (anderer Ansicht ist Dederer 2010, S. 121 f.). Sonst müsste bereits jede kleinste örtliche Einschränkung von Verwendungen als Handelshemmnis angesehen werden und der EuGH würde zum Richter über jedwede der tausendfachen nationalen Verwendungsregelungen für Produkte.

Da es sich bei dem genannten Art. 26b aber bisher nur um einen Vorschlag handelt, ist derzeit noch das geltende Recht anzuwenden. Dieses besagt in Art. 22 RL 2001/18, dass die Mitgliedstaaten „das Inverkehrbringen von GVO als Produkte oder in Produkten, die den Anforderungen dieser Richtlinie entsprechen, nicht verbieten, einschränken oder behindern" dürfen. Hier stellt sich im Grunde die gleiche Frage wie zu Art. 34 AEUV, nämlich, ob es sich bei den GVO-freien Zonen um Beschränkungen des Inverkehrbringens handelt. Die Antwort muss dabei ähnlich wie oben ausfallen: Die Frage ist zu verneinen.

Ist sie dagegen zu bejahen, ist also von einer Beschränkung des Inverkehrbringens auszugehen, so ist eine Rechtfertigung nur unter sehr viel restriktiveren Voraussetzungen zulässig als nach Art. 36 AEUV: Die Mitgliedstaaten können dann nur im Wege des sog. Schutzklauselverfahrens nach Art. 23 RL 2001/18/EG vorgehen, was aber voraussetzt, dass neue Informationen oder Erkenntnisse über Gefahren des GVO vorliegen, die bei Erlass der Richtlinie bzw. Erteilung der IVB-Genehmigung nicht vorlagen. Das ist für die Risiken der Gentechnik meist schwerer nachweisbar.

Eine andere Möglichkeit, Abweichungen von der Richtlinie zu rechtfertigen, ist das sog. Weitergehen nach Art. 114 Abs. 5 AEUV. Dies bedeutet, dass die Mitgliedstaaten „Alleingänge" machen können, wenn diese (1) einen stärkeren Gesundheits- oder Umweltschutz implizieren, (2) neue Erkenntnisse vorliegen und (3) ein neues spezifisches Problem des betreffenden Mitgliedstaates gegeben ist. Eine Schutzverstärkung ist in der Tat anzunehmen, neue Erkenntnisse und neue spezifische Probleme dagegen kaum.

Der nationale Alleingang in der Gentechnik hat die EU-Gerichte im Fall Oberösterreich beschäftigt (EuGEI 2005, EuGH 2007). Dabei ging es um den Gesetzentwurf für das Oberösterreichische Gentechnik-Verbotsgesetz von 2002, der für das ganze Land Oberösterreich den Anbau von Saat- und Pflanzengut, das aus GVO besteht oder GVO enthält, sowie die Zucht und das Freilassen von transgenen Tieren zu Zwecken der Jagd und der Fischerei verbieten sollte. Am 13. März 2003 unterrichtete die Republik Österreich die Kommission gem. Art. 95 (5) EGV (jetzt Art. 114 (5) AEUV) über diesen Gesetzesentwurf. Die Kommission entschied, dass eine Abweichung nicht zulässig sei. Die Voraussetzungen einer Abweichung, nämlich neue wissenschaftliche Erkenntnisse über Risiken und ein neues spezifisches Problem des Mitgliedstaates, seien nicht gegeben. Hiergegen legte die Republik Österreich Klage ein.

Das Gericht erster Instanz schloss sich der Entscheidung der Kommission an, begnügte sich aber mit der Begründung, dass die kleinbetriebliche Landwirtschaft und die betroffenen Ökosysteme, auf deren Schutz Österreich abgestellt hatte, keine spezifisch österreichischen Probleme darstellten und auch nicht neu entstanden seien. Da das Verbot schon aus diesem Grund nicht gerechtfertigt erschien, hielt das Gericht es nicht mehr für erforderlich, auf die Frage einzugehen, ob die wissenschaftlichen Erkenntnisse neu waren. Das Gericht erklärte deshalb das Ausbringungsverbot in Oberösterreich für gemeinschaftsrechtswidrig. Der EuGH folgte dieser Ansicht und wies die Revisionsklage Österreichs zurück.

Auf den ersten Blick scheint es, dass eine verbindliche Agrarplanung, die GVO-freie Zonen festlegt, nach dieser Rechtsprechung als nationaler Alleingang i.S.d. Art. 114 Abs. 5 AEUV unzulässig ist. Dies mag für Freisetzungen richtig sein. Für das Inverkehrbringen von genehmigten GVO gilt u.E. dagegen etwas anderes (zum Folgenden Winter 2007, S. 639 f.). Die europäischen Gerichte haben nur solche Maßnahmen für rechtswidrig erklärt, die ein ganzes Land betreffen. Bei Maßnahmen, die örtlich begrenzt und durch sachliche Gründe wie solche der Koexistenz begründet sind, handelt es sich gar nicht um Maßnahmen i.S.d. Art. 114 (5) AEUV, so dass auch die Zulässigkeitsvoraussetzungen für diese nicht anzuwenden sind. Es handelt sich vielmehr um Maßnahmen, die die Genehmigung selbst gar nicht ausschließen will.[16] Ähnlich wie eine Vermarktungsgenehmigung es nicht ausschließt, dass die Verwendung von Pflanzenschutzmitteln in Wasser- oder Naturschutzgebieten untersagt wird, hindert eine Vermarktungsgenehmigung für GVO nicht daran, die Verwendung in bestimmten Gebieten zu beschränken. Die Genehmigung zur Freisetzung und zum Inverkehrbringen eines GVO bedeutet nicht, dass der GVO überall genutzt werden können muss. Die Mitgliedstaaten haben insofern einen Spielraum zur Festlegung von regionalen Bestimmungen. Wie oben ausgeführt, dürfen die Maßnahmen jedoch nicht so umfangreich sein, dass sie de facto einem Verbot des Inverkehrbringens von GVO gleichkommen (EuGH 2009a, Rn. 56; EuGH 2009b, Rn. 24).

11.5.3 Völkerrecht

In Betracht zu ziehen sind Völkerrechtsnormen, die den Schutzaspekt, und solche, die den Förderungsaspekt betonen. Zu den Ersteren gehört das Cartagena-Protokoll über biologische Sicherheit von 2000, das seit 2003 in Kraft ist und bisher von 160 Staaten ratifiziert wurde. Obwohl es sich auf den grenzüberschreitenden Handel mit lebenden genetisch modifizierten Organismen konzentriert, enthält es auch Vorschriften über innerstaatlich wirkende Maßnahmen wie insbesondere Art. 26:

> The Parties, in reaching a decision on import under this Protocol or under its domestic measures implementing the Protocol, may take into account, consistent with their international obligations, socio-economic considerations arising from the impact of living modified organisms on the conservation and sustainable use of biological diversity, especially with regard to the value of biological diversity to indigenous and local communities.

So unklar diese Vorschrift ist, sie gibt doch einer verbreiteten Kritik an der Industrialisierung der Landwirtschaft Ausdruck. Zu dieser ist auch die Gentechnik

[16] Diesen Gesichtspunkt verkennt Dederer 2010, S. 121 f.

– jedenfalls die vorherrschende Art sie zu betreiben – zu rechnen. Konkreter gesagt, ermöglicht die Vorschrift sozio-ökonomische Erwägungen etwa der Art, dass lokale Gemeinschaften in der Lage sind, biologische Vielfalt zu erhalten, und deshalb einen geschützten Raum der Selbstbestimmung verdienen. Zu der biologischen Vielfalt zählen nach der Definition in Art. 2 CBD lebende Organismen aus allen Quellen, auch aus Züchtungen, insbesondere auch Landsorten. GVO-freie Zonen auf lokaler Ebene, zumal wenn sie von Selbstverwaltungskörperschaften getragen und organisiert werden, finden deshalb in Art. 26 des Cartagena-Protokolls eine rechtliche Grundlage.

Auf der Seite der die Gentechnik fördernden Konventionen stehen diejenigen des WTO-Systems. In Betracht kommen zunächst die gegenüber dem GATT spezielleren Abkommen über sanitäre und phytosanitäre Maßnahmen („SPS-Abkommen") und das Abkommen über technische Handelsbarrieren („TBT-Abkommen").

Das SPS-Abkommen ist auf planerische Maßnahmen der Koexistenz nicht anwendbar, weil diese nicht dem Gesundheits- und Umweltschutz dienen.[17]

Auch das TBT-Abkommen ist nicht anwendbar, weil es sich bei den raumplanerischen Vorschriften nicht um Festlegungen von Merkmalen von Produkten handelt, sondern vielmehr um Verwendungsregelungen.[18]

Aus dem GATT ist das Verbot inländischer Maßnahmen, die ausländische Waren im Vergleich zu inländischen Waren benachteiligen (Art. III Abs.1), heranzuziehen. Erfasst werden dabei auch Verwendungsregelungen. Jedoch ist keine Diskriminierung gegeben, weil in- und ausländische GVO nicht unterschiedlich behandelt werden (so auch Dederer 2010, S. 180).

Da somit keine Verstöße gegen die WTO-Abkommen vorliegen, ist eine mögliche Kollision zwischen Welthandelsrecht und dem Cartagena-Protokoll nicht zu prüfen.

11.6 Ergebnis

Das Ergebnis lässt sich in Thesen wie folgt zusammenfassen:

Das Gentechnikrecht der EU hat sich bislang eher zurückhaltend zu verbindlichen Koexistenzmaßnahmen geäußert und die Aufgabe der Ausgestaltung den Mitgliedstaaten übertragen.

In Deutschland führen das Gentechnikgesetz und die Verordnung über die gute fachliche Praxis eine Reihe von Instrumenten zur Sicherung der Koexistenz ein.

---

[17] Vgl. die Definition der sanitären und phytosanitären Maßnahmen in Annex A Nr. 1 des SPS Abkommens. Bei Einrichtung GVO-freier Gebiete zum Naturschutz wäre dies anders (Dederer 2010, S. 134–146), es sei denn, sie werden – wie oben empfohlen – zur Erhaltung des Eigenwertes der Natur eingerichtet.

[18] Vgl. die Definition der technischen Vorschriften in Annex 1.1 des TBT-Abkommens. Dederer 2010, S. 166 stellt dagegen darauf ab, dass die im GVO-freien Gebiet einsetzbaren Produkte negativ als gentechnikfrei determiniert würden. Das ist richtig, nur sind diese Produkte gerade nicht diejenigen, denen gegenüber Handelsbarrieren aufgestellt werden.

Diese Koexistenzmaßnahmen vermischen die von der Kommission empfohlene Trennung zwischen Risikokontrolle und Koexistenz. Das ist zulässig, sollte gesetzgeberisch aber noch transparenter gemacht werden.

Bei der rechtlichen Lösung des Konflikts zwischen den Beteiligten ist die grundrechtliche Dimension zu beachten. Auf der einen Seite stehen die Grundrechte auf Eigentumsschutz der Gentechnik einsetzenden Landwirtschaft, auf der anderen die Grundrechte auf Eigentumsschutz der konventionellen und ökologischen Landwirtschaft. Die derzeit geltenden Regelungen, die wie gezeigt Koexistenz durch individuelle nachbarliche Konfliktlösung zu erreichen versuchen, sind mit den Grundrechten beider Seiten vereinbar. Grundrechtswidrig ist allein der Umstand, dass gentechnikmeidende Landwirte die Untersuchungskosten im Hinblick auf Gentechnikfreiheit nur dann nicht tragen müssen, wenn sich eine Überschreitung der Toleranzgrenzen ergibt.

Die bisherigen Koexistenzmaßnahmen sind allein auf die Konfliktschlichtung zwischen einzelnen Landnutzern bezogen und verkennen damit den systemischen Charakter des Problems.

Die – unverbindliche – Landschaftsplanung, die Raumordnungsplanung, die Einrichtung von Schutzgebieten oder eine noch zu entwickelnde verbindliche agrarische Landnutzungsplanung würden diesem systemischen Charakter eher gerecht werden. Sie schließen die Einrichtung GVO-freier Zonen ein.

Raumplanerische Maßnahmen sind mit dem Verfassungsrecht, dem Unionsrecht und dem Völkerrecht vereinbar. Sie betreffen die Verwendung, nicht das Inverkehrbringen von GVO. Soweit sie der Gentechnik einen angemessenen Entfaltungsraum belassen, greifen sie nicht in die Warenverkehrsfreiheit ein. Jedenfalls sind sie aber durch Gemeinwohlziele gerechtfertigt.

Literaturverzeichnis

Aydin C, Tönnes M (1994) Autofreies Wohnen, Realisierungschancen in Neubaugebieten. In: Apel D (Hrsg) Handbuch der kommunalen Verkehrsplanung, Ordner 4

BGH (2003) Urteil v. 30. Mai 2003, V ZR 37/02 – Nachbarschaftsrechtlicher Ausgleichsanspruch – BGHZ 155, 99

Binimelis R (2008) Coexistence of plants and coexistence of farmers: is an individual choice possible? J Agric Environ Ethics 21(5):437–457

BVerfG (1979) Urteil v. 20. Dezember 1979, 1 BvR 385/77 – Mülheim-Kärlich – BVerfGE 50, 53

BVerfG (1981a) Urteil v. 14. Januar 1981 – Fluglärm – BVerfGE 56, 54 (73)

BVerfG (1981b) Beschluss v. 15. Juli 1981, 1 BvL 77/78 – Naßauskiesung – BVerfGE 58, 300

BVerfG (2010) Urteil v. 24. November 2010, 1 BvF 2/05 – Normenkontrolle Gentechnikgesetz-http://www.bverfg.de/entscheidungen/fs20101124_1bvf000205.html

Dederer G (2010) Weiterentwicklung des Gentechnikrechts – GVO-freie Zonen und sozioökonomische Kriterien für die GVO-Zulassung. LIT Verlag, Berlin

EuGEI (2005) Urteil v. 5. Oktober 2005, T-366/03 und T-235/04, Slg. 2005 S. II-4005 – Oberösterreichisches Gentechnikgesetz

EuGH (1997) Urteil Rs C-265, Slg. 1997, I-6959 – Agrarblockaden

EuGH (2003) Urteil Rs C-112/00, Rs C-112/00, Slg. 2003, I-5659 – Schmidtberger

EuGH (2007) Urteil v. 13. September 2007, Rs C-439/05 P und C-454/07 P, Slg. 2007 S. I-7141 – Oberösterreichisches Gentechnikgesetz

EuGH (2009a) Urteil v. 10. Februar 2009, Rs C-110/05, Slg. 2009, I-519 – Kradfahrzeuge
EuGH (2009b) Urteil v. 4. Juni 2009, Rs C-142/05 – Mickelsson
Friends of the Earth (2011) The socio-economic effects of GMOs, Hidden costs for the food chain, abgerufen am 17. Juli 2011, http://www.foeeurope.org/download/Socio_economic_effects_gmos_FoEEbriefing_Mar2011.pdf (besucht am 8.4.2011)
Generalanwalt Yves Bot (2011) Schlussanträge v. 9. Februar 2011 im Vorlageverfahren Bablock u.a., Rs C 442/09
GenTPflEV (2008) Verordnung über die gute fachliche Praxis bei der Erzeugung gentechnisch veränderter Pflanzen v. 7. April 2008, BGBl. I, S. 655
Kommission (2003) Empfehlung der Kommission vom 23. Juli 2003 mit Leitlinien für die Erarbeitung einzelstaatlicher Strategien und geeigneter Verfahren für die Koexistenz gentechnisch veränderter, konventioneller und ökologischer Kulturen, 2003/556/EG, ABl. 2003 L 189/41
Kommission (2010a) Empfehlung der Kommission vom 13. Juli 2010 mit Leitlinien für die Entwicklung nationaler Koexistenz-Maßnahmen zur Vermeidung des unbeabsichtigten Vorhandenseins von GVO in konventionellen und ökologischen Kulturpflanzen, ABl. 2010 C 200/1
Kommission (2010b) Vorschlag für eine Verordnung des Europäischen Parlaments und des Rates zur Änderung der Richtlinie 2001/18/EG betreffend die den Mitgliedstaaten eingeräumte Möglichkeit, den Anbau von GVO auf ihrem Hoheitsgebiet zu beschränken oder zu untersagen, KOM (2010) 375
Korella D (1995) Landschaftsplanung und Gerichtskontrolle am Beispiel Nordrhein-Westfalens: die gerichtliche Kontrolle der Landschaftspläne nach dem Landschaftsgesetz des Landes Nordrhein-Westfalen, Berlin: Duncker & Humblot
Langer H, Albert G (2001) Landschaftsplanerische Aspekte beim großflächigen Anbau von gentechnisch veränderten Kulturpflanzen. In: Lemke M, Winter G (Hrsg) Bewertung von Umweltwirkungen von GVO im Zusammenhang mit naturschutzbezogenen Fragestellungen, UBA Berichte 3/01.E. Schmidt Verlag, Berlin, S 281–293
Lemke M (2003) Gentechnik – Naturschutz – Ökolandbau. Nomos, Baden-Baden
OECD (2003) Emerging risks in the 21th century: an agenda for action. OECD, Paris
Palme C, Schlee M (2009) Gentechnikrecht. Kommunalverlag, Wiesbaden
Renn O, Keil F (2008) Systemische Risiken: Versuch einer Charakterisierung. Gaia 17(4):349–353
Schmidt H (2001) Schutz ökologischer Kulturen vor dem Eindringen transgener Erbinformation in geschlossenen Anbaugebieten durch deutsches Öko-Landbau-Gesetz. In: Lemke M, Winter G (Hrsg) Bewertung von Umweltwirkungen von GVO im Zusammenhang mit naturschutzbezogenen Fragestellungen (UBA Berichte 3/01, Berlin: E. Schmidt Verlag) S 182–194
Schröder M (2010) Gentechnik im Saatgut – ein wiederkehrendes Problem. In: Natur und Recht 2010 S 770
Winter G (2007) Naturschutz bei der Ausbringung von gentechnisch veränderten Organismen – Teil 2. In: Natur und Recht 2007, 635–641
Zukunftsstiftung Landwirtschaft (2009) Wege aus der Hungerkrise; Die Erkenntnisse des Weltagrarberichts und seine Vorschläge für eine Landwirtschaft von morgen. http://weltagrarbericht.de/downloads/Wege_aus_der_Hungerkrise_2.4MB.pdf (abgerufen 17.07.2011)

Kapitel 12
Großflächiger Anbau von Bt-Mais und HR-Raps: Zahlungsbereitschaft und Nutzen-Kosten-Analyse

Jan Barkmann, Christina Gawron, Rainer Marggraf, Ludwig Theuvsen und Manuel Thiel

Bt-Mais, enthält das für Insekten giftige, gentechnisch eingefügte Toxin des *Bacillus thuringiensis.* HR-Raps wurde auf gentechnischem Wege resistent gegen bestimmte Herbizide gemacht. Um abzuschätzen, ob der großflächige Anbau dieser gentechnisch veränderten Pflanzen wohlfahrtsökonomisch – das heißt aus Sicht wirtschaftlicher Effizienz – für die deutsche Bevölkerung von Vorteil ist, nutzen wir das wirtschaftswissenschaftliche Instrument der Nutzen-Kosten-Analyse (NKA; Marggraf und Streb 1997). In die Abschätzung der Nutzen und Kosten gehen dabei auch Komponenten ein, die nicht oder nicht direkt anhand von Marktpreisen abgeschätzt werden können. Diese Kosten- und Nutzenanteile können durch Zahlungsbereitschaftsbefragungen erhoben werden. In diesem Kapitel werden wesentliche Projektergebnisse beider Methoden vorgestellt.

12.1 Methodik

12.1.1 Zahlungsbereitschaftsanalyse

Für Zahlungsbereitschaftsbefragungen stehen heute im Wesentlichen zwei verschiedene Methoden zur Verfügung: die kontingente Bewertung und die Choice Analysis (Louviere et al. 2000). Choice- (=Auswahl) basierte Methoden haben den Vorteil, Bewertungsdaten nicht nur für einen Bewertungsgegenstand insgesamt zu liefern, sondern für eine kleine Zahl an Eigenschaften (*Attributen*) des Bewertungsgegenstandes. Dies ist für die Bewertung des großflächigen Anbaus von gentechnisch veränderten Pflanzen (GVP) von Vorteil, da sich die erzeugten Produkte in mehreren bedeutsamen Aspekten unterscheiden können. Auf Grundlage einer Literaturauswertung, nach Diskussion mit unserem transdisziplinären Begleitkreis sowie nach

J. Barkmann (✉)
Department für Agrarökonomie und Rurale Entwicklung, Universität Göttingen, Platz der Göttinger Sieben 5, 37075 Göttingen, Deutschland
e-mail: jbarkma@gwdg.de

B. Breckling et al. (eds.), *GeneRisk*, Umweltnatur- & Umweltsozialwissenschaften,
DOI 10.1007/978-3-642-23433-0_12,

vorbereitenden Interviews konnten wir die folgenden Aspekte identifizieren, die Entscheidungsalternativen im Zusammenhang mit unserer Analyse repräsentieren können:

- Um welches Produkt aus Mais oder Raps soll es sich handeln (Cornflakes, Dosenmais, Speiseöl, Margarine, Milch, Rindfleisch, Elektrizität aus Biomasse)?
- Hat das Produkt eine *Kennzeichnung* („ohne Gentechnik", „mit GVP", keine Kennzeichnung)?
- Wie hoch ist der „Anteil" an GVP im Produkt gemäß Angaben zur landwirtschaftlichen Erzeugung und zur Produktion (*Herstellerangabe:* 0,00% bis 99%)?
- Wie hoch ist der „Anteil" an GVP im Produkt nach Laboranalysen, die genetisch verändertes Material nachweisen? (*Laborergebnis:* nicht nachweisbar bis 99%)?
- Wo wurde das Produkt erzeugt (*Herkunft*: regional, Deutschland, EU, Welt)?
- Sind mit der Erzeugung des Produkts besondere *Umweltwirkungen* verbunden?
- Ändert sich der *Preis* des Produkts (−20%, −10%, 0%, +10%, +20%)?

Unter GVP-„Anteil" verstehen wir hier den Anteil von Biomasse aus GVP im Verhältnis zu konventionell erzeugter landwirtschaftlicher Biomasse, der in die Produktion des entsprechenden Produkts eingeht. Auch hoch raffiniertes Speiseöl, Milch, Rindfleisch oder Elektrizität können daher durch einen GVP-Anteil gekennzeichnet werden.

Insbesondere die Festlegung geeigneter Umweltwirkungen war eine Herausforderung. Zum einen ist das Ausmaß der Umweltwirkungen Gegenstand heftiger fachlicher und politischer Debatten. Weiterhin können in einer Bewertungsbefragung nur solche Umweltwirkungen zum Thema gemacht werden, mit denen die Befragten zumindest ansatzweise vertraut sind (siehe dazu Barkmann et al. 2008). Wir mussten uns daher auf sehr einfache Wirkungen beschränken, die mit dem Anbau von GVP in Beziehung gebracht werden:

- Verminderung des Einsatzes von Pflanzenschutzmitteln (*PSM*: 0%, –5%, –10%),
- Ausbreitung von Genkonstrukten in der Umwelt (*GVP-Ausbreitung*: ja/nein),
- Verminderung der *Artenvielfalt* (ja/nein).

Aus den oben angeführten Attributen und deren Ausprägungen wurden systematisch einzelne Produkte „zusammengesetzt". Ein klassisches statistisches Versuchsdesign haben wir hier nicht nutzen können, da die einzelnen Aspekte nicht frei kombinierbar sind. So ergibt die standardmäßige Laboranalyse von (hoch raffiniertem) Pflanzenöl oder von Rindfleisch auf Rückstände der GVP in der Regel immer „nicht nachweisbar". Dennoch wurde eine Kombination der Attributausprägungen angestrebt, die die Korrelation zwischen den einzelnen Attributen gering hält.

Für jede der sieben Produktarten wurden je drei unterschiedliche Produkte der gleichen Art (z. B. Cornflakes) zu einer Auswahlentscheidung zusammen gefasst.

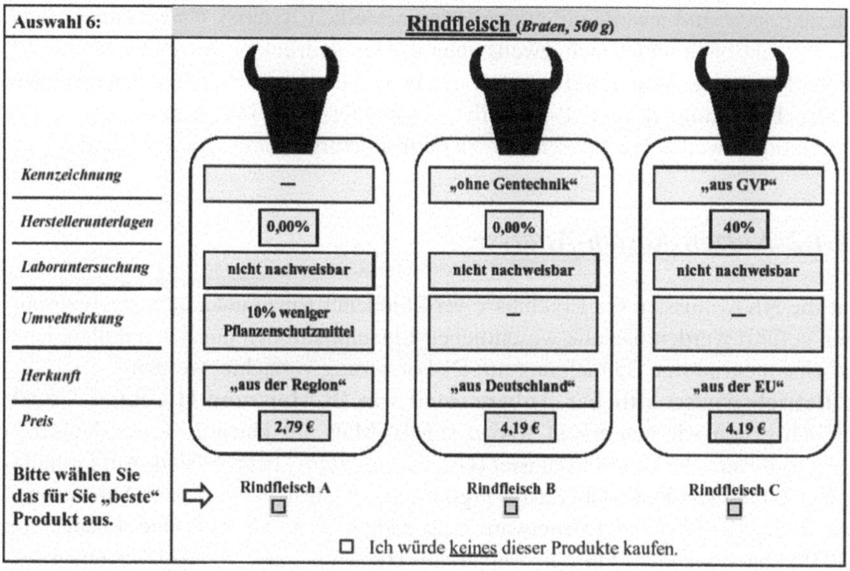

Abb. 12.1 Beispielhafte Auswahlentscheidung zwischen drei verschiedenen Rindfleisch-Produkten. Jede der sieben pro Befragtem zu bearbeitenden Auswahlentscheidungen betraf eine andere Produktgruppe; es wurde jedes Mal je ein Produkt ohne Kennzeichnung eines „ohne Gentechnik“ und eines „aus GVP“ angeboten. Im Erläuterungstext wurde erklärt, dass *Rindfleisch* „aus GVP“ bedeutet, dass GVP-Silomais (Bt-Mais) verfüttert wurde

Die Befragten wurden gebeten, jeweils das für sie „beste“ Produkt auszuwählen. In Abb. 12.1 ist beispielhaft eine Auswahlentscheidung für Rindfleisch dargestellt.

Der Fragebogen enthielt weiterhin Fragen zum Informationsstand und zur allgemeinen Einschätzung der „Grünen Gentechnik“. Nach einer Pilotstudie wurde von Februar 2008 bis April 2008 ein Bewertungsfragebogen an 3500 zufällig ausgewählte Haushalte in Deutschland verschickt.

Die Daten zum Entscheidungsverhalten wurden zur Parametrisierung eines Nested Logit-Modells genutzt (Hensher et al. 2005, Louviere et al. 2000). Die Werte für die GVP-„Anteile“ wurden für die Auswertung logarithmiert. Die Schätzung des Modells ordnet den einzelnen Attributen Nutzenkoeffizienten zu, die das Gewicht der Attributausprägungen auf die Gesamtheit der Auswahlentscheidungen repräsentieren (siehe Tabelle 12.2, z. B. *Laborergebnisse* zum GVP-„Anteil“ im Produkt). Für das Attribut *Kennzeichnung* wurde für die beiden relevanten Ausprägungen „ohne Gentechnik“ bzw. „mit Gentechnik“ eine Effektkodierung gewählt (keine Kennzeichnung: –1). Teil man einen Nutzenkoeffizienten eines Produktattributs durch den Koeffizienten des Preis-Attributs (hier: Preisänderung in %), erhält man die Zahlungsbereitschaft für eine „marginale“ Änderung der entsprechenden Eigenschaft des Attributs (für statistischen Details siehe Barkmann et al. 2010b).

Das Tabelle 12.2 zu Grunde liegende Modell enthält neben den Attributen selbst auch Interaktionen zwischen den Attributen und den einzelnen Produktarten. Diese

Interaktionen sind jeweils mit einem voran gestellten Asterisk (*) gekennzeichnet. Die Interaktionen finden sich jeweils unter der fett gedruckten Attributbezeichnung. Diese Form der Modellbildung ermöglicht es, Produkt-abhängige Unterschiede in der Bewertung des GVP-„Anteils" – genauer des GVP-Anteils, der in die Produktion jeweils eingeflossen ist – zu berücksichtigen.

12.1.2 Nutzen-Kosten-Analyse

Für die NKA mussten die Ergebnisse verschiedener Einzeluntersuchungen zusammen geführt werden. Da alle wesentlichen Einzelpositionen jährlich anfallen, kann auf eine mehrjährige Betrachtung mit Diskontierung verzichtet werden.

Betriebswirtschaftlicher Anbauvorteil von Bt-Mais und HR-Raps. Grundsätzlich gehen wir von einem Anbau von Bt-Mais auf jenen 70% der deutschen Maisfläche aus, die von Maiszünsler (*Ostrinia nubilalis*) bedroht sind. Auf Grundlage der Zahlen von Park et al. (2011) ergibt sich ein jährlicher gesamter Anbauvorteil von etwa 18–39 €/ha (Mittelwert ~29 €/ha), den wir auf eine Fläche von 530.000 ha anwenden. Für den Anbau von HR-Raps unterscheiden wir einen Anbau auf 50% der Fläche von einem Anbau auf 100%. Der Anbauvorteil ist hier von Park et al. (2011) mit zwischen 30 und 49 €/ha angegeben (Mittelwert ~40 €/ha). Den ökologischen Vorteil eines möglicherweise reduzierten Einsatzes von Pflanzenschutzmitteln (PSM) berücksichtigen wir als Teil der Bewertung der Produkte aus Sicht der Konsument/innen.

Vermarktungsschaden durch GVP-Kontamination. Bei einem Anbauszenario von 70% Bt-Mais kann von einem Eintrag von gentechnisch verändertem Mais in konventionelle Ernten von 7,2% ausgegangen werden (~29.700 ha; Schmidt et al. 2009; siehe auch Kap. 5). Bei 50% HR-Raps zeigt eine Regionalstudie für Schleswig-Holstein, dass eine Kontamination von >0,9% auf etwa einem Neuntel der Flächen anfällt (~172.000 ha; Middelhoff et al. 2004). Diese Werte gehen von einer zufälligen Verteilung von Flächen mit und ohne GVP aus. Wir nehmen für diese Flächen einen Vermarktungsschaden in Höhe des betriebswirtschaftlichen Anbauvorteils an (29 €/ha bzw. 39 €/ha; siehe oben).

Zusatzkosten entlang der Verarbeitungskette. Die parallele Existenz von GVO-Ware und GVO-freier Ware im Markt kann für die Unternehmen der Ernährungswirtschaft zu zusätzlichen Kosten führen. Zusätzliche Kosten können beispielsweise entstehen, wenn an Häfen, Futtermittelwerken oder sonstigen Verarbeitern vermehrt Tests auf Verunreinigungen mit GVO durchgeführt werden müssen. Raps und Mais sind dabei für die deutsche Ernährungswirtschaft unterschiedlich bedeutsam. Rund 1 Mio. t Raps finden in der Lebensmittelherstellung Verwendung. Für die Maisproduktion ist quantitativ nur der Körnermais für Nahrungszwecke relevant, da Silomais meist innerbetrieblich hergestellt und nicht gehandelt wird. Nach Berücksichtigung von Importen und Exporten und dem Eigenverbrauch der Landwirtschaft stehen etwa 1,1 Mio. t für die Lebensmittelherstellung zur Verfügung (Stratmann et al. 2006). Insgesamt ergeben sich etwa 2,1 Mio. t zu überwachende Menge.

Vor diesem Hintergrund wurde im Herbst 2006 eine telefonische Befragung von 26 Unternehmen, die Raps oder Mais zu Lebensmitteln verarbeiten, durchgeführt. Die teilnehmenden (Öl-) Mühlen verarbeiten zusammen 1.347 Mio. t Raps und Mais pro Jahr. Dank der Teilnahme einiger Großunternehmen konnten so erhebliche Teile des in Deutschland jährlich im industriellen Maßstab verarbeiteten Rapses und Maises berücksichtigt werden. Ziel war es, den sich aus dem Nebeneinander von GVO- und GVO-freier Ware möglicherweise ergebenden zusätzlichen Investitions- und Betriebsaufwand quantitativ abzuschätzen (für methodische Details, siehe Gawron und Theuvsen 2007). Angaben zur Höhe evtl. steigender Beiträge zur Betriebshaftpflichtversicherung bleiben unberücksichtigt.

Zusätzliches öffentliches Monitoring. Der großflächige Anbau von Bt-Mais und HR-Raps würde vermutlich zu einem zusätzlichen Aufwand im öffentlichen Umweltmonitoring führen („GVP-Monitoring"). Da Angaben zu Umfang und Zuständigkeiten derzeit hypothetisch sind, ist jede Kostenschätzung von starken Annahmen abhängig. Eine Befragung der zuständigen Bundes- und Landesbehörden auf der Basis der VDI-Richtlinie 4330 Blatt 1 erbrachte keine quantitativ verwertbaren Antworten. Falls Länderbehörden mit der Aufgabe eines GVO-Monitorings betraut würden, werden sie das Monitoring vermutlich in bestehende Umweltbeobachtungsprogramme integrieren, um die Kosten gering zu halten.

Jenseits der VDI-Richtlinie wurde ein modulares Monitoringkonzept entwickelt. Die Festlegung der Bereitstellungskosten der einzelnen Module erfolgte am Beispiel des Bt-Mais MON 810 und anhand der Angebotspreise privatwirtschaftlicher Dienstleister im Ökologiesektor. Bei der Kostenbestimmung des Moduls *Schadensfallregulierung* haben wir angenommen, dass in 10% der Fälle negative Beeinträchtigungen durch GVP festgestellt werden und es in einem Drittel dieser Fälle zu einer Schadensfallregulierung kommt. Für die Kostenbestimmung des Moduls *Schutzgebiete* sind wir von fünfzig betroffenen Schutzgebieten ausgegangen, in denen ein zusätzliches Monitoring notwendig ist. Details des Monitoringkonzepts können Thiel und Marggraf (2009) entnommen werden.[1]

Nutzeneffekte aus Sicht der Konsument/innen. Für jede der sieben Produktarten der Befragung wurde – meist unter Rückgriff auf Zahlen des Statistischen Bundesamtes – entweder für das Jahr 2008 oder 2009 der Wert der insgesamt in Deutschland erzeugten bzw. verbrauchten Produkte ermittelt. Nicht immer stehen die Daten jedoch seitens der Bundesstatistik in ausreichender Differenzierung zur Verfügung. Ergänzend nutzen wir daher Auswertungen von Herstellervereinigungen oder Verbraucherbefragungen, um den Gesamtwert abzuschätzen.

Die prozentuale Auswirkung eines großflächigen Anbaus von Bt-Mais und HR-Raps auf den Wert der Produkte aus Konsumentensicht hängt neben deren Zahlungsbereitschaft von den Einzelheiten des Anbaus von Raps und Mais (*Anbauszenarien)* in Deutschland ab. Grundsätzlich gehen wir von einem Anbau von

[1] Wir danken neben unseren Projektpartnern insbesondere Frieder Hofmann (Ökologiebüro Hofmann, Bremen) für die Unterstützung bei der Erstellung der Monitoringstruktur.

Bt-Mais auf jenen 70% der deutschen Maisfläche aus, die vom Maiszünsler (*Ostrinia nubilalis*) bedroht sind. Für HR-Raps wird ein 50%- mit einem 100%-Szenario verglichen. Bei letzterem wird eine Fläche von etwa 1,5 Mio. ha mit HR-Raps bebaut. Ob die Konsument/innen Gelegenheit haben, auf eine Kennzeichnung für die Verwendung von GVP bei der Produktion von Milch, Fleisch und Elektrizität aus Biomasse zu reagieren, hängt von den gesetzlichen Regelungen ab. Derzeit muss die Verwendung von GVP nicht gekennzeichnet werden; dies könnte sich aber ändern. Schließlich ist die Bewertung von den tatsächlich eintretenden Umweltwirkungen abhängig. Für die Umwelteffekte rechnen wir vereinfachend damit, dass sie unabhängig vom Anbauszenario auf 70% der GV-Raps- oder -Maisflächen wirksam werden.

12.2 Ergebnisse der Einzelstudien

Die in die NKA einfließenden Einzelergebnisse werden nacheinander beschreiben. Sie sind in Tabelle 12.4 zusammengefasst.

Zahlungsbereitschaftsbefragung. Nach Abzug von Adress- und weiteren Ausfällen lag die Antwortquote der Zahlungsbereitschaftsbefragung bei knapp 20%. 60% der zurück gesandten Fragebögen wurden von Männern ausgefüllt; 84% aller Befragten fanden den Fragebogen insgesamt gut oder sehr gut verständlich.

Risiken durch die „Grüne Gentechnik" sahen die Befragten eher im Mittelfeld verschiedener Lebensmittelrisiken. Das höchste Risiko wurde bei Rückständen von Pflanzenschutzmitteln gesehen. Fast 70% der Befragten hielten den großflächigen Anbau von GVP dennoch für „zu risikoreich, da wir nicht wissen, was passieren wird". Rund 92% aller Befragten meinten, dass auf allen Lebensmitteln ein Hinweis zu finden sein sollte, ob sie ohne GVP oder ob sie mit GVP hergestellt wurden. Auch der Einsatz von GVP als Futtermittel sollte nach Meinung von fast 90% der Befragten bei tierischen Produkten vermerkt sein. Bei der gegenwärtigen Kennzeichnungsgrenze von 0,9% sahen nur rund 3% der Befragten ein Produkt tatsächlich als GVP-frei an.

Das geschätzte Nested Logit-Modell hat 24 Prädiktoren mit $P < 0{,}1$ (Tabelle 12.1). Es ist insgesamt höchst signifikant und zeigt einen angepassten Pseudo-R^2-Wert von $\sim 0{,}16$, der $\sim 0{,}40$ bei Ordinary Least Squares-Verfahren entspricht (Hensher et al. 2005:338). Jede der sieben Produktarten bildet mindestens eine signifikante Interaktion mit den Produktmerkmalen (Attributen). Die marginalen Zahlungsbereitschaften in % Abweichung vom durchschnittlichen Verkaufspreis 2008 finden sich in Tabelle 12.2. Der Einfluss einer GVP-Ausbreitung auf die Zahlungsbereitschaft war bis auf Elektrizität aus (Mais-) Biomasse durchgängig gering. Eine Kennzeichnung „mit GVP" ist ein schwerer Malus; ebenso eine Reduzierung der Artenvielfalt. Eine Kennzeichnung „ohne Gentechnik" führt hingegen zu einer deutlich höheren Zahlungsbereitschaft. Da alle nicht signifikanten Terme eliminiert wurden und der Befragung kein strenges Experimentaldesign zu Grunde liegt, sollten das Fehlen eines bestimmten Produkteinflusses und die sich ergebenden

Tabelle 12.1 Nested Logit-Modell zur Bewertung von Mais- und Rapsprodukten. Die Attribute der Auswahlentscheidungen (bei Kennzeichnung: die zwei analysierten Einzelkennzeichnungen) sind jeweils fett gedruckt; *: Interaktionsterm des nachfolgend genannten Produkts mit dem Attribut / dem Attributlevel; nur Interaktionen mit P < 0.1 wurden in das Modell aufgenommen.

	Koeffizient	Standardfehler	P(Wald)
„ohne Gentechnik“	0,5422	0,0592	<0,0001
* Cornflakes	0,1139	0,0668	0,0883
* Milch	0,5502	0,0668	<0,0001
„mit Gentechnik“	−0,6597	0,0629	<0,0001
* Elektrizität	0,2876	0,0735	0,0001
Herstellerangabe [log(%)]	−0,0186	0,0095	0,0507
* Pflanzenöl	−0,0216	0,0115	0,0604
* Rindfleisch	−0,0616	0,0138	<0,0001
Laborergebnis [log(%)]	−0,1080	0,0119	<0,0001
* Cornflakes	0,0637	0,0131	<0,0001
* Dosenmais	0,0754	0,0159	<0,0001
* Rindfleisch	0,0491	0,0145	0,0007
Pflanzenschutzmittel	0,0274	0,0072	0,0001
* Elektrizität	−0,0408	0,0230	0,0763
GVP-Ausbreitung			
* Elektrizität	−0,5774	0,2559	0,0241
Artenvielfalt			
* Cornflakes	−1,3199	0,3819	0,0005
* Dosenmais	−1,4323	0,5222	0,0061
* Pflanzenöl	−0,9646	0,2202	<0,0001
* Margarine	−1,1293	0,4602	0,0141
Produktherkunft	−0,4000	0,0283	0,0000
* Dosenmais	0,1818	0,0623	0,0035
* Pflanzenöl	0,1542	0,0532	0,0037
* Milch	−0,1399	0,0572	0,0144
Preisänderung (%)	−0,0200	0,0014	<0,0001
Non-Status Quo ASC	−0,0253	0,1321	0,8478
N (Auswahlentscheidungen)	4030		
P(Chi^2, 26 d.f.)	< 0,0001		
Adj. Pseudo-R^2 (const. only)	0,16		

Einzelwerte behutsam interpretiert werden. Auch ist die nominal negative Wertschätzung eines verringerten Pflanzenschutzmitteleinsatzes bei Elektrizität aus (Mais-) Biomasse sicher ein Schätzartefakt.

Auswirkungen auf den Konsument/innennutzen

Pro Kopf werden in Deutschland etwa 1 kg Cornflakes / Jahr verbraucht (Huber und Kühne 2004). Bei dem in der Zahlungsbereitschaftsbefragung für das Jahr 2008 angesetzten Durchschnittspreis für Cornflakes von 1,40 €/ 500 g-Packung ergibt dies einen Gesamtverbrauch im Wert von 224 Mio. €/Jahr. In Deutschland werden weiterhin pro Jahr etwa 1,1 kg Süßmais in verschiedenen Formen, u.a. als „Dosenmais“, konsumiert (Agrarheute 2011). Bei einem Preis von 0,80 €/285 g (Abtropfgewicht) errechnet sich der Gesamtverbrauch zu 247 Mio. €/Jahr. 2008

Tabelle 12.2 Marginale Zahlungsbereitschaften für Eigenschaften von Mais- und Rapsprodukten bei großflächigem GVP-Anbau in % Veränderung gegenüber dem durchschnittlichen Produktpreis 2008

	Cornflakes	Dosenmais	Pflanzenöl	Margarine	Frischmilch	Rindfleisch	Elektrizifät
Kennzeichnung							
„ohne Gentechnik“	32,8	27,1	27,1	27,1	54,6	27,1	27,1
„mit Gentechnik“	−33,0	−33,0	−33,0	−33,0	−33,0	−33,0	−18,6
Herstellerangaben [log(%)]	−0,9	−0,9	−2,0	−0,9	−0,9	−4,0	−0,9
Laborergebnisse [log(%)]	−2,2	−1,6	−5,4	−5,4	−5,4	−2,9	−5,4
weniger Pflanzenschutzmittel	1,4	1,4	1,4	1,4	1,4	1,4	−0,7
Ausbreitung von GVP	0,0	0,0	0,0	0,0	0,0	0,0	−28,9
weniger Artenvielfalt	−66,0	−71,6	−48,2	−56,5	0,0	0,0	0,0
Produktherkunft eingeschränkt	−20,0	−10,9	−12,3	−20,0	−27,0	−20,0	−20,0

wurden gut 1,5 Mio. t raffinierte Raps- und ähnliche Öle produziert (Statistisches Bundesamt 2010). Den Auswertungen von Gawron und Theuvsen (2007) zu Folge gelangen ca. 1 Mio. t raffiniertes Rapsöl in die Lebensmittelproduktion. Abzüglich des Anteils für die Produktion von Margarine (ca. 250.000 t; Deutsches Ernährungsforum 2011) verbleiben 750.000 t/Jahr, die von Industrie, Gastronomie und Privathaushalten verbraucht werden. Bei einem Durchschnittspreis von 1,99 €/l beträgt der Gesamtwert ~1,6 Mrd. €. 2008 wurden 403.000 t Margarine im Wert von 690 Mio. € in Deutschland produziert (Statistisches Bundesamt 2010); bei einem Einsatz von 250.000 t Rapsöl entfallen davon etwa 405 Mio. auf Margarine aus Rapsöl. Eine Reihe von Produkten von Frischmilch über Rahm und Butter bis zu Joghurt und Käse wird aus Milch erzeugt. Deren Gesamtproduktionswert betrug 2008 in Deutschland über 14 Mrd. € (Statistisches Bundesamt 2010). Bei einer Futterration für Kühe in der Milchproduktion mit 25% Silomais-Anteil ergibt sich ein Produktionsanteil von etwa 3,5 Mrd. €. Die deutschlandweite Rindfleischproduktion betrug 2008 1,19 Mio. t (Statistisches Bundesamt 2009). Bei dem in der Befragung benutzen Durchschnittspreis von 3,99 € / kg und einem konservativ mit 70% angesetzten Absatz zu diesem Preis ergibt sich ein Gesamtwert von 5,8 Mrd. €. Über eine Vergleichsrechnung haben wir sicher gestellt, dass die gesamte in Deutschland erzeugte Menge an Silomais (ohne Energiemais) in die beiden Produktionszweige Milch und Fleischproduktion genau einmal eingeht. Schließlich war der Wert der aus Energiemais erzeugten Elektrizität zu bestimmen. 2009 wurden 10,7% der Elektrizität aus erneuerbarer Energie aus Biomasse erzeugt (FANR 2010). Eine Annahme von einem 80%-Anteil davon an Energiemais entspricht in etwa der Anbaufläche Energiemais von knapp 500.000 ha (vgl. FANR 2010). Bei einem Wert von 0,19 €/kWh errechnet sich ein Produktionswert in Höhe von 1,5 Mrd. €.

Die zusammenfassenden Ergebnisse zur Bewertung aus Sicht der Konsument/innen zeigen eine erhebliche Streubreite in Abhängigkeit von den Annahmen der Anbauszenarien (Abb. 12.2). Von den 16 dargestellten Einzelszenarien weist keines auf eine mögliche Akzeptanz von Produkten hin, die unter Verwendung von Bt-Mais oder HR-Raps hergestellt wurden: Alle deuten auf Nutzenverlust hin. Die 16 Einzelszenarien nehmen alle an, dass mit dem großflächigen Anbau von Bt-Mais und HR-Raps ein deutliches Sinken des Einsatzes von Pflanzenschutzmitteln (–5% bis –10%) einher geht. Lässt sich diese Reduktion nicht realisieren, droht ein weiterer Nutzenverlust. Dies gilt auch für den Fall, dass sich die GVP in der Natur ausbreiten. Alle mit bis ca. 2.500 Mio. € weniger deutlich negativ bewerteten Szenarien sind Szenarien *ohne* verschärfte Kennzeichnungspflichten.

Betriebswirtschaftlicher Anbauvorteil von Bt-Mais und HR-Raps. Die betriebswirtschaftlichen Anbauvorteile liegen zwischen ~41 und 71 Mio. €/Jahr.

Vermarktungsschaden durch GVP-Kontamination. Der Schaden ist in Anbauszenarien mit 50% HR-Raps mit knapp 7 Mio. €/Jahr am höchsten.

Zusätzliches öffentliches Monitoring

Tabelle 12.3 zeigt die durchschnittlichen jährlichen Kosten der einzelnen Module unter den getroffenen Annahmen für Bt-MON 810. Ohne Berücksichtigung von Synergieeffekten bei der Bereitstellung der Module ergeben sich durchschnittliche jährliche Bereitstellungskosten von rund elf Millionen Euro. Da beim großflächigen

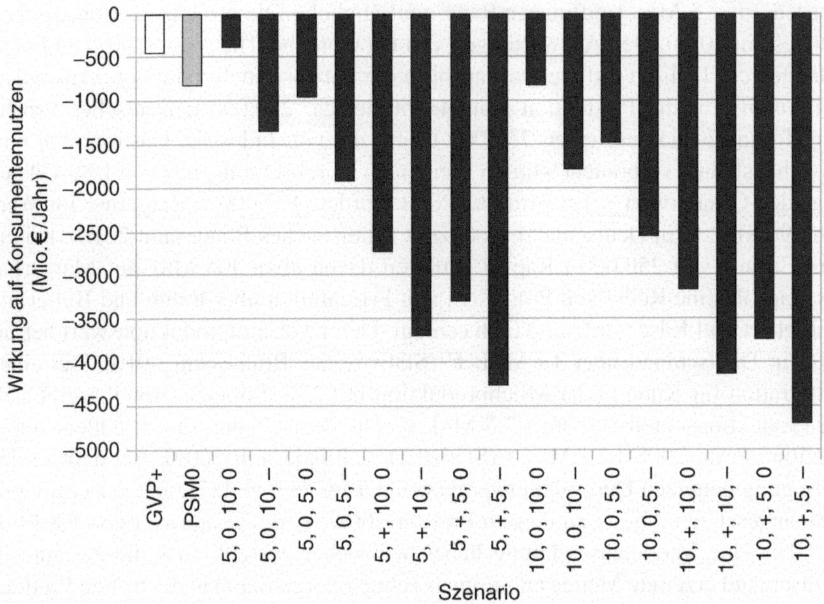

Abb. 12.2 Bewertung deutscher Konsument/innen von Szenarien großflächigen Anbaus von Bt-Mais (70% der Fläche) und HR-Raps. Codierung der Szenarien in der Reihenfolge der Ziffern: (1) 5: 50% Anbau HR-Raps; 10: 100%; (2) 0: keine Kennzeichnungspflicht für Milch, Fleisch und Elektrizität aus GVP-Biomasse, +: Kennzeichnungspflicht; (3) 10: –10% Einsatz Pflanzenschutzmittel, 5: –5%; (4): 0: keine Auswirkung auf die Artenvielfalt, -: weniger Artenvielfalt. GVP+: *zusätzlicher* Nutzenverlust bei Ausbreitung von Bt-Mais oder HR-Raps in der Natur; PSM0: *zusätzlicher* Nutzenverlust, falls keine Verringerung des Einsatzes von Pflanzenschutzmitteln erfolgt

Tabelle 12.3 Mögliches öffentliches GVP-Monitoring am Beispiel des Bt-MON 810

Modul	Modulkosten in €/Jahr
Quellen	470.000
Exposition	1.650.000
ökologische Wirkungen	1.130.000
exekutive Bewertung	5.520.000
ökologische Bewertung	55.000
Schadensfallregulierung	500.000
Schutzgebiete	1.500.000
Summe	**10.825.000**

Anbau von Bt-Mais auch andere Sorten und zusätzlich der Anbau von HR-Raps zu berücksichtigen ist, nehmen wir jedoch keine Synergien an.

In Deutschland werden derzeit schon eine Vielzahl von Umweltbeobachtungsprogrammen durchgeführt (z. B. Human-Biomonitoring, Moosmonitoring, Umwelt-Survey). Die Bereitstellungskosten für die Programme sind zumeist nicht bekannt.

Tabelle 12.4 Nutzen-Kosten-Analyse von großflächigen Anbauszenarien für Bt-Mais (70%) und HR-Raps (100%/50%) pro Jahr

	Betroffene Größe (Einheit: ha oder t)	Nutzen/Kosten (€/Einheit)	Raps-Anbauszenarien 100% Mio. €	50% Mio. €
NUTZEN				
Landwirtschaftliche Anbauvorteile (ha)				
Bt-Mais (70%)	371000	29	10,8	10,8
HR-Raps (100%)	1500000	40	60,0	
HR-Raps (50%)	750000	40		30,0
Summe der Nutzen			70,8	40,8
KOSTEN				
Vermarktungsschaden durch Kontamination (ha)				
Bt-Mais (70%)	26700	29	0,8	0,8
HR-Raps (100%)	0	40	0,0	
HR-Raps (50%)	172000	40		6,9
Zusatzkosten Verarbeitungskette (t)	2100000	6	12,6	12,6
Zusätzliches öffentliches Monitoring			10,8	10,8
Nutzenänderung Konsument/innen				
„bestes"Anbau-zenario			811,0	372,0
„schlechtestes" Anbau-Szenario			5522,0	5960,0
Summe der Kosten				
„bestes" Anbau-Szenario			835,2	403,1
„schlechtestes" Anbau-Szenario			5546,2	5991,1
GESAMTBEWERTUNG				
„bestes" Anbau-Szenario			−764,4	−362,3
„schlechtestes" Anbau-Szenario			−5475,4	−5950,3

Eine Ausnahme bildet das Waldschadensmonitoring. Hier belaufen sich die durchschnittlichen Bereitstellungskosten für die letzten zehn Jahre auf rund 28,5 Mio. € jährlich. Das hier projektierte Monitoringprogramm würde also nur gut ein Drittel kosten.

Zusatzkosten entlang der Vermarktungskette

Alle befragten Unternehmen verzichteten zum Zeitpunkt der Befragung nach eigenen Angaben vollständig auf den Einsatz von GVO; sie folgten einer „Vermeidungsstrategie". Der großflächige Anbau von Bt-Mais und HR-Raps setzt voraus, dass zumindest einige Unternehmen von einer strengen Vermeidungsstrategie abrücken.

Eine Extrapolation der hier berichteten Ergebnisse auf Szenarien großflächigen Anbaus ist daher mit prinzipiellen Unsicherheiten behaftet, da über das Verhalten der Unternehmen unter diesen Umständen keine Daten vorliegen.

Von den befragten Unternehmen ließen 33,3% externe Laboranalysen durchführen. Lediglich zwei Unternehmen gaben an, in sehr geringem Umfang Investitionen für Rückstellmuster und Kontrollen auf GVO getätigt zu haben. Wird ein hoher Ausreißerwert unberücksichtigt gelassen, entfallen die laufenden Zusatzkosten hauptsächlich auf Dokumentation (88,9% der Betriebe; 4,79 €/t durchschnittliche Kosten), Personal (61,1%; 3,82 €/t) und externe Analytik (55,6%; 4,79 €/t). Für Beprobung, Material und Reinigung fallen zusammen 2,65 €/t an. Dies ergibt im – nicht mit den jeweiligen Verarbeitungsmengen gewichteten – Mittel 23,70 €/t. Lässt man einen weiteren Ausreißer weg, reduzieren sich die Zusatzkosten auf im Durchschnitt 2,46 €/t. Die Gesamtkosten bewegen sich damit in einer Spanne zwischen etwa 5 und 50 Mio €/Jahr. Für die NKA nehmen wir einen Wert von 6 €/t an. Unabhängig davon, welche Werte letztlich als realitätsnäher betrachtet werden, spielen die Zusatzkosten aus der „Koexistenz" für die Ernährungsindustrie vermutlich eine untergeordnete Rolle, solange sich für Raps und Mais eine GVO-Vermeidungsstrategie auf der Ebene der Betriebsstätte realisieren lässt.

12.3 Gesamtbewertung und Diskussion

Die NKA wird von der Konsument/innenbefragung dominiert. Da diese deutliche Nutzenverluste anzeigt, ist auch die gesamte Nutzen-Kosten-Analyse negativ.

Im günstigsten Fall erbringt der Anbau von Bt-Mais (70% der Fläche) in Kombination mit 50% HR-Raps einen jährlichen Wohlfahrtsverlust von „nur" etwa 300 Mio. €. Dies setzt voraus, dass sich der GVP-Anbau nicht nachteilig auf die Artenvielfalt auswirkt und gleichzeitig Pflanzenschutzmittel in erheblichem Umfang eingespart werden. Weiterhin darf nicht standardmäßig ersichtlich sein, ob Milch, Fleisch (und Elektrizität) unter Verwendung von GVP erzeugt werden oder nicht.

Diese letzte Voraussetzung impliziert eine Verletzung von legitimen Informationserfordernissen. Die GVP-Eigenschaft ist eine sogenannte Vertrauenseigenschaft (credence goods; Caswell und Mojduszka 1996): Die Verbraucher/innen können ohne Kennzeichnung nicht selbst feststellen, ob ein Produkt unter Verwendung von GVP-Biomasse hergestellt wurde oder nicht. Für Vertrauensgüter kommt es ohne Kennzeichnung leicht zu Marktversagen. Auch andere Studien berichten entsprechend, dass Konsument/innen über unzureichende Kennzeichnungsvorschriften verärgert sind (Moon and Balasubramanian 2004). Ohne entsprechende Informationen kann die Konsumentensouveränität nicht effektiv ausgeübt werden. Da die Methode der Nutzen-Kosten-Analyse jedoch gerade bezweckt, das normative Prinzip der Konsumentensouveränität für die Untersuchung politischer Entscheidungsoptionen nutzbar zu machen (Marggraf und Streb 1997), können diese Szenarien keine inhaltliche Bedeutung beanspruchen.

Ein Blick auf Abb. 12.2 zeigt, dass negative Beiträge des Konsument/innennutzens von mehr als 2,5 Mrd. €/Jahr durchaus kein Einzelfall sind. Je mehr der Bedingungen zu den neutralen oder positiven Umweltwirkungen der GVP-Szenarien wegfallen, umso stärker ist von großflächigem Anbau von Bt-Mais und HR-Raps abzuraten. Zudem zeigt die Bewertung der alternativen Kennzeichnung „ohne Gentechnik" (Tabelle 12.2), dass die Verbraucher/innen zu deutlichen preislichen Zugeständnissen bereit sind, wenn sie sich sicher sein können, dass keine GVP in die Produktion der verwendeten landwirtschaftlichen Biomasse eingehen. Nur eine nachgewiesen massive Reduzierung des Einsatzes von Pflanzenschutzmitteln (etwa –30% und mehr) hätte nach unserer Studie die Aussicht, unter sonst günstigen Umständen zu einem positiven Netto-Nutzen zu führen. Diese Aussage steht jedoch unter besonderem Vorbehalt, da nur Reduzierungen bis –10% den Befragten im Rahmen unserer Studie vorgelegt wurden.

Wie erwartet hat sich die Einschränkung des Angebots an GVP-freien Lebensmitteln als Folge eines großflächigen Anbaus von Bt-Mais und HR-Raps als erhebliche Nutzeneinbuße heraus gestellt. Dieses Ergebnis liegt im Rahmen vorgängiger internationaler Studien (Alfnes 2004, Grunert et al. 2004). Für Deutschland schätzten Gath und v. Alvensleben (1998) den erforderlichen Preisabschlag für GVP-haltige Lebensmittel auf 30–40%. Unsere Zahlen bestätigen diese frühe Schätzung, da etwa die Kennzeichnung „mit GVP" bereits zu einem Preisabschlag für Lebensmittel von knapp 33% führt. Tatsächlich könnten die erforderlichen Preisabschläge sogar noch höher sein.

Unsere Gesamtergebnisse untermauern weiterhin das schlechte Abschneiden großflächiger GVP-Anbauszenarien, das sich in den unabhängigen Daten der Pilotstudie angedeutet hatte (Barkmann et al. 2010a). Auch von einer Segmentierung der Befragten in GVP-Befürworter und -Gegner ist keine grundsätzliche Änderung der Ergebnisse zu erwarten (vgl. Costa-Font et al. 2008): Die Einführung des großflächigen Anbaus von Bt-Mais und HR-Raps bleibt aus wohlfahrtsökonomischer Sicht ein schlechtes Geschäft.

Zitierte Literatur

Agrarheute (2011) Weltweit 300000 Hektar Süßmais; aber nur 1900 ha in Deutschland (http://www.agrarheute.com/weltweit-300000-hektar-suessmais; aber nur 1900 ha in Deutschland); abgerufen 2011-07-05

Alfnes F (2004) Stated preferences for imported and hormone-treated beef: application of a mixed logit model. Eur Rev Agric Econ 31(1):19–37

Barkmann J, Glenk K, Keil A, Leemhuis C, Dietrich N, Gerold G, Marggraf R (2008) Confronting unfamiliarity with ecosystem functions: the case for an ecosystem service approach to environmental valuation with stated preference methods. Ecol Econ 65:48–62

Barkmann J, Thiel M, Theuvsen L, Eschenbach C, Windhorst W, Marggraf M (2010a) GM maize and oil seed rape in Germany: economic welfare losses from large scale adoption scenarios. In: Breckling B, Verhoeven R (eds) Large-area effects of GM-crop cultivation. Theorie in der Ökologie 16. Peter Lang, Frankfurt, pp 114–116

Barkmann J, Yan J, Zschiegner AK, Marggraf R (2010b) The Dao of the sceptic and the spiritual: attitudinal and cultural influences on preferences for sustainable tourism services in the domestic Chinese tourism market. Int J Serv Tech Manag 13(3/4):281–304

Caswell J, Mojduszka E (1996) Using informational labeling to influence the market for quality in food products. Am J Agric Econ 78:1248–1253

Costa-Font M, Gil JM, Traill WB (2008) Consumer acceptance, valuation of and attitudes towards genetically modified food: review and implications for food policy. Food Policy 33:99–111

Deutsches Ernährungsforum (2011) Der Speiseölverbrauch in Deutschland: Raps – Profil einer Erfolgspflanze. (http://www.d-e-f.de/produktinfos/kompendium_rapsoel/speiseoelverbrauch.htm), abgerufen 2011-07-10

FANR (2010): Basisdaten Biogas 2010. Finale Fassung. Fachagentur für Nachwachsende Rohstoffe. (http://www.fnr-server.de/ftp/pdf/literatur/pdf_185-v8-basisdaten_biogas_2010_finale-fassung.pdf

Gath M Alvensleben RV (1998) The potential effects of labeling genetically modified foods on the consumer decisions – Preliminary results of conjoint measurement experiments in Germany

Gawron J-C, Theuvsen L (2008) Kosten der Verarbeitung gentechnisch veränderter Organismen: Eine Analyse am Beispiel der Raps- und Maisverarbeitung. In: Glebe T et al. (Hrsg.) Agrar- und Ernährungswirtschaft im Umbruch. Münster-Hiltrup, Münster, pp 143–152

Grunert KG, Bech-Larsen T, Lähteenmäki L, Ueland Ø, Åström A (2004) Attitudes towards the use of GMOs in food production and their impact on buying intention: the role of positive sensory experience. Agribusiness 20(1):95–107

Hensher DA, Rose JM, Greene WH (2005) Applied choice analysis: a primer. Cambridge University Press, Cambridge

Huber K, Kühne P (2004) Frühstückscerealien: neue und bekannte Getreideprodukte, Herstellung, Qualitätsveränderungen, Bio-Angebot. Arbeitskreis für Ernährungsforschung. Organic ePrints (http://orgprints.org/4794/1/Fr%C3%BChst%C3%BCcksgetreide.pdf)

Louviere JJ, Hensher DA, Swait JD (2000) Stated choice-methods: analysis and applications.Cambridge University Press, Cambridge

Marggraf R, Streb S (1997) Ökonomische Bewertung der natürlichen Umwelt. Spektrum, Heidelberg

Middelhoff, U, Baumann R, Kessler M, Reiche E-W, Rinker A, Tillmann J, Windhorst W (2004) Teil D: Regionalstudie Schleswig-Holstein. In: Breckling B et al. Generische Erfassung und Extrapolation der Raps-Ausbreitung. – GenEERA. Abschlussbericht

Moon W, Balasubramanian SK (2004) Public attitudes toward agrobiotechnology: The mediating role of risk perceptions on the impact of trust, awareness, and outrage. Rev Agric Econ 26(2):186–208

Park J, McFarlane I, Phipps R, Ceddia G (2011) The impact of the EU regulatory constraint of transgenic crops on farm income. New Biotechnol 28(4):396–402

Schmidt G, Kleppin L, Schröder W, Breckling B, Reuter H, Eschenbach C, Windhorst W, Höltl K, Wurbs A, Barkmann J, Marggraf R, Thiel M (2009) Systemic risks of genetically modified organisms in crop production: interdisciplinary perspective. GAIA 18:119–126

Statistisches Bundesamt (2009) Aktuelles aus dem Landwirtschaftsstatistiken: Fleischerzeugung 2008.Wirtschaft und Statistik 2/2009. S 113

Statistisches Bundesamt (2010) Produzierendes Gewerbe: Produktion des Verarbeitenden Gewerbes sowie des Bergbaus und der Gewinnung von Steinen und Erden: 2009. Fachserie 4, Reihe 3.1. (http://www.destatis.de/jetspeed/portal/cms/Sites/destatis/Internet/DE/Content/Publikationen/Fachveroeffentlichungen/Produzierendes_20Gewerbe/Verarbeitendes Gewerbe/Konjunkturdaten/ProduktionJ2040310097004,property=file.pdf)

Stratmann R, Menz M, Schraa M (2006) Getreide, Ölsaaten, Futtermittel. Zentrale Markt- und Preisberichtsstelle, Rheinbreitbach

Thiel M, Marggraf R (2009) Monitoring von gentechnisch veränderten Pflanzen – Konzeption und Kosten. Jahrbuch der Österreichischen Gesellschaft für Agrarökonomie 18(1):131–140

Kapitel 13
Stakeholder-Interaktionen im Überblick

Broder Breckling

Der Austausch und die Interaktion mit Stakeholdern ist in der sozialökologischen Forschung ein wesentliches Element, um ökologische und gesellschaftliche Dynamiken in einen Bezug zu stellen und miteinander zu verknüpfen. Der Verbund GeneRisk verfolgte auf der ökologischen Seite einen Ebenen-übergreifenden Ansatz im Hinblick auf den Bezug molekularer, physiologischer, populationsdynamischer, ökosystemarer und landschaftsbezogener Effekte von GVO (siehe Kap. 3). Ein entsprechender Ansatz wurde auch für den gesellschaftlichen Kontext entwickelt und ein Mehrebenen-Konzept verfolgt. Dieses umfasste den direkten, persönlichen Austausch mit Stakeholdern, Landwirten und Endverbrauchern, also denjenigen, die letztlich von der neuen Technologie profitieren sollen und die letztendlich von den eingegangenen Risiken betroffen sind. Als weitere Ebenen können neben den Entwicklern und der Wissenschaft auch die der lokalen bzw. bundesweiten Entscheider angesehen werden. Auch hier ist es gelungen, auf verschiedenen Ebenen Diskurse zu initiieren und Entwicklungen aus dem GeneRisk Verbund einzubringen. In den folgenden Kapiteln werden Inhalte und Resultate dieser Interaktionen dokumentiert:

Kapitel 14: Lokale Interaktion

Der seit langem aktive Agenda21-Verein in der Niedersächsischen Kreisstadt Diepholz bot einen sehr gut geeigneten Rahmen, um mit Interessierten an der GVO-Thematik aus der breiten Öffentlichkeit zusammen zu kommen. Nach Ankündigung in der örtlichen Presse fand im Rathaus eine lebendige und kritische Diskussion statt, die ihren Ausgang von Präsentationen des GeneRisk-Verbundes nahm. Die Diskussion lieferte für die Organisatoren die Einsicht, dass Werthaltungen in komplexen gesellschaftlichen Zusammenhängen einen wichtigen Beitrag zu Entscheidungen unter Bedingungen von Ungewissheit leisten können. So wird

B. Breckling (✉)
Lehrstuhl für Landschaftsökologie, Universität Vechta, PF 1553, 49364 Vechta, Deutschland

Zentrum für Umweltforschung und nachhaltige Technologien (UFT), Abt. 10 (Ökologie), Universität Bremen, PF 330440, 28334 Bremen, Deutschland
e-mail: bbreckling@iuw.uni-vechta.de

B. Breckling et al. (eds.), *GeneRisk*, Umweltnatur- & Umweltsozialwissenschaften, DOI 10.1007/978-3-642-23433-0_13,

es möglich, den eigenen Lebenszusammenhang risikoarm zu organisieren, auch wenn Implikationen von Alltagsentscheidungen nur partiell auf wissenschaftlich fundiertem Niveau getroffen werden können. Für den Nahrungsmittelsektor erwies sich die Naturnähe als ein besonders hoch geschätzter Wert.

Auf dieser Ebene ging es darum, basisnahe Einsichten unmittelbar kennenzulernen.

Kapitel 15: Die Landkreis-Ebene und regionale Zusammenhänge

Wie im regionalen Zusammenhang widerstreitende Interessen in Bezug bringen und möglicherweise zu einem Ausgleich beitragen? Dieser Fragestellung ging eine Gesprächsserie im Landkreis Märkisch Oderland nach. Der Landkreis östlich Berlins wies vor der Ruhensanordnung durch das BMVEL die höchste räumliche Konzentration des Anbaus von Bt-Mais auf, den es in Deutschland gab. Entsprechend waren lokale Kontroversen polarisiert. Die Kreisverwaltung einschließend wurde nach Möglichkeiten gesucht, Konflikte auf regionaler Ebene in produktive Bahnen zu lenken und – wenn auch nicht zu befrieden – so doch zur Organisation eines *modus vivendi* beizutragen, die es den am Konflikt Beteiligten ermöglichen sollte, hier insbesondere Landwirte mit unterschiedlichen Anbauinteressen, ihre Positionen in einer Weise wahrnehmen zu können, die Belange anderer möglichst wenig einschränkt. Die Gespräche lieferten Erkenntnisse für ähnliche Widerspruchslagen an anderen Orten und zu vergleichbaren Themen.

Kapitel 16: Bundesweite Debatten

Der Runde Tisch Pflanzengenetik wurde 2009 von den Bundesministerien BMBF (Bildung und Forschung) und BMELV (Ernährung, Landwirtschaft und Verbraucherschutz) einberufen, um die Thematik „Gentechnisch veränderte Pflanzen" verstärkt in der Öffentlichkeit zu erörtern. Die Spitze des Ministeriums für Bildung und Forschung vertrat dabei die Auffassung, dass aus forschungspolitischer Sicht die Nutzung der Gentechnik im Prinzip notwendig ist. Aus unterschiedlicher Perspektive wurden Positionen von Eingeladenen aus Sicht der Industrie, verschiedener Wissenschaftsorganisationen und gesellschaftlicher Funktionsträger dazu entwickelt. Zum Kreis der Eingeladenen gehörend, entwickelten Vertreter des GeneRisk-Konsortiums die Position, dass als notwendige Zutat eines rationalen Diskurses eine deutliche Stärkung der Unabhängigkeit der Risiko- und Begleitforschung gehört. Hierzu wurden inhaltliche Forschungsdefizite aufgezeigt, die insbesondere Wirkungen für größere Räume und die Berücksichtigung der biogeografischen und landschaftsstrukturellen Variabilität betrifft.

Kapitel 17: Internationale Verknüpfung

Das Kapitel umreißt wichtige Grundlinien im internationalen Zusammenhang. Es stellt dar, welche Beziehungen sich zwischen unabhängiger Wissenschaft und industriellen Marktinteressen ergeben haben. Dabei wird vor allem auf Fragen des länderübergreifenden Risikomanagements Bezug genommen. Der GeneRisk-Verbund konnte auch in diesen Kontext Beiträge einbringen, so zu einem Symposium im

Rahmen der Cartagena-Folgekonferenz 2010 in Nagoya (Japan, COP 10), wo der systemische Risikoaspekt vorgestellt und diskutiert wurde.[1]

Mit der Dokumentation von Stakeholder-Interaktionen rundet der GeneRisk Verbund den interdisziplinären Bezug ab. Die naturwissenschaftlich geprägte Risikoabschätzung wurde weiter entwickelt und ökonomische Analysen vorgestellt. Bezüge und Analysen des gesellschaftlichen Diskurses und der unterschiedlichen Interessenlagen wurden mit den vorhandenen wissenschaftlichen Befunden unterschiedlicher Disziplinen auf verschiedenen Ebenen miteinander verknüpft.

[1] Advancing the understanding of biosafety – Social sustainability and Biological Safety. Scientific findings, policy reactions and public participation. http://www.ensser.org/activities/meetings/biosafety-conference-nagoya/
Assessing Systemic Risks http://www.ensser.org/uploads/pics/KN4_Breckling.pdf

Kapitel 14
Stakeholder-Interaktionen lokal: Chancen und Risiken der Grünen Gentechnik, Diskussionsveranstaltung am 26. November 2009 im Rathaus der Kreisstadt Diepholz

Broder Breckling, Gunther Schmidt und Winfried Schröder

14.1 Präsentation und Diskussion

Es war Ziel des GeneRisk-Verbundprojektes, Erkenntnisse und Bewertungen naturwissenschaftlicher und nicht-naturwissenschaftlicher Disziplinen zur Verwendung von GVO in der Landwirtschaft in die öffentliche Diskussion auf verschiedenen Ebenen zu gewinnen. Die Erörterung und Popularisierung ausgewählter Projektergebnisse sollte durch Beiträge lokaler, regionaler, nationaler und internationaler Akteure ergänzt und vertieft werden.

Eine Diskussionsveranstaltung zum Thema „Chancen und Risiken der Grünen Gentechnik" mit lokalen und regionalen Betroffenen und Interessenvertretern aus Landwirtschaft (konventionell / ökologisch), Imkerei und Kommunalpolitik wurde im November 2009 zusammen mit dem von der lokalen Politik, dem Niedersächsischen Umweltminister sowie dem BMU über Parteigrenzen hinweg anerkannten Agenda 21-Förderverein e.V. in Diepholz durchgeführt (Abb. 14.1). Eingeladen wurde über die Zeitung (Anlage 14.1) und mit Flyern. Die Einladungen gingen u. a. an Mitglieder von Agenda 21 in Diepholz sowie weitere Agenda 21-Initiativen, Vertreter der Kommunalpolitik, umweltpolitische Sprecher der Bundestagsfraktionen, lokale Unternehmen und Initiativen, Umweltorganisationen (u. a. BUND Diepholzer Moorniederung, Naturschutzring Dümmer), Vertreter aus der Landwirtschaft (Landwirtschaftskammer, Landvolk) und Imkervereine sowie Vertreter aus Bildung und Schule. Die Veranstaltung gliederte sich in einen Vortrags- und Diskussionsteil.

Die für alle Interessierten geöffnete Veranstaltung war sehr gut besucht. Prof. Dr. Winfried Schröder, Leiter des GeneRisk-Verbundprojektes und erster Vorsitzender des Agenda 21-Fördervereins e.V. Diepholz, führte in das Forschungsvorhaben ein. Anstelle der erkrankten Frau Dr. Wiebke Züghart (Bundesamt für Naturschutz) präsentierte Priv.-Doz, Dr. Broder Bereckling biologische Grundlagen der

B. Breckling (✉)
Lehrstuhl für Landschaftsökologie, Universität Vechta, PF 1553, 49364 Vechta, Deutschland

Zentrum für Umweltforschung und nachhaltige Technologien (UFT), Abt. 10 (Ökologie), Universität Bremen, PF 330440, 28334 Bremen, Deutschland
e-mail: bbreckling@iuw.uni-vechta.de

B. Breckling et al. (eds.), *GeneRisk*, Umweltnatur- & Umweltsozialwissenschaften, 225
DOI 10.1007/978-3-642-23433-0_14, © Springer-Verlag Berlin Heidelberg 2012

Abb. 14.1 Blick ins Plenum der Veranstaltung des Agenda 21 Vereins am 26. November im Rathaus der Kreisstadt Diepholz

Gentechnik. Anschließend behandelte Prof. Dr. Gerd Winter, Universität Bremen, den GVO-Anbau aus juristischer und gesellschaftlicher Sicht. Dr. Armin Werner, Zentrum für Agrarlandschaftsforschung, Müncheberg, beleuchtete das Thema aus agrarwissenschaftlicher Sicht.

Broder Breckling erläuterte Hintergründe und Folgen der Gentechnik in der Landwirtschaft. Als ein Beispiel für unerwartete Entwicklungen stellte er den jüngst aufgetretenen Fall von Verunreinigungen in deutschen Nahrungsmittelimporten vor. Im September 2009 wurden in Importen aus Kanada Spuren einer gentechnisch veränderten Leinsaat (Flachs)-Sorte mit dem Namen „Triffid" entdeckt. Dies führte zu etwas „Horror auf dem Feld", denn Triffid war eigentlich der Titel eines Horrorfilms aus den 1960er Jahren. Ein kanadischer Gentechnik-Designer wählte diesen als Namenspatron für seine GV-Flachs-Sorte. Dass Triffid noch wächst, war eine Überraschung, denn seit fast 10 Jahren gibt es keine Zulassung in Kanada mehr, in der EU war diese Sorte nie erlaubt gewesen.

Dr. Armin Werner erörterte den Anbau gentechnisch veränderter Pflanzen (GVP) aus Sicht der Landwirtschaft. Weltweit werden auf ca. 125 Mio. Hektar GVP angebaut. Das entspricht der gesamten EU-weiten landwirtschaftlichen Nutzfläche. GV-Mais (MON810) war in Deutschland von 2005 bis 2008 für den Anbau zugelassen und auf bis zu 3.700 Hektar angebaut worden. Im April 2009 wurde die Zulassung vom Bundesministerium für Ernährung, Landwirtschaft und Verbraucherschutz (BMELV) ausgesetzt. In Deutschland gelten Abstandsregelungen, um die Einkreuzung in konventionelle Maisfelder zu verringern. Beim Anbau von GV-Mais muss ein Abstand von 150 m zu konventionellen und 300 m zu ökologischen Maisflächen eingehalten werden. In Brandenburg müssen seit 2008 auch Mindestabstände von 800 m zu Naturschutzgebieten eingehalten werden, um so Nicht-Ziel-Organismen vor möglichen Gefahren zu schützen.

Den Anbau von GVP aus juristischer und gesellschaftlicher Perspektive beleuchtete Prof. Dr. Gerd Winter. Er erläuterte das recht komplizierte Genehmigungsverfahren in der Europäischen Union, wo die Behörden der einzelnen Länder, die EU-Kommission und die EU-Behörde für Nahrungsmittelsicherheit (EFSA) umfangreiche Unterlagen für jeden Zulassungsantrag bearbeiten. Er wies aber auch auf Mängel des Verfahrens hin. Eine Behörde wie das Bundesamt für Naturschutz in Deutschland, deren Mitarbeiter sich mit Landschafts- und Artenschutz auskennen, ist auf Europäischer Ebene an der Antragsbewertung nicht beteiligt und nur als Benehmensbehörde auf nationaler Ebene eingebunden. Auch spielen gesamtgesellschaftliche Kosten-Nutzen-Abwägungen derzeit bei der Genehmigung noch keine Rolle.

In Deutschland sollen so genannte Koexistenz-Regelungen in der Praxis helfen, Konflikte, die sich aus dem GV-Mais-Anbau ergeben, frühzeitig zu erkennen und zu vermeiden. Dazu gehört neben der Einhaltung von Abstandsregeln eine Meldepflicht von GVO-Feldern an das Standortregister. Zudem müssen GVP-Landwirte für Schäden haften, die ihren Nachbarn eventuell entstehen.

In der regen Diskussion meldeten sich u. a. Landwirte, Ärzte, Imker sowie Lehrer zu Wort. Die Fragen zeugten von einem hohen Maß an Sachkenntnis, Interesse und Engagement. Die große Mehrheit der Imker steht der gentechnischen Landwirtschaft besonders kritisch gegenüber. Die Rechtslage ist noch nicht abschließend geklärt. Es sind Gerichtsurteile bekannt, die Imker zwingen, mit ihren Bienenstöcken umzuziehen, um den Eintrag von GV-Pollen im Honig zu vermeiden. Koexistenzregelungen gibt es hier nicht. Honig, der mit GV-Pollen verunreinigt ist, unterliegt der Genehmigungspflicht für GVO, was rechtlich zwingend, sozial gesehen aber absurd ist, weil der Imker die gentechnische Veränderung ja nicht wollte. Ist der GVO genehmigt, muss der Honig als gentechnisch verändert gekennzeichnet werden, jedoch nur, wenn der Anteil des gentechnisch veränderten Pollen über 0,9% liegt.

Die DiskussionsteilnehmerInnen zeigten sich gut informiert und brachten viele interessante und kritische Fragen ein. Die weit überwiegende Mehrzahl der anwesenden Bürgerinnen und Bürger, die sehr aufmerksam und mit erheblichem Interesse an der Mitgestaltung ihrer sozialen und natürlichen Umwelt partizipieren, zeigten sich skeptisch und besorgt über einen Einsatz von Gentechnik in der Landwirtschaft und damit in der Ernährung. Einen Eindruck von der Diskussion liefert der folgende Protokollauszug.

Auszug aus dem Protokoll der Veranstaltung

- **Aus dem Plenum:** Wenn wir das Standardbeispiel „Antimatschtomate“ betrachten: Hätte sie ökologische Nachteile gehabt oder eher ökologische Vorteile?

  Stellungnahmen des Podiums:

  - Hier bei uns wurde diese Sorte nicht angebaut. In den USA hat sie sich nicht durchgesetzt, weil sie nicht mehr Aroma hat als andere. Sie sieht zwar gut aus, schmeckte aber nicht besser.

- o Wenn es gelänge, die Tomate fester zu machen, wären die Transportmöglichkeiten besser. D. h. die Gesamtökobilanz könnte positiv sein. Aber die Antimatschtomate schmeckte einfach nicht.

- **Aus dem Plenum**: In Baden-Württemberg ist ein Fall bekannt geworden, bei dem eine größere Charge Honig mit 0,9% Anteil von Transgenen verseucht wurde; es resultierte ein Schadenersatzanspruch!

  Stellungnahme des Podiums:

  - o Imker sind in rechtlicher Hinsicht benachteiligt. Sie gelten rechtlich nicht als Nachbarn und haben deshalb keinen nachbarrechtlichen Anspruch auf Entschädigung. Der Landwirt, der die Kontamination verursacht hat, haftet aber nach den allgemeinen Vorschriften für die Schäden. Diese setzen freilich voraus, dass der Landwirt fahrlässig gehandelt hat. Das ist kaum je nachweisbar.

- **Aus dem Plenum**: Die Gentechnik birgt viele Risiken. Wir müssen doch hier nicht alles von Null untersuchen. Eigentlich wäre es doch viel praktischer, von der EU aus ein eigenes Expertenteam in die USA schicken! Da es dort viel Gentechnik gibt, müssten die Folgen und Risiken dort doch viel besser langfristig beobachtet werden.

  Stellungnahmen des Podiums:

  - o Wir können viel von den Effekten lernen, die woanders aufgetreten sind. Aber es gibt auch Probleme dabei: 1. In den USA bestehen viele Einschränkungen was den Zugang zu Untersuchungsmaterial und Flächen betrifft. Verträge zwischen z. B. Monsanto und den Landwirten werden so gestaltet, dass sie wissenschaftliche Untersuchungen ausschließen. Die Agrarwissenschaft darf ohne Zustimmung der Patentinhaber nicht einmal Sortenvergleiche durchführen. 2. Man muss im Auge behalten, dass das Ökosystem und die landwirtschaftlichen Strukturen in den USA anders sind als bei uns.
  - o Nicht nur die Europäer forschen, auch in den USA wird daran gearbeitet. Die Feldforschungen werden publiziert. Sie haben keine anderen Effekte ergeben als bei der normalen Landwirtschaft. Deutschland arbeitet auch international daran: Auch hier wurden bisher keine außergewöhnlichen Effekte beobachtet. Die Forschung läuft im Hinblick auf Langzeitstudien: Gibt es Effekte in 20 / 30 Jahren?
  - o Ob die ökologische Forschung ausreicht, wird unterschiedlich beurteilt. Eine intensive Forschung, bei der über lange Zeit beobachtet wird, wie z. B. beim Thema „Waldsterben“, gibt es nicht zur GVO-Problematik. Das GeneRisk-Projekt ist am Runden Tisch im Bildungsministerium bei Frau Dr. Schavan vertreten. Wir haben ihr in einem Positionspapier aufgeschrieben, wo nach unserer Ansicht wichtige Forschungslücken bestehen.

- **Aus dem Plenum**: Ich möchte die Möglichkeit der Koexistenz in Frage stellen. Uns Imker gibt es doch schon länger als die Landwirte, wir haben nur keine Lobby, weil die meisten von uns die Imkerei als Hobby betreiben. Denken Sie daran: Eine Biene ist ein Nutztier! Wir werden ein wenig durch den Verkauf des Honigs entschädigt. Nun wird uns gesagt, wenn gentechnisch veränderte Pflanzen

angebaut werden, sollen wir mit unseren Bienenvölkern woanders hingehen. Wir sollen weggehen? Wo ist denn da die Wahlfreiheit? Außerdem hätte ich gern gewusst, ob ich als Imker haftbar zu machen bin, wenn meine Bienen andere Pflanzen kontaminieren. Die Bienen fliegen schon mal 3 km weit!
MON 810 Mais ist ein Futtermittel, für den menschlichen Verzehr nicht zugelassen. Die Bienen sammeln Honig aber auch auf verseuchten Feldern, wenn sie eigentlich reinen Pollen sammeln sollen. Ist der Honig gentechnisch verseucht, darf er nicht mal mehr verschenkt werden, sondern wird vernichtet. Wer untersucht? Wer zahlt? Welche Konsequenzen zieht das nach sich?
Stellungnahmen des Podiums:
  - In der Rechtsprechung gibt es den Fall, dass ein Anspruch besteht für Nachbarn, die ohne ihr Zutun gentechnisch veränderte Pflanzen auf ihren Feldern haben, die sie nicht vermarkten dürfen. Aber Imker sind, wenn sie nicht Eigentümer der Grundstücke sind, auf denen die Bienenkörbe stehen, nicht als Nachbarn definiert. Sie als Imker haften nicht, wenn ihre Bienen die Pollen weitertragen. Die Aufforderung, die Bienenstöcke herumzutragen, ist natürlich absurd, das kann man von den Imkern nicht verlangen. Diese Frage ist rechtlich noch nicht gelöst.
  - Das bedeutet für Imker und Bio-Bauern: Eine Koexistenz ist nur möglich, wenn sich Regionen als Ganzes vereinigen. Das müssen Sie als Verbraucher fordern! Es gibt ja schon gentechnikfreie Regionen, aber die Verträge gelten nur für jeweils ein Jahr und nicht alle Landwirte innerhalb der Region machen mit.
  - Sie sehen, dass die Politik nicht immer auf die Wissenschaft hört. Die Grenzen von 150, 300 oder 800 m sind ja auch sehr theoretisch. Es müsste Regionen mit GVP und ohne GVP geben.

- **Aus dem Plenum**: Weniger Insektizide – das ist doch nur kurzfristig! Wo ist der Nutzen? Ich brauche KEINE Insektizide!
  Stellungnahmen des Podiums:
  - Wichtig ist ein gutes Resistenzmanagement: Nicht immer dieselben Pestizide verwenden, nicht immer dasselbe anbauen.
  - Grundsätzlich gilt: Im Rahmen der Risikoprüfung wird nicht der Nutzen der Gentechnik ermittelt, sondern nur mögliche Risiken und Schäden abgeschätzt. Es fehlen auch Abschätzungen gesamtwirtschaftlicher Kosten. Es müsste rechtlich geändert werden, indem eine Risiko-Kosten-Nutzen-Abschätzung gefordert wird.
- **Aus dem Plenum**: Ich höre immer „Wahlfreiheit"... Das hört sich toll an, ist aber doch nur Hohn. Ich würde eher von Wirtschaftsdiktatur sprechen. Das Interesse an der Einführung von gentechnisch veränderten Pflanzen kommt doch nicht aus der Gesellschaft! Und wir müssen jetzt mit unseren Steuergeldern die Forscher bezahlen, die herausfinden sollen, ob Gentechnik gefährlich ist! Wir sollten das Geld besser einsetzen, um zu erforschen, wie man Mais ökologisch anbauen kann! Erst wird ein Feuer entfacht, dann wird die Feuerwehr gerufen, und wir zahlen! Die Gesellschaft möchte keine Gentechnik!

Stellungnahmen des Podiums:

- o Es ist naheliegend, was Sie sagen. Ich denke jedoch, dass die Mehrheit in der Gesellschaft wohl eher die konventionelle Landwirtschaft wünscht. Wir sollten überlegen, ob die Gentechnik nicht auch helfen kann, die Pflanzen zu stärken.

- **Aus dem Plenum**: Da sind wir schnell beim Thema „Patent" und damit bei dem Wort „Macht"...

  Stellungnahmen des Podiums:

  - o Die World Trade Organisation WTO hat die EU und einige Staaten gerügt, sie betreiben die Zulassungsverfahren zu zögerlich. Einigen Mitgliedstaaten hat sie vorgeworfen, sie hätten ihr Verbot der Ausbringung von GVO auf Verbraucherwünsche gestützt, während allein gesundheitliche und umweltbezogene Bedenken legitim sein. Dies ist eine starke Verengung der Spielräume für ein Verbot von GVO-Ausbringung.

- **Aus dem Plenum**: ... und die Shareholder! Man könnte das Geld besser in andere Forschungen stecken.

  Stellungnahmen des Podiums:

  - o Durchaus! Aber man muss klar erkennen: Die konventionelle Landwirtschaft wird von allen beschimpft. Aber die ökologische Landwirtschaft reicht nicht aus, um unsere Ernährung zu sichern! Dann müssten wir unsere Ernährungsgewohnheiten umstellen, z. B. weniger Fleisch essen.
  - o Was sind wir bereit zu zahlen? Die Landwirte geraten unter einen Preisdruck, den WIR erzeugen. Es handelt sich um einen großen Machtfaktor!

- **Aus dem Plenum**: Wenn auf meinem Land keine Gentechnik angewandt werden soll, könnte ich das in meine Pachtverträge reinschreiben? Muss sich der Pächter danach richten? Heißt das, dass dann auch diejenigen um mein Land herum in dem entsprechenden Abstand keine GVO nutzen dürfen?

  Stellungnahmen des Podiums:

  - o Ja, der Pächter müsste sich daran halten, wenn es vertraglich so vereinbart ist.

- **Aus dem Plenum**: Indem ich z. B. 50 € weniger Pacht nehme und der Pächter auf Gentechnik verzichtet?

  Stellungnahmen des Podiums:

  - o Pachtverträge können in der Regel gut verhandelt werden. Betrachten Sie das Beispiel der evangelischen Kirche, die diesen Passus in all ihren Pachtverträgen hat. Ebenso einige Kommunen. Aber diese Einschränkungen tun den Nachbarn weh, das ist so.

- **Aus dem Plenum**: Sie sind sich sicher, dass es bisher noch keine Schäden gibt. Ich trau „denen" (Monsanto) nicht. Ich bin selbst Arzt, ich weiß, was in der Medizin schon alles schief gegangen ist, wenn wir an Genen rumgepfuscht haben. Ich glaub's einfach nicht, dass das funktioniert. Unbequeme Ergebnisse werden doch einfach weggeschlossen. Woher kommen eigentlich die Fördermittel für die Forschung?

Stellungnahmen des Podiums:

- o Fördermittel gibt es vom Staat und von der Industrie selbst.
- o Man muss darauf schauen, welche Fragen gestellt werden. Langfristige Beobachtungen machen nur einen sehr kleinen Teil in der biologischen Sicherheitsforschung aus.

- **Aus dem Plenum**: Forschungen müssten ja wirklich konsequent unabhängig durchgeführt werden, wie z. B. von Greenpeace. Solchen Organisationen fehlen dann aber wieder die Mittel.

  Stellungnahmen des Podiums:

  - o Eine großflächig operierende Forschung gibt es kaum. Es gibt kein wissenschaftlich fundiertes GVO-Monitoring im Routinebetrieb. Wer GVO-Produkte auf den Markt bringt, ist selbst für die Kontrolle zuständig.
  - o Es gibt zu den Umwelt- und Gesundheitswirkungen viele Fragen, die nicht ausreichend beantwortet sind. Als Beispiel sei auf den Sojaanbau in Argentinien hingewiesen: Regenwald wird vernichtet, um Soja anzubauen; es werden in großem Umfang Pestizide eingesetzt. Die Auswirkungen auf die biologische Vielfalt und die menschliche Gesundheit sind erheblich. Die Umweltforschung ist hier hoch defizitär

- **Aus dem Plenum**: Wo kommt die Gentechnik denn her? Soweit ich weiß, wurde als Beweggrund auch die Bekämpfung des Welthungers angegeben. Der indische Film „We feed the world" zeigt das traurige Ergebnis. Wir leiden ja im Moment gar nicht an Hunger, es ist eher ein ethisches Problem und ein Problem der Verteilung.

  Stellungnahmen des Podiums:

  - o Wir empfehlen in unserem Positionierungspapier an Frau Dr. Schavan, rechtliche und ökonomische Fragen im globalen Zusammenhang wissenschaftlich zu betrachten. Auch der Export unserer konventionell hergestellten Produkte hat Nachteile. Wir sind dran an diesem Thema!
  - o Auf internationaler Ebene sehe ich drei Problemfelder: 1. Ausländische Konzerne eignen sich das frei verfügbare Saatgut (Landsorten) an, Stichwort Biopiraterie. 2. Dann werden diese Sorten rechtlich geschützt und dürfen dann nur mit Zustimmung genutzt werden. 3. Sofern solche Eigenschaften in gentechnisch veränderten Organismen genutzt werden, lassen sich diese zusätzlich patentieren und sind dann noch weitergehend geschützt.

- **Aus dem Plenum**: Ich bin praktizierender Landwirt. Konventioneller Anbau und konventionelle Zucht bestimmen 100% meiner Arbeit. Die Gentechnik gibt es schon lange. Vergessen wir nicht, dass unsere Umwelt uns hervorgebracht hat! Die Evolution wird durch Gentechnik verändert! Uns ist schon in anderen Fällen versichert worden, dass alles „unter Kontrolle" sei. Als Stichwort nenne ich Contergan-Geschädigte. Landwirte wollen die Gentechnik nicht.
- **Aus dem Plenum**: Betrachten wir mal den Raps, Stichwort Glyphosat-Resistenz: Die Wildpflanzen werden weniger. Wie sieht es mit Einkreuzungen aus?

Stellungnahmen des Podiums:

- o Machen wir uns nichts vor: Landwirte nutzen sowieso Pestizide! Was die Einkreuzung in Wildpflanzen betrifft: Bisher gibt es keine Selektionsvorteile. Anders kann das bei gentechnisch erzeugter Insektenresistenz sein.
- o Einkreuzungen wurden z. B. in Wildsenf gefunden.

- **Aus dem Plenum:** Der Unterschied ist, dass in GVO artfremde Teile enthalten sind! Ich komme mir vor wie auf einem Blindenflug: Wohin geht die Reise? Ein GVO kann nicht rückgängig gemacht werden! Was ist denn, wenn die Forschung in 30 Jahren herausfindet, dass das alles „Mist" war?...

14.2 Schlussfolgerungen der Veranstalter

Für die Veranstalter, überwiegend im natur- bzw. rechtswissenschaftlichen Diskurs tätig, waren die Diskussionsbeiträge aus dem Plenum insgesamt eine spannende Herausforderung, aus der für den sozialökologischen Kontext interessante Schlussfolgerungen abgeleitet werden konnten. Die Besorgnis und Reserviertheit der anwesenden Öffentlichkeit gegenüber Gentechnik – insbesondere in Nahrungsmitteln – war sehr deutlich und beruhte ganz offensichtlich nicht auf Uninformiertheit, unreflektierten Ängsten oder Vorurteilen, sondern resultierte aus kritischen Erwägungen, die sich zwar nicht auf genetische Spezialkenntnisse, aber dafür auf eine durch breite Allgemeinbildung reflektierte Lebenseinstellung beziehen ließen. Den Beteiligten ist bewusst, dass der technologische Anwendungszusammenhang und die durch diesen vermittelten stofflichen Interaktionen hinsichtlich ihrer Durchschaubarkeit und Kontrolle für die Öffentlichkeit nur in sehr begrenztem Umfang direkt zugänglich sind. In einem Kontext, wo dem Einzelnen nur noch ein begrenzter direkter Einblick – hier in die Lebensmittelproduktion – möglich ist, kann er rational nicht mit Gewissheiten operieren, wenn er Schäden und Unerwünschtes konsequent vermeiden will. Ein wesentlicher und entscheidender Teil von Produktion und Distribution findet außerhalb des eigenen Erfahrungsbereichs statt. *Der Verbraucher muss also Vertrauen aufbringen.*

Vertrauen entwickelt sich als Resultat von Erfahrungen und wird als Grundeinstellung zwischen verschiedenen Lebensbereichen vermittelt und übertragen. Begründet wird Vertrauen wesentlich durch das Annehmen von glaubhaft gemeinsam geteilten Werthaltungen. In ihrer Außenkommunikation legen Unternehmenskulturen häufig auf die Vermittlung von Werthaltungen, ausgedrückt in einer betrieblichen Ethik, ein großes Gewicht. Dennoch verbleibt auf der Seite der Konsumenten hier eine strukturell begründete Ambivalenz gegenwärtig. Das Unternehmensziel der Rendite lässt sich nicht in jedem Fall mit dem Interesse des Verbrauchers in Einklang bringen. Im Konfliktfall sind entgegengesetzte Interessen unvermeidlich. Gerade die Firma Monsanto hat in der Öffentlichkeit einen Ruf der rigorosen Wahrnehmung von Eigeninteressen gegen andere Akteure, der einer Vertrauenskultur nicht unbedingt förderlich ist.

In einer Situation, in welcher einem Produkt nicht mehr anzusehen ist, wie es produziert wurde und was in ihm steckt, sind Wertentscheidungen seitens der Öffentlichkeit ein entscheidendes strategisches Mittel der Wahrung eigener Interessen. Dies gilt wahrscheinlich am unmittelbarsten und deutlichsten im Hinblick auf Lebensmittel, die elementar mit dem eigenen Wohlergehen und der Gesundheit verbunden sind. Hier spielen Werthaltungen eine besondere Rolle. Natürlichkeit und Naturnähe gerade von Nahrungsmitteln (verstanden als Gegenpol zu industriellem Ersatz und synthetischen Zusätzen) wird wahrgenommen als das am wenigsten hintergehbare Merkmal, mit dem der Wert eines Nahrungsmittels beurteilt wird.

Eine Chemisierung der Landwirtschaft lässt sich diesbezüglich als Applikation von Zusätzen verstehen, als etwas dem Lebensmittel Äußerliches, das im Produkt „mit dabei" ist, sich zum Teil vielleicht noch abwaschen lässt. Jedenfalls sind eine Chemikalie und ihre Abbauprodukte in der Vorstellung trennbar vom Lebensmittel selbst. Dies gilt auch für Zusätze im Rahmen der Lebensmittelverarbeitung. Anders ist diesbezüglich die Wahrnehmung der Gentechnik. Hier sitzt die der eigenen Kontrolle und Einflussnahme nicht zugängliche Veränderung im Genom – und macht somit konstitutiv das „Sein" des als Nahrung dienenden Organismus aus. Das lässt sich nicht trennen, abwaschen oder wegschneiden. Gleichzeitig ist die genetische Veränderung patentiert, stellt also (so paradox das sein mag) in *stofflicher* Hinsicht das *geistige* Eigentum des Patentinhabers dar. Das erscheint als prägnante industrielle Enteignung genuiner Lebensbezüge.

Der Konflikt um die Gentechnik gerade bei der Anwendung im Lebensmittelsektor führte zu einer erbittert zu Tage tretenden Abwehr in der hiesigen Öffentlichkeit. Deren Widerstand gegen Gentechnik lässt sich in Anbetracht all der PR- und Werbeaktionen der Gentechnik-Protagonisten nicht anders erklären als mit einer Stabilität von Werthaltungen, die gerade im Hinblick auf Nahrungsmittel besonders ausgeprägt ist – und die den Korrekturbemühungen durch ein werbendes industrielles Informationsangebot erstaunlich hartnäckig widerstand. Die Veranstaltung zeigte, dass dies in sehr deutlichem Maße gerade in dem gesellschaftlichen Bereich gilt, der dem ländlichen Rahm nahe verbunden ist und über eine reflektierte Diskurskultur verfügt.

Das Diepholzer Kreisblatt (DKB) berichtete ausführlich über die Veranstaltung. Die Zeitungsberichte stießen auf interessierte Resonanz der Leserschaft (Anlagen 14.1–14.3).

Anlage 14.1: Informations- und Diskussionsveranstaltung „Chancen und Risiken der Grünen Gentechnik" 26.11.2009, 19:00 bis 22:00 Uhr, Ratssaal der Stadt Diepholz (Quelle: Diepholzer Kreisblatt / Mediengruppe Kreiszeitung)

Im Diepholzer Rathaus Diskussion über „Grüne Gentechnik"

Agenda 21-Förderverein und Hochschule Vechta laden ein

DKB, 21.11.2009

DIEPHOLZ ▪ Den einen gilt sie als ein Segen, für die anderen ist sie fast ein Werk des Teufels. Die Rede ist von der Gentechnik, die es in rot (Medizin), weiß (Industrieprozesse) oder grün (Pflanzen) gibt.

Über die Chancen und Risiken der Grünen Gentechnik möchten der Agenda 21-Förderverein e. V. und die Hochschule Vechta am Donnerstag, 26. November, um 19 Uhr im Diepholzer Rathaus zunächst informieren, vor allem aber mit interessierten ZuhörerInnen diskutieren. Das Programm sieht vor, dass nach der Einführung in das Thema die drei ReferentInnen Dr. Wiebke Züghart (Bundesamt für Naturschutz), Prof. Dr. Gerd Winter (Universität Bremen) und Dr. Armin Werner (Zentrum für Agrarlandschaftsforschung, Müncheberg) die „Grüne Gentechnik" aus unterschiedlichen Perspektiven betrachten und dadurch zur Diskussion anregen.

„Ehrlich gesagt wusste ich erst gar nicht, wieso das Thema interessant für mich sein soll", so Kristin Christen, Geschäftsführerin des Agenda 21-Fördervereins. Doch schon eine kurze Auseinandersetzung mit dem Thema brachte viele Fragen auf: Ist auch gen-frei drin, wenn gen-frei auf der Lebensmittelverpackung steht? Wie viel „Gen" darf denn trotz der EU-weiten Kennzeichnungspflicht enthalten sein? Sind die Risiken für die menschliche Gesundheit und die Umwelt ausreichend erforscht? Kann man mit Wunderpflanzen das Hungerproblem in bestimmten Regionen der Welt lösen? Werden Bio-Produkte in jedem Fall ohne Gentechnik hergestellt?

Wer Antworten wissen möchte oder andere Fragen hat, ist eingeladen teilzunehmen. Der Eintritt ist frei. Weitere Infos unter Telefon 05441 927505 oder unter www.agenda21-diepholz.de.

Anlage 14.2: Presse-Berichterstattung über den lokalen Diskurs (Quelle: Diepholzer Kreisblatt / Mediengruppe Kreiszeitung)

„Ein bisschen Horror" auf dem Feld

„Grüne Gentechnik" war Thema einer gut besuchten Diskussionsveranstaltung mit Experten im Diepholzer Rathaus

DKB, 28.11.2009

Mehr als 60 Interessierte kamen am Donnerstagabend zum Diskussionsabend „Chancen und Risiken der Grünen Gentechnik" ins Diepholzer Rathaus. Fotos: Jansen

Einer der Referenten: Der gebürtige Diepholzer Prof. Dr. Gerd Winter (Uni Bremen).

DIEPHOLZ (ej) • Gentechnik überschreitet natürliche Grenzen der Zucht. Erbanlagen werden dabei auch zwischen verschiedenen Arten transferiert. Chancen und Risiken der „Grünen Gentechnik" – der Anwendung bei Pflanzen – stand im Mittelpunkt einer gut besuchten Veranstaltung am Donnerstagabend im Diepholzer Rathaus.

Der Agenda 21-Förderverein Diepholz und die Hochschule Vechta hatten gemeinsam dazu öffentlich eingeladen. Prof. Dr. Winfried Schröder, Vorsitzender des Agenda-Fördervereins und Inhaber des Lehrstuhls für Landschaftsökologie in Vechta, begrüßte die Besucher und stellte das Projekt „GeneRisk" des Bundesministeriums für Bildung und Forschung vor, an dem er beteiligt ist. „GeneRisk" hat sich zur Aufgabe gemacht, den Umgang mit gentechnisch veränderten Pflanzen am Beispiel von Raps und Mais in Landwirtschaft, Handel und Umwelt zu analysieren.

Referenten des Abends waren Privatdozent Broder Breckling (Hochschule Vechta), der in Vertretung von Dr. Wiebke Züghart (Bundesamt für Naturschutz) Grundsätzliches zur Genveränderungen erklärte. Diese machen Pflanzen beispielsweise unempfindlich gegen Krankheiten oder lassen sie Giftstoffe gegen Schädlinge produzieren. Ein Risiko ist die unbeabsichtigte Kreuzung mit anderen Pflanzen in der Natur.

Während der Inhalt von Brecklings Ausführungen für Prof. Schröder „ein bisschen Horror" zeigte, stand der nächste Referent der Grünen Gentechnik positiver gegenüber: Dr. Armin Werner vom Zentrum für Agrarlandschaftsforschung (Müncheberg) beleuchte den Anbau von gentechnisch veränderten Organismen (GVO) aus landwirtschaftlicher Sicht. In Deutschland ist der Anbau nicht mehr erlaubt – im April 2009 wurde eine bis dahin zulässige Sorte „Gen-Mais" gestoppt. Für den Anbau gelten in Europa strenge Voraussetzungen (wie 150 Meter Abstand zu konventionellen und 300 Meter zu ökologisch bewirtschafteten Flächen). Weltweit werden laut Dr. Werner auf zehn Prozent der landwirtschaftlichen Fläche gentechnisch veränderte Soja-, Raps-, Baumwolle- oder Maispflanzen angebaut.

Den GVO-Anbau aus juristischer und gesellschaftlicher Sicht beleuchtete Prof. Dr. Gerd Winter von der Universität Bremen, der übrigens gebürtiger Diepholzer ist. Er kritisierte die vorgeschriebene Bewertung von Risiken durch Behörden als zu oberflächlich.

Den insgesamt anderthalbstündigen Vorträgen schloss sich eine längere Diskussion mit den Besuchern an. Unter ihnen waren auch mehrere Imker, die besondere Probleme mit Feldern haben, auf denen gentechnisch veränderte Pflanzen angebaut werden, denn Bienen halten sich nicht an Abstandsflächen. Und Produkte, die mit gentechnisch veränderten Stoffen verunreinigt sind, dürfen in der Regel nicht vermarktet werden.

Anlage 14.3: Presse-Berichterstattung über den lokalen Diskurs: Leserbrief (Quelle: Diepholzer Kreisblatt / Mediengruppe Kreiszeitung)

▪ *Leserforum* DKB, 01.12.2009

„Natur ist kein Lego-Baukasten“

Peter Wagner, Auf dem Brink 3, 49406 Drentwede, Vorsitzender des Imkervereins Diepholz und Umgegend von 1898, nimmt Stellung zum Bericht über „Grüne Gentechnik“ vom 28. November.

„Aus unterschiedlichen Blickwinkeln stellten bei der Vortrags- und Diskussionsveranstaltung des Agenda 21 Fördervereins Diepholz und der Hochschule Vechta die Referenten des Abends Aspekte der Agro-Gentechnik dar. Natürlich lag das Hauptgewicht auf den Belangen der Landwirtschaft. Zunächst nur in Nebensätzen kamen allerdings auch die direkten und mittelbaren Auswirkungen der „Grünen Gentechnik“ auf die Honigbienen und deren Halter, die Imker, zur Sprache. So erfuhr der Zuhörer, warum der früher so beliebte Kanadische Rapshonig aus unseren Supermarktregalen verschwunden ist – wegen der hochgradigen Verunreinigung durch genmanipulierten Rapspollen! In Deutschland wurde Honig, in dem Pollen der genveränderten Maissorte MON 810 (einer Tierfutterpflanze ohne Zulassung für den menschlichen Genuss) nachgewiesen wurde, vom Verwaltungsgericht Augsburg als nicht verkehrstauglich eingestuft und die gesamte Ernte des betroffenen Imkers als Sondermüll entsorgt! Ganz zu schweigen von reinem Pollen, der zurzeit noch als eiweißreiche Nahrungsergänzung angeboten wird und noch wesentlich stärker belastet sein wird. Noch ist es hierzulande nicht so weit, auch dank der Unbestechlichkeit einer besonnenen Bundeslandwirtschaftsministerin.

Es muss doch nicht alles, was technisch möglich erscheint, umgehend in blinder Fortschrittsgläubigkeit umgesetzt werden. Sicher sind wir uns alle bewusst, dass die landwirtschaftliche Erzeugung mit großen Problemen konfrontiert ist. Aber die Lösung kann doch nicht sein, munter neu designte Lebewesen in die Umwelt zu entlassen, deren mögliche Auswirkungen auf komplexe Ökosysteme wir ja längst nicht umfassend überschauen können. Der Problematik der Ausbreitung ist mit juristisch festgelegten Abstandsflächen nicht beizukommen, Honigbienen und andere Bestäubungsinsekten halten sich eben nicht daran, sondern werden speziell beim Raps zur raschen Auskreuzung transgener Sorten auf verwandte Nutz- und Wildpflanzen beitragen. Mit dem Effekt, dass binnen weniger Jahre der „totalherbizidresistente“ Raps von ebensolchen „Superunkräutern“ durchwuchert sein wird, denen deswegen nicht mehr durch herkömmliche Herbizide beizukommen sein wird.

Ähnliche Probleme sind beim Einsatz neuer Pflanzensorten zu befürchten, die dank Gentechnik in allen grünen Teilen ein Gift gegen Insekten erzeugen. Werden diese durch Wegfall ihrer natürlichen Gegenspieler irgendwann die restliche Flora dominieren?

Noch ist es nicht zu spät, die Politiker an ihren Amtseid zu erinnern, Schaden von Land und Volk abzuwenden.“

Leserbriefe geben die Meinung hrer Verfasser wieder. Kürzungen vorbehalten.

Kapitel 15
Stakeholder-Interaktionen regional: Risikogovernance – Entwicklung eines Kommunikationsprozesses zum Umgang mit dem Anbau von GVO in der Region Märkisch-Oderland

Claudia Bethwell, Thomas Weith und Klaus Müller

Zusammenfassung

Die Region Märkisch-Oderland, östlich von Berlin gelegen, ist der Schwerpunkt der landwirtschaftlichen Nutzung von Bt-Mais MON810 in Deutschland. Hier existieren seit 2005 Erfahrungen mit dem kommerziellen Anbau. Der Bt-Mais MON810 ist der einzige gentechnisch veränderte Organismus (GVO), der bisher in relevanter Menge in Deutschland angebaut wurde.

Die Verwendung von GVO ist in der öffentlichen Diskussion mit starken Unsicherheiten und Ambivalenzen verbunden. So wird der Anbau von GVO als systemisches Risiko eingestuft. Gleichzeitig gilt für den Mais nach der EU-Richtlinie 2001/18/EC, dass die Koexistenz zwischen konventionell und ökologisch erzeugtem Mais auf der einen Seite und dem mit Mitteln der Gentechnik erzeugtem Mais auf der anderen Seite gewährleistet werden muss.

Für die Region Märkisch-Oderland wurde hierzu ein partizipativ-kommunikativer Ansatz des Risikomanagements entwickelt und regional implementiert. Der Kommunikationsprozess wurde schrittweise und offen gestaltet. Er besitzt nach dem gegenwärtigen Stand gute Voraussetzungen für eine Verstetigung in der Region. Das Ziel der Risikokommunikation bestand seit Beginn des Prozesses darin, die Koexistenz zwischen einer Landwirtschaft ohne und mit Gentechnik in der Region zu ermöglichen. Dies soll durch einen sachlichen Umgang mit dem Thema erfolgen, Konflikte minimieren und berechtigte Interessen der Beteiligten gewährleisten.

C. Bethwell (✉)
Leibniz-Zentrum für Agrarlandschaftsforschung (ZALF) Müncheberg e.V., Institut für Landnutzungssysteme, Eberswalder Str. 84, 15374 Müncheberg, Deutschland
e-mail: Claudia.Bethwell@zalf.de

B. Breckling et al. (eds.), *GeneRisk*, Umweltnatur- & Umweltsozialwissenschaften, DOI 10.1007/978-3-642-23433-0_15, © Springer-Verlag Berlin Heidelberg 2012

15.1 Einleitung: Koexistenz durch Anwendung eines praxisnahen partizipativ-diskursiven Ansatzes

Der Anbau von gentechnisch veränderten Organismen (GVO) stellt nach der Definition der OECD (2003) ein systemisches Risiko dar. Entscheidend für diese Einstufung sind die Merkmale systemischer Risiken wie sie zusammenfassend von Renn und Keil (2008) beschrieben wurden. Demnach können systemische Risiken von ihrem Entstehungsursprung in andere Systeme ausstrahlen und so ihr Schadenspotential in weiter entfernten, sehr verschiedenen Bereichen, wie in Ökosystemen, im Gesundheitssystem, in Sozioökonomischen Systemen oft auch nach längerer Zeit entfalten. Systemische Risiken sind sehr komplex, Ursache-Wirkungs-Ketten sind nicht in allen Einzelheiten bekannt. Deshalb besteht im Umgang mit solchen Risiken eine große Unsicherheit, gespeist aus Nichtwissen, Ahnungslosigkeit und Nichtbeachtung von Systemgrenzen überschreitenden Wirkungen. Durch diese Komplexität können die Konsequenzen der Risiken nicht eindeutig benannt und bewertet werden.

In der Theorie der Risikoforschung werden Risiken nach Eintrittswahrscheinlichkeit und Ausmaß eines Schadensereignisses typisiert (WBGU 1999). Nach einer solchen Typisierung wurde die Eintrittswahrscheinlichkeit und das Ausmaß eines Schadensereignisses bei der Freisetzung und dem Inverkehrbringen transgener Pflanzen vom WBGU (1999) als ungewiss eingeschätzt (Risikotyp „Pythia").

Diese beiden Einordnungen des Anbaus von GVO zeigen, welch hohe Ambivalenz und Unsicherheit im Umgang mit GVO bestehen. Diese dominieren oftmals den gesellschaftlichen Diskussions- und Wahrnehmungsprozess. Dieser Diskurs bildet den Hintergrund, vor dem sich die grundsätzlichen Positionen der vor Ort handelnden Akteure bilden, vor dem die tatsächlichen betriebswirtschaftlichen Entschlüsse der Landwirte getroffen werden und die Entscheidungen der politisch-administrativ Handelnden entstehen. Dies gilt auch für mittelbar betroffene Akteursgruppen wie die Imker, den Tourismusbereich und die Verbraucher.

Für GVO, die zum Inverkehrbringen mittels Anbau auf europäischer Ebene zugelassen wurden, fordert die EU-Richtlinie 2001/18/EC (European Community 2001) die Koexistenz zwischen konventionellem Anbau, ökologischem Anbau und dem Anbau unter Einsatz von gentechnisch veränderten Organismen in den Mitgliedsstaaten zu ermöglichen. Das bedeutet, dass für den Anbau und die Weiterverarbeitung eine Entscheidungsfreiheit der Landwirte und Verbraucher gewährleistet werden muss. Eine Aussage zu der konkreten Umsetzung und Ausgestaltung der Koexistenz trifft die Richtlinie nicht. Die gesetzlichen Regelungen Deutschlands wie das GenTG (2008) und die GenTPflEV (2008) greifen die EU-Richtlinie auf und geben so den Rahmen zum Anbau von GVO vor. Sie lassen jedoch auch noch Fragen und Probleme zur Koexistenz offen, die erst bei der konkreten Umsetzung vor Ort sichtbar werden. Diese Fragen und Probleme müssen in der konkreten Situation vor Ort so aufgegriffen werden, dass eine Koexistenz möglich ist und entstehende Konflikte minimiert werden können.

Die beschriebenen Unsicherheiten und Ambivalenzen und die offenen Fragen und Probleme, die bei der Umsetzung der Koexistenz zutage treten, erfordern regionale Strategien, die helfen, die Koexistenz vor Ort in einer Region umsetzen zu können. In einer Region liegen die Anbauflächen verschiedener landwirtschaftlicher Betriebe mit unterschiedlichen Produktionsweisen unmittelbar nebeneinander und müssen sich unter den gegebenen räumlichen Bedingungen und komplexen Landnutzungskonkurrenzen miteinander arrangieren. In den verschiedenen Phasen des landwirtschaftlichen Produktionsprozesses können Vermischungen zwischen GVO-Produkten und Nicht-GVO-Produkten auftreten (Sanvido et al. 2005). Zwar bestehen bereits aktuell einige Regularien zum Umgang mit GVO vor Ort. Vom Gesetzgeber ist beispielsweise die Information des Nachbarn zum beabsichtigten Anbau in der GenTPflEV (2008) vorgeschrieben (siehe auch Kap. 11). In der Umsetzung können beispielsweise durch geeignete Maßnahmen der guten fachlichen Praxis, durch Mindestabstände und durch nachbarschaftliche Absprachen der Landwirte über den beabsichtigten Anbau Vermischungen gänzlich oder weitgehend verhindert werden. Eine umfassende Strategie zum Umgang mit dem Anbau von GVO existiert jedoch bislang in Deutschland nicht. Sie kann die vor Ort gegebenen naturräumlichen Bedingungen, die Agrar- und Anbaustruktur, die sozioökonomischen und politisch-administrativen Rahmenbedingungen am besten auf regionaler Ebene aufgreifen. Dabei sollte sie das Wissen und die Erfahrung der relevanten Akteure, der Landwirte und der politisch-administrativ Handelnden dieser Region zur Problemlösung nutzen. Eine regionale Strategie kann das Thema Anbau von GVO helfen zu versachlichen, entstehende Konflikte zu minimieren und die berechtigten Interessen aller Beteiligten in der Region zu berücksichtigen. Das Ziel der Strategie ist es, die Koexistenz einer Landwirtschaft mit und ohne Gentechnik auf regionaler Ebene zu unterstützen.

Eine mögliche und in der Literatur als adäquat eingestufte Strategie, um die divergierenden Positionen und Interessen in einer Region auszugleichen, stellt ein partizipativ-diskursiver Ansatz dar, der eine Risikokommunikation und eine Kooperation der Akteure der Region einschließt (RRAC 2009). Eine solcher Umgang mit Konflikten und der Lösung von Problemen greift die im Begriff der „Governance“ zum Ausdruck kommenden Erkenntnisse zur stärkeren Notwendigkeit der Einbeziehung unterschiedlicher Akteursgruppen in regionale Entscheidungs- und Entwicklungsprozesse und dem dabei notwendigen Wechselspiel informeller und formaler Steuerungsansätze auf (vgl. Benz 2004, Assmuth et al. 2010). Eine Risiko-Governance kann neben der europäischen und nationalen Ebene auch auf regionaler und lokaler Ebene angewandt werden (De Marchi 2003). Nur eine Risiko-Governance ist geeignet, systemischen Risiken adäquat zu begegnen und Tendenzen zur Verlagerung und Verstärkung entgegenzuwirken (Renn und Keil 2008). Die in diesem Kontext genutzten kooperativ-kommunikativen und partizipativen Ansätze sind dabei nicht generell neu, sondern werden in anderen Zusammenhängen bereits seit längerem im Rahmen regionaler Veränderungsprozesse erfolgreich genutzt (vgl. z. B. Bischoff et al. 1996).

In diesem Kapitel werden Erfahrungen mit einem praxisnahen partizipativ-diskursiven Ansatz in der Brandenburger Region Märkisch-Oderland zum Umgang mit dem Thema „Anbau von GVO“ vorgestellt. Sie gehen auf folgende Fragestellungen ein:

- Inwiefern ist es möglich, vor dem Hintergrund einer realen Konflikt- und Problemlage der Region eine Kommunikations- und Kooperationsstrategie zu entwickeln und in einer Region zu implementieren?
- Wie sieht ein geeigneter Ansatz zur Entwicklung von regionalen „Koexistenzregeln“ aus, welche „Koexistenzregeln“ kann dieser im Einzelnen beinhalten und welche Überlegungen zur Umsetzung dieser Regeln in der Region gibt es?
- Welche Rahmenbedingungen sind für einen solchen Ansatz notwendig? Welche Positionen vertreten hierzu insbesondere die Akteure in der Region?

Die Beantwortung der Fragen gibt erste Hinweise zum weitergehenden Umgang mit GVO. Der partizipativ-diskursive Ansatz wurde schon zu Beginn der Umsetzung auf den Anbau des Bt-Mais MON810 begrenzt, da nur dieser GVO in der Region von praktischer Relevanz war.

Koexistenzregelungen in anderen europäischen Ländern

Für die Koexistenz zwischen einer Landwirtschaft mit und ohne Einsatz von Gentechnik wurden von wissenschaftlicher Seite verschiedene Vorschläge entwickelt. So sollen z. B. für den Mais Vermischungen von Bt-Mais und konventionell und ökologisch angebautem Mais vermieden werden. In allen Produktionsphasen sind solche Vermischungen möglich (Sanvido et al. 2005), aber es gibt auch geeignete Maßnahmen in den einzelnen Produktionsphasen, um Vermischungen zu verhindern (Sanvido et al. 2005). Zu nennen sind z. B. geeignete Bodenbearbeitung zur Verhinderung von Durchwuchs (Saatbettvorbereitung, Nacherntemaßnahmen), Verwendung zertifizierten Saatgutes (Aussaat), Einhaltung von Mindestabständen und Puffern zur Verhinderung der Auskreuzung (Wachstum, Pflege), Reinigung verwendeter Maschinen, Trennung von Erntegut und Dokumentation bei Lagerung, Verarbeitung, Transport zur Verhinderung einer Vermischung der Ernteprodukte (Ernte, Lagerung, Verarbeitung, Transport).

Da die EU-Richtlinie 2001/18/EG (European Community 2001) nicht einheitlich regelt, wie die Koexistenz umgesetzt werden soll, sind in den EU-Mitgliedsstaaten sehr unterschiedliche Regularien dazu entwickelt worden (Beckmann et al. 2006, Devos et al. 2008, 2009). Unterschieden werden können demnach allgemein Regeln, die Landwirte beachten müssen, wenn sie beabsichtigen GVOs anzubauen (Ex-ante Regeln), und Regeln die im Schadensfall wirksam werden und hauptsächlich die Haftung betreffen (Ex-post Haftungsregeln).

Folgende Ex-ante Regeln dienen der Umsetzung der Koexistenz:

- Verbots- und Genehmigungsverfahren (Verbot des Anbaus in bestimmten Gebieten, Einzelgenehmigung für jede Anbaufläche, obligatorische Weiterbildung für Landwirte, die beabsichtigen GVO anzubauen, Einholung des Einverständnisses für den Anbau vom Landeigentümer und vom Nachbarn);
- Registrierung und Informationspflichten (Registrierung in einer zentral geführten Datenbank, Information benachbarter Landwirte und Landeigentümer);
- Technische Segregationsmaßnahmen (Mindestabstände, Pufferzonen);

- Versicherungsmaßnahmen (Kompensationsfond, in den entweder von den Landwirten, die GVOs anbauen, eingezahlt wird ggf. mit staatlichem Zuschuss oder in den von privaten Akteuren eingezahlt wird, private Schadensversicherungen).

Als Ex-post Haftungsregeln können im Schadensfall zur Anwendung kommen:

- Rechtliche Haftung für Schäden (Haftung basierend auf dem Zivilrecht, Haftung für Landwirte, die GVO anbauen, gemeinsame Haftung, wenn kein einzelner Verursacher des Schadens ermittelt werden kann);
- Beweislast im Schadensfall (Beweislast liegt beim Landwirt, der GVO anbaut, oder Beweislast liegt beim konventionell oder ökologisch arbeitendem Landwirt);
- Strafen (bei Nichtbeachtung der ex-ante Regeln).

Diese Regeln aus den verschiedenen europäischen Staaten können auch einen Beitrag bei der Entwicklung von regionalen Koexistenzregeln und bei der Aufstellung von Forderungen an die politsch-administrativ Handelnden leisten. Die Erfahrungen im Umgang mit dem Anbau von GVO in anderen Ländern bieten Ansätze für Lösungsstrategien unter den Bedingungen in der Untersuchungsregion. Ein Beispiel könnte das dänische Koexistenzmodell darstellen (Pedersen et al. 2008, Gylling 2010; siehe unten).

15.2 Untersuchungsregion Märkisch-Oderland

Die Untersuchungsregion, der Brandenburger Landkreis Märkisch-Oderland, ist für die vorliegende Studie zur Entwicklung eines Kommunikationsprozesses zum Umgang mit dem Anbau von GVO prädestiniert. Diese landwirtschaftlich geprägte Region, in unmittelbarer Nähe zu Berlin, stellte einen Schwerpunkt des Anbaus von gentechnisch verändertem Mais in Deutschland dar. So stand diese Region im Blickpunkt der Debatte zwischen Befürwortern und Gegnern der Gentechnik. Für die Landwirte und für die administrativ-politischen Handelnden der Region bestand ein Interesse, den Konflikt in der Region zu thematisieren und zu versachlichen. Die Ausgangssituation, auf deren Basis diese Debatte geführt wird, ergibt sich zum einen aus der Agrarstruktur und zum anderen aus den rechtlichen Rahmenbedingungen für den Anbau von GVO, im Besonderen für den Bt-Mais MON810.

Lage des Untersuchungsgebietes

Die Untersuchungsregion bildet der Landkreis Märkisch-Oderland des Landes Brandenburg, östlich von Berlin gelegen (Abb. 15.1).

Agrarstruktur des Untersuchungsgebietes

Der Landkreis ist stark landwirtschaftlich geprägt. Das zeigt der hohe Anteil an Ackerland im Vergleich zum Durchschnitt der Bundesrepublik Deutschland und

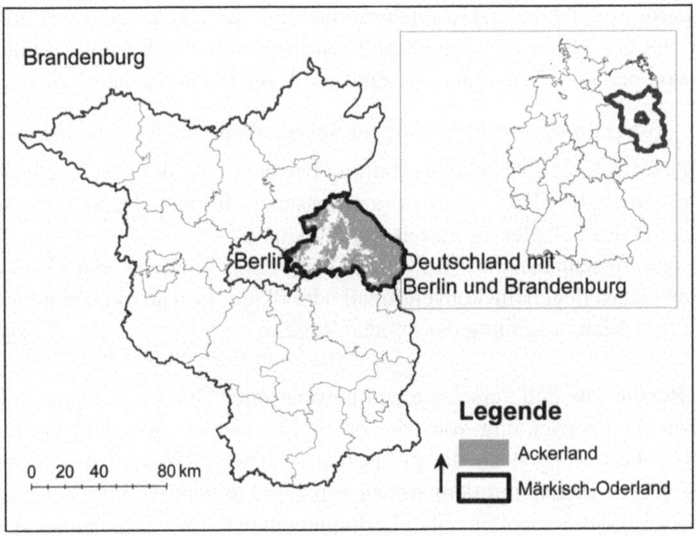

Abb. 15.1 Die Untersuchungsregion Märkisch-Oderland in Brandenburg und Deutschland

Tabelle 15.1 Die Agrarstruktur des Landkreises Märkisch-Oderland (MOL) im Vergleich mit Brandenburg (BB) und Deutschland (D) (Stand: 2007)

Merkmal Agrarstruktur	MOL	BB	D
mittlerer Anteil des Ackerlandes an der Gebietsfläche [%]	55	35	33
Fläche des Ackerlandes [ha]	118.196	1.034.886	11.877.013
mittlere Größe der landwirtschaftlichen Betriebe [ha]	232	198	45
Anbauanteil von Silomais [%]	8	11	12
Anbaufläche von Bt-Mais [ha]	550	1.347	2.685

des Landes Brandenburg (Tabelle 15.1). Die Landwirtschaft in Märkisch-Oderland ist durch große Betriebsgrößen gekennzeichnet, wie ein Vergleich der Größe der landwirtschaftlichen Betriebe mit der Situation in Brandenburg und Deutschland in Tabelle 15.1 zeigt.

Im Jahr 2007 wurde auf einer Ackerfläche von 9.600 ha Silomais angebaut, das entspricht 8% der Ackerfläche (Statistische Ämter des Bundes und der Länder 2009, Amt für Statistik Berlin-Brandenburg 2008).

Eine Besonderheit zeigt die Region im Anbauanteil von gentechnisch verändertem Mais, dem Bt-Mais MON810. In Märkisch Oderland wurde im Jahr 2007 fast die Hälfte des in ganz Brandenburg angebauten Bt-Mais angebaut, wobei sich im Land Brandenburg bereits circa die Hälfte des in Deutschland angebauten Bt-Maises befand (MLUV 2008a, BVL 2010). Damit ist Märkisch-Oderland ein Schwerpunkt des Anbaus von Bt-Mais MON810 in Deutschland (Tabelle 15.1).

Rechtlicher Rahmen für den Anbau vom Bt-Mais MON810 im Untersuchungsgebiet

Die Genehmigung zum kommerziellen Anbau von GVO erfolgt in der Region wie insgesamt in Europa nach der EU-Richtlinie 2001/18/EG (European Community 2001). Auf Basis dieser Richtlinie gilt deutschlandweit bundesgesetzlich das GenTG (2008).

Der Bt-Mais MON810 ist für die Gesamt-EU zum kommerziellen Anbau zugelassen. Für fünf Sorten existiert auch eine nationale Sortenzulassung (MLUV 2008a). Für den Maisanbau gilt demnach, entsprechend der EU-Richtlinie 2001/18/EG (European Community 2001), dass eine Koexistenz zwischen konventionell, ökologisch und mit Mitteln der Gentechnik erzeugtem Mais gewährleistet werden muss. Das gilt sowohl für den Anbau als auch für die Weiterverarbeitung von Mais. Hierfür soll die Wahlfreiheit der Landwirte und Verbraucher weiterhin gewährleistet werden. Dieses Ziel ist auch als Gesetzeszweck in das GenTG (2008) übernommen. In welcher Form diese Koexistenz auf nationaler Ebene umgesetzt werden soll, ist in der EU-Richtlinie 2001/18/EG (European Community 2001) nicht festgelegt.

Das GenTG (2008) trifft hierzu im Dritten Teil Aussagen, sie betreffen u.a. die Mitteilungspflicht und nachfolgende Registrierung des Anbaus im Standortregister (§ 16a GenTG, Standortregister), die Vorsorgepflichten durch Einhaltung der guten fachlichen Praxis (§ 16b GenTG, Umgang mit in Verkehr gebrachten Produkten) und die Beobachtung, um mögliche Auswirkungen auf das Leben und die Gesundheit von Menschen und die Umwelt zu ermitteln (§ 16c GenTG, Beobachtung). Die gute fachliche Praxis bei der Erzeugung gentechnisch veränderter Pflanzen wird näher bestimmt in der GenTPflEV (2008). Von Bedeutung für die Wahlfreiheit der Landwirte und Verbraucher und damit der Koexistenz zwischen Produkten die ohne und mit Mitteln der Gentechnik erzeugt wurden, ist auch die Kennzeichnung der Produkte. Oberhalb eines Schwellenwertes von 0,9% müssen Produkte mit dem Hinweis „Dieses Produkt enthält gentechnisch veränderte Organismen" gekennzeichnet werden. Der Schwellenwert ergibt sich aus der EU-Richtlinie (2001/18/EG) (European Community 2001), den EU-Verordnungen 1829/2003/EG (Europäische Gemeinschaft 2003a) und 1830/2003/EG (Europäische Gemeinschaft 2003b) und dem Vierten Teil des GenTG (§ 17b GenTG, Kennzeichnung). Eine Aussage zur Haftung trifft das GenTG (2008) im Fünften Teil (§ 36a GenTG, Ansprüche bei Nutzungsbeeinträchtigungen). Diese Haftungsvorschrift soll den Interessenausgleich zwischen den konventionellen und ökologischen Anbaumethoden auf der einen Seite und den Anbaumethoden unter Einsatz der Gentechnik auf der anderen Seite herstellen und somit ebenfalls Koexistenz gewährleisten (Neutze 2008).

Neben der Koexistenz wird als Zweck des GenTG (2008) auch ausgeführt, Schutz und Vorsorge gegen Gefahren für die Umwelt in ihrem Wirkungsgefüge inkl. Tiere, Pflanzen und Sachgüter zu treffen (§ 1 GenTG, Zweck des Gesetzes). In der GenTPflEV (2008) ist allgemein eine Anfragepflicht bei der zuständigen Behörde vorgeschrieben, wenn in der Genehmigung besondere Bedingungen für die Verwendung des GVO zum Schutz besonderer Ökosysteme, Umweltgegebenheiten oder geografischer Gebiete enthalten sind. Im Land Brandenburg wurde versucht, durch den Runderlass des Ministeriums für Ländliche Entwicklung, Umwelt und Verbraucherschutz zum „Anbau von Bt-Mais und Schutzgebiete: Anforderungen an Sicherheitsabstände und Erforderlichkeit von Verträglichkeitsprüfungen" die Konflikte zwischen Bt-Mais anbauendem Landwirt und dem Naturschutz zu minimieren. Anbaugebiete von Bt-Mais sollen demnach mindestens 800 m von ausgewählten Schutzgebieten entfernt sein. Ansonsten kann eine Einzelfallprüfung erfolgen (MLUV 2008b).

Diese gesetzlichen Regelungen bilden den Rahmen und den gesetzlichen Hintergrund, der von den Landwirten der Untersuchungsregion Märkisch-Oderland in Betracht gezogen werden muss, unabhängig davon, ob sie selbst GVO-Mais anbauen oder ob sie im Sinne der GenTPflEV (2008) Nachbarn eines solchen Anbaus sind. Ebenso bilden sie den Rahmen für die administrativen Entscheidungsträger der Region.

Derzeit wird Bt-Mais MON810 aufgrund einer Ruhensanordnung der Genehmigung in Deutschlands vom 14. April 2009 gegenüber der Firma Monsanto (§ 20, Absatz 3, GenTG, Artikel 23 EU-Richtlinie 2001/18/EG) seit Jahr 2009 nicht mehr angebaut. Weitere GVOs stehen jedoch vor dem Einsatz.

15.3 Entwicklung und Implementierung einer Kommunikationsstrategie in der Region

Partizipativ-diskursive Ansätze in der Gentechnik-Debatte

Partizipativ-diskursive Ansätze zur Vermeidung oder Minimierung von Landnutzungskonflikten kommen bereits seit längerem erfolgreich zum Einsatz. Im Gentechnik-Diskurs erfolgte der Einsatz bereits Ende der 1990er Jahre durch van den Daele (1998, 1999). Dazu wurden ein politisches Experiment zur partizipativen Technikfolgenabschätzung durchgeführt und Teilnehmer aus Umweltgruppen, Wirtschaft, Behörden, Wissenschaft einbezogen. Zur Anwendung kam ein Kommunikationsprozess mit Hilfe von Konferenzen zu dem Thema transgener herbizidresistenter Pflanzen. Dieser Ansatz besaß jedoch zum durchgeführten Zeitpunkt keine Praxisrelevanz und war auch nicht auf eine Region bezogen.

Praxisnaher partizipativ-diskursiver Ansatz zur Ermöglichung der Koexistenz

Der hier zur Anwendung kommende partizipativ-diskursive Ansatz bezieht sich auf eine echte Konflikt- und Problemlage in einer Region, in der gentechnisch veränderter Mais angebaut wurde. Bereits aus praktischen Erfordernissen des landwirtschaftlichen Produktionsprozesses und dem Nebeneinander der Anbauflächen verschiedener landwirtschaftlicher Betriebe mit unterschiedlichen Produktionsweisen ist ein kommunikativer Prozess in einer Region über die vom Gesetzgeber geforderte nachbarschaftliche Information und die Information für die Erfassung im Standortregister hinaus erforderlich. Der Partizipations- und Kommunikationsprozess soll die aktuellen rechtlichen Rahmenbedingungen, die gegenwärtigen

Motivationen und die resultierenden betriebswirtschaftlichen Entscheidungen der Landwirte, den politisch-administrativen Spielraum der Behörden und Entscheidungsträger der Region, aktuelle Konfliktlinien in der Region sowie Erfahrungen mit von außen in die Region hereingetragenen Konflikten für die Konfliktlösung adäquat berücksichtigen. Einen wesentlichen Baustein hierzu bildet ein Kommunikationsprozess in der Region zu dem Anbau von GVO. Derzeit herrschen im Umgang mit dem Thema eine große Unsicherheit und Ambivalenz. Der Gesetzgeber fordert die Koexistenz, die für Landwirte und Verbraucher eine Wahlfreiheit in Bezug auf Herstellung und Verbrauch von Produkten, die mit oder ohne gentechnische Verfahrensweisen erzeugt wurden, ermöglichen soll. Die Umsetzung der Koexistenz lässt jedoch trotz gesetzlicher Regelungen viele Fragen offen, die in einem ersten Schritt offengelegt und gegenseitig ausgetauscht werden sollten. Dies erfordert das Kennenlernen unterschiedlicher Positionen und Sichtweisen, um divergierende Positionen und Interessen der Region soweit wie möglich auszugleichen. Dadurch wird ein Prozess der Risikokommunikation möglich, der zur Problemlösung auch kooperative Aktivitäten der Akteure in der Region einschließt (vgl. auch RRAC 2009).

Zu beachten ist, dass ein Kommunikationsprozess selbst zur Verstärkung des systemischen Risikos führen kann (Renn und Keil 2008). Deshalb sollen Kommunikationsprozesse schrittweise erfolgen und die Kommunikation dauerhaft aufrecht erhalten und institutionalisiert werden (Renn und Keil 2008). Weiterhin schlagen Renn und Keil drei parallel zu führende Ebenen der Kommunikation vor:

- Ein erkenntnisorientierter Diskurs, der die Faktenbasis schafft,
- ein bewertungsorientierter Diskurs, der von Vertretern organisierter Interessengruppen geführt werden sollte und
- ein partizipativer Diskurs mit von den Folgen der Technologie betroffenen Personen und Organisationen.

Der hier vorgeschlagene und zur Anwendung gelangende Kommunikationsprozess zum Umgang mit dem Anbau von GVO soll in erster Linie die Koexistenz zwischen verschiedenen Anbauweisen auf regionaler Ebene ermöglichen, speziell zwischen dem konventionellen Anbau von Mais, dem ökologischen Anbau von Mais und dem Anbau von gentechnisch verändertem Bt-Mais. Somit wird ein seit einigen Jahren bestehendes Problem aufgegriffen, zu dem schon sehr viel Faktenwissen existiert und bei dem mehrere Interessengruppen gleichzeitig die Betroffenen sind. Politiker und Behördenvertreter sollen die Koexistenz ermöglichen und Landwirte die Koexistenz praktisch realisieren. Somit werden alle drei von Renn und Keil (2008) dargestellten Ebenen angesprochen, können jedoch im praktischen Prozess aufgrund der aktuellen Situation sinnvollerweise nur gemeinsam zur Anwendung kommen.

Der Kommunikationsprozess in der Region Märkisch-Oderland wurde als explorative Fallstudie durchgeführt. Die Aufgabe der Autoren bestand darin, Fakten bereitzustellen, zu moderieren (soweit von den Akteuren gewünscht) sowie den Prozess strukturiert zu dokumentieren. Mit der Fallstudie sollte geklärt werden,

- ob und inwieweit ein kommunikativer Prozess in Konflikten um den Anbau von GVO realisierbar ist,
- welche Möglichkeiten und Grenzen hierbei erkennbar sind und
- welchen Beitrag zur Problemlösung dieser aus Sicht der Akteure vor Ort bietet.

Schritte des Kommunikationsprozesses und einbezogene Akteure

Aufbauend auf den bestehenden Erkenntnissen wurde 2009 und 2010 der Kooperations- und Kommunikationsprozess für die Region Märkisch-Oderland entwickelt. Zunächst wurde analysiert, welche Akteure in der Region von dem Thema Anbau von GVO berührt sind. Anschließend erfolgte die schrittweise Entwicklung und Umsetzung des weiteren Kommunikationsprozesses:

Auftakttreffen Mit dem Auftakttreffen wurde überprüft, ob und inwieweit von den identifizierten Akteuren ein Bedarf für einen Kommunikationsprozess in der Region artikuliert wird, welche relevanten Akteure bereit sind, den Prozess mitzugestalten, und welche Richtung der Kommunikationsprozess nehmen kann.

Das Fazit des Auftakttreffens war, dass relevante Akteure bereit sind, einen Kommunikationsprozess mitzugestalten. Mit diesen wurde eine „informelle Arbeitsgruppe", angesiedelt beim Landrat des Kreises Märkisch-Oderland, gebildet. Folgende Akteure waren bisher an dem Kommunikationsprozess in Märkisch-Oderland beteiligt:

- Der Landrat,
- die Untere Naturschutzbehörde,
- das Amt für Landwirtschaft,
- regionale Repräsentanten der landwirtschaftlichen Berufsverbände,

Erster regionaler Workshop Dieser Workshop unter dem Motto „Friedliche Koexistenz – Sinnvolles Ziel oder gefährliche Illusion" hatte das Ziel, einen ersten Meinungsaustausch zu dem Thema in Form einer offenen Diskussion zu ermöglichen. Wesentliches Ziel war dabei, einer Eskalation der thematischen Diskussion vorzubeugen. Der Workshop wurde extern moderiert. Die Akteure erhielten die Möglichkeit, ihre Positionen zu erläutern sowie ihren Zugang zum Thema und ihre Erwartungshaltungen an einen Kommunikationsprozess darzustellen. Diskutiert wurden insbesondere die Ziele und Grenzen möglicher Veranstaltungen im Laufe des Kommunikationsprozesses.

Das Fazit des Workshops war, dass die relevanten Akteure eine Verstetigung des Erfahrungsaustausches in Form weiterer Veranstaltungen befürworteten. Angemahnt wurde ein sachlicher Umgang mit dem Thema, auch vor dem Hintergrund weiterhin bestehender Unsicherheiten bei der grundsätzlichen Bewertung des Anbaus von GVO und auch bei in Zukunft möglicherweise veränderten Rahmenbedingungen und öffentlicher Diskussionsführung. Eine erste Institutionalisierung des Kommunikationsprozesses konnte über die „informelle Arbeitsgruppe des Landrates" umgesetzt werden. Als Zielstellungen des Prozesses wurden festgelegt: 1. Entwicklung regionaler Koexistenzregeln, 2. Aufstellen von (An)forderungen an Politik und Verwaltung zur Schaffung geeigneter Rahmenbedingungen zur Umsetzung der Koexistenz.

Neuordnen des Kommunikationsprozesses Am 14. April 2009 wurde in Deutschland eine Ruhensanordnung der Genehmigung von MON810 gegenüber der Firma Monsanto verfügt (§ 20, Absatz 3, GenTG, Artikel 23 EU-Richtlinie 2001/18/EG). Deshalb wurde im Jahr 2009 kein Bt-Mais in der Region angebaut. Dem Thema „GVO-Anbau" war somit in der Region die Brisanz genommen. Aus diesem Grund erfolgte eine Neuordnung des Kommunikationsprozesses im Austausch mit den regionalen Akteuren. Von Seiten dieser bestand das Interesse, den Kommunikationsprozess – auch unter den veränderten Rahmenbedingungen – weiterzuführen. Hierfür wurden zwei Gründe angeführt: Zum einen könnte die Ruhensanordnung für den Bt-Mais auch wieder aufgehoben werden und das Inverkehrbringen weiterer GVO war dann zu erwarten. Für diesen Fall ist es für die regionalen Akteure wünschenswert, schon eine Strategie des Umgangs mit dem Anbau von GVO und eine Kommunikationskultur entwickelt zu haben. Darüber hinaus wurde angeführt, dass die Anbaupause für einen sachlicheren Umgang mit dem Thema genutzt werden kann, vor dem Hintergrund der in den Vorjahren bereits in der Region gesammelten Erfahrungen mit dem Anbau von GVO. Als ein weiteres Ergebnis des Austausches wurde festgelegt, dass die im ersten Workshop entwickelten Zielsetzungen – d. h. a) die Entwicklung von regionalen Koexistenzregeln und b) das Aufstellen von (An)forderungen an Politik und Verwaltung zur Setzung geeigneter Rahmenbedingungen für die Koexistenz – unverändert fortbestehen sollten.

Expertenbefragung Die Befragung wurde durchgeführt, um die im vorhergehenden Schritt beschlossenen Zielsetzungen (Koexistenzregeln und Rahmensetzung durch Politik und Verwaltung) inhaltlich auszufüllen. Sie erfolgte in Form strukturierter Experteninterviews und beinhaltete offene sowie geschlossene Fragen. Im Einzelnen wurden folgende Kategorien analysiert: Position zum Anbau von GVO, Einschätzung der mit dem Anbau von GVO in ihrer Region vorhandenen Probleme und Konflikte, Vorschläge für freiwillige Vereinbarungen zu möglichen Koexistenzregeln vor Ort, ihre Vorschläge für mögliche (An)forderungen an Politik und Verwaltung zur Ausgestaltung der Rahmenbedingungen, die zur Umsetzung der Koexistenz als notwendig angesehen werden. Die Interviews wurden in Form einer qualitativen Inhaltsanalyse nach Mayring (2008) ausgewertet. Im Ergebnis der Expertenbefragung konnte trotz einer Bandbreite unterschiedlicher allgemeiner Positionen zum Anbau von GVO die Bereitschaft der Beteiligten zur Gestaltung des Kommunikationsprozesses festgestellt werden. Zudem wurden zahlreiche, sehr konkrete Vorschläge zum Umgang mit dem Anbau von GVO in der Region ermittelt, die sowohl die Koexistenzregeln als auch die Rahmensetzung durch Politik und Verwaltung betrafen. Eine Vorstellung der einzelnen Ergebnisse erfolgt im folgenden Abschn. 15.4.

Zweiter regionaler Workshop Dieser Workshop diente dazu, die Ergebnisse der Experteninterviews vorzustellen, diese zu diskutieren und weiterzuentwickeln. Teilnehmer waren die Mitglieder der „informellen Arbeitsgruppe". Die Vorschläge für freiwillige Vereinbarungen zu möglichen Koexistenzregeln vor Ort und für mögliche (An)forderungen an Politik und Verwaltung zur Ausgestaltung der für die Umsetzung der Koexistenz notwendigen Rahmenbedingungen wurden hinsichtlich ihrer Umsetzbarkeit und Tragfähigkeit geprüft und es wurden Vorschläge zusammengestellt, die von allen an dem Prozess Beteiligten mitgetragen werden können.

Diskutiert wurden zudem die dänischen Koexistenzregeln, die ein gutes Beispiel zur Lösung einiger in den Experteninterviews problematisierter Themenbereiche bieten (siehe unten). Im Ergebnis des regionalen Workshops wurden einige der in den Interviews zusammengetragenen Vorschläge für den weiteren Kommunikationsprozess ausgewählt, einige zurückgestellt und einige ganz gestrichen. Die jeweiligen Begründungen für die Einstufung der einzelnen Vorschläge wurden in der Diskussion durch die Akteure erarbeitet und ebenfalls für den weiteren Prozess dokumentiert. Somit lag eine regionale Liste mit Vorschlägen zu Koexistenzregeln vor Ort und den Anforderungen an Politik und Verwaltung zur notwendigen Rahmensetzung vor.

Überregionaler Workshop Der überregionale Workshop wurde durchgeführt, um einerseits den bisherigen Kommunikationsprozess einer breiteren Öffentlichkeit auch außerhalb der Region vorzustellen und um andererseits Kenntnisse, Erfahrungen und Anregungen von Experten, die außerhalb der Region mit dem Thema „Anbau von GVO“ befasst sind, kennenzulernen und für den weiteren Kommunikationsprozess in der Region Märkisch-Oderland zu nutzen. Eingeladen zu dem Workshop waren Vertreter von Umwelt- Landwirtschaftsämtern auf Kreisebene, Vertreter von oberen und obersten Landesbehörden zu Landwirtschaft und Umwelt sowie Vertreter des Bundesinstitutes für Risikobewertung, des Bundesamtes für Verbraucherschutz und Lebensmittelsicherheit sowie des Bundesamtes für Naturschutz. Die Referenten für den Workshop wurden nach der Zielstellung gewonnen, den regionalen Kommunikationsprozess vorzustellen und außer- und überregionale Kenntnisse, Erfahrungen und Anregungen einzubinden. So wurde der regionale Kommunikationsprozess von den wissenschaftlichen Projektbegleitern der Interaktionsstudie und von dem Landrat des Landkreises Märkisch-Oderland vorgestellt. Des weiteren wurden die gültigen Koexistenzmaßnahmen in Deutschland und anderen EU-Mitgliedsstaaten vorgestellt, um auch diese in den regionalen Kommunikationsprozess einbeziehen zu können. Mit der Vorstellung der „Risikokartierung“ wurden nicht nur Ergebnisse aus der sozialökologischen Forschung einbezogen, sondern gleichzeitig Perspektiven für die Weiterentwicklung des Kommunikationsprozesses aufgezeigt. Im Anschluss an die Vorträge wurden von den Workshopteilnehmern und Referenten mittels einer moderierten Ideensammlung weitere Impulse für den regionalen Kommunikationsprozess gegeben. Das betraf die Einbeziehung weiterer Akteure in den Prozess (Vorschläge: siehe unten). Für die Vorgehensweise zur weiteren Entwicklung des Kommunikationsprozesses wurden weiterführende Schritte vorgeschlagen und die möglichen Verantwortlichen zur Umsetzung benannt (Vorschläge: siehe unten).

15.4 Identifizierung von Positionen, Problemen und Konflikten im Hinblick auf den Anbau von GVO in der Region

Die allgemeinen Positionen zum Anbau von GVO sowie die Probleme und Konflikte, die von den Akteuren in Verbindung mit dem Anbau von GVO in der Region gesehen werden, wurden im ersten regionalen Workshop und in der Expertenbefragung identifiziert.

Die allgemeinen Positionen der Akteure zum Anbau von GVOs reichen von einer generellen Ablehnung des Anbaus von GVO, über die Nicht-Notwendigkeit des Anbaus von GVO in der Region bis zu der Position, dass ein verantwortlicher Umgang mit dem Thema „Anbau von GVO" in der Region erforderlich ist. Konsens bestand darin, dass ein strategischer Kommunikationsprozess zum Umgang mit dem Thema „Anbau von GVO" in der Region aufgebaut werden sollte. Ebenfalls waren sich die Akteure einig, dass verschiedene GVOs in der Risikoeinschätzung unterschiedlich einzustufen sind und dass sich eine Kommunikationsstrategie aus diesem Grund zunächst auf den Anbau des Bt-Mais MON810 konzentrieren sollte. Für diesen GVO liegt eine Zulassung zur Inverkehrbringung von der EU vor und er wurde seit 2005 in der Region angebaut.

Der Anbau von GVO kann innerhalb einer Region zu Problemen und Konflikten führen. Für die untersuchte Region Märkisch-Oderland wurden von den Akteuren verschiedene Problem- und Konfliktlagen aufgezeigt, die im Zusammenhang mit dem Anbau des Bt-Mais MON810 gesehen werden müssen. Sie lassen sich einteilen in:

- Probleme und Konflikte, die die Region insgesamt betreffen;
- Probleme, die durch den Anbau von GVO im Produktionsprozess entstehen können;
- Konflikte, die sich aus den Problemen beim Anbau von GVO zu benachbarten Betrieben oder benachbarten besonderen Nutzungen (Schutzgebieten) entwickeln können.

Als Probleme und Konflikte, die die Region insgesamt betreffen, werden vor allem Gefahren eines negativen Außenbildes der Region angesehen. Das Standortregister lässt interessierte Verbraucher erkennen, dass in der Region, verglichen mit dem Bundesdurchschnitt, viel Anbau von GVO stattfindet. Verstärkend wirken hier Aktionen von Gentechnikgegnern mittels Medienpräsenz. Diese Außenwirkung könnte in der Folge, so die Befürchtung einiger Akteure, zu Absatzschwierigkeiten von konventionell und ökologisch erzeugten Produkten, aber auch zu Attraktivitätseinbußen für die Region als Naherholungsgebiet für Berlin führen. Neben dieser Problemkette werden durch Aktionen von Gentechnikgegnern Konflikte von außen in die Region hereingetragen. Feldzerstörungen bedeuten nicht nur Verluste für die betroffenen landwirtschaftlichen Betriebe, sondern können unter Umständen den Umgang der Landwirte untereinander stark verschlechtern. Solche indirekten Wirkungsketten sind als Merkmal systemischer Risiken auch aus der Literatur bekannt (Renn und Keil 2008) und müssen beim Umgang mit dem Thema beachtet werden, um unnötige Schäden und Eskalationen zu verhindern.

Durch den Anbau von GVO können im Produktionsprozess selbst Probleme entstehen, die einer Koexistenz der Landwirtschaft im Wege stehen. Es handelt sich um Probleme der Vermischungen von GVO-Produkten und Nicht-GVO-Produkten durch Eintrag mit verunreinigtem Saatgut, Durchwuchs, Auskreuzung, Verunreinigung von Maschinen, Verunreinigung bei Transport, Verarbeitung, Lagerung. Diese sind inzwischen in der Literatur hinreichend beschrieben (z. B. Sanvido et al. 2005) und wurden von den beteiligten Akteuren bestätigt. Hier setzen die Abstandsregelungen und die gute fachliche Praxis an, die in der GenTPflEV (2008) geregelt sind. Die Akteure stellen hierbei die Frage, inwieweit diese Regelungen in der Realität langfristig tatsächlich umgesetzt und überprüft werden. Angesprochen wurden unzureichende Regelungen zu Qualifikation und Information der Landwirte. Im Zusammenhang mit diesem Problemkreis wurde auch der fehlende Schwellenwert für den Anteil von GVO an Saatgut angesprochen.

Aus den Problemen beim Anbau von GVO können sich Konflikte zu benachbarten Betrieben oder zu benachbarten besonderen Nutzungen (Schutzgebieten) entwickeln. Benannt wurden Konflikte, die schon vor einem Schadensfall eintreten können. So kann die zwischenbetriebliche Nachbarschaftshilfe dadurch beeinträchtigt werden, dass ein kurzfristiges Ausleihen von Maschinen und Geräten zwischen GVO anbauenden Landwirten und konventionell oder ökologisch arbeitenden Landwirten nicht mehr möglich ist. Im Extremfall besteht die Möglichkeit einer Polarisierung unter den Landwirten zu dem Thema „Anbau von GVO“, die aber bisher in den persönlichen Nachbarschaftsverhältnissen der Befragten nicht aufgetreten ist. Zwangsläufig kommt es im Schadensfall zu einem Konflikt zwischen GVO anbauenden Landwirten und konventionell oder ökologisch arbeitenden Landwirten, der juristisch über das Geltendmachen von Ansprüchen hinsichtlich Haftung, Beseitigung / Verminderung der Beeinträchtigung, Entschädigung und Schadenersatz ausgetragen werden wird und die Existenz betroffener Landwirte gefährden kann. In diesem Zusammenhang wurden von den Akteuren die gesetzlichen Regelungen als z. T. unzureichend und wenig transparent kritisiert. Hierzu trägt auch bei, dass bisher keiner der Akteure in der Rechtspraxis mit diesen Fragen befasst war. Hinsichtlich der Existenzgefährdung wurde auch die ungeklärte Frage der Versicherung und Kompensation problematisiert. Bislang ungeklärt ist aus Sicht der Akteure die Frage des Umgangs mit den Problemen und Ansprüchen von Imkern. Tatsächliche Konflikte traten aus naturschutzfachlicher Sicht mit dem Anbau von GVO in der Nähe oder in Schutzgebieten auf. Diese Fälle führten in Brandenburg zum schon erwähnten Runderlass des Ministeriums für Ländliche Entwicklung, Umwelt und Verbraucherschutz zum „Anbau von Bt-Mais und Schutzgebiete: Anforderungen an Sicherheitsabstände und Erforderlichkeit von Verträglichkeitsprüfungen“ (MLUV 2008b). Dieser wurde von allen Akteuren als nachweisbar wirkungsvoll zur Konfliktminimierung eingeschätzt.

Als ein weiteres Problemfeld sind allgemeine Themen benannt worden, die über die Region hinausreichen und hauptsächlich die europäische Rahmensetzung betrafen. Sie werden insgesamt als wenig transparent angesehen. Dies betrifft insbesondere das GVO-Zulassungsverfahren. Bemängelt wurde zudem, dass eine Vielzahl von Problemlagen bei gleichzeitig vielfach unklaren Rechtslagen auf die regionale und lokale Ebene verlagert wurden.

15.5 Bedeutung eines kommunikativ-partizipativen Ansatzes im Hinblick auf den Anbau von GVO in der Region

Die Bedeutung eines kommunikativ-partizipativen Ansatzes für den Umgang mit dem Anbau von GVO wird nicht nur in der Literatur gewürdigt, sondern sowohl durch die Aussagen der Akteure in der Region (v.a. im ersten regionalen Workshop und in der Expertenbefragung) als auch durch die dabei gewonnenen Ergebnisse bestätigt.

Die Bedeutung einer Kommunikationsstrategie wurde seit den ersten Schritten des Prozesses, im Auftakttreffen, im ersten regionalen Workshop, der Neuordnung des Kommunikationsprozesses und der Expertenbefragung von allen beteiligten Akteuren hervorgehoben, unabhängig von ihrer grundsätzlichen Haltung zu dem Anbau von GVO. Eine solche Strategie zum Umgang mit dem Anbau von GVO in der Region wurde von den Akteuren aus unterschiedlichen Gründen für notwendig erachtet:

- Die gesetzlichen Rahmenbedingungen fordern eine Koexistenz zwischen dem konventionellen und ökologischen Anbau sowie dem Anbau von GVO, lassen jedoch gleichzeitig Fragen dazu offen, wie die Koexistenz umgesetzt werden kann. Die Umsetzung der Koexistenz muss deshalb jeweils in der Region auf der Grundlage unterschiedlicher Ausgangsbedingungen und Positionen erfolgen.
- Kommunikative und partizipative Elemente werden von den Akteuren generell als sinnvolles Element im Instrumentenmix zum Umgang mit der GVO-Problematik angesehen. Insbesondere die Zeit der Ruhensanordnung kann hierfür genutzt werden, um auf den Fall der Aufhebung der Ruhensanordnung von MON810 vorbereitet zu sein.
- Die regionalen Akteure sehen die Notwendigkeit, sich gemeinsam auf notwendige Veränderungen der Rahmenbedingungen zu verständigen. Dies erlaubt es nicht nur, solche erfolgreicher nach außen zu vertreten, sondern unterstützt zugleich die Verständigung in der Region.
- Regionale Kommunikationsprozesse ermöglichen es, regionale Positionen zu erkennen und diese von extern induzierten Konflikten zu trennen. In der Vergangenheit entstanden wiederholt Konflikte durch von außen in die Region hereingetragene Aktivitäten.
- Die zukünftige Entwicklung wird so eingeschätzt, dass die Flächennutzungskonkurrenz in der Region wachsen wird und damit auch das Konfliktpotential beim Umgang mit dem Thema „Anbau von GVO" zunehmen kann (z. B. landwirtschaftliche Nahrungs- und Futtermittelproduktion, landwirtschaftliche Produktion von Energiebrennstoffen, Tourismus). Kommunikativ-partizipative Ansätze bieten hier Lösungsmöglichkeiten.
- Es besteht unter den regionalen Akteuren Unsicherheit und Unwissenheit beim Umgang mit der GVO-Problematik. Kommunikation kann das Wissen über dieses Thema verbessern.

Für die Akteure ermöglicht ein kommunikativ-partizipativer Ansatz über Gespräche zwischen konventionell, ökologisch und mit Mitteln der Gentechnik arbeitenden

Landwirten die Minimierung von Konflikten und somit des Risikos durch den Anbau für den Landwirt und für den Naturschutz. Sowohl die Kommunikation unter den Landwirten als auch die Partizipation durch Einbeziehung verschiedener weiterer Akteure wird als wesentlich angesehen. So konnten bereits in der Vergangenheit sich anbahnende Konflikte zwischen Nicht-GVO-Landwirt und GVO-Landwirt ebenso wie die zwischen der Naturschutzbehörde und GVO-Landwirten abgewendet werden.

Der Erfolg einer kommunikativ-partizipativen Strategie zum Umgang mit dem Anbau von GVO wird von den Akteuren als abhängig von der Form und der inhaltlichen sowie räumlichen Begrenzung angesehen. Angestrebt wird ein sachlicher, lösungs- und konsensorientierter Diskussionsprozess. Dieser wird in der Region als möglich angesehen. Voraussetzungen sind Verantwortungsbewusstsein bei Betriebsleitern, ein gutes nachbarschaftliches Verständnis, eine verantwortungsbewusste Verbandsarbeit sowie regelmäßiger Kontakt mit Naturschutzbehörden. Inhaltlich begrenzt werden sollte der Prozess auf den Anbau von Bt-Mais. Eine Erweiterung kann sukzessive nach Veränderungen wie Zulassung weiterer GVOs zum Inverkehrbringen erfolgen.

Eine räumliche Begrenzung des partizipativen Aspektes auf die Region wird als notwendig angesehen, um die Diskussion sachlich führen zu können. Erfahrungen in der Region zeigen, dass Konflikte in dem Moment eskalierten, in dem nicht mehr nur die betroffenen Landwirte der Region agierten, sondern Gegner des Anbaus von GVO aus anderen Regionen in den Konflikt eingriffen. Innerhalb der Region wird eine Partizipation durch Einbeziehung von Akteuren unterschiedlicher Positionen in den Diskussionsprozess angestrebt. Diese Form der Diskussion wurde bereits in den schon durchgeführten Schritten des Kommunikationsprozesses von den beteiligten Akteuren erkennbar.

15.6 Konfliktlösungsvorschläge durch Akteure aus der Region

15.6.1 Entwicklung von freiwilligen Vereinbarungen vor Ort zum Umgang mit dem Anbau von GVO in der Region

Die kommunikative Vorgehensweise führte auch zur Entwicklung eigener Verfahrensvorschläge durch die Akteure vor Ort. So wurden Vorschläge zu freiwilligen Vereinbarungen für Koexistenzregeln zum Umgang mit dem Anbau von GVO in der Region in der Befragung der Akteure benannt und im zweiten regionalen Workshop mit allen Beteiligten diskutiert. Es wurde eine Auswahl konsensfähiger Koexistenzregeln getroffen, einige Vorschläge wurden zurückgestellt.

Die konsensfähigen Koexistenzregeln können nur umgesetzt werden, wenn es gelingt, im Landkreis Märkisch-Oderland die notwendigen Rahmenbedingungen hierfür zu schaffen. Dies ist dem weiteren Kommunikationsprozess vorbehalten. Die konsensfähigen Koexistenzregeln werden im Folgenden vorgestellt und die noch offenen Fragen werden kurz angerissen.

1. *Der weitere Kommunikationsprozess soll so gestaltet werden, dass er verstetigt und bei Bedarf auf neue Bedingungen angepasst werden kann.* Die informelle Arbeitsgruppe des Landrates wird sich regelmäßig austauschen. Ein regelmäßiger Austausch zu dem Thema wird auch im Landwirtschaftsausschuss des Kreistages angestrebt. Nach zwei Jahren werden die aufgestellten Koexistenzregeln evaluiert.
2. *Die Qualifikation und Information der Personen, die im landwirtschaftlichen Produktionsprozess Umgang mit GVO haben, soll verbessert werden.* Für die Personen, die im landwirtschaftlichen Produktionsprozess Umgang mit GVO haben, wird angestrebt, eine Ausbildung an der Landwirtschaftsschule des Kreises anzubieten. Sie soll nach Möglichkeit mit einem GVO-Sachkundenachweis abgeschlossen werden. Hier sind Fragen zu Zielgruppen, Verbindlichkeiten, Schulungsrichtlinien, Schulungsleitung und Zeitrahmen zu klären.
3. *Eine Checkliste zur Umsetzung der Koexistenz für landwirtschaftliche Betriebe, die GVO anbauen, soll erstellt werden.* Sie kann auf einen Blick zur Information der Landwirte über alle zu beachtenden Fragen beim Anbau von GVO beitragen. Ein erster Vorschlag hierzu liegt vor, muss aber noch diskutiert werden. Es bietet sich an, diese Checkliste mit dem Qualifizierungsprozess (Punkt 2) zu verbinden. Zu klärende Fragen wären hier ebenso die Zielgruppen, Verbindlichkeiten und konkrete Inhalte.
4. *Eine Schieds- / Schlichtungsstelle soll zur Klärung einzelner Konflikte beitragen, die beim Anbau von GVO zu benachbarten Betrieben oder zu anderen benachbarten Nutzungen entstehen können.* Durch die Akteure vor Ort wird derzeit geprüft, ob eine solche Stelle an bestehende Schieds- / und Schlichtungsstellen angebunden werden kann. Dabei ist zu klären, welche vorhandenen Stellen dafür in Frage kommen und in welcher Form eine Anbindung umgesetzt werden kann
5. *Eine frühzeitige Kommunikation der GVO anbauenden Betriebe mit den Nachbarn im Sinne der GenTPflEV wird angestrebt.* Dies soll von Seiten des Landwirtes, der beabsichtigt GVO anzubauen, initiiert und mit den Nachbarn und der Unteren Naturschutzbehörde sechs Monate vor Beginn der Aussaat erreicht werden. So können rechtzeitig Konfliktpotentiale abgeschätzt und Verluste für die Beteiligten minimiert werden.

Die Umsetzung der vorläufigen Koexistenzregelungen, so die Akteure, kann zu einem transparenteren, sachlicheren Umgang mit dem Anbau von GVO in der Region beitragen und bei erfolgreicher Verstetigung auf neuere Bedingungen angewandt werden. Einige Vorschläge für freiwillige Vereinbarungen für Koexistenzregeln, die sich aus den Befragungen der Experten ergaben, wurden nach der Diskussion im Workshop zurückgestellt. Genannt wurden:

1. Abstandsregelungen, die über die Regelungen in der GenTPflEV (2008) hinausgehen;
2. Regelungen zum Flächentausch;
3. Regelungen zu konfliktträchtigen Nutzungen (z. B. Imker).

Alle drei Themenbereiche lassen sich nur in der Kombination mit komplexen rechtlichen und ökonomischen Steuerungsformen aufgreifen und umsetzen. Insofern ist ihre „Zurückstellung“ nachvollziehbar. Zugleich weisen sie jedoch auf Grenzen rein kommunikativ-partizipativer Ansätze hin.

15.6.2 Forderungen an verschiedene politisch-administrative Ebenen aus dem Diskurs über den Anbau von GVO in der Region

Sowohl in der Befragung als auch im zweiten regionalen Workshop wurden Forderungen an verschiedene politisch-administrative Ebenen zur Verbesserung der Rahmenbedingungen für die Umsetzung der Koexistenz auf regionaler Ebene formuliert. Sie richten sich an unterschiedliche politisch-administrative bzw. räumliche Ebenen, wie EU, Bund und Länder. Es ist dem weiteren Kommunikationsprozess vorbehalten, diese vorläufigen Forderungen zu erweitern und mit einem größeren Teilnehmerrahmen zu diskutieren, um an politischem Gewicht zu gewinnen. Bisher wurden folgende Forderungen aufgestellt:

1. *Das Zulassungsverfahren zum Inverkehrbringen von GVO, die zum Anbau bestimmt sind, sollte transparenter gestaltet werden.* Aus Sicht der regionalen Akteure besteht derzeit nur eine geringe Nachvollziehbarkeit, da ein erheblicher Teil der Bewertungsunterlagen nicht öffentlich zugänglich ist. Diese grundlegende Forderung zur Veränderung richtet sich an die EU.
2. *Die Rechtssicherheit für die Landwirte beim Thema Anbau von GVO sollte vergrößert werden.* Konkret genannt wurden Forderungen nach einheitlichen Abstandsregelungen für alle Landwirte (also keine unterschiedlichen Mindestabstände zu konventionellem und zu ökologischem Anbau) und Einführung von Schwellenwerten des Anteils von GVO auch für Saatgut. Diese grundlegende Forderung richtet sich an die EU und an den Bund.
3. *Eine Versicherung gegen Schäden, die durch den Anbau von GVO entstehen können, sollte eingeführt werden.* In Frage kämen hier private Versicherungen, die Produkten wie der Haftpflichtversicherung oder einer Schadensausfallversicherung ähneln könnten. Darüber hinaus käme auch ein Kompensationsfond in Frage, in den GVO-Landwirte einzahlen und aus dem im Schadensfall eine Kompensation an den betroffenen Landwirt, der ohne Gentechnik arbeitet, fließen würde. Die Möglichkeit eines solchen Kompensationsfonds wurde aus den dänischen Koexistenzregelungen aufgegriffen. Geregelt werden müsste dies auf Bundesebene. Offen bleibt, inwieweit ein Kompensationsfond politisch durchsetzbar ist und welche gesetzlichen Vorgaben zur Etablierung einer privaten Versicherung notwendig und umsetzbar wären.
4. *Die Haftungsregelungen müssen transparenter werden und sind zu verbessern.* Zur Verbesserung der Transparenz und der Inhalte der Haftungsregelungen wurde hier diskutiert, wie eine Einbeziehung der Saatgutproduzenten in die Haftung realisiert werden kann. Erfahrungen aus anderen EU-Mitgliedsstaaten wären

hierfür zu nutzen. Als Beispiel wurde der Kompensationsfond aus den dänischen Koexistenzregelungen angeführt. Da zu Fragen der Haftung bereits Regelungen nach BGB (§§ 1004, 906) sowie im GenTG (§ 36a) existieren und dennoch keine Eindeutigkeit und Nachvollziehbarkeit herrscht, sollte dieses Thema auch in dem Qualifizierungsangebot aufgegriffen werden. Diese Forderungen richten sich vorrangig an den Gesetzgeber auf Bundesebene. Er sollte die Entwicklung klarerer Regelungen initiieren und die Transparenz über die bestehenden Regelungen verbessern.

5. *Die gesetzlichen Festlegungen zur guten fachlichen Praxis in der GenTPflEV sollten ergänzt werden um einen obligatorischen Qualifikationsnachweis für Personen, die Umgang mit GVO haben.* Hier können ebenfalls Regelungen aus anderen Mitgliedsstaaten der EU zu Rate gezogen werden. Damit richtet sich diese Forderung auch an den Gesetzgeber der Bundesebene.

Wenngleich die benannten Forderungen zum Teil sehr allgemein gehalten sind, beinhalten sie jedoch auch konkrete Hinweise für betroffene Landwirte und politisch-administrativ Verantwortliche auf der Ebene des Landkreises zur Verbesserungen der Rahmenbedingungen für die Umsetzung der Koexistenz. Einige der Forderungen greifen die erarbeiteten vorläufigen freiwilligen Vereinbarungen der Region zur Umsetzung der Koexistenz auf. Eine Berücksichtigung dieser Forderungen würde zu einer Verbindlichkeit der vor Ort erarbeiteten Regelungen zum Anbau von GVO führen.

15.7 Einbeziehung von über- und außerregionalen Kenntnissen, Erfahrungen und Anregungen in den Kommunikationsprozess der Region

Auf dem überregionalen Workshop wurde das dänische Koexistenzmodell vorgestellt (Pedersen et al. 2008, Gylling 2010). Es bietet für einige der beschriebenen Probleme und offenen Fragen der Akteure in der Region Märkisch-Oderland interessante Lösungsansätze. Das trifft insbesondere auf die Punkte (a) Ausbildung und Zertifizierung sowie (b) Haftung und Kompensation zu.

Zum einen wird dabei die Forderung zur Gestaltung der geeigneten Rahmenbedingungen zur Verbesserung der Qualifikation und Information der Personen, die im landwirtschaftlichen Produktionsprozess Umgang mit GVO haben, aufgegriffen. Landwirte die GVO anbauen möchten, müssen eine Anbaulizenz erwerben, an einer Weiterbildung teilnehmen und eine Genehmigung beantragen.

Zum anderen stellt der dänische Kompensationsfond eine Lösung zur Frage der Versicherung und Haftung dar. In den dänischen Kompensationsfond zahlen Landwirte, die GVOs anbauen, eine Anbaugebühr von 13,50 Euro/ha GVO-Anbau ein. Sie sind bei Einhaltung der Koexistenzregeln nicht mehr haftbar für jede beim Nachbarn festgestellte Verunreinigung. Die Landwirte, die auf den Einsatz von Gentechnik verzichten, erhalten eine Kompensation aus dem Fond, wenn sie ökonomische Verluste erleiden und GVO-Material oberhalb eines festgelegten

Grenzwertes bei ihnen festgestellt wird. Der Kompensationsfond wird zentral verwaltet und erhält auch staatliche Zuschüsse.

Zudem wurden von den Teilnehmenden Anregungen für die weitere Gestaltung des Kommunikationsprozesses in der Region Märkisch-Oderland formuliert. Dies betraf zwei Themenkomplexe:

- Die Einbeziehung weiterer Akteure in den Kommunikationsprozess: Welche Akteure sollten in den weiteren Prozess eingebunden werden. In welcher Art und Weise ist ihre Einbindung möglich?
- Weiterführende Schritte des Kommunikationsprozesses: Welche Schritte sind notwendig und sinnvoll für den weiteren Prozess? Wer ist für die Umsetzung der Schritte heranzuziehen?

Es wurde vorgeschlagen, den weiteren Kommunikationsprozess durch Einbeziehung neuer Akteure zu erweitern, beispielsweise aus den Bereichen der Imkerei und des Tourismus sowie durch weitere landwirtschaftlich berufsständische Vertreter. Vorab wurde dies bereits in der informellen Arbeitsgruppe diskutiert, jedoch bislang noch zurückgestellt. Eine Entscheidung über die Einbeziehung weiterer Akteure liegt nun bei der „informellen Arbeitsgruppe". Interessant sind aus Sicht der Autoren auch solche Akteure, die weiteres Expertenwissen zu dem Thema beitragen oder auch die Umsetzung und Verbreitung der erarbeiteten Koexistenzregeln vorantreiben können. Zu nennen sind z. B. Landwirtschaftliche Berater und Sachverständige, Vertreter von Pflanzenschutzämtern und Vertreter von Vertriebsverbänden. Für einen Erfolg im Sinne der Zielsetzung des bisherigen Kommunikationsprozesses wird vor allem die Form der Einbeziehung dieser Akteure entscheidend sein. Vorschläge für weitere Schritte des Kommunikationsprozesses waren:

- Aufbereitung von vorhandenem wissenschaftlichem Hintergrundwissen und Bereitstellung dieses Wissens für den Kommunikationsprozess;
- Nutzung der Erfahrungen der Saatzuchtbetriebe;
- gezielte Nutzung von Erfahrungen, die in anderen Ländern im Umgang mit diesem Thema vorliegen (z. B. die Zertifizierung betreffend) sowie
- ein Austausch der Praktiker auf inter-regionaler Ebene.

Ein Teil dieser Vorschläge wurde in der Durchführung des überregionalen Workshops schon aufgegriffen. Nun sind diese Anregungen für die Region verfügbar zu machen. Die Ideensammlung wurde der „informellen Arbeitsgruppe des Landrates" für die weitere Arbeit zur Verfügung gestellt. Damit können die Vorschläge für eine weitere Entwicklung des Prozesses genutzt werden.

Die Vorstellung des Forschungsverbundes GeneRisk zum Gesamtvorhaben und zur Eingrenzung von Konflikten durch raumbezogene Analysen, die Vorstellung der Risikokartierung aus der Sozialökologischen Forschung (siehe auch Kropp et al. 2007), der Vergleich der Koexistenzmaßnahmen in Deutschland und anderen Mitgliedsstaaten der EU auf dem überregionalen Workshop hat aus wissenschaftlicher Perspektive zusätzliche Kenntnisse in den Kommunikationsprozess der Region Märkisch-Oderland eingebracht.

15.8 Perspektive des Kommunikationsprozesses und Beispielcharakter für andere Regionen

In der Region Märkisch-Oderland konnte mit den regionalen Akteuren ein Kommunikationsprozess zu dem Thema „Anbau von GVO" begonnen werden. Dieser wird in der Region insbesondere deshalb als bedeutsam eingeschätzt, da das Gebiet Schwerpunkt des Anbaus von Bt-Mais MON810 in den vergangenen Jahren war und der Umgang damit von Konflikten begleitet wurde. Aus dem bisherigen Verlauf des Prozesses ziehen die Akteure vor Ort eine positive Bilanz. Die generell partizipativ-diskursiven Ansätzen zugeschriebenen Leistungen (vgl. Abschn. 15.3) kamen auch hier zum Tragen. Zugleich verwiesen die Vertreter in Märkisch-Oderland darauf, dass zusätzlich bzw. parallel in anderen Zuständigkeitsbereichen (siehe Abschn. 15.6) noch vielfältige Fragen zu lösen sind. Nur dann können zukünftig die kommunikativen Ansätze auch ihre volle Wirkung entfalten.

Durch die Institutionalisierung des Kommunikationsprozesses in der „informellen Arbeitsgruppe des Landrates" soll gewährleistet werden, dass der gemeinsame Prozess der Problemlösung eine Verstetigung findet. Die Beteiligten haben das Ziel, den Kommunikationsprozess durch regelmäßigen Austausch innerhalb der Arbeitsgruppe und ggf. innerhalb des Landwirtschaftsausschusses des Kreistages fortzusetzen. Darüber hinaus soll eine Evaluierung des Prozesses erfolgen. Die unmittelbare Perspektive für die Weiterentwicklung des Prozesses besteht darin, die auf die Koexistenzregeln bezogenen offenen Fragen zu klären und die aufgestellten Regeln umzusetzen. Die Forderungen an die politisch-administrativ Verantwortlichen sollten in einem Rahmen diskutiert werden, der es erlaubt, ihnen ausreichende Legimitation und politisches Gewicht zu verschaffen.

Durch die offene Gestaltung des Prozesses ist es zudem möglich, weitere Akteure einzubinden, den Prozess mit weiteren Arbeitsschritten zu gestalten und auf neue Rahmenbedingungen flexibel zu reagieren. Anregungen hierzu wurden auf dem überregionalen Workshop gegeben. Die Einbindung weiterer Akteure und die Umsetzung neuer Schritte kann dann auch einige der bisher zurückgestellten Koexistenzregeln, z. B. den Regelungen zu konfliktträchtigen Nutzungen (Imker), erneut aufgreifen.

Der Kommunikationsprozess wurde hier gezielt auf den Anbau von Bt-Mais MON810 beschränkt. Die Vorgehensweise kann aber aus Sicht der Autoren auch auf andere GVO oder weitere ähnlich gelagerte Themen, die systemische Risiken darstellen (z. B. CCS (Carbon Capture and Storage)-Technologie), übertragen werden, weil sie explizit mit Blick auf die Auseinandersetzung mit systemischen Risiken fokussiert ist.

Aus der Beobachtung des Kommunikationsprozesses können ebenfalls verallgemeinernde Schlussfolgerungen zu den eingangs gestellten Fragen gezogen werden:

1. Die *Implementierung* einer Kommunikationsstrategie in einer Region zu einem systemischen Risiko, das vor Ort praktische Bedeutung erlangt und in der Vergangenheit schon zu Konflikten geführt hat, ist grundsätzlich möglich. Das zeigt

die hier vorgestellte Fallstudie zur Entwicklung einer Kommunikationsstrategie zum Umgang mit dem Anbau von GVO in der Region Märkisch-Oderland.

2. Es sind jedoch *Randbedingungen* notwendig, um eine erfolgreiche Implementierung zu erreichen. Ausschlaggebend waren hierfür in der vorgestellten Fallstudie aus unserer Sicht eine Reihe von Faktoren, wie das Interesse der administrativ-politischen Ebene an der Kommunikationsstrategie, das Interesse der Akteure an einer Minimierung von Konflikten, die Bereitschaft der Akteure zur sachlichen Kommunikation, die Bereitschaft der Akteure, auch die berechtigten Interessen aller Beteiligten anzuerkennen und in dem Prozess zu berücksichtigen, die Begrenzung auf eine kleine Zahl von Akteuren aus der Region, die Begrenzung zunächst nur auf Akteure, die eine Koexistenz und damit auch eine zielführende Diskussion über die Koexistenz nicht grundsätzlich ablehnen.

   Als Mittel zur Umsetzung der Kommunikationsstrategie war hier ein schrittweises Vorgehen erfolgreich mit Elementen wie Treffen der engeren Akteursgruppe, Experteninterviews und Workshops (regional, überregional). Die Anzahl der in den Kommunikationsprozess einbezogenen Akteure war begrenzt. Das konnte Tendenzen zur Verstärkung des systemischen Risikos entgegenwirken, die auch durch einen ungünstig verlaufenden Kommunikationsprozess als Nebenfolge befördert werden kann (Renn und Keil 2008). Durch den kleinen Kreis und die gemeinsamen Treffen wurden Missverständnisse und Fehlinterpretationen verhindert. Um dennoch eine breitere Wirkung des Kommunikationsprozesses zu erreichen, bestand die Akteursgruppe aus Multiplikatoren. Außerdem wurde er offen gestaltet. Das heißt, nach den bereits erfolgten Schritten des Prozesses besteht die Möglichkeit, weitere Akteure einzubeziehen.

3. Die *Möglichkeiten* einer regionalen Kommunikationsstrategie können nach den Erfahrungen der vorliegenden Fallstudie darin bestehen, zunächst eine Angleichung und Erweiterung des Wissensstandes zum Thema, hier dem Anbau von GVO, bei den Akteuren zu erreichen und anschließend auch weitere Personengruppen bei der Umsetzung der erarbeiteten freiwilligen Regeln zur Koexistenz zu beteiligen. Es kann eine Verständigung darüber erreicht werden, welche Möglichkeiten es auf regionaler Ebene gibt, um sachlich mit dem Thema „Anbau von GVO“ umzugehen, Konflikte zu minimieren und die berechtigten Interessen der GVO anbauenden und nicht anbauenden Landwirte und weiterer Bereiche wie z. B. des Naturschutzes zu berücksichtigen. Ebenso kann eine Verständigung über die Grenzen einer regionalen Kommunikationsstrategie erreicht werden, die hier als Anforderungen und Forderungen an die Politik zur Schaffung geeigneter Rahmenbedingungen erfasst wurden. Damit ist der regionale Kommunikationsprozess geeignet, Konfliktlinien, Probleme und Lösungsansätze, die beim Anbau von GVO relevant sein können, aufzuzeigen und sie in den politisch-administrativen Bereich zurückzugeben.

   Die *Grenzen* eines regionalen kommunikativen Ansatzes liegen vor allem in der Unverbindlichkeit des Prozesses und der vereinbarten freiwilligen Regeln. Dieser Unverbindlichkeit kann regional nur begrenzt entgegengewirkt werden, z. B. mit Verstetigung bzw. Institutionalisierung des Kommunikationsprozesses, mit Angeboten des Landkreises und deren Bekanntmachung durch berufsständische Vereinigungen. Nur mittels stärker allgemein gültiger Regelungen können die hier erarbeiteten freiwilligen Vereinbarungen zur Koexistenz verbindlicher werden. Die erarbeiten Anforderungen und Forderungen zeigen die Grenzen des Kommunikationsprozesses auf. Hier zeigt sich, dass ein Teil der Probleme vor Ort nicht gelöst werden kann (vgl. Kap. 6 und 10). Das betrifft das Zulassungsverfahren, die Rechtssicherheit, Fragen der Versicherung und Haftung und weiterführende Regelungen zur guten fachlichen Praxis, wie z. B. einen verbindlichen Qualifikationsnachweis für GVO anbauende Landwirte.

Die vorliegende Fallstudie zeigt somit Möglichkeiten als auch Grenzen der regionalen Strategieentwicklung im Umgang mit dem Thema „Anbau von GVO". Die Erfahrungswerte sollten zum einen für die weitergehende Erprobung regionaler Spielräume zur Umsetzung der Koexistenz genutzt werden. Zum anderen besteht aus Sicht der Autoren die Notwendigkeit, die aufgezeigten Probleme bei den bestehenden Rahmenbedingungen einer Lösung zuzuführen.

Zitierte Literatur

Amt für Statistik Berlin-Brandenburg (2008) Statistischer Bericht C I 1 – j / 07, Bodennutzung der landwirtschaftlichen Betriebe im Land Brandenburg 2007, Anbau auf dem Ackerland, endgültiges Ergebnis. Potsdam

Assmuth T, Hildén M, Benighaus C (2010) Integrated risk assessment and risk governance as socio-political phenomena: a synthetic view of challenges. Sci Total Environ 408(18): 3943–3953

Beckmann V, Soregaroli C, Wesseler J (2006) Coexistence rules and regulations in the European Union. Am J Agr Econ 88:1193–1199

Benz A (ed) (2004) Governance – Regieren in komplexen Regelsystemen. Wiesbaden

Bischoff A, Selle K, Sinning H (1996) Informieren, Beteiligen, Kooperieren – Kommunikation in Planungsprozessen. Dortmund

BVL (2010) Standortregister. http://apps2.bvl.bund.de/stareg_web/showflaechen.do

De Marchi B (2003) Risk governance Public participation and risk governance. Sci Public Policy 30:171–176

Devos Y, Demont M, Sanvido O (2008) Coexistence in the EU-return of the moratorium on GM crops? Nat Biotechnol 26:1223–1225

Devos Y, Demont M, Dillen K, Reheul D, Kaiser M, Sanvido O (2009) Coexistence of genetically modified (GM) and non-GM crops in the European Union. A review. Agron Sustain Dev 29: 11–30

Europäische Gemeinschaft (2003a) VERORDNUNG (EG) Nr. 1829/2003 DES EUROPÄISCHEN PARLAMENTS UND DES RATES vom 22. September 2003 über genetisch veränderte Lebensmittel und Futtermittel: 1–23

Europäische Gemeinschaft (2003b) VERORDNUNG (EG) Nr. 1830/2003 DES EUROPÄISCHEN PARLAMENTS UND DES RATES vom 22. September 2003 über die Rückverfolgbarkeit und Kennzeichnung von genetisch veränderten Organismen und über die Rückverfolgbarkeit von aus genetisch veränderten Organismen hergestellten Lebensmitteln und Futtermitteln sowie zur Änderung der Richtlinie 2001/18/EG

European Community (2001) Directive/2001/18/EC of the European Parliament and of the Council. Officinal J EU Commun 2001/18/EC:1–64

GenTG (2008) Gentechnikgesetz in der Fassung der Bekanntmachung vom 16. Dezember 1993 (BGBl. I S. 2066), zuletzt geändert durch Artikel 1 des Gesetzes vom 1. April 2008 (BGBl. I S. 499)

GenTPflEV (2008) Gentechnik-Pflanzenerzeugungsverordnung vom 7. April 2008 (BGBl. I S. 655)

Gylling M (2010) The Danish coexistence regulation and the Danish farmers attitude towards GMO. In: Breckling B, Verhoeven R (eds) Implications of GM-crop cultivation at large spatial scales. Theorie in der Ökologie 16. Peter Lang, Frankfurt, pp 101–104. http://www.gmls.eu/beitraege/GMLS2_Gylling.pdf

Kropp C, Beck G, Engel A (2007) Risikokonflikte visualisiert. Ökologisches Wirtschaften 3/2007. Ökom Verlag, München

Mayring P (2008) Qualitative Inhaltsanalyse – Grundlagen und Techniken. Beltz Verlag, Weinheim

MLUV Brandenburg – Ministerium für ländliche Entwicklung, Umwelt und Verbraucherschutz (2008a) Gentechnik in Brandenburg, Bericht 2008. Potsdam, MLUV

MLUV Brandenburg – Ministerium für ländliche Entwicklung, Umwelt und Verbraucherschutz (2008b) Runderlass des Ministeriums für Ländliche Entwicklung, Umwelt und Verbraucherschutz „Anbau von Bt-Mais und Schutzgebiete – Anforderungen an Sicherheitsabstände und Erforderlichkeit von Verträglichkeitsprüfungen“ Potsdam, den 27. März 2008. Potsdam, MLUV

Neutze S (2008) Die Haftung für Einträge gentechnisch veränderter Organismen nach § 36GenTG. Agrar- und Umweltrecht 6/2008: 193–199

OECD (2003) Emerging risks in the 21th century: an agenda for action (Final report to the OECD futures project). OECD, Paris

Pedersen S, Boelt B, Andersen SB, Gylling M, Holm PB, Kjellson G, Tolstrup K, Oestergard H, Mikkelsen SA (2008) Evaluation of the Danish coexistence model. Tagungsband – Third International Conference on coexistance between Genetically Modified (GM) and non-GM based agricultural supply chains, Seville, Spain, 20–21 November, 2007: 213–216

Renn O, Keil F (2008) Systemische Risiken: Versuch einer Charakterisierung. GAIA 17(4): 349–354

RRAC (2009) A practical Guide to Public Risk Communication http://www.berr.gov.uk/files/file51458.pdf

Sanvido O, Widmer F, Winzeler M, Streit B, Szerencsits E, Bigler F (2005) Koexistenz einer Landwirtschaft mit und ohne Gentechnik. Agrarforschung 12(4):140–145

Statistische Ämter des Bundes und der Länder (2009) Statistik lokal, Daten für die Gemeinden, kreisfreien Städte und Kreise Deutschlands, Düsseldorf, IT. NRW

Van den Daele W (1998) Risk prevention and the political control of genetic engineering: lessons from a participatory technology assessment on transgenic herbicide-resistant crops. AgBiotech News Information 10(11):355–357

Van den Daele W (1999) Dealing with the risks of genetic engineering as an example of „reflexive modernization“? New Genet Soc 18(1):65–77

WBGU – Wissenschaftlicher Beirat der Bundesregierung Globale Umweltveränderungen – (1999) Welt im Wandel: Strategien zur Bewältigung globaler Umweltrisiken, Jahresgutachten 1998. Springer Verlag, Berlin

Kapitel 16
Stakeholder-Interaktionen national: Der Runde Tisch Pflanzengenetik der Bundesministerien BMBF und BMVEL

Broder Breckling, Gunther Schmidt und Winfried Schröder

16.1 Anlass und Rahmen

Nach dem Verbot des Anbaus von Bt-Mais MON810 am 14. April 2009 durch die Bundesministerin für Ernährung, Landwirtschaft und Verbraucherschutz (BMELV) Ilse Aigner wurde das Thema Grüne Gentechnik in Politik und Gesellschaft verstärkt diskutiert. Die Bundesministerin für Bildung und Forschung (BMBF) Annette Schavan lud zusammen mit ihrer Kabinettskollegin Vertreter aus Politik, Wissenschaft, Wirtschaft, Verbänden und Kirchen zu einem Runden Tisch nach Berlin ein. An den vier Runden Tischen am 20. Mai 2009, 22 Juli 2009, 8. Juni 2010 und 7. Juli 2010 war auch das GeneRisk-Projekt durch den Lehrstuhl für Landschaftsökologie vertreten.

Ministerin Aigner nahm zum Auftakt des Runden Tisches am 20. Mai 2009 im Hamburger Abendblatt zur Grünen Gentechnik wie folgt Stellung:

> „Chancen und Risiken sind abzuwägen. Das gilt auch für die Grüne Gentechnik. ... Jede neue Technologie – wie die Grüne Gentechnik – muss kritisch auf ihre Fähigkeit geprüft werden, inwieweit sie die Gesellschaft voranbringt und aktuelle wie künftige Probleme lösen kann. Es geht nicht um kritiklose Zustimmung oder kategorische Ablehnung, sondern um die nüchterne Prüfung dieser Technologie. Neben Kriterien wie Nutzen und Mehrwert, Effizienz und Produktivität gehören auch ethische Maßstäbe dazu. Der Schutz von Mensch, Tier und Umwelt hat Vorrang vor Gewinn und Markt. Eine Ethik der Zukunft muss die Chancen für künftige Generationen abwägen mit Folgewirkungen und möglichem Schaden. ... Wir brauchen mehr Wissen, allerdings auch über tatsächliche oder denkbare Risiken. Gerade angesichts der Nicht-Rückholbarkeit muss man besonders vorsichtig

B. Breckling (✉)
Lehrstuhl für Landschaftsökologie, Universität Vechta, PF 1553, 49364 Vechta, Deutschland

Zentrum für Umweltforschung und nachhaltige Technologien (UFT), Abt. 10 (Ökologie), Universität Bremen, PF 330440, 28334 Bremen, Deutschland
e-mail: bbreckling@iuw.uni-vechta.de

B. Breckling et al. (eds.), *GeneRisk*, Umweltnatur- & Umweltsozialwissenschaften, DOI 10.1007/978-3-642-23433-0_16,

mit Grüner Gentechnik umgehen. ... Vor diesem Hintergrund habe ich meine Entscheidung zum Anbauverbot des MON810-Maises getroffen, ebenso die zur Freisetzung der Amflora-Industriekartoffel." Hamburger Abendblatt, 20.5.2009[1]

Demgegenüber positionierte sich Ministerin Schavan in einem Gastkommentar in der Financial Times Deutschland am 20. Mai 2010:

Gentechnik muss sein. Die Landwirtschaft steht weltweit vor einem Umbruch. Um die Menschen unter erschwerten Bedingungen zu ernähren, dürfen wir auch in Deutschland auf die Grüne Gentechnik nicht verzichten.[2]

Einige der am Runden Tisch Beteiligten brachten schriftliche Stellungnahmen ein, die auf der Homepage des BMBF unter http://www.bmbf.de/de/13622.php zur Verfügung gestellt wurden. Im Einzelnen handelt es sich um folgende Dokumente:

1) Reaktion auf die Anmerkungen des BMBF zum „9-Punkte-Katalog für eine ökologische Risikoforschung", Verbände Deutscher Naturschutzring (DNR), Naturschutzbund (NABU), Bund für ökologische Lebensmittelwirtschaft (BÖLW) und Vereinigung Deutscher Wissenschaftler (VDW), 6. Juli 2010[3]
2) Anmerkungen des BMBF zum„9-Punkte-Katalog für eine ökologische Risikoforschung" der Umweltverbände BÖLW, BUND, DNR, Greenpeace, NABU und VDW, 8. Juni 2010[4]
3) Öko-Forschung: Innovationsmotor für eine zukunftsfähige Landbewirtschaftung, Bund für ökologische Lebensmittelwirtschaft, 3. Juni 2010[5]
4) Positionspapier des Lehrstuhls für Landschaftsökologie der Universität Vechta zu Gentechnisch veränderte Organismen in der Landwirtschaft: Forschungsbedarf zu Wirkungen des GVO-Anbaus, 21. September 2009[6]
5) Risiken der Agrogentechnik untersuchen. Erläuterungen zum „9-Punkte-Katalog für eine ökologische Risikoforschung", BÖLW, BUND, DNR, Greenpeace, NABU, VDW (o.D., vorgelegt zum 2. Runden Tisch)[7]
6) Bestandsaufnahme zur Agrar- und Pflanzenforschung in Deutschland, BMBF, 22. Juli 2009[8]
7) Beitrag des BfN zu Anforderungen an eine Ökologische Sicherheitsforschung zu GVO, März 2010[9]

---

[1] http://www.abendblatt.de/ratgeber/wissen/article1021934/Fuenf-Gedanken-zur-Gruenen-Gentechnik.xmli

[2] http://www.ftd.de/meinung/kommentare/:gastkommentar-schavan-gentechnik-muss-sein/515215.html

[3] http://www.bmbf.de/pubRD/Reaktion_auf_BMBF-Anmerkungen.pdf

[4] http://www.bmbf.de/pubRD/Anmerkungen_BMBF_zum_9-Punkte-Katalog.pdf

[5] http://www.bmbf.de/pubRD/Positionspapier_100603_BOEW_Oekoforschung.pdf

[6] http://www.bmbf.de/pubRD/PositionspapierGVO_GeneRisk210909.pdf

[7] http://www.bmbf.de/pubRD/9-Punkte-Katalog_NABU_BOELW.pdf

[8] http://www.bmbf.de/pubRD/Bestandsaufnahme_RunderTisch.pdf

[9] http://www.bmbf.de/pubRD/Beitrag_BfN_zu_oekolog_SiFo_2010-03.pdf

8) Thesenpapier „Biologische Sicherheitsforschung an gentechnisch veränderten Pflanzen", Broer, Schiemann, Oktober 2009[10]
9) Überblick über die Projektförderung der biologischen Sicherheitsforschung zu gentechnisch veränderten Pflanzen, BMBF, ohne Datum[11]
10) Stellungnahme Bundesverband Deutscher Pflanzenzüchter e.V. (ohne Datum)[12]

Das unter Ziffer 4 genannte Positionspapier von Vertretern des GeneRisk-Projektes greift das Ziel des Runden Tisches auf, die Debatte über die Grüne Gentechnik (GGT) transparent zu führen. Die Kernaussagen dieses Positionspapiers wurden in die Debatte anlässlich des zweiten Runden Tisches eingebracht. Das BMBF stellte danach eine Entspannung und Versachlichung der Debatte fest.[13] Im Nachgang zu dem zweiten Runden Tisch wurde das Positionspapier Bundesministerin Schavan überreicht. Es wird im Folgenden überwiegend unverändert wiedergegeben. Im Mittelpunkt stehen dabei folgende vier Fragen, die aus dem GeneRisk-Projekt in die Diskussionen anlässlich des zweiten Runden Tisches eingebracht wurden:

- Was ist das Besondere an der GVO-Risikoprüfung / Sicherheitsforschung?
- Was sollte zum Nachweis der GVO-Sicherheit öffentlich nachvollziehbar belegt sein?
- Welche Themen waren bislang Gegenstand der GVO-Forschungsförderung?
- Welche Fragestellungen sollten zukünftig untersucht werden?

Die Treffen des Runden Tisches wurden zusammenfassend dokumentiert.[14]

16.2 Positionspapier von Vertretern des GeneRisk-Verbundes

Was ist das Besondere an der GVO-Risikoprüfung bzw. GVO-Sicherheitsforschung?

Die klassische Züchtung selektiert Organismen im Hinblick auf das jeweils angestrebte Ziel anhand von Merkmalen und Eigenschaften des Gesamtorganismus. Gentechnische Methoden greifen auf anderer Ebene ein. Sie erlauben direkte, vererbbare Einwirkungen in bio-molekulare Zusammenhänge – insbesondere das Einfügen artfremder Gensequenzen in den Genpool einer anderen Art. Die daraus

---

[10] http://www.bmbf.de/pubRD/Thesenpapier_Sicherheitsforschung_Rostock_final.pdf

[11] http://www.bmbf.de/pubRD/Projektfoerderung_biol_SiFo_GV-Pfl_Programme_BMBF.pdf

[12] http://www.bmbf.de/pubRD/Appell_BDP_100607.pdf

[13] http://www.biotechnologie.de/BIO/Navigation/DE/root,did=98200.html 24. Mai 2011

[14] Runder Tisch 1: http://www.biosicherheit.de/aktuell/617.ergebnisse-auftakt-dialog.html
Runder Tisch 2: http://www.biotechnologie.de/BIO/Navigation/DE/root,did=98200.html
Runder Tisch 3: http://www.biosicherheit.de/aktuell/1183.schavan-forschungsmethoden-sicherung-welternaehrung-einsetzen-gentechnik.html
Runder Tisch 4: http://www.biosicherheit.de/aktuell/1202.qualitaetsstandards-sicherheitsforschung-naturschutzverbaende.html

resultierenden Effekte für den Organismus und die Folgewirkungen für seine Umweltbeziehungen sind nach derzeitigem Stand der Wissenschaft nicht vollständig durch Vorüberlegungen abzuschätzen. Um die Wirkungsketten in Umweltbeziehungen von Organismen zu analysieren, sind Beiträge der Ökosystemforschung unverzichtbar. Die Ökosystemforschung hat Erkenntnisse u.a. zu kumulativen Langzeiteffekten und Prozessen erbracht, die mehrere Raum- und Zeitskalen sowie trophische Stufen umfassen. Diese müssten auch für die Sicherheitsforschung und in der Risikoanalyse gentechnisch veränderter Organismen berücksichtigt werden.

Die neu eingefügten Gensequenzen können unerwartete Eigenschaften in Kombination mit anderen Genprodukten aus dem Genpool der Population in Folgegenerationen haben. Hierbei sind auch evolutionäre Zeiträume im Blick zu behalten. Nicht in jedem Fall ist eine Rückholbarkeit eines in Verkehr gebrachten GVO gegeben. Schon aufgrund der möglichen Generationen übergreifenden Wirkungen durch Selbstvermehrung von GVO ergibt sich, dass die Risikoprüfung von GVO auf einem wissenschaftlich höheren Niveau Disziplinen übergreifend erfolgen muss als diejenigen für technische Anlagen oder für Chemikalien.

Auf den Ergebnissen der Risikoabschätzung basierende Zulassungsentscheidungen erfordern eine konsequente Anwendung des besten erreichbaren Standes der Wissenschaft: *Hightech nicht nur auf molekularer Ebene der Einfügung neuer Gensequenzen, sondern auch im Hinblick auf ökologische Sicherheit und Sicherheit für die Verbraucher.*

Was sollte zum Nachweis der GVO-Sicherheit öffentlich nachvollziehbar belegt sein?

Für die Ernährung von Menschen und Nutztieren ist nicht nur substanzielle Äquivalenz, sondern auch metabolische Integrität des landwirtschaftlichen Produkts maßgeblich.
In der Prüfung der Ernährungssicherheit stand bisher die substanzielle Äquivalenz im Vordergrund. Damit ist eine allgemeine Vergleichbarkeit in der Zusammensetzung von GVO und konventioneller Vergleichssorte in stofflicher Hinsicht gemeint. Bisher nicht hinreichend abgedeckt ist die Frage, ob bei einem GVO durch Neukombination im Genpool der Art oder durch bestimmte variierende Umweltbedingungen unerwünschte Veränderungen im Netzwerk physiologischer Prozesse auftreten können, die zu Veränderungen relevanter Stoffwechselparameter führen. Daher muss systematisch getestet werden, ob sich der GVO auch unter – gegenüber den Testbedingungen im Labor oder Gewächshaus – veränderten Umweltbedingungen im biogeografischen Kontext hinsichtlich seiner Zusammensetzung identisch mit den Ausgangssorten verhält. Bei Abweichungen müssen die ursächlichen physiologischen Grundlagen aufgeklärt werden. Dies ist im Rahmen neuerer metabolomischer Profilierungstechniken und entsprechender Langzeit-Fütterungsstudien möglich.

Für die Umwelt ist eine Erfassung systemischer Implikationen erforderlich.
Erkenntnisse der Ökosystemforschung sowie das Ziel größtmöglicher Transparenz und Sicherheit machen es erforderlich, das Zusammenwirken von GVO mit

ihrer Umwelt auf verschiedenen Ebenen – vom Molekül, über die Pflanze, den Pflanzenbestand bis hin zur Agrar- und Naturlandschaft zu untersuchen. Darüber hinaus müssen aber auch die Implikationen für weitere Systeme wie die Ökonomie (Einzelbetriebe der Land- und Ernährungswirtschaft; Volkswirtschaft), also auch systemische Interaktionen, in die Bewertung einbezogen werden. Bisher standen Untersuchungen auf der Ebene des Labors und einzelner Felder im Vordergrund. Gerade Wirkungen auf das Produktionssystem müssten aber auch gesamtheitlich betrachtet werden. Ebenso sind die nachgelagerten Bereiche der Verarbeitung zu untersuchen und mögliche Wirkungen auf nicht direkt genutzte Naturgüter wie z. B. Schutzgebiete und Effekte auf die Biodiversität der betroffenen Naturräume zu erfassen.

Die Ökosystemforschung hat gezeigt, dass solche Skalierungsfragen und die systemischen Vernetzungen für Umweltwirkungen eine ganz besondere Rolle spielen. Nicht alle Effekte lassen sich 1 zu 1 von kleinen auf große, für politische Entscheidungen bedeutsame Raumeinheiten übertragen, z. B. vom Labor oder Feld auf Landschaften. Wesentlicher Entwicklungsbedarf besteht im Hinblick auf systemische Aussagen für größere Räume und dementsprechend zu unterscheidende Umweltverhältnisse. Solche systemischen Erkenntnisse lassen sich nur mit einem nach den ökosystemaren Organisationsebenen gestuften Forschungsdesign gewinnen. Hierfür liegen aus der regionalisierenden Ökosystemforschung bewährte Verfahren vor: die landschaftsökologisch-ökosystemare Methodik, Modellierung, Extrapolation und geostatistische Repräsentativitätsanalyse, die in dem komplementären Konzept aus grundlagenorientierter Ökosystemforschung, regionalisiertem Monitoring und Umweltprobenbank zur Anwendung gelangen sollten. Dies war auch Grundlage des Ökosystemforschungsprogramms des BMBF.

Was waren bisherige Schwerpunktthemen der GVO-Forschung?

Das BMBF hat über viele Jahre Projektförderung im Themenbereich „Biologische Sicherheitsforschung" geleistet. Die dabei gewahrte personelle Konstanz unterstützte die Etablierung zunehmend selbstreferenzieller und selbstrekrutierender Netzwerke von Forschungsnehmern. Dies ging einher mit einer Verengung des Themenspektrums der geförderten Projekte. Die benötigte Kompetenz der Ökosystemforschung wurde nicht in der erforderlichen Breite eingebunden.

Im Vordergrund der BMBF-Förderung stand bisher insbesondere die Entwicklung neuartiger Methoden zur Herstellung gentechnisch veränderter Organismen, die Förderung von Öffentlichkeitsarbeit für Gentechnik sowie empirische Einzeluntersuchungen im Labor- und Feldmaßstab. Dagegen wurden landschaftsökologisch-ökosystemare Fragestellungen zum Teil explizit bereits bei den Ausschreibungen ausgeschlossen und allenfalls in marginalem Umfang gefördert. Ein Anschluss an die durch BMBF-Förderung seit Ende der 1980er Jahre gewonnene Kompetenz auf dem Gebiet der Ökosystemforschung konnte deshalb noch nicht realisiert werden.

Die BMBF-Förderung zur biologischen Sicherheit von GVO sollte für eine unabhängige und offene wissenschaftliche Erkenntnisgewinnung um ökosystemare Ansätze erweitert werden. Es ist Aufgabe einer umfassenderen Forschungsstrategie, nicht nur sektoral zu agieren, sondern der zunehmenden Vernetzung von

Prozessen in hoch entwickelten Gesellschaften und damit einhergehenden systemischen Risiken durch Forschung und Entwicklung zu entsprechen. Sonst drohen Wettbewerbsnachteile für die deutsche Forschungslandschaft ebenso wie für den Wirtschaftsstandort. Forschungen für größere Räume, die für politische Entscheidungen relevant sind, und über systemische Zusammenhänge sind dringend erforderlich. Denn für größere räumliche Einheiten wie Landkreise, Bundesländer oder das Bundesgebiet liegen noch keine wissenschaftlich belastbaren Abschätzungen von Wirkungen des GVO-Anbaus vor.

Was muss in der Forschungsförderung noch getan werden?

Die Forschungsförderung sollte in systematischer Weise alle Ebenen relevanter Interaktionen vom Molekül bis (zum Ökosystem und) zur Landschaft abdecken und dazu über die bisherigen Konzentrationspunkte der molekularen Ebene und der Bestands-Interaktionen hinausgreifen.

- Molekulare Expertise deckt eine Erfassung von Wirkungen biochemischer Zusammenhänge ab. Ohne diese Expertise sind weder Methodenentwicklung noch Anwendung möglich.
- Landbautechnische Expertise ist erforderlich, um das Anbaumanagement zu spezifizieren und zu evaluieren.
- Landschaftsökologisch-ökosystemare Expertise ist unverzichtbar, wenn es um Interaktionen verschiedener Bestände geht, z. B. im Hinblick auf die Dynamik der GVO-Ausbreitung, aber auch im Hinblick auf großräumige Effekte wie die Trennung unterschiedlicher Anbauformen (Koexistenz) und den Anschluss an gesamtwirtschaftliche Abschätzungen einschließlich rechtlicher Regelungen.
- Sozioökonomische Expertise wird benötigt, um gesamtheitliche Nachhaltigkeits-Abschätzungen und Effekte für die Produktivität des landwirtschaftlichen Sektors im Zusammenwirken unterschiedlicher Anbauformen treffen zu können.

Insbesondere Fragestellungen zur biologischen Diversität und Wirkungen des GVO-Anbaus auf größeren räumlichen Skalen sind bisher praktisch in Deutschland kaum bearbeitet. Andere europäische Länder (z. B. Frankreich und England) haben wesentlich umfänglichere Ressourcen in die Entwicklung von Modellstudien über größere Räume investiert. Hier ist die deutsche Risiko- / Sicherheitsforschung im Rückstand trotz Projekten wie GenEERA (Breckling et al. 2004), SIGMEA (Messéan et al. 2009) und GeneRisk (Schmidt et al. 2009). Die dabei erzielten ersten Ergebnisse für größere ökologisch definierte Landschaftsräume haben bundes- und europaweite Resonanz gefunden.

Dringend erforderlich erscheint uns die Förderung unabhängiger Forschung jenseits der etablierten Gentechik-Netzwerke zu den Themen mit systemübergreifenden Bezügen:

- *Variabilität der Reaktion von GVO auf Umweltbedingungen*. Hier fehlen bisher standardmäßig anzuwendende metabolomische Zugänge zur physiologischen Reaktion auf Umweltvariabilität – darunter z. B. Schwankungsbreite der

Bt-Konzentrationen unter Praxisbedingungen im Anbau und Folgen für die Resistenzbildung bei Zielorganismen und Wirkungen auf Nicht-Zielorganismen. Dazu ist eine Standardisierung der Quantifizierung des Bt-Toxins in Probenmaterialien erforderlich. Bisherige Methoden erwiesen sich als überraschend wenig zuverlässig.

- *Vorkommen und räumliche Verteilung von mit GVO kreuzbaren Wildarten* (insbesondere für Raps und Zuckerrüben) sind zwar episodisch untersucht. Für größere Räume sind aber bisher keine statistisch belastbaren Aussagen möglich. Bisherige Forschungen belegen lediglich eine beachtliche Häufigkeit und räumliche Nähe von (bisher noch konventionellem) Anbau und schnell ausbreitungsfähigen Wildpopulationen.
- *Weitgehend unbearbeitet ist die Prüfung von Synergismen zwischen verschiedenen GV-Konstrukten („stacked events")* innerhalb der Pflanze sowie hinsichtlich der Umweltwirkungen auf den verschiedenen Organisationsebenen: Pflanze – Bestand – Ökosystem – regionale und systemische Wirkungen. Weiterer Forschungsbedarf besteht zum Monitoring von Effekten des Aufeinandertreffens verschiedener GV-Konstrukte sowie von Auswirkungen des veränderten Herbizideinsatzes mit den dabei zum Einsatz gelangenden Hilfsstoffen.
- *Systemische Effekte des Zusammenwirkens von GVO im Agrarraum und seiner Umgebung müssen prioritär untersucht werden.* Die regionale Heterogenität von Feldgrößenspektren, Nachbarschaftsverhältnissen und Akkumulation von Polleneinträgen im regionalen Maßstab sind nach wie vor unzureichend bekannt – es liegen lediglich erfolgreiche Machbarkeitsstudien vor. Das Themenfeld der regionalen Analyse räumlicher Wechselbeziehungen zwischen Agrargebieten, Naturschutzgebieten, Biodiversitätseffekten und der Einwirkung von GVO ist defizitär bearbeitet. Hierzu hat das Land Brandenburg Studien im Ruhlsdorfer Bruch nördlich von Berlin durchführen lassen (Hofmann et al. 2010).

Nachhaltigkeitsgesichtspunkte und Kosten-Nutzen-Abwägungen in systemarem Rahmen (Balancierung des einzelbetrieblichen Nutzens gegen Folgekosten der Regulation, Koexistenzkosten, Kosten für getrennte Warenflüsse, Umweltüberwachung) sind bisher weder empirisch abgesichert noch auf größere räumliche Einheiten hochgerechnet.

Ein in der bisherigen Sicherheitsforschung stark unterrepräsentierter Schwerpunkt ist die Erfassung und großräumige Analyse von Umweltinteraktionen von GVO. Er umfasst mindestens die folgenden beiden Aspekte:

- Zusammenführung von Einzelbefunden in systemisch orientierten Modellentwicklungen und deren Hochrechnung auf große Raumeinheiten sowie Extrapolation von Entwicklungen für längere Zeiträume. Dieser Bereich ist für Bewertungsfragen entscheidend und für Deutschland bisher kaum entwickelt.
- Darstellung und Analyse von Flächenbezügen: Anwendung geografischer Informationssysteme u. a. zur Repräsentativitätsanalyse, zur Identifizierung besonderer Risikolagen und zur Lokalisierung des Auftretens von möglichen Kombinationswirkungen. Angestrebt wird hier eine bundesweite Repräsentanz.

Fazit

Bei der Risikoprüfung fehlt es an ökosystemarer Expertise. Das im stofflichen Umweltschutz z. B. bei der Bewertung von Pestiziden oder atmosphärischen Stoffeinträgen bei der Risikoprüfung / Sicherheitsforschung und beim Monitoring realisierte Niveau ökosystemarer Fundierung ist im GVO-Kontext nicht annähernd erreicht. Nachdem das BMBF vorwiegend die Erforschung der molekularen Grundlagen und einiger Wirkungen von GVO auf Nicht-Zielorganismen gefördert hat, sollte es nun darum gehen, über diesen Rahmen hinausgehende Implikationen für Ökosysteme sowie Wirtschaft und Gesellschaft zu erfassen, zu bewerten und somit einen Systeme übergreifenden Forschungsansatz zu ermöglichen. Der durch die gezielte BMBF-Förderung in der Ökosystemforschung erreichte Stand der Wissenschaft sollte auch bei Risikoprüfung / Sicherheitsforschung und Monitoring von GVO genutzt werden. Da dies momentan noch nicht der Fall ist und auch durch die Tatsache, dass es in Deutschland noch kein GVO-Monitoring gibt, welches dem Stand der Wissenschaft entspricht, werden Transparenz und Offenheit der GVO-Debatte eingeschränkt und das wissenschaftliche Potenzial nicht in hinreichendem Maße genutzt. Dies leistet Spekulationen und Abwehrhaltungen unnötigerweise Vorschub und bricht dort ab, wo konklusive Verknüpfungen zwischen molekular Möglichem, ökologischer Risiko- und Sicherheitsanalyse sowie gesellschaftlich Nützlichem erfolgen.

Nach Ansicht der Verfasser müsste eine langfristige Förderung ökologischer Forschung zu GVO etabliert werden. Daran angebunden bedarf es verstärkt integrativer Vorhaben, die die bisherigen Befunde zu GVO auf molekularer und agronomischer Ebene zusammenführen und zur Erstellung großräumiger ökologischer Wirkungsprofile verdichten: zu einer transparenten und offenen, systemischen Analyse und Bewertung von GVO in der Landwirtschaft. Hier sind wesentliche Fortschritte möglich, auf die eine strategisch ausgerichtete, zukunftsfähige Forschungspolitik nicht verzichten kann.

Zitierte Literatur

Breckling B, Middelhoff U, Borgmann P, Menzel G, Brauner R, Born A, Laue H, Schmidt G, Schröder W, Wurbs A, Glemnitz M (2004) Generische Erfassungs- und Extrapolationsmethoden der Rapsausbreitung (*Brassica napus L.*). Abschlussbericht im BMBF-Förderschwerpunkt Biologische Sicherheitsforschung. Bremen, pp 1–684

Hofmann F, Epp R, Kalchschmid A, Kratz W, Kruse L, Kuhn U, Maisch B, Müller E, Ober S, Radtke J, Schlechtriemen U, Schmidt G, Schröder W, von der Ohe W, Vögel R, Wedl N, Wosniok W (2010) Monitoring of Bt-Maize pollen exposure in the vicinity of the nature reserve Ruhlsdorfer Bruch in northeast Germany 2007 to 2008. In: Umweltwissenschaften und Schadstoff Forschung 22, 229–251. doi:http://dx.doi.org/10.1007/s12302-010-0133-6

Messéan A, Squire G, Perry J, Angevin F, Gomez M, Townsend P, Sausse C, Breckling B, Langrell S, Dzeroski S, Sweet J (2009) Sustainable introduction of GM crops into European agriculture: a summary report of the FP6 SIGMEA research project. Oléagineux, Corps Gras, Lipides 16:37–51

Schmidt G, Kleppin L, Schröder W, Breckling B, Reuter H, Eschenbach C, Windhorst W, Höltl K, Wurbs A, Barkmann J, Marggraf R, Thiel M (2009) Systemic risks of genetically modified organisms in crop production: interdisciplinary perspective. GAIA 18:119–126

Kapitel 17
International vergleichende Analyse und Bewertung der Konzepte zur GVO-Risikoanalyse

Hartmut Meyer

Im internationalen Zusammenhang werden Fragen des Umgangs mit GVO vielfältig diskutiert. Eine besondere Rolle spielt dabei die Wahrung der Entscheidungsfreiheit und Souveränität der Staaten, dieses Thema für ihr jeweiliges Territorium zu regeln. Einen wesentlichen Inhalt bildet die Entwicklung von Regeln und Normen für den Umgang mit dem Handel, der grenzüberschreitenden Verbringung von GVO und der biologischen Sicherheit. Standards hierzu formuliert das internationale Abkommen über Biologische Sicherheit (Cartagena Protocol on Biosafety[1]). Dieses Abkommen wurde im Rahmen der Biodiversitätskonvention etabliert (Convention on Biological Diversity (CBD); www.cbd.int). Beide Konventionen werden im Rahmen regelmäßiger Konferenzen weiter entwickelt. Seitens des GeneRisk-Projekts wurden Aspekte zur Ausarbeitung des systemischen Charakters von GVO-Risiken in einer Begleitveranstaltung zur letzten Tagung der Mitglieder des Cartagena-Protokolls in Nagoya (Japan) in einer Begleitveranstaltung zur sozialen Nachhaltigkeit und biologischen Sicherheit präsentiert (Breckling 2010).

Die Analyse systemischer Risiken stellt das Zusammenwirken und die Fortpflanzung von Effekten über verschiedene Ebenen und Sektoren in den Mittelpunkt und erfordert zum angemessenen Verständnis das Zusammenwirken wissenschaftlicher Expertise aus verschiedenen Disziplinen. In diesem Abschnitt stellen wir die Entwicklung des Diskurses in internationalem Rahmen in den Mittelpunkt und zeichnen die kontroverse Entwicklung verschiedener Argumentationslinien nach, auf denen heutig verbreitete Regelungs-Konzepte basieren. Dabei werden Fortschreibungslinien zur besseren Erfassung systemischer Wirkungen deutlich.

---

[1] http://bch.cbd.int/protocol

H. Meyer (✉)
Vereinigung Deutscher Wissenschaftler, In den Steinäckern 13, 38116 Braunschweig, Deutschland
e-mail: hmeyer@ngi.de

B. Breckling et al. (eds.), *GeneRisk*, Umweltnatur- & Umweltsozialwissenschaften,
DOI 10.1007/978-3-642-23433-0_17,

17.1 Einstieg

Die Gentechnologie ermöglicht die künstliche Veränderung von Erbmaterial außerhalb der Organismen und den Einbau solchen Erbmaterials in das Genom verschiedenster Organismen jenseits der natürlichen Fortpflanzungsgrenzen. Die ersten Methoden der Gentechnologie wurden in den 1970er Jahren in den USA entwickelt und leiteten eine neue Phase der industriellen Nutzung von Mikroorganismen und schließlich auch den Einstieg chemisch-pharmazeutischer Konzerne in die Pflanzenzucht ein. Grundlage dafür war die Klassifizierung dieser neuen Methoden der Züchtung als *„technisch"*. Gentechnische Methoden sowie die veränderten Organismen wurden in den USA als patentierbar erklärt. Seitdem die WTO und ihr TRIPS-Abkommen zum Schutz des geistigen Eigentums 1995 in Kraft getreten ist, sind alle WTO-Mitglieder verpflichtet, Patentschutz für gentechnische Methoden und gentechnisch veränderte Organismen zu gewähren.

Neben der „technischen Neuheit" der gentechnisch veränderten Organismen wurde auch stets ihre „evolutionäre Neuheit" diskutiert, die Debatte über Innovation und Chancen wurde um die Debatte über Risiken für Umwelt und Gesundheit ergänzt. Zuerst in den USA, dann in Europa und schließlich im Rahmen der UN-Umweltkonventionen wurden gesetzliche Regelungen zur Risikoanalyse und zur Zulassung von GVO geschaffen. Dieses Kapitel soll einen Überblick über die Entstehung und die Konzepte dieser gesetzlichen Rahmenbedingungen zur Abschätzung der Risiken sowie zu ihrer Verringerung bzw. Vermeidung geben. Dabei liegt der Schwerpunkt auf den gegenwärtig angewandten Methoden, die auf experimentellen Untersuchungen auf dem Niveau der Gewächshäuser und kleinräumigen Freisetzungen basieren. Rechtliche Fragestellungen, die sich auf Modelle zur Hochrechnung dieser Ergebnisse auf größere räumliche Einheiten und schließlich ganze Landschaften beziehen, werden in Kap. 9 behandelt.

17.2 Entwicklung rechtlicher Grundlagen für die GVO-Umweltrisikoanalyse

17.2.1 Die Konferenz von Asilomar

Die Debatte über das Für und Wider der Gentechnologie wurde durch Wissenschaftler angestoßen, die in den 1970er Jahren in den USA im Bereich der Krebsforschung mit den jüngst entwickelten Methoden der in-vitro DNA-Rekombination arbeiteten (Rodgers 1981). Erfahrene Krebswissenschaftler sahen mit Besorgnis, wie in den molekularbiologischen Laboren relativ sorglos mit patho- und onkogenen Organismen bzw. biologischen Materialien gearbeitet wurde und gentechnisch veränderte Plasmide und Mikroorganismen zwischen den Laboren verschickt wurden (Herbig 1978). Als Reaktion auf entsprechende Berichte verabschiedeten die Teilnehmer der Gordon Conference on Nucleic Acids im Jahr 1973 eine Resolution, mit der sie über die potentiellen Risiken rekombinierter DNA-Moleküle warnten und die

National Institutes for Health (NIH) der USA zur Entwicklung von Sicherheitsrichtlinien zur Garantie des Arbeitsschutzes in den Laboren aufriefen (Singer und Soll 1973). Weiterhin wurde eine internationale Konferenz gefordert, die diese Entwicklung von Sicherheitsstandards unterstützen sollte, und schließlich ein Moratorium für besonders riskante Experimente angeregt (Berg et al. 1974). Im Frühling 1975 fand diese Konferenz im kalifornischen Asilomar statt. Die Teilnehmer erfreuten sich laut Berichten an den Schwärmen des Monarchfalters, der 25 Jahre später Symbol der Diskussion der ökologischen Risiken gentechnisch veränderter Nutzpflanzen werden sollte.

In Asilomar unterstrichen die Wissenschaftler, dass im Zuge der erwarteten industriellen, medizinischen und landwirtschaftlichen Nutzung der Gentechnologie noch andere als Gesundheitsrisiken auftreten könnten. Sie beschränkten aber ihre fachliche Diskussion und Empfehlungen auf diese Risiken. Die Teilnehmer beschlossen, dass ein Maßnahmenkatalog auf Grundlage rechtlich unverbindlicher Richtlinien im Rahmen der akademischen Selbstkontrolle das geeignete Instrument sein, um die sichere Entwicklung der Gentechnologie voranzutreiben (Berg et al. 1974). Aufgrund der Berichterstattung der Presse begannen in einigen Städten der USA mit führenden molekularbiologischen Forschungseinrichtungen wie Cambridge in Massachusetts öffentliche Debatten um die Sicherheit der Bevölkerung, in deren Verlauf Lokalpolitiker die Verabschiedung von Vorschriften und Verboten ankündigten (Herbig 1978, Goodell 1979). Mit dieser Entwicklung konfrontiert, stellten führende Molekularbiologen schon bald den Wert und die Weisheit der frühen Risikodiskussion in Frage und befürchteten einen Vergleich oder sogar die Gleichsetzung der Gentechnologie mit der Atomtechnologie (Cohen 1977, Watson 1977a, b).

17.2.2 Die Entwicklung der GVO-Regulierung in den USA

Ähnlich wie die Lokalpolitiker reagierte zunächst auch die US-Bundesregierung. Als Cohen (1975) berichtete, dass seine neuen Forschungsmethode es erlaube, die Artgrenze beim Übertragen von Erbinformationen zwischen Mikroorganismen zu übertreten, und damit nahe legte, dass in Folge dessen neue Arten geschaffen bzw. erfunden werden könnten, erarbeitete die Regierung erste Entwürfe eines Gentechnikgesetzes vor. Diese gesetzgeberische Aktivität alarmierte wiederum die Forschungsgemeinde, die ein enormes wirtschaftliches Potential in der Anwendung der Gentechnik erkannte und entsprechende Gewinne aufgrund ihrer ersten Patente erhoffte. Schon 1977 wurden die gesetzgeberischen Aktivitäten abgebrochen, vor allem da Cohen inzwischen die Meinung vertrat, dass die Ergebnisse der Gentechnologie ebenso aufgrund natürlicher Vorgänge auftreten könnten. Unter der Erwartung einer Revolution der Biologie und des Beginns einer neuen Phase ihrer industriellen Verwertung wurden die Methoden der Gentechnik als äquivalent den natürlichen und traditionellen technischen Reproduktionswegen dargestellt (Wright 1994). Folglich seien GVO keine Organismen, deren Eigenschaften neue und aufgrund der bisherigen Erfahrung unvorhersehbare Risiken bergen, sie benötigen also auch keine neuen und spezifischen Regeln zur Risikoanalyse und Zulassung.

Der in Asilomar vorgedachte Weg wurde eingeschlagen. 1976 verabschiedeten die NIH Richtlinien, die ein System zur Arbeitssicherheit beschrieben, das im Wesentlichen auf physikalischen und biologischen Vorsichtsmaßnahmen beruht. Die NIH-Richtlinien waren Ausdruck eines prozessorientierten Regulierungsansatzes. Einige Jahre später wurden die Prozeduren der Risikoanalyse durch den National Research Council (NRC 1983) vereinheitlicht. Als 1983 die ersten gentechnisch veränderten Bakterien und Pflanzen in Freilandversuchen in Kalifornien getestet wurden, wendeten die Wissenschaftler und Behörden das bestehende Konzept zur Arbeitssicherheit auch an, um mögliche Umweltrisiken zu analysieren (Suter 1993). Eine grundlegende Politikänderung fand 1986 statt, als offiziell beschlossen wurde, dass sich die Risiken von GVO nicht grundsätzlich von denen auf herkömmliche Art und Weise gezüchteten Organismen unterscheiden, um eine schnelle Vermarktung der Produkte der Gentechnologie nicht unnötig zu behindern (Office of Science and Technology Policy 1986, Food and Drug Administration 1992). Die Regierung der USA entschied sich letztlich, keine spezifischen Gesetze zur Risikoanalyse und Zulassung von GVO zu schaffen, sondern existierende Vorschriften zur Risikoanalyse von z. B. pathogenen Organismen oder invasiven Pflanzen zu nutzen. Das U.S.-System wird häufig als produktorientiert bezeichnet, da die Risikoanalyse neuer Organismen nicht durch den Herstellungsprozess, sondern durch das Vorhandensein neuer Eigenschaften ausgelöst werde. Damit die Behörden eine Risikoanalyse des Herstellers einfordern können, muss diese Eigenschaft nicht nur aus anderen Organismen stammen, sondern ebenfalls schon in anderen Gesetzen als potentiell schädlich eingestuft sein. Basierend auf diesen Entscheidungen analysieren die U.S.-Behörden etwa die Markergene und ihre Proteine für Antibiotikaresistenz in gentechnisch veränderten Pflanzen nach den Vorschriften für Lebensmittelzusatzstoffe. Transgene für Herbizidresistenz, die mit Promotoren aus Pflanzenviren versehen wurden, fallen unter die Gesetzgebung für Pflanzenkrankheiten. Pflanzen mit Bt-Genen und Bt-Proteinen fallen unter die Vorschriften zur Zulassung von Pestiziden und für Fische mit zusätzlichen Genen für Wachstumshormone sind die Vorschriften für die Zulassung von Tierarzneimitteln anzuwenden. Die offizielle Rhetorik, die diesen Ansatz als "science-" bzw. "risk-based" bezeichnet gerät an ihre Grenzen, wenn etwa Herbizidresistenzen nicht durch Transgene mit Viren-Promotoren, sondern durch chemische Mutagenese erzeugt wird. Obwohl die phänotypische Eigenschaft die gleiche sein mag, liegen keine Produkteigenschaften vor, die durch existierende Gesetze der Risikoanalyse erfasst würden. Pflanzen, deren Toleranz gegenüber Sulfonylharnstoff-Herbiziden durch chemische Mutagenese induziert wurde, können also ohne Risikoprüfung auf den Markt gelangen. In den USA wurde jüngst eine Debatte über die Angemessenheit der derzeitigen GVO-Regulierung ausgelöst, nachdem bekannt wurde, dass cisgene Pflanzen, denen auf gentechnischem Wege in-vitro veränderte eigene DNA-Abschnitte eingefügt wurden, oder Gräser, denen eine gentechnische Glyphosatresistenz ohne virale Promotoren eingebaut wurde, wegen des fehlenden Risikos bei der Nutzung eigener DNA von der Risikoanalyse grundsätzlich auszuschließen seien (Pollack 2011, Reardon 2011, Voosen 2011).

17.2.3 Die Entwicklung der GVO-Regulierung in Europa

Im Gegensatz zur Situation in den USA breitete sich die Debatte über mögliche Risiken bei der Anwendung von Gentechnologie in den europäischen Ländern, und hier vor allen in den deutschsprachigen, schnell über die Kreise der Biotechnologie-Experten hinaus aus (z. B. Kollek et al. 1986, Keller and Koechlin 1989). In Deutschland stieß die Arbeit der im Sommer 1984 eingesetzten parlamentarischen Enquete-Kommission „Chancen und Risiken der Gentechnologie" (Deutscher Bundestag 1987) eine öffentliche Debatte an, die in den letzten 25 Jahren immer wieder neu angeregt wurde. Anfänglich übernahmen viele europäischen Regierungen die in den USA entwickelten NIH-Sicherheitsrichtlinien (Wright 1994) und lehnten eine spezifische Gesetzgebung ab. Die öffentlichen Debatten in Europa kamen im Gegensatz zu denen der USA jedoch zum Schluss, dass aufgrund der Neuartigkeit von GVO ein spezifischer gesetzlicher Rahmen zur Risikoabschätzung und Genehmigung nötig sei (Commandeur et al. 1996). Die ersten nationalen Gentechnikgesetze wurden 1986 in Dänemark und 1990 in Deutschland erlassen. Im gleichen Jahr folgten die ersten EU-GVO-Richtlinien.[2] Diese europäischen Gesetzeswerke basieren auf dem Konzept, dass die Eigenschaften und das Verhalten von gentechnischen Organismen, deren „genetisches Material so verändert worden ist, wie es auf natürliche Weise durch Kreuzen und / oder natürliche Rekombination nicht möglich ist",[3] nicht ausreichend auf der Grundlage des jeweils gegenwärtigen Wissens und der Erfahrung bezüglich der nicht veränderten Eltern abgeleitet werden kann. Dieser sogenannte prozessorientierte Ansatz wurde im Kontext der EU-Umweltgesetzgebung entwickelt und in den meisten Mitgliedsstaaten durch die Umweltministerien umgesetzt. Aufgrund des starken Einfluss der Experten aus der Biotechnologie auf den legislativen Prozess kamen aber nicht existierende Instrumente der Umweltrisikoanalyse wie die Umweltverträglichkeitsprüfung bei der Untersuchung von GVO zum Einsatz, sondern die zusammen mit der Technologie in den USA entwickelte GVO-Risikoanalyse, die sich an den Methoden der Chemikalien- und Arbeitsplatzsicherheit orientiert.

17.2.4 Das Cartagena-Protokoll über biologische Sicherheit der UN

Auf internationaler Ebene wurden 1995 unter dem Dach des UN-Übereinkommens über die biologische Vielfalt Verhandlungen über völkerrechtlich verbindliche

[2] ein Überblick über die GVO-Vorschriften der EU findet sich auf der Internetseite: http://ec.europa.eu/food/food/biotechnology/evaluation/gmo_nutshell_en.htm

[3] Richtlinie 90/220/EWG des Rates vom 23. April 1990 über die absichtliche Freisetzung genetisch veränderter Organismen in die Umwelt http://eur-lex.europa.eu/LexUriServ/LexUriServ.do?uri=CELEX:31990L0220:DE:HTML

Mindeststandards zum Umgang mit GVO begonnen, die 2000 mit der Verabschiedung des Cartagena-Protokolls über die biologische Sicherheit[4] (CPB) endeten (Meyer 2000). Vergleichbar mit dem EU-Regelansatz basiert das Cartagena-Protokoll auf einem prozessorientiertem Ansatz. Die Auswertung des Biosafety Clearing House und anderer Datenbanken zeigt, dass derzeit 115 Staaten (darunter 110 der 161 Mitglieder des CPB) nationale GVO-Gesetze verabschiedet haben oder diese entwickeln (Tabelle 17.1):

- 91 Staaten mit GVO-Gesetzgebung (darunter die 27 EU- und neun weitere OECD-Mitglieder),
- 24 Staaten mit GVO-Gesetzgebung in Entwicklung,
- 50 Staaten mit einem National Biosafety Framework,
- 11 Staaten, die das Cartagena-Protokoll ratifiziert haben.

Die 61 Staaten, die das CPB unterzeichnet oder auch schon ein National Biosafety Framework entwickelt haben, werden sich voraussichtlich für den Regelansatz des CPB entscheiden, falls bei ihnen die Ausarbeitung nationaler Biosafety-Systeme beschlossen wird. Die USA und Kanada führen GVO-Risikoanalysen durch, haben aber offiziell den prozessorientierten Regelansatz nicht akzeptiert. Singapur folgt dem prozessorientierten Ansatz, reguliert GVO aber wie die USA durch bestehende Vorschriften. In 19 Staaten werden GVO-Aktivitäten derzeit nicht reguliert.

Tabelle 17.1 Überblick über den weltweiten Stand der GVO-Regulierung

GVO-Regulierung						
spezifische neue Vorschriften					Unter existierender Vorschriften	Keine Vorschriften
in Kraft (1)	in Beratung	NBF	nur CPB ratifiziert	CPB nicht ratifiziert		
Prozessbasiert				Produktbasiert		-/-
Industriestaaten						
EU-27, Australien, Island, Japan, Neuseeland, Norwegen, Schweiz				Kanada	USA	Monaco (Unterzeichner-des CPB) Andorra, Liechtenstein, San Marino, Vatikan

[4] der Text des CPB findet sich auf: http://www.cbd.int/biosafety/protocol.shtml

Tabelle 17.1 (Fortsetzung)

GVO-Regulierung						
spezifische neue Vorschriften					Unter existierender Vorschriften	Keine Vorschriften
in Kraft (1)	in Beratung	NBF	nur CPB ratifiziert	CPB nicht ratifiziert		
Prozessbasiert				Produktbasiert		-/-
Südosteuropa & GUS (Europa & Asien)						
Bosnien-Herzegovina, Kroatien, Mazedonien, Serbien & Montenegro	Albanien					
Moldavien, Russland, Ukraine, Weißrussland						
Armenien, Tadschikistan		Aserbeidschan, Georgien, Kasachstan, Kirgisistan	Turkmenistan			Usbekistan
Westasien						
Syrien, Türkei		Jordanien, Libanon, Yemen	Oman*, Qatar*, Saudi Arabien*			Bahrein*, Irak, Israel, Kuwait*, Palestina, Vereinigte Arabische Emirate*
*: entwickeln regionale gv-Nahrungsmittel-Gesetzgebung im Gulf Cooperation Council (GCC)						
Südasien						
Bangladesch, Indien, Iran, Pakistan	Sri Lanka	Bhutan, Maldiven, Nepal				Afghanistan
Südostasien						
Indonesien, Kambodscha, Malaysia, Philippinen, Thailand, Vietnam		Laos, Myanmar			Singapur (Regulierung durch existierende Gesetze, aber prozess-basiert)	Brunei Darussalam, Osttimor
Ostasien						
China, Südkorea, Taiwan		Nordkorea, Mongolei				

Tabelle 17.1 (Fortsetzung)

GVO-Regulierung						
spezifische neue Vorschriften					Unter existierender Vorschriften	Keine Vorschriften
in Kraft (1)	in Beratung	NBF	nur CPB ratifiziert	CPB nicht ratifiziert		
Prozessbasiert				Produktbasiert		-/-
Ozeanien						
Tonga	Kiribati	Cook-Inseln, Mikronesien, Niue, Papua Neuguinea, Samoa, Tuvalu, Vanuatu	Fiji, Marshall-Inseln, Nauru, Palau, Solomonen			
Nordafrika						
Libyen	Algerien, Ägypten, Marokko, Tunesien					West-Sahara
Subsahara-Afrika						
Äthiopien, Burkina Faso**, Ghana, Kamerun, Kenia, Mali**, Mauritius, Namibia, Nigeria, Sambia, Senegal**, Südafrika Tansania, Togo	Elfenbeinküste, Guinea Bissau**, Lesotho, Madagaskar, Malawi, Niger**, Ruanda, Seychellen, Simbabwe, Swaziland, Uganda, Zentralafrikanische Republik	Benin, Botswana, Burundi, Demokratische Republik Kongo, Djibouti, Eritrea, Gabon, Gambia**, Guinea, Kapverden**, Komoren, Kongo, Lesotho, Liberia, Mauretanien**, Mosambik, Sao Tome und Principe, Sierra Leone, Tschad	Angola, Somalia			Äquatorial Guinea, Südsudan
**: Das Comité permanent Inter-Etats de Lutte contre la Sécheresse (CILSS) hat regionale biosafety-Gesetzgebung für seine Mitglieder (Burkina Faso, Gambia, Guinea Bissau, Kapverden, Mali, Mauretanien, Niger, Senegal) elassen Weitere afrikanische Regionalorganisationen planen regionale biosafety-Vorschriften.						

Tabelle 17.1 (Fortsetzung)

GVO-Regulierung						
spezifische neue Vorschriften					Unter existierender Vorschriften	Keine Vorschriften
in Kraft (1)	in Beratung	NBF	nur CPB ratifiziert	CPB nicht ratifiziert		
Prozessbasiert				Produktbasiert		-/-
Lateinamerika						
Argentinien, Bolivien, Brasilien, Kolumbien, Costa Rica, Ekuador, El Salvador, Guatemala, Honduras, Mexiko, Nicaragua, Panama, Paraguay, Peru, Uruguay, Venezuela	Chile (derzeit nur Gesetz für Saatgut für den Export)					
Karibik						
Kuba	Antigua & Barbuda, Dominika, Grenada, St. Lucia***	The Bahamas, Barbados, Belize, Guyana_St. Kitts & Nevis, St. Vincent & die Grenadinen, Suriname, Trinidad & Tobago*** Dominikanische Republik, Jamaica,				Haiti (CPB unterzeichnet)
***: Diese CARICOM-Mitglieder arbeiten an einer Kombination aus nationalen und regionalen biosafety-Vorschriften						

(1): In einigen der Staaten gelten unverbindliche Richtlinien, aber keine Gesetze, die Nennung der Staaten bedeutet nicht, dass die geltenden Vorschriften effektiv umgesetzt werden können. Quellen: Biosafety Clearing House des Cartagena Protocol on Biosafety,[5] UNEP Biosafety,[6] U.S. Department of Agriculture – Foreign Agricultural Service – GAIN-Berichte – Kategorie Biotechnologie,[7] Stand: 11.07.2011

[5] http://bch.cbd.int

[6] http://www.unep.org/biosafety/

[7] http://gain.fas.usda.gov/Lists/Advanced%20Search/AllItems.aspx

17.3 Entwicklung wissenschaftlicher Konzepte der GVO-Umweltrisikoanalyse

17.3.1 Ökotoxikologischer Ansatz versus ökologischer Ansatz

Mit den ersten Freisetzungen von GVO 1983 in Kalifornien setzte eine Diskussion über die geeigneten Methoden zur Risikoanalyse ein. Im Kern dreht es sich um die Frage, ob und inwieweit etablierte Methoden zur Abschätzung der ökotoxikologischen Eigenschaften von Chemikalien auf GVO anwendbar sind oder ob neue Ansätze zur Anwendung kommen müssen, die systematisch die spezifischen Unterschiede zwischen lebenden Organismen und Chemikalien wie Interaktion mit der Umwelt, Mutationsfähigkeit und Selbstreplikation berücksichtigen. Der unterschiedliche methodische Ansatz und die daraus resultierenden divergierenden Ergebnisse und Erkenntnisse wurden einer breiteren Öffentlichkeit durch die Publikationen von Hilbeck et al. (1998a, b) sowie Losey et al. (1999) präsentiert. Die Autorengruppen konnten zum ersten Mal negative Effekte von Bt-Toxinen und Bt-Maispollen auf ökologisch relevante Nicht-Zielorganismen in Laborexperimenten zeigen, und zwar *nachdem* Bt-Pflanzen durch die U.S.-Behörden nach Durchführung einer ökotoxikologisch orientierten Risikoanalyse dereguliert und bereits angebaut wurden. Eine erneute, umfangreichere Risikoanalyse der Bt-Baumwolle stellte fest, dass die U.S.-Behörden 1995 als Grundlage der Deregulierung weder Daten aus ökologisch orientierten Laborexperimenten noch aus Freisetzungsversuchen von den Antragstellern angefordert hatten (EPA 2001). Es ist festzustellen, dass bis heute ein großer Teil der Risikoforschung und -analyse auf ökotoxikologischen Methoden aufbaut, in denen z. B. Testorganismen auf der Basis ihrer einfachen Anzucht in Laboren, nicht aber wegen ihrer ökologischen Bedeutung ausgewählt werden. Die zwei unterschiedlichen Konzepte zur GVO-Risikoanalyse wurden als ökologischer Ansatz und (öko)toxikologischer Ansatz charakterisiert (Obrycki et al. 2001, Raybould 2007). Nach EFSA (2010b) können die gegenwärtigen Methoden und Vertreter den Publikationen von Andow et al. (2006) und Romeis et al. (2008) entnommen werden.

Hilbeck et al. (2000) stellten in Frage, ob das Design solcher ökotoxikologischer Tests überhaupt zur Klärung der Fragen ökologischer Risiken von Bt-Pflanzen beitragen kann. So wurden etwa im Rahmen der Zulassung von Bt-Mais Fütterungsversuche mit Wasserflöhen *Daphnia magna* und Bt-Maispollen durchgeführt, bei denen keine negativen Effekte zu beobachten waren. Obwohl Daphnien weder Pollen fressen noch sich das Bt-Toxin aus den Pollen im Wasser löst, dienten diese Ergebnisse als Grundlage der Bewertung mit dem Ergebnis „kein Risiko". Testreihen mit dem Kompostwurm *Eisenia fetida*, in denen keine negativen Beeinflussungen messbar waren, dienten ebenfalls als Begründung der Bewertung „kein Risiko", obwohl nicht gezeigt wurde, dass die Kompostwürmer das Bt-Toxin überhaupt aufgenommen hätten. Abgesehen vom fragwürdigen Testdesign ist anzumerken, dass der in ökotoxikologischen Tests häufig verwendete Kompostwurm kein repräsentativer Organismus aus Agrarökosystemen ist (Jänsch et al. 2005).

Eine ökologisch orientierte Auswahl von Testorganismen, wie es nach Vorgaben des europäischen Gentechnikrechtes zu erwarten wäre, ist aber auch auf europäischer Ebene bis heute nicht durchgeführt worden (EFSA 2010b). Die Kritik an der Verwendung ökologisch nicht relevanter Testorganismen und schlecht konzipierter Tests und an der Akzeptanz dieser Praxis durch fast alle Genehmigungsbehörden in der EU addierte sich zu den Unsicherheiten, wie die gesetzlich vorgeschriebene Bewertung indirekter Effekte durchzuführen sei, wie mit einer absehbaren EU-weiten Verbreitung von Antibiotikaresistenzgenen durch GVO in Nahrungsmittelns umzugehen sei und wie die zahlreichen Forschungsarbeiten zu bewerten seien, die auf einen signifikanten Fluss von Transgenen zwischen unterschiedlichen Rapssorten und einigen Wildverwandten hinwiesen (Levidow et al. 2000). Vor diesem Hintergrund entschlossen sich die Umweltminister der EU im Sommer 1999,[8] alle laufenden Genehmigungsverfahren für GVO zu stoppen, bis die Revision der GVO-Gesetzgebung von 1990 abgeschlossen war.

17.3.2 Weiterentwicklung in der EU

Der beschriebene wissenschaftliche Disput beeinflusste zusammen mit gesellschaftlichen und ökonomischen Aspekten die Revision der EU GVO-Gesetze (Devos et al. 2006). Die neue EU Richtlinie 2001/18/EC schließlich unterstützt formal den ökologischen Ansatz und schreibt eine deutlich detailliertere ökologische Risikoanalyse vor als das Gesetzeswerk von 1990. Die Richtlinie 2001/18/EC führt die Berücksichtigung des Vorsorgeprinzips als Richtschnur im Entscheidungsprozess ein und dient als Vorgabe für die Umweltanalyse für Anträge zur Marktzulassung von GVO unter der Verordnung (EC) 1829/2003.[9] Die allgemein akzeptierten fünf Schritte einer Risikoanalyse (Hazard Identification, Exposure Assessment, Consequences Assessment, Risk Characterization, Mitigation Options: Hill und Sendashonga 2003, Hill 2005) gelten auch für GVO-Risikoanalysen. Die Methoden und Interpretationen sollten aber an die spezifischen Eigenschaften von lebenden Organismen und ihre möglichen Interaktionen mit der aufnehmenden Umwelt angepasst sein (Snow und Moran-Palma 1997, Andow und Zwahlen 2006). Die Richtlinie 2001/18/EC steckt einen neuen Rahmen für die ökologische Risikoanalyse ab, der etwa den Einsatz des GVO und nicht nur der neuen Gene und Proteine in Experimenten nahelegt sowie die Berücksichtigung der aufnehmenden Umwelt auf EU-Ebene vorsieht und nicht nur Ergebnisse einiger weniger Feldversuche, die zudem oft außerhalb der EU stattfanden. Trotzdem konnten Römbke et al. (2009) zeigen, dass etwa die in den Antragsunterlagen dokumentierten ökotoxikologischen Tests in Böden diesen gesetzlichen Vorgaben nicht entsprechen. Wie schon Andow und Hilbeck

[8] http://register.consilium.europa.eu/pdf/en/99/st09/st09433-re01.en99.pdf
http://register.consilium.europa.eu/pdf/en/99/st09/st09433-ad01.en99.pdf
http://register.consilium.europa.eu/pdf/en/99/st09/st09433.en99.pdf

[9] http://ec.europa.eu/food/food/biotechnology/gmo_intro_en.htm

(2004) und Snow et al. (2005) betonen diese Autoren, dass es nicht ausreicht, nur Standardorganismen zu prüfen, sondern dass solche Arten in der Risikoanalyse berücksichtigt werden müssen, die repräsentativ für die Agroökosysteme sind, in denen die gentechnisch veränderten (gv-)Pflanzen tatsächlich angebaut werden. Eine kürzlich veröffentliche EFSA Scientific Opinion (EFSA 2010b) widmet sich ausführlich dem Thema der Auswahl der Nichtziel-Testarten und betonte, dass dabei die "ecological relevance of the species, susceptibility to known or potential stressors, anthropocentric value, testability, exposure pathways" berücksichtigt werden müssen. Schließlich sollte Risikoforschung mit gv-Pflanzen in unterschiedlich komplexen Testsystemen die Grundlage einer soliden wissenschaftlichen Risikoanalyse formen (Marvier et al. 2007).

Die festgestellten Defizite in den Antragsunterlagen zeigen zusammen mit einer Reihe von Publikationen, die eine stärkere Berücksichtigung des „ökologischen Ansatzes" in der ökologischen Risikoanalyse ablehnen, dass die Entwickler von gv-Pflanzen und Wissenschaftler, die sich für ihren Anbau einsetzen, die Anforderungen der neuen EU GVO-Gesetzgebung als hinderlich betrachten. So betonte ein Wissenschaftler des Herstellers von Syngenta, dass

> „environmental risk assessment research has often attempted to describe the multitude of potential interactions between transgenic plants and the environment, rather than to test hypotheses that the cultivation of transgenic plants will cause no harm." (Raybould 2007).

Die Anwendung des „ökologischen Ansatzes" unterstütze die Entscheidungsträger in ihrer Ablehnung der Anträge, wobei die Wissenschaftler trotzdem weitere Unterstützung ihrer Forschung zur Aufklärung der komplexen ökologischen Interaktionen fordern. In seinem Artikel kritisiert Raybould nicht nur die Methoden der ökologischen Risikoanalyse, sondern thematisiert auch das zentrale normative Problem in dem Verhältnis zwischen Risikoforschung, -analyse und -bewertung: Wer bestimmt und finanziert, welche Hypothesen getestet werden? Welcher Grad wissenschaftlichen Wissens und wissenschaftlicher Sicherheit ist zur Entscheidungsfindung ausreichend? Wo verläuft die Grenze zwischen "need to know" und "nice to know" – der notwendigen Wissensgrundlage und lediglich interessanter, aber letztlich wenig entscheidungsrelevanter Information?

Die Entwickler von gv-Pflanzen schlagen unterschiedliche Wege vor, wie die Zulassung ihrer Produkte unter dem neuen EU-System beschleunigt werden kann. Eine zentrale Forderung von Raybould (2007) ist, dass "ecologists must avoid the temptation to test null hypotheses [of no difference between a transgenic plant and a non-transgenic comparator]". Sie sollten vielmehr Risikohypothesen prüfen, die sich auf negative Auswirkungen von gv-Pflanzen auf zu schützende Umweltgüter und -prozesse beziehen. Vor dem Hintergrund der politischen und gesetzlichen Rahmenbedingungen der EU erscheint es fraglich, ob ein solcher Ansatz tatsächlich zum gewünschten Ziel führt. Es muss zunächst festgestellt werden, dass die zu schützenden Güter und Prozesse auf EU-Ebene noch nicht festgelegt wurden. Weiterhin folgt die Empfehlung nicht dem Prinzip der EU GVO-Gesetzgebung, nach dem die Anwendung gentechnischer Methoden zu neuen Risiken führen könne und daher als erster Schritt der Risikoanalyse den Test der oben genannten Nullhypothese auf Unterschiede zwischen Eltern und transgener Folgegeneration erfordert.

Der zweite Vorschlag von Vertretern der Biotechnologieunternehmen beinhaltet, dass die Vorlage von Ergebnissen aus Feldversuchen oder komplexen ökologischen Labortests keine Voraussetzung für eine Zulassung von gv-Pflanzen sein darf. Solche Tests sollten nur gefordert werden dürfen, wenn einfache ökotoxikologische Tests deutliche negative Folgen gezeigt haben (Garcia-Alonso et al. 2006). Ein Wissenschaftler Monsantos fordert schließlich, dass dieses Modell auch für die Bewertung des trockenresistenten Mais seiner Firma gelten soll (Nickson 2008), eine Eigenschaft, die bis dato als Musterfall für komplexe, ökologisch ausgerichtete Risikoforschung und -bewertung gilt. Diese Vorschläge des privaten Sektors, deren Anwendung eine schnellere Zulassung von gv-Pflanzen in der EU sicherstellen soll, wurden von Behördenvertretern der EU und der USA sowie von Wissenschaftlern der öffentlichen Hand in einer gemeinsamen Publikation zur Risikoanalyse von Nicht-Zieleffekten von Bt-Pflanzen unterstützt (Romeis et al. 2008) und prägten in weiten Zügen den jüngsten Vorschlag für eine Anleitung zur Risikoanalyse von gv-Pflanzen der EFSA (EFSA 2010a).

17.4 Normative Aspekte der GVO-Umweltrisikoanalyse

Während der Kontroverse über die geeignete wissenschaftliche Herangehensweise zeigte es sich ebenfalls, dass vor allem die Schritte 1 "Hazard Identification" und 5 "Mitigation Options" der Risikoanalyse, wie von Hill (2005) beschrieben, Elemente und Aktivitäten aufweisen, die nicht wissenschaftlicher Natur sind, sondern einen normativen Charakter aufweisen. Viele Beiträge fordern, dass Schritt 1 breit angelegt und besser als "Problem Formulation" beschrieben werden sollte. Wissenschaftler, die den ökologischen Ansatz verfolgen, entwickelten in diesem Zusammenhang das Instrument des Problem Formulation & Option Assessment (PFOA), das zunächst die Rahmenbedingungen des möglichen Einsatzes von GVO durch Stakeholder-Dialoge und weitere Methoden der Öffentlichkeitsbeteiligung erkundet (Nelson and Banker 2007). Das PFOA wurde in drei Entwicklungsländern getestet, um dort nicht nur die GVO-Risikoanalyse zu verbessern, sondern auch, um seine Eignung als Instrument der Technologiefolgenabschätzung einschätzen zu können (Hilbeck und Andow 2004, Hilbeck et al. 2006, Andow et al. 2008). Damit befolgten die Autoren den Vorschlag der OECD (2003), nach der

> analyses leading to risk management decisions must pay explicit attention to the range of standpoints, in particular in situations with a high potential for controversy. This is often best done by involving the spectrum of participants in every step of the decision-making process, starting with the very formulation of the problem to be analysed. Introducing more public participation into both risk assessment and risk decision-making would make the process more democratic, improve the relevance and quality of technical analysis, and increase the legitimacy and public acceptance of the resulting decisions.

Ein beredtes Beispiel für das Ausmaß, in dem sozioökonomische Interessen der jeweiligen Stakeholder-Gruppe die Aktivitäten im Schritt 1 "Problem Formulation" prägen wird, findet sich in Raybould (2006), der unter anderem über das Konzept der britischen Farm Scale Evaluation von herbizidtoleranten gv-Pflanzen reflektiert:

> In the UK Farm Scale Evaluations of GM herbicide tolerant (GMHT) crops, an assessment endpoint was the sustainability of populations of arable weeds in fields. The observed reductions in arable weed populations in some GMHT crops were considered detrimental effects, because weeds were considered to be valuable biodiversity.

Aus der Perspektive eines Wissenschaftlers der Herbizid produzierenden Firma Syngenta stellt der Schutz und die Erhaltung der Beikrautsamenbank im Boden kein Schutzgut dar. Das Ziel bei der Entwicklung von herbizidtoleranten Nutzpflanzen ist im Gegenteil eine einfachere und billigere Bekämpfung der Beikräuter. Aus der Perspektive eines Stakeholders aus dem Bereich Natur- und Biodiversitätsschutz wird die Frage nach den Schutzgütern vermutlich deutlich anders beantwortet.

Während eine solche Position eines Wissenschaftlers aus dem Privatsektor nicht überrascht, ist schon seit Jahren festzustellen, dass Wissenschaftler aus öffentlichen Institutionen, die in dem anwendungsorientierten Gebiet der Pflanzen-Biotechnologie arbeiten, ähnliche Positionen entwickeln (Gibbons 1999). Kvakkestad et al. (2007) befragten 62 skandinavische Wissenschaftler nach ihren Meinungen zur Freisetzung transgener Pflanzen und werteten die Ergebnisse in Bezug auf die institutionelle Zugehörigkeit der Forscher und die Herkunft ihrer finanziellen Unterstützung aus. Dabei bildeten sich zwei Gruppen: Gruppe 1 bestand aus Wissenschaftlern aus öffentlichen Institutionen mit der Meinung, dass die Umwelteffekte von gv-Pflanzen schlecht vorhersagbar wären. Gruppe 2 bestand überwiegend aus Wissenschaftlern der Biotechnologieindustrie und war der Meinung, dass gv-Pflanzen kein spezifisches Risiko bergen. Keiner der befragten Ökologen befand sich in der zweiten Gruppe. Um denjenigen Wissenschaftlern, die in öffentlichen Institutionen arbeiten und die Positionen ihrer Kollegen aus der Biotechnologieindustrie teilen, einen größeren Einfluss in der internationalen Debatte um die gesetzlichen Rahmenbedingungen der Risikoanalyse und Zulassung von gv-Pflanzen zu ermöglichen, wurden Organisationen wie die Public Research & Regulation Initiative[10] aufgebaut, in diesem speziellen Fall durch einen früheren Manager Syngentas (de Greef 2004).

Auch die Elemente und Aktivitäten im Schritt 5 *Mitigation Options*, die schließlich auf die Entscheidungsfindung hinauslaufen, werden durch weit mehr als wissenschaftliche Erwägungen beeinflusst. Millstone et al. (2004) stellten etwa fest, dass die europäischen Zulassungsbehörden ein „asymmetrisches" Verhalten zeigen, wenn es um die Bewertung von Forschung geht, die keine negativen Effekte von GVO zeigen kann im Vergleich zu Forschung, die eben diese Effekte nachweisen. Forschungsarbeiten aus der zweiten Gruppe werden einer deutlich kritischeren Bewertung ihrer Methodik unterzogen als die Arbeiten der ersten Gruppe. Diese Asymmetrie wird nach Analyse der Autoren von der Öffentlichkeit als unzulässige Unterstützung der Positionen der Biotechnologieindustrie durch die Behörden interpretiert. Das Cartagena-Protokoll nimmt sich dieser Problematik an und verpflichtet seine Mitglieder in Anlage III zur Risikobeurteilung zur Neutralität bei der Bewertung von wissenschaftlichen Ergebnissen:

---

[10] http://pubresreg.org/

4. Liegen unzureichende wissenschaftliche Kenntnisse vor oder besteht kein wissenschaftlicher Konsens, so ist dies nicht zwangsläufig als besonderes, nicht vorhandenes oder annehmbares Risiko auszulegen.

Im Verlauf der Verhandlungen des Vertrages wurde diese Formulierung entwickelt, um ein Beispiel für die Umsetzung des Vorsorgeprinzips zu geben (Meyer 2007).

Um diese normativen, nicht-wissenschaftlichen Aspekte der Risikoanalyse demokratisch legitimierbar und gesellschaftlich akzeptierbar zu berücksichtigen, müssen neue Wege erarbeitet werden, die sicherstellen, dass Interesse und Meinungen aller beteiligten Gruppen bei der Formulierung der Problemlage und in der Entscheidungsfindung Berücksichtigung finden können (Slovic 2001, Wynne 2001, OECD 2003, Committee on Improving Risk Analysis Approaches Used by the U.S. EPA 2009).

17.5 Holistische Ansätze zur Analyse der Umweltauswirkungen einer Landwirtschaft mit gv-Pflanzen

Um die oben beschriebenen Probleme und Konflikte lösen zu helfen, wurden holistische Ansätze zur Risikoanalyse entwickelt, die deutlich über den bisherigen Rahmen der GVO-Gesetzgebung hinausgehen. In einer wegweisenden Publikation stellte etwa das OECD International Futures Program fest, dass die klassischen Konzepte der Risikoanalyse nicht auf Risiken anwendbar sind, die ihre Wirkung in großen zeitlichen und räumlichen Dimensionen entfalten (OECD 2003). Das OECD-Konzept schlägt vor, dass eine größere Anzahl wissenschaftlicher Disziplinen einbezogen werden muss, weil

> many risk models assume that a hazard is linked from a well-identified source to a single endpoint in more or less linear fashion. That could well prove a seriously flawed assumption if a number of complex evolving factors are at work.

Das von der OECD vorgestellte Konzept der „Systemischen Risiken" würde im Kontext der GVO-Debatte erlauben, die Bewertung sozioökonomischer Dimensionen wie Koexistenz, Patente auf Saatgut und den Aufbau von Monopolen oder die Selektion pestizidresistenter Beikräuter und Schadinsekten in der Entscheidungsfindung integrativ zu berücksichtigen.

Dieses OECD-Konzept wurde relativ schnell von Wissenschaftlern aufgegriffen, die mit dem Banken- und Finanzsektor verbunden sind (IRGC 2008, Helbing 2009) oder die zu den komplexen Auswirkungen von Umweltschadstoffen, Pandemien oder des Klimawandels auf die menschliche Gesundheit und die öffentlichen Gesundheitssysteme arbeiten (Briggs 2008, McMichael 2008). Im Hinblick auf die systemischen Risiken beim Anbau von gv-Pflanzen konnte das GenEERA-Projekt Methoden entwickeln, die zur Erweiterung des Repertoires der Risikoanalyse in sozioökonomischen Fragen und hier insbesonders der Koexistenz beitragen. Breckling et al. (2011a, b) entwickelten geostatistische Modelle, mit denen langfristige und regionale Effekte des kommerziellen Anbaus von gv-Pflanzen analysiert werden können, was der mit klassischen experimentellen Risikoanalyse nicht möglich ist. Ergänzt durch Modelle, die eine Analyse klimatischer (Schmidt und Schröder 2011), pflanzenbaulicher (Glemnitz et al. 2011) und populationsbezogener (Middelhoff et al. 2011a, b) Parameter auf die regionale Verbreitung von gv-Rapssamen erlauben, konnte das GenEERA-Projekt systemische Risikofaktoren beim Anbau von gv-Raps darstellen. Modellrechnungen für Gebiete in Norddeutschland ergeben, dass aufgrund der Persistenz der Rapssamen in der Bodensamenbank 90% aller Rapsfelder noch drei Jahre nach einem Anbau von gv-Raps einen GVO-Anteil von über 0,9% aufweisen könnten und damit kennzeichnungspflichtig wären. Zehn Jahre nach Anbau von gv-Raps läge dieser Anteil der Rapsfelder noch bei 5% (Reuter et al. 2011). In einem Szenario, in dem der Anteil der gv-Rapsfelder in Schleswig-Holstein, dem Hauptanbaugebiet für Raps in Deutschland, binnen zehn Jahre auf 50% steigt, kämen auf diejenigen Landwirte, die den GVO-Gehalt ihrer Rapsernte unter dem Kennzeichnungsschwellenwert von 0,9% halten wollen, hohe betriebliche Kosten zu (Middelhoff et al. 2011b).

Im hier dokumentierten Projekt GeneRisk[11] wurden die entwickelten Ansätze und Modelle weitergeführt, um die systemischen Risiken des Anbaus von Bt-Mais zu untersuchen. Da dieser Anbau zu Beginn des Projektes noch genehmigt war, wurde das Projekt um Methoden der Stakeholder-Beteiligung erweitert (siehe Kap. 14, 15, und 16).

17.5.1 Anwendung sozioökonomischer Untersuchungen

Neben den Fragen der Koexistenz werden seit vielen Jahren eine Reihe weiterer sozioökonomischer Fragestellungen in der GVO-Debatte thematisiert (Otsuka 2003). Trotzdem ist festzustellen, dass die meisten GVO-Gesetze deren Behandlung im Zulassungsprozess nicht vorsehen. Vor allem die Regierungen der Industriestaaten sowie die Entwickler von gv-Pflanzen führten im Wesentlichen drei Argumente gegen eine Berücksichtigung sozioökonomischer Faktoren auf: die benötigten Methoden gingen über den Rahmen der gesetzlich festgelegten naturwissenschaftlichen Risikoanalyse hinaus, sie wären nicht regional und international harmonisiert und würden zu intransparenten und ungerechtfertigten Entscheidungen führen (Gupta 1999, Falck-Zepeda 2009). Beispiele für eine systematische Analyse sozioökonomischer Aspekte beim Anbau von gv-Pflanzen sind demzufolge rar, die verfügbare Literatur kann seit kurzen mittels einer online verfügbaren Datenbank abgefragt werden.[12]

Im Rahmen der Debatten über die Möglichkeiten, die Mexiko offenstehen, um als Mitglied des North American Free Trade Agreement sein Moratorium auf gv-Maisfeldversuche von 1998 aufrecht zu erhalten, führte die Commission for Environmental Cooperation (CEC) des North American Agreement on Environmental Cooperation eine umfangreiche Untersuchung zu den Auswirkungen eines

[11] http://www.sozial-oekologische-forschung.org/de/692.php

[12] http://www.ifpri.org/book-637/node/5339

gv-Maisanbaus in Mexiko durch.[13] Darin eingeschlossen war ein "socio-cultural assessment" (Brush und Chauvet 2004). Eines der zentralen Ergebnisse bestand in der Erkenntnis, dass viele dörfliche und indigene Gemeinschaften das Vorhandensein jeglicher Transgene in Mais als "an unacceptable risk to their traditional farming practices, and their cultural, symbolic, and spiritual value of maize" betrachten (CEC 2004). Diese Meinung eines großen Teils der Bevölkerung führte letztlich dazu, dass im mexikanischen GVO-Gesetz ein Passus aufgenommen wurde, der es erlaubt, den Anbau von gv-Mais in Gebieten mit hohem Anteil an traditionellen Maiskulturen zu untersagen.

Weitere Beispiele für gesetzliche oder administrative Maßnahmen, die aufgrund sozioökonomischer Belange Aktivitäten mit GVO reglementieren oder untersagen, finden sich z. B. in den USA oder Südafrika: der County of Hawaii hat jegliche Aktivität mit gv-Kaffee und gv-Taro untersagt[14], und die südafrikanische Zulassungsbehörde hat aufgrund der Bedenken der Weinindustrie die Einfuhr von gv-Weinhefe unterbunden.[15]

In der EU ist die Diskussion über eine mögliche Integration sozio-ökonomischer Analysen in das Rahmenwerk der GVO-Gesetzgebung durch die Veröffentlichung einer "Roadmap" der Europäischen Kommission in Bewegung gekommen (European Commission 2010).[16] Das Ziel der Kommission ist es, die Blockade bei den Anbauzulassungen zu durchbrechen, damit in GVO-freundlichen Staaten wie den Niederlanden, Großbritannien oder der Tschechischen Republik (mehr) gv-Pflanzen angebaut werden können. So soll es zukünftig möglich sein, dass einzelne EU-Staaten aufgrund ethischer oder sozioökonomischer Bedenken national gv-Pflanzen vom Anbau ausschließen können, ihnen im Gegenzug aber die Möglichkeit genommen werden soll, die zentralisierte Risikoanalyse durch die EFSA aufgrund naturwissenschaftlicher Bedenken abzulehnen. Diese Initiative der Kommission wird durch die große Mehrheit aller Stakeholder negativ beurteilt (Anonymus 2010, Chipman 2010). Ein Kritikpunkt ist, dass die Kommission kein juristisch und wissenschaftlich begründetes Konzept zum Aufbau eines Systems zur Abschätzung sozioökonomischer Risiken vorlegt, zum Beispiel auf der Grundlage der Empfehlungen der niederländischen GVO-Kommission (COGEM 2009), sondern das sensible Thema an die Mitgliedsstaaten abschiebt.

17.5.2 Anwendung der Strategische Umweltprüfung

Wäre eine rechtliche Verankerung der Analyse der systemischen Risiken bei der Anwendung von Gentechnik z. B. in der Landwirtschaft mit gv-Pflanzen beabsichtigt, müssten neue Instrumente in die Vorschriften der GVO-Gesetzgebung

[13] http://www.cec.org/maize

[14] http://records.co.hawaii.hi.us/weblink/DocView.aspx?id=50710&&dbid=0

[15] http://www.nda.agric.za/docs/geneticresources/ECMinutes_180907.pdf

[16] http://ec.europa.eu/governance/impact/planned_ia/docs/147_sanco_gmo_cultivation_en.pdf

aufgenommen werden. Ein solches gesetzgeberisch anerkanntes Instrument wäre die Strategische Umweltprüfung (SUP). Die SUP ist ein international anerkanntes Instrument, das entwickelt wurde, um die ökologischen Auswirkung politischer oder planerischer Entscheidungen abzuschätzen. Damit greift die SUP zu einem viel früheren Zeitpunkt als die Umweltverträglichkeitsprüfung oder die ökologische Risikoanalyse, die sich immer auf einen konkreten Eingriff in die Natur oder die Zulassung einer Substanz oder eines GVO beziehen. In ihrer wegweisenden Publikation definieren Therivel et al. (1992) die SUP als:

> the formalized, systematic and comprehensive process of evaluating the environmental effects of a policy, plan or program and its alternatives, [...] and using the findings in publicly accountable decision-making.

In den letzten zehn Jahren konnte die SUP aufgrund der Aktivität internationaler Organisationen als ein methodischer Ansatz zur Unterstützung von Entscheidungsprozessen im umweltpolitischen Bereich etabliert werden. Die Mitglieder des Abkommens zur biologischen Vielfalt und der OECD verabschiedeten SUP-Empfehlungen auf der Grundlage der CBD Art. 6b und 14 (CBD 2004, 2006) und im Bereich der Entwicklungszusammenarbeit (OECD 2006, 2008). Die SUP-Verordnung der EU trat 2001 in Kraft, umfasst aber im Gegensatz zu den internationalen Vorgaben nur Pläne und Programme, nicht aber Politiken.[17] Es fällt auf, überrascht aber im Licht der vorherigen Ausführungen nicht, dass weder die CBD, die OECD noch die EU ihre Aktivitäten zur Entwicklung von GVO oder zur Risikoabschätzung mittels SUP analysiert haben oder die Themen Gentechnologie und biologische Sicherheit in ihren SUP-Dokumenten erwähnen. Auf nationaler Ebene wird die SUP in zahlreichen Staaten praktiziert (Buckley 2000) und konzentriert sich nach Goodland (2005) auf drei Bereiche:

- Politiken: Gesetze und andere Regelungen;
- Pläne und Strategien, einschließlich regionaler und sektoraler Pläne;
- Programme oder Bündel koordinierter Projekte.

Box 17.1 Ziele der Strategischen Umweltprüfung (nach Abaza et al. 2004)

- To support informed and integrated decision-making by:
  -- identifying environmental effects of proposed actions,
  -- considering alternatives, including the best practicable environmental option,
  -- specifying appropriate mitigation measures.

[17] weitere Informationen unter: http://ec.europa.eu/environment/eia/sea-legalcontext.htm

- To contribute to environmentally sustainable development by:
  -- anticipating and preventing environmental impacts at source,
  -- early warning of cumulative effects and global risks,
  -- establishing safeguards based on principles of sustainable development,
- To help achieve environmental protection and sustainable development by:
  -- consideration of environmental effects of proposed strategic actions,
  -- identification of the best practicable environmental option,
  -- early warning of cumulative effects and large-scale changes,
- To integrate the environment into sector-specific decision-making by:
  -- promoting environmentally sound and sustainable proposals,
  -- changing the way decisions are made.

Inzwischen existieren zahlreiche wissenschaftliche Analysen konkreter Fälle der SUP (Chaker et al. 2006, Stoeglehner et al. 2009). Die Autoren stellen aber auch fest, dass es nur eine sehr begrenzte Anzahl an Arbeiten gibt, die die Effektivität der SUP in Hinblick auf ihre Fähigkeit Politikentscheidungen zu beeinflussen untersuchen. Dies scheint sowohl im eher technischen Interesse der meisten Forscher als auch in der Tatsache begründet zu sein, dass die Empfehlungen aus einer SUP keine Rechtsverbindlichkeit besitzen, was eine Verfolgung ihres Einflusses auf Politikentscheidungen erschwert. Im Kontext einer möglichen Anwendung auf GVO-Aktivitäten wird es sinnvoll sein, die momentan geplanten SUP im Bereich der Agrarkraftstoffe zu verfolgen und auszuwerten. Zahlreiche Staaten haben Prozesse eingeleitet um ihre Agrarkraftstoff-Politiken und Nachhaltigkeitskriterien durch SUP zu überprüfen (Gnansounou 2011, Jay 2010). Solche Standards werden je nach ihrer Rechtsverbindlichkeit Handel und Einsatz von Agrarkraftstoffen deutlich beeinflussen. Die angestrebten Kriterienkataloge könnten ebenfalls Ausschlusskriterien enthalten, die zu einem gewissen Grad mit den möglichen Auflagen eines GVO-Zulassungsbescheides vergleichbar sind. Infolge dessen könnten die durchgeführten SUP auch auf die Analyse von GVO-Aktivitäten und Maßnahmen zur biologischen Sicherheit anwendbar sein.

Eine entsprechende Literaturrecherche hat ergeben, dass wissenschaftliche Publikationen, die GVO-Aktivitäten mit SUP verbinden, fast völlig fehlen. Ein Autorenteam aus Taiwan (Ming-Lone und Yue-Hwa 2004), einer der führenden asiatischen Staaten bei der Anwendung von SUP, fordert, dass die Auflage, SUP bei der räumlichen und sektoriellen Planung durchzuführen, auch auf Politikbereiche wie “WTO accession, [...] development of biotechnology (e.g., genetically modified food), export of nuclear waste for treatment” ausgedehnt werde sollte. Lediglich Linacre et al. (2006) haben im Kontext der durch die USA finanzierten Gentechnik- und Biosafety-Projekte in Entwicklungsländern ein Konzept publiziert, wie SUP eingesetzt werden könnte, um die Einführung von gv-Pflanzen zu unterstützen. Da der methodische Ansatz der Öffentlichkeit, also auch gentechnik-kritisch eingestellten Gruppen, einen deutlichen Einfluss auf die SUP-Empfehlungen ermöglicht, sehen die Autoren die SUP im Bereich GVO als zweischneidig an. Sie stellen fest, dass "careful consideration needs to be given to how the expert and lay panels are constructed and managed in the qualitative assessment phase", um das gewünschte Ergebnis am Ende des Prozesses zu erreichen. Mit Hinblick auf die grundlegenden Konzepte der SUP, insbesondere die Anforderungen an einen offenen Dialog ohne festgeschriebenes Ergebnis, erscheint es fraglich, ob das von Linacre et al. (2006) vorgestellte Konzept den elementaren Kriterien einer SUP entspricht und zu einer tatsächlich holistischen Analyse der systemischen Risiken einer Gentechnik-Landwirtschaft führen kann.

17.6 Zusammenfassung und Schlussfolgerungen

Seit Beginn der Entwicklung und Anwendung der Methoden der Gentechnologie deckt die wissenschaftliche und öffentliche Diskussion über Risiken und Vorteile eine breite Palette an Themen aus den Bereichen Gesundheit, Umwelt, Wirtschaft und Gesellschaft ab. Immer wieder stellten Stakeholder-Konsultationen und wissenschaftliche Publikationen fest, dass eine umfassende Analyse und eine angemessene Berücksichtigung der Auswirkungen der Gentechnologie auf all diese Bereiche den zu treffenden staatlichen Entscheidungen deutlich mehr wissenschaftliche Validität und politische Akzeptanz verleihen würden. Trotz dieser Erkenntnisse und Empfehlungen existieren kein internationales Rechtsinstrument und nur wenige nationale GVO-Gesetze, die die Regierungen zur Berücksichtigung anderer als gesundheitlicher und umweltrelevanter Faktoren in ihren Entscheidungen bezüglich der Nutzung von GVO verpflichten.

Die Entwicklung der Gentechnologie in den USA ging von Anfang an einher mit einer engen Verzahnung sowohl der wissenschaftlichen Arbeit und der ökonomischen Interessen als auch zwischen öffentlicher und privater Forschung. Das parallel entwickelte Regelwerk zur Abschätzung von Risiken und zur Entscheidungsfindung wurde so gestaltet, dass es nicht nur der Gefahrenabwehr, sondern zugleich der Technologieförderung dienen muss. Die GVO-Risikoanalyse wurde auf der Grundlage ökotoxikologischer Tests für Chemikalien entwickelt. Eine Analyse der sozioökonomischen Auswirkungen sowie eine Abschätzung der Auswirkungen auf ökosystemare Größen wie die Funktion von Nahrungsketten oder in Bezug auf lange Zeiträume und große Räume wurde als hinderlich, bzw. als ableitbar angesehen. Die Debatte um die Regulierung der Gentechnologie in Europa setzte neben den wirtschaftlichen Aspekten zahlreiche weitere Prioritäten und betonte den Schutzcharakter und das Ziel der Gefahrenvorsorge. Folglich wurden die europäischen GVO-Gesetze und das internationale Cartagena-Protokoll unter dem Dach der Umweltgesetzgebung entwickelt, wobei beide Systeme aber das frühe Konzept der ökotoxikologisch basierten Risikoanalyse aufnahmen.

Seit 1998 werden diese Entscheidungen in der breiteren Öffentlichkeit hinterfragt. Die Diskussion dreht sich um die Frage, ob und wie dieses frühe Konzept der

Risikoabschätzung in eine umfassende ökologische Risikoanalyse fortentwickelt werden soll, die die Prinzipien und Methoden der Biodiversitäts- und Ökosystemforschung berücksichtigt. Die entsprechende wissenschaftliche Literatur unterscheidet die Kontrahenten in zwei „Schulen", die dem „ökotoxikologischen Ansatz" oder dem „ökologischen Ansatz" folgen. Die Gruppenzugehörigkeit der Vertreter dieser Ansätze entscheidet sich dabei offenbar nicht nur aufgrund wissenschaftlicher Beweggründe, sondern auch aufgrund der institutionellen und konzeptionellen Nähe zu den Entwicklern und Vermarktern von GVO.

In der akademischen Debatte und Arbeit außerhalb der Bereiche der Gentechnologie wurden derweil Ansätze zur Risikoabschätzung entwickelt, die deutlich offener für die Integration sozioökonomischer Aspekte in die jeweiligen Entscheidungsprozesse sind. Die wegweisende Arbeit der OECD führte etwa zum Konzept der „Systemischen Risiken", deren Abschätzung eine holistische Methodik erfordert und dessen Bedeutung vor allem von Experten aus dem Bank- und Finanzwesen sowie dem Gesundheitswesen erkannt wurde. Aus diesen Erfahrungen kann abgeleitet werden, dass die Entwicklung eines holistischen Ansatzes auch im Bereich der GVO-Risikoabschätzung möglich ist und in der Tat zu ersten Ergebnissen geführt hat, zu denen auch der GeneRisk-Verbund beigetragen hat (siehe u.a. die GMLS-Tagungen[18], Aheto 2009, Aheto et al. 2011, Reuter et al. 2011, Beiträge zur MOP-5[19]; eine Gesamtübersicht über Publikationen aus dem GeneRisk-Zusammenhang enthält Kap. 19). Der gesetzlich festgelegte Prozess der GVO-Risikoanalyse und Entscheidungsfindung berücksichtigt diese neuen wissenschaftlichen und technischen Entwicklungen allerdings noch nicht.

Einen möglichen und in anderen Prozessen bereits erprobten Ansatz, um systemische Risiken abzuschätzen, bietet die Anwendung des international anerkannten Instrumentes der Strategischen Umweltprüfung (SUP). Grundlegende juristische und technische Rahmenwerke wurden bereits durch die OECD, die CBD und die EU erarbeitet. Aufgrund der Analyse der zurückliegenden Diskussionen über die Ergebnisse und Defizite der bisherigen GVO-Risikoanalyse wird vorgeschlagen, die Anwendbarkeit und Sinnhaftigkeit der SUP in Fallstudien zu prüfen, die das Ziel einer umfassenden Analyse der systemischen Risiken von gv-Pflanzen in der Landwirtschaft verfolgen. Die jüngst angestoßene Debatte in der EU über eine mögliche Berücksichtigung sozioökonomischer Faktoren in der Entscheidungsfindung über GVO-Anwendungen durch neue gesetzliche Rahmenbedingungen kann

---

[18] http://www.gmls.eu

[19] Siehe Scientific Conference & Citizen Forum: Advancing the Understanding of Biosafety. Scientific Findings, Policy Responses and Public Participation – Social Sustainability and Biological Safety.

Nagaoya/Japan

http://www.ensser.org/activities/meetings/biosafety-conference-nagoya/

Assessing Systemic Risks

http://www.ensser.org/uploads/media/KN4-Breckling-EN.pdf
http://www.ensser.org/uploads/pics/KN4_Breckling.pdf

genutzt werden, um die Ergebnisse wissenschaftlicher Fallstudien in den politischen und legislativen Prozess einzuspeisen. In diesem Zusammenhang wird es wichtig sein, die Arbeit und Erfahrung der gegenwärtig durchgeführten SUP zu Agrokraftstoffen und Nachhaltigkeitsstandards zu berücksichtigen.

Zitierte Literatur

Abaza H, Bisset R, Sadler B (2004) Environmental impact assessment and strategic environmental assessment: towards an integrated approach. UN Environmental Program, Nairobi

Aheto DW (2009) Implication analysis for biotechnology regulation and management in Africa. Baseline studies for assessment of potential effects of genetically modified maize (Zea mays L.) cultivation in Ghanaian agriculture. Peter Lang, Basel, Frankfurt/M

Aheto DW, Reuter H, Breckling B (2011) A modelling assessment of geneflow in smallholder agriculture in West Africa. Environ Sci Eur 23(9). doi:http://dx.doi.org/10.1186/2190-4715-23-9

Andow DA, Birch ANE, Dusi AN, Fontes EMG, Hilbeck A, Lang A, Lövei GL, Pires CSS, Sujii ER, Underwood E, Wheatley RE (2006) Non-target and biodiversity risk assessment for genetically modified (GM) crops. Proceedings of 9th international symposium on the biosafety of genetically modified organisms, Jeju Island, Korea, pp 68–73

Andow DA, Hilbeck A (2004) Science-based risk assessment for nontarget effects of transgenic crops. BioScience 54:637–649

Andow DA, Hilbeck A, Nguyen VT (2008) Environmental risk assessment of genetically modified organisms, Volume 4: Challenges and opportunities with Bt cotton in Vietnam. Cabi Publishing, Wallingford

Andow DA, Zwahlen C (2006) Assessing environmental risks of transgenic plants. Ecol Lett 9:196–214

Anonymus (2010) EU GMO proposals draw widespread criticism. EurActiv Network, Brussels, 14.07.2010

Berg P, Baltimore D, Nathans D, Boyer HW, Roblin R, Cohen SN, Watson JD, Davis RW, Weissman S, Hogness DS, Zinder ND (1974) Potential biohazards of recombinant DNA molecules. Proc Natl Acad Sci 71:2593–2594

Breckling B (2010) Assessing Systemic Risks. Contribution to the Scientific Conference & Citizen Forum: Advancing the Understanding of Biosafety. Scientific Findings, Policy Responses and Public Participation – Social Sustainability and Biological Safety. Nagaoya/Japan, 7.-8.10.2010, http://www.ensser.org/activities/meetings/biosafety-conference-nagoya/; http://www.ensser.org/uploads/media/KN4-Breckling-EN.pdf; http://www.ensser.org/uploads/pics/KN4_Breckling.pdf

Breckling B, Laue H, Pehlke H (2011a) Remote sensing as a data source to analyse regional implications of genetically modified plants in agriculture – Oilseed rape (*Brassica napus*) in Northern Germany. Ecological Indicators 11(4):942–950. doi:http://dx.doi.org/10.1016/j.ecolind.2009.03.003

Breckling B, Reuter H, Middelhoff U, Glemnitz M, Wurbs A, Schmidt G, Schröder W, Windhorst W (2011b) Risk indication of genetically modified organisms (GMO): modelling environmental exposure and dispersal across different scales. Ecological Indicators 11(4):936–941. doi:http://dx.doi.org/10.1016/j.ecolind.2009.03.002

Briggs DJ (2008) A framework for integrated environmental health impact assessment of systemic risks. Environ Health 7:61–78

Brush S, Chauvet M (2004) Assessment of social and cultural effects associated with transgenic maize production. Secretariat of the Commission for Environmental Cooperation, Quebec

Buckley R (2000) Strategic environmental assessment of policies and plans: legislation and implementation. Impact Assess Proj Apprais 18:209–215

CBD (2004) Decision VI/7. Identification, monitoring, indicators and assessments. Guidelines for incorporating biodiversity related issues into environmental-impact-assessment legislation or processes and in strategic impact assessment. Secretarial of the Convention on Biological Diversity, Montreal

CBD (2006) CBD Technical Series No. 26 – Biodiversity in impact assessment. Background document to CBD Decision VIII/28: Voluntary guidelines on biodiversity-inclusive impact assessment. Secretarial of the Convention on Biological Diversity, Montreal

CEC (2004) Maize & Biodiversity. The effects of transgenic maize in Mexico – Key findings and recommendations. Secretariat of the Commission for Environmental Cooperation, Quebec

Chaker A, El-Fad K, Chamas L, Hatjian B (2006) A review of strategic environmental assessment in 12 selected countries. Environ Impact Assess Rev 26:15–56

Chipman A (2010) Fears over Europe's GM crop plan. Nature 466:542–543

COGEM (2009) Socio-economic aspects of GMOs. Building blocks for an EU sustainability assessment of genetically modified crops. Commissie Genetische Modificatie, Bilthoven

Cohen SN (1975) The manipulation of genes. Sci Am 233:25–32

Cohen SN (1977) Recombinant DNA: fact and fiction. Science 195:654–657

Commandeur P, Joly PB, Levidow L, Tappeser B, Terragni F (1996) Public debate and regulation of biotechnology in Europe. Biotech Dev Monit 26:2–9

Committee on Improving Risk Analysis Approaches Used by the U.S. EPA (2009) Science and decisions: advancing risk assessment. National Research Council, Washington, DC

de Greef W (2004) The Cartagena Protocol and the future of agbiotech. Nat Biotechnol 22:811–812

Deutscher Bundestag (1987) Chancen und Risiken der Gentechnologie. Deutscher Bundestag, Bonn

Devos, Y, Reheul D, Dewaele D, van Speybroeck, L (2006) The interplay between societal concerns and the regulatory frame on GM crops in the European Union. Environ Biosaf Res 5:127–149

EFSA (2010a) Guidance on the environmental risk assessment of genetically modified plants. EFSA J 8(11):1879 doi:10.2903/j.efsa.2010.1879

EFSA (2010b) Scientific Opinion on the assessment of potential impacts of genetically modified plants on non-target organisms. EFSA J 8(11):1879 doi:10.2903/j.efsa.2010.1877

EPA (2001) Bt cotton confirmatory data and terms and conditions of the amendment. EPA, Washington, DC

European Commission (2010) New policy for genetically modified organisms (GMO) cultivation. European Commission, Brussels

Falck-Zepeda JB (2009) Socio-economic considerations, Article 26.1 of the Cartagena protocol on biosafety: What are the issues and what is at stake? AgBioForum 12(1):90–107

Food and Drug Administration (1992) Statement of policy & guidance to industry: foods derived from new plant varieties. Food and Drug Administration, Silver Spring, MD

Garcia-Alonso M, Jakobs E, Raybould A, Nickson TE, Sowig P, Willekens H, van der Kouwe P, Layton R, Amijee F, Fuentes AM (2006) A tiered system for assessing the risk of genetically modified plants to non-target organisms. Environ Biosaf Res 5:57–65

Gibbons M (1999) Science's new social contract with society. Nature 402(Suppl):6761

Glemnitz M, Wurbs A, Roth R (2011) Derivation of regional crop sequences as an indicator for potential GMO dispersal on large spatial scales. Ecological Indicators 11(4):964–973. doi:10.1016/j.ecolind.2009.03.005

Gnansounou E (2011) Assessing the sustainability of biofuels: a logic-based model. Energy 36: 2089–2096

Goodell RS (1979) Public involvement in the DNA controversy: the case of Cambridge, Massachusetts. Sci Technol Human Values 4:36–43

Goodland R (2005) Strategic environmental assessment and the World Bank group. Inter J Sustain Dev World Ecol 12:1–11

Gupta A (1999) Framing "biosafety" in an international context: the biosafety protocol negotiations. Harvard University, Cambridge

Helbing D (2009) Systemic risks in society and economics. Working Paper 09-12-044. Santa Fe Institute, Santa Fe

Herbig J (1978) Die Gen-Ingenieure. Hanser, München & Wien

Hilbeck A, Andow DA (2004) Environmental risk assessment of genetically modified organisms, Volume 1: A case study of Bt maize in Kenya. Cabi Publishing, Wallingford

Hilbeck A, Andow DA, Fontes EMG (2006) Environmental risk assessment of genetically modified organisms, Volume 2: Methodologies for assessing Bt cotton in Brazil. Cabi Publishing, Wallingford

Hilbeck A, Baumgartner M, Fried PM, Bigler F (1998a) Effects of transgenic Bacillus thuringiensis corn-fed prey on mortality and development time of immature Chrysoperla carnea (Neuroptera: Chrysopidae). Environ Entymol 27:480–487

Hilbeck, A, Meier MS, Raps A (2000) Review on non-target organisms and Bt plants. Report prepared for Greenpeace International, Amsterdam. EcoStrat GmbH, Ecological Technology Assessment & Environmental Consulting, Zurich

Hilbeck A, Moar WJ, Pusztai-Carey M, Filippini A, Bigler F (1998b) Toxicity of Bacillus thuringiensis Cry1Ab toxin to the predator Chrysoperla carnea (Neuroptera: Chrysopidae). Environ Entymol 27:1255–1263

Hill RA (2005) Conceptualizing risk assessment methodology for genetically modified organisms. Environ Biosaf Res 4:67–70

Hill RA, Sendashonga C (2003) General principles for risk assessment of living modified organisms: lessons from chemical risk assessment. Environ Biosaf Res 2:81–88

IRGC (2008) An introduction to the IRGC risk governance framework. International Risk Governance Council, Geneva

Jänsch S, Amorim MJ, Römbke J (2005) Identification of the ecological requirements of important terrestrial ecotoxicological test species. Environ Rev 13:51–83

Jay S (2010) Strategic environmental assessment for energy production. Energy Policy 38: 3489–3497

Keller C, Koechlin F (1989) Basler Appell gegen Gentechnologie: Materialband Kongress vom 5./6. November 1988 in Basel. Rotpunktverlag, Zürich

Kollek R, Tappeser B, Altner G (1986) Gentechnologie Chancen und Risiken Bd. 10. Die ungeklärten Gefahrenpotentiale der Gentechnologie: Dokumentation eines öffentlichen Fachsymposiums vom 7.-9. März 1986 in Heidelberg. J Schweitzer Verlag, München

Kvakkestad V, Gillund F, Kjølberg KA, Vatn A (2007) Scientists perspectives on the deliberate release of GM crops. Environ Values 16:79–104

Levidow L, Carr S, Wiel D (2000) Genetically modified crops in the European Union: regulatory conflicts as precautionary opportunities. J Risk Res 3:189–208

Linacre NA, Gaskell J, Rosegrant MW, Falck-Zepeda J, Quemada H, Halsey M, Birner R (2006) Strategic environmental assessments for genetically modified organisms. Impact Assess Proj Apprais 24:35–43

Losey JE, Rayor LS, Carter ME (1999) Transgenic pollen harms monarch larvae. Nature 399:214

Marvier M, McCreedy MC, Regetz J, Kaveira P (2007) A meta-analysis of effects of Bt cotton and maize on nontarget invertebrates. Science 316:1475–1477

McMichael A (2008) Environmental change, climate and population health: a challenge for interdisciplinary research. Environ Health Prev Med 13:183–186

Meyer H (2000) The Cartagena protocol on biosafety. Biotech Dev Monit 43:2–7

Meyer H (2007) The precautionary principle and the Cartagena protocol on biosafety: development of a concept. In: Traavik T, Li Ching L (eds) Biosafety first – Holistic approaches to risk and uncertainty in genetic engineering and genetically modified organisms. Tapir Academic Press, Trondheim, pp 469–482

Middelhoff U, Reiche EW, Windhorst W (2011a) An integrative methodology to predict dispersal of genetically modified genotypes in oilseed rape at landscape-level—A study for the region of Schleswig-Holstein. Ecological Indicators 11(4):1000–1007. doi:10.1016/j.ecolind.2009.03.008

Middelhoff U, Reuter H, Breckling B (2011b) GeneTraMP, a spatio-temporal model of the dispersal and persistence of transgenes in feral, volunteer and crop plants of oilseed rape and related species. Ecological Indicators 11(4):974–988. doi:10.1016/j.ecolind.2009.03.006

Millstone E, Zwanenberg P van, Marris C, Levidow L, Torgersen H (2004) Science in trade disputes related to potential risks: comparative case studies. European Commission, Seville

Ming-Lone L, Yue-Hwa Y (2004) Development and implementation of strategic environmental assessment in Taiwan. Environ Impact Assess Rev 24:337–350

Nelson KC, Banker MJ (2007) Problem formulation and options assessment handbook. University of Minnesota, St. Paul, MN

Nickson TE (2008) Planning environmental risk assessment for genetically modified crops: problem formulation for stress-tolerant crops. Plant Physiol 147:494–502

NRC (1983) Risk assessment in the federal government: managing the process. National Academies Press, Washington, DC

Obrycki J, Losey JE, Taylor OR, Jesse LCH (2001) Transgenic insecticidal corn: beyond insecticidal toxicity to ecological complexity. BioScience 51:353–361

OECD (2003) Emerging risks in the 21st century – An agenda for action. OECD, Paris

OECD (2006) Applying strategic environmental assessment. Good Practice guidance for development cooperation. OECD, Paris

OECD (2008) Strategic environmental assessment and ecosystem services. OECD, Paris

Office of Science and Technology Policy (1986) Coordinated framework for regulation of biotechnology. Office of Science and Technology Policy, Washington, DC

Otsuka Y (2003) Socioeconomic considerations relevant to the sustainable development, use and control of genetically modified foods. Food Sci Tech 14:294–318

Pollack A (2011) U.S.D.A. ruling on Bluegrass stirs cries of lax regulation. The New York Times, 06.07.2011

Raybould A (2006) Problem formulation and hypothesis testing for environmental risk assessments of genetically modified crops. Environ Biosaf Res 5:119–125

Raybould A (2007) Ecological versus ecotoxicological methods for assessing the environmental risks of transgenic crops. Plant Sci 173:589–602

Reardon S (2011) EPA proposal would exempt some GMOs from registry. Science 322:652

Reuter H, Schmidt G, Schröder W, Middelhoff U, Pehlke H, Breckling B (2011) Regional distribution of genetically modified organisms (GMOs)—Up-scaling the dispersal and persistence potential of herbicide resistant oilseed rape (Brassisca napus). Ecological Indicators 11(4):989–999. doi:10.1016/j.ecolind.2009.03.007

Rodgers J (1981) Asilomar revisited. Mosaic Jan/Feb 1981:19–25

Römbke J, Jänsch S, Meier M, Hilbeck A, Teichmann H, Tappeser B (2009) General recommendations for soil ecotoxicological tests suitable for the environmental risk assessment of genetically modified plants. Integr Environ Assess Manag 6:287–300

Romeis J, Bartsch D, Bigler F, Candolfi MP, Gielkens MMC, Hartley SE, Hellmich RL, Huesing JE, Jepson PC, Layton R, Quemada H, Raybould A, Rose RI, Schiemann J, Sears MK, Shelton AM, Sweet J, Vaituzis Z, Wolt JD (2008) Assessment of risk of insect-resistant transgenic crops to nontarget arthropods. Nat Biotechnol 26:203–208

Schmidt G, Schröder W (2011) Regionalisation of climate variability used for modelling the dispersal of genetically modified oil seed rape in Northern Germany. Ecological Indicators 11(4):951–963. doi:http://dx.doi.org/10.1016/j.ecolind.2009.03.004

Singer M, Soll D (1973) Guidelines for DNA hybrid molecules. Science 181:1114

Slovic P (2001) The risk game. J Hazard Mater 89:17–24

Snow AA, Andow DA, Gepts P, Hallerman EM, Power A, Tiedje JM (2005) Genetically modified organisms and the environment: current status and recommendations. Ecol Appl 15:377–404

Snow AA, Moran-Palma P (1997) Commercialization of transgenic plants: potential ecological risks. BioScience 47:86–96

Stoeglehner G, Brown AL, Kørnøv LB (2009) SEA and planning: 'ownership' of strategic environmental assessment by the planners is the key to its effectiveness. Impact Assess Proj Apprais 27:111–120

Suter GW (1993) Ecological risk assessment. Lewis Publishers, Boca Raton

Therivel R, Wilson E, Thompson S, Heaney D, Pritchard D (1992) Strategic environmental assessment. Earthscan Publishers, London

Voosen P (2011) In major shift, USDA clears way for modified Bluegrass. The New York Times, 06.07.2011

Watson JD (1977a) An imaginary monster. Bull At Sci 33:19–20

Watson JD (1977b) Remarks on recombinant DNA. CoEvol Quart Summer:40–41

Wright S (1994) Molecular politics. Developing American and British regulatory policy for genetic engineering, 1972–1982. The University of Chicago Press, Chicago, IL

Wynne B (2001) Creating public alienation: expert cultures of risk and ethics on GMOs. Sci Cult 10:445

Kapitel 18
Epilog: Gentechnik – Elemente eines Ausblicks

Broder Breckling

Der Synthesebericht des GeneRisk-Projekts hat die Notwendigkeit des interdisziplinären Zusammenwirkens bei der Analyse systemischer Risiken und verschiedener praktischer Implikationen bei der landwirtschaftlichen Nutzung der Gentechnik behandelt (Abb. 18.1). Im Rahmen eines sozial-ökologischen Forschungsansatzes (Becker und Jahn 2006) gelangte dabei ein Ebenen übergreifender, unterschiedliche Disziplinen überbrückender und zusammenführender Ansatz (Schröder und Daschkeit 2003) zur Darstellung.

Nach einer Einführung in die Thematik wurden die Gegebenheiten erläutert, die für die Bewertung von gentechnisch verändertem Mais von Bedeutung sind. Ein innovativer Beitrag zur Szenario-gestützten Abschätzung des Genflusses zwischen Mais-Beständen wurde entwickelt, der auf regionaler Skala anwendbar ist. Beispielhaft wurde dieser Ansatz für mehrere Regionen erprobt und in einen Zusammenhang mit der rechtlichen Bewertung von Modellextrapolationen gestellt. Verschiedene Ebenen der Einbeziehung und Auseinandersetzung mit Stakeholdern vom lokalen bis zum internationalen Diskurs wurden anhand von Projekt-Beiträgen dokumentiert.

Abschließend stellen wir die bis hierhin diskutierten Anwendungen gentechnischer Potenziale in einen Bezug zu Erfahrungen auf anderen Gebieten der Technologie-Bewertung.

Offene Fragen

Gentechnik eröffnet die Möglichkeit, fundamental in den Stoffwechsel von Organismen einzugreifen. Evident erscheint daher ein fast unüberschaubar weites Innovationspotenzial, Eigenschaften von Organismen in vererbbarer Weise umzugestalten und gewünschte Stoffwechsel-Reaktionen neu einzuführen oder

B. Breckling (✉)
Lehrstuhl für Landschaftsökologie, Universität Vechta, PF 1553, 49364 Vechta, Deutschland

Zentrum für Umweltforschung und nachhaltige Technologien (UFT), Abt. 10 (Ökologie), Universität Bremen, PF 330440, 28334 Bremen, Deutschland
e-mail: bbreckling@iuw.uni-vechta.de

B. Breckling et al. (eds.), *GeneRisk*, Umweltnatur- & Umweltsozialwissenschaften, DOI 10.1007/978-3-642-23433-0_18,

Abb. 18.1 Maisanbau, hier „markiert" als Objekt der Sozialökologischen Forschung

andere auszuschalten. Bedeutende Potenziale dieses Ansatzes anzunehmen, ist naheliegend, auch wenn das metabolische Geschehen auf molekularer und zellulärer Ebene bei Weitem nicht in allen heute erkennbar notwendigen Einzelheiten verstanden ist. Seit der Einführung gentechnisch veränderter Organismen wurden grundlegende neue Mechanismen in den molekularen Interaktionsnetzwerken als wesentlich erkannt. Dies betrifft insbesondere Komponenten der Genregulation und epigenetischer Effekte wie „Gene Silencing", RNA Interferenz u.a. (siehe z. B. Gianellini and Moll 2007; Journal of RNAi and Gene Silencing). Daher scheint es aus wissenschaftlich strenger Sicht verfrüht, selbst aus molekularbiologischer Perspektive, das tatsächliche gentechnisch realisierbare Potenzial gesamtheitlich zu überblicken und zu bewerten. Wir wollen daher abschließend einen Blick auf einige Aspekte der Technologie-Dynamik in anderen Bereichen werfen, die es erlauben, Hoffnungen auf die – oder Ängste vor der – Gentechnik zu relativieren.

18.1 Wie wird eine Technologie erfolgreich?

Technologie-Entwicklungen enthalten charakteristischerweise ein hohes Maß an Unvorhersehbarkeit. Wer hätte noch vor Kurzem das Marktdurchdringungs-Potenzial von Tablet-PCs erwartet, nachdem bereits etliche Versuche fehlgeschlagen waren, solche Geräte auf dem Markt einzuführen. Wer hätte vor einigen Jahren erwartet, dass Nutzer zu hunderten von Millionen ein Interesse hätten, umfangreiche persönliche Daten in Anbietern von sozialen Netzwerk-Plattformen zur Sekundär- und Werbe-Nutzung zur Verfügung zu stellen?

Eine naheliegende Kurzantwort zur Abschätzung der Akzeptanz einer Technologie wäre, dass eine Innovation sich durchsetzt, wenn sie einen bedeutenderen Nutzen zur Verfügung stellt als vergleichbare Lösungen. Die sich hierbei stellenden Fragen hat sich die Querschnittsdisziplin der Technikfolgenabschätzung zum Thema gemacht (z. B. Bröchler et al. 1999, VDI 1991). Als Fachgebiet für die Politikberatung sind Vertreter der (Inter-)Disziplin in einem Büro für Technikfolgenabschätzung beim Deutschen Bundestag angesiedelt[1] und auch mit Untersuchungen zur Gentechnik hervorgetreten (Sauter 2008).

Bei einer Einzelfallbetrachtung stellt sich schnell heraus, dass neue oder bessere Funktionen allein für den Erfolg nicht reichen. Technologische Funktion ist der Ausgangspunkt für die Entwicklung einer Anwendung. Deren Beurteilung umfasst dann wiederum ganz verschiedene Sachebenen und mit ihnen befasste Disziplinen – ein wesentlich breiteres Spektrum jedenfalls als die Expertise, welche zur jeweiligen Entwicklung gefragt war. Mit den disziplinären Mitteln, die an der Entwicklung der Technologie beteiligt waren, um die Funktion verfügbar zu machen, ist die Anwender-Akzeptanz und deren Dynamik in keiner Weise einschätzbar. Dieser Bereich umfasst Fragestellungen, die in der Regel weit außerhalb der Expertise der jeweiligen Entwickler-Disziplin liegen. Wir sehen dies an verschiedenen Beispielen aus unterschiedlichen Bereichen.

- Der Netscape Navigator war das beste Programm, welches in den Neunziger Jahren auf dem Markt war, um auf Internet-Seiten zuzugreifen. Nach einem fulminanten und vielbeachteten Start mit wesentlichen Alleinstellungsmerkmalen verschwanden das Programm und das entsprechende Unternehmen schon bald vom Markt. Grund war nicht eine bessere Alternative, sondern ein eigentlich eher unterlegenes Produkt – der Internet Explorer von Microsoft. Diese Firma schaffte es, ihr Quasi-Monopol bei PC-Betriebssystemen auf den Browser-Markt zu übertragen und damit vorübergehend nahezu alle Mitbewerber dort zu marginalisieren.[2]
- Die Programmiersprachen ALGOL und deren Weiterentwicklung SIMULA waren in den Sechziger und Siebziger Jahren hinsichtlich struktureller Möglichkeiten, Sprachumfang und Effizienz die mit Abstand besten Computersprachen. Die Verfasser des Kap. 5 verwenden SIMULA nach wie vor, da sie noch immer eine herausragend effiziente Strukturierung für ökologische Modelle mit ihrer besonderen Komplexität bietet. Durchgesetzt hat sich in dieser Zeit für wissenschaftliche Anwendungen dagegen FORTRAN, seinerzeit bekannt für unsäglich fehleranfällige Programmkonstruktionen. Die Gründe wirkten hier subtiler. Nicht

[1] http://www.tab-beim-bundestag.de/de/

[2] http://de.wikipedia.org/wiki/Netscape_Navigator; http://de.wikipedia.org/wiki/Browserkrieg

zuletzt aufgrund industrie- und verteidigungspolitischer Implikationen der Programmierung von Rechenanlagen trugen auch nationale Interessen zum Rahmen der Entwicklungsbedingungen bei. FORTRAN stammte aus den USA und wurde ursprünglich bei IBM entwickelt, SIMULA wurde in Norwegen entwickelt und hatte in Skandinavien und Westeuropa seine umfänglichste Verbreitung (Holmevik 1998).

- Die HD DVD hätte eine Weiternutzung etablierter DVD-Produktionsstrukturen ermöglicht. „Gewonnen" hat dagegen die Blu-ray Disk. Bezweifelbar ist, ob dafür technische Gründe ausschlaggebend waren oder eher die Marktposition und Konsortialbildung, die die konkurrierenden Entwickler jeweils um sich scharen konnten.

Die Technikgeschichte ist reich an derartigen „Formatkriegen", in denen unterschiedliche technische Ansätze konkurrieren. Anwendungsreichweite und Abschätzung von Anwendungserfolgen liegen nicht im Bereich dessen, was mit den Mitteln der Entwicklerdisziplinen entschieden werden kann. Die Verwertung hängt entscheidend und überwiegend vom weiteren Umfeld ab. Technologiebewertung ist deshalb ein Mehrebenen-Problem, welches schon immer einen übergreifenden Ansatz erforderte – von der Entwicklung (dem Funktionieren) über die Produktion und den Vertrieb bis zur Entsorgung (life cycle assessment) mit besonderer Berücksichtigung des technologischen, umweltbezogenen, ökonomischen, gesellschaftlichen und kulturellen Umfeldes (Guinée 2002). Dies bedeutet offenkundig, dass das Scheitern einer technologischen Innovation nicht nur auf der technologischen Ebene möglich ist. Auch ein Funktionieren „wie beabsichtigt" steht zur Möglichkeit eines großartigen Versagens in der Anwendung nicht im Widerspruch. *Nur wenn alle Glieder eines Verwertungszusammenhanges gleichgerichtet und nachhaltig zusammenwirken, funktioniert es.*

Hier sind GVO nichts Besonderes, hier haben sie die wesentlichen Gemeinsamkeiten mit anderen Technologien. Erfolg entscheidet sich nicht allein auf der Produkt-Ebene – und ist nicht entscheidend bewertbar mit Hilfe molekularbiologischer (Entwickler-)Expertise. Wenn eine Mehrheit der Molekularbiologen gentechnische Anwendungen für zukunftsfähig hält (Broer et al. 2011; DFG 2010), ist das ein Einstieg in möglicherweise weitreichende Lobbytätigkeit, sagt aber nur wenig über zu erwartende gesellschaftliche Anwendungsdynamiken oder Akzeptanzpotenziale aus (Taube et al. 2011). Breckling (2010) hat eine Reihe von Beispielen von GVO zusammengestellt, deren Entwicklung bzw. Markteinführung aus ganz unterschiedlichen Gründen gescheitert ist und aufgegeben wurde.

Die Betonung des Ganzheitsaspekts bei der Technologie-Bewertung bedeutet andererseits nicht, dass alle Anwendungsentscheidungen allgemein von holistischen Erwägungen bestimmt werden. Das liegt an der Strukturierung von Produktions- und Reproduktionsabläufen in *partiell* autonomen Organisationsstufen. Auf einer bestimmten Organisationsstufe können sich Anwender überwiegend für eine bestimmte Lösung entscheiden, wenn sie auf *dieser* Stufe Vorteile bringen – selbst wenn der Gesamtzusammenhang nicht positiv oder sogar erkennbar negativ betroffen wäre. Einige markante Beispiele:

- Gold als marktgängiges Produkt bergbaulicher Tätigkeit wird unter ganz verschiedenen Bedingungen gewonnen. Aus wenig ergiebigen Lagerstätten können auch kleine Gold-Anteile durch Amalgamierung mit elementarem Quecksilber extrahiert werden. Dies wird beispielsweise in wenig regulierten Bereichen Amazoniens angewandt. Beim Erhitzen des Amalgams (meist über offenem Feuer) verdampft das Quecksilber und das begehrte Edelmetall bleibt zurück. Eine resultierende Quecksilber-Vergiftung der Umwelt ist großflächig, gravierend und praktisch kaum sanierbar. In den Produktpreis gehen die Umweltschäden nicht ein.
- Ein ähnlicher Mechanismus lässt sich hinsichtlich der agrarindustriellen Implikationen des für den Export bestimmten Anbaus von GV-Soja in Argentinien beobachten. Großflächig mit Glyphosat behandelte landwirtschaftliche Nutzflächen und humantoxikologische Probleme sind die Folge, schwerwiegende Umwälzungen in der Strukturierung des Agrarsektors mit deutlich negativen Folgen für die ländliche Bevölkerung und die lokale Ernährungssicherung lassen sich inzwischen erkennen (Kothamasi and Vermeylen 2011, Antoniou et al. 2010).

Üblicherweise muss die Verpflichtung von Partikularinteressen auf das Gemeinwohl und die Durchsetzung eines entsprechenden Interessenaugleichs geregelt werden. Dies erfordert Normensetzungen und die Fähigkeit zur hinreichend glaubwürdigen und effizienten Sanktionierung von Normverletzungen. Interessant ist auch hier ein Mehrebenen-Bezug. Einerseits – Regulation kostet. Durch Verzicht auf Regulation lassen sich für ein Gemeinwesen privatisierbare Mittel freisetzen. Andererseits – kann die Regulation entscheidend zum gesamtheitlichen Funktionieren gesellschaftlicher Entwicklungsdynamik beitragen. Hier ist eine stets neu auszutarierende Balance zu finden. Ein Gemeinwesen, welches Gesamtinteressen effizient umsetzen kann, wird im Wettbewerb mit anderen Gemeinwesen, die durch unlimitierten Partikularismus Verluste in ihrer Gesamteffizienz erleiden, Vorteile erringen. Die Herstellung einer solchen Balance ist letztlich das Resultat eines gesellschaftlichen Diskurses und wird durch Entscheidungen legitimierende Denkfiguren (gern auch als Ideologien bezeichnet) wesentlich beeinflusst. Der seit den „Reaganomics“ und dem „Thatcherismus“ in den Achtziger Jahren entfaltete Trend zum Marktfundamentalismus (Steuersenkung, Privatisierung und den Rest regelt „der Markt“) führte implizit auch zu einer Rückführung effizienter Fähigkeiten, Randbedingungen für das Marktgeschehen zu setzen und durchzusetzen. Dass privatisierungsbasierte Selbstregulation letztlich ins Systemversagen führen kann, war aktuell im Finanzsektor in vielfältiger und markanter Weise zu beobachten.

18.2 Alleinstellungsmerkmale der Gentechnik

Obwohl gentechnisch veränderte Organismen als Technologieanwendungen vergleichbar sind mit anderen technologischen Ansätzen, besitzen sie in ihrer Spezifität auch eindrückliche Alleinstellungsmerkmale:

- Keine andere Technologie verfügt über ein theoretisch unbegrenztes Amplifikationspotenzial durch die Selbstvermehrung ihrer Produkte – Ebenen übergreifend vom molekularen Bereich bis zu kontinentalen Skalen.
- Keine andere Technologie besitzt ein vergleichbares selbstorganisiertes Rekombinationspotenzial. Die klassische Züchtung bleibt hinsichtlich des Auftretens neuer Kombinationen auf das Potenzial innerhalb des Genpools der Arten begrenzt. Die Ebene molekularer Interaktion bleibt in der konventionellen Züchtung ein „Naturprozess" und wird vom Züchter nur ungerichtet (z. B. durch Mutagenese) und ansonsten indirekt durch Selektion beeinflusst.
- Keine andere Technologie hat räumlich und zeitlich ein solches Folgen*potenzial* aufzuweisen. Die Einfügung neuer Elemente in den Genpool von Arten kann über evolutionäre Zeiträume hinweg wirksam bleiben und wird zum Substrat selbstorganisierter Weiterveränderung mit aus prinzipiellen Gründen nicht vorhersagbaren Fortwirkungen.

Gentechnologische Anwendungen bewegen sich in einem Anwendungs- und Marktbereich, der potenziell extrem schnell und grundlegend reagieren kann. Der Versicherungssektor hat sich deshalb bisher nicht bereit gefunden, mögliche Schäden der Gentechnik abzusichern (hinsichtlich dieses Aspektes gibt es eine Parallele zur Atomtechnik). Markteffekte können bei Eintreten ungeeigneter Umstände eine Nachfrage sprunghaft auf nahe null senken. Für bestimmte Erzeugnisse im Lebensmittelsektor gibt es Erfahrungen, wie der Markt bei Bekanntwerden negativer Effekte innerhalb weniger Tage oder Wochen kollabierte. Die BSE-Krise hat dies für Rindfleisch gezeigt, das Auftreten des EHEC-Erregers für Tomaten, Gurken und Sprossen. Dies gilt, *obwohl* der Lebensmittelsektor stark von regulatorischen Elementen bis hin zum Interventionismus geprägt ist.

18.3 Markt und Vertrauen

Während langer historischer Perioden der sozialen Entwicklung waren die Märkte vom Handel mit einem sich eher wenig veränderndem Warenspektrum dominiert. Dies hat die Traditionsbildung und das Bild des Marktgeschehens beeinflusst, insbesondere die idealisierende Vorstellung vom vollständig informierten Marktteilnehmer in einem transparenten Umfeld. Mit der Industrialisierung haben sich Innovationszyklen stark verkürzt und die Verwissenschaftlichung der Produktion und Distribution erlaubt es den Marktteilnehmern zunehmend weniger, die Zusammenhänge und Implikationen des Produktions- und Marktgeschehens im Detail zu durchschauen. Dies betrifft nicht nur die Kostenseite, sondern auch die Herstellungsimplikationen und oft auch die Nebenwirkungen der Verwendung von Waren. Soweit nicht allgemeines Vertrauen in Anbieter oder Vertrauen in die regulatorische Effizienz bestimmend ist, bieten Werthaltungen eine Möglichkeit der Entscheidungsorientierung für Marktbeteiligte in systemisch vernetzten

Produktions- und Reproduktions-Netzwerken. Entscheidungen entlang von Werthaltungen bringen es mit sich, dass Ergebnisse nicht in jedem Einzelfall notwendig rational sein werden. Eine Wert-Orientierung liefert nur auf einer übergeordneten Wahrscheinlichkeitsebene eine Möglichkeit der Schadensminimierung.

Die Bedeutung einer Werthaltung von Konsumenten, naturnahe Produkte gegenüber chemisierter Landwirtschaft oder gentechnisch veränderten Produkten zu bevorzugen, wurde diskutiert und als Strategie der Risikovermeidung nachvollziehbar gemacht (Abschn. 14.2).

18.4 GVO und systemische Risiken

Systemische Risiken entstehen und wirken in Zusammenhängen, die durch vielfältige Kopplung intern stark vernetzt sind, in denen Wirkungen nicht durch partielle Autonomie von Teilsystemen gedämpft, sondern auf der obersten, gesamtsystemaren Ebene sichtbar und wirksam werden (Renn und Keil 2008). Hochgradig vernetzte Systeme tendieren oft und charakteristisch zur Amplifikation von Effekten (Breckling und Reuter 2004, Breckling et al. 2011b). Sie verhalten sich über große Skalen hinweg als Einheit. Das betrifft auch die zu kalkulierende Größenordnung von potenziellen Risiken. Neben dem Finanzsektor, der einen Prototyp von Systemintegration repräsentiert (schon wegen der Integrationsfunktion des Geldes), sind in funktionaler Hinsicht der Agrar- und der Lebensmittelsektor ein ebenfalls besonders hoch integrierter und intensiv regulierter Bereich. Systemische Effekte sind hier beispielhaft beobachtbar.

- Beispiel aus 2011: EHEC – Eine neue Variante des nahezu ubiquitären Bakteriums *Escherichia coli*, aufgetreten in einem landwirtschaftlichen Betrieb, der Keimlinge vermarktet, zog Effekte von Spanien bis Russland nach sich. Obwohl *E. coli* einer der am besten untersuchten und molekular charakterisierten Organismen ist, konnte die zunächst rätselhafte Variante nicht nur eine Epidemie auslösen, sondern neben lebensgefährlichen Gesundheitsschäden auch temporär sektorale Marktzusammenbrüche im Lebensmittelsektor mit Millionenschäden nach sich ziehen.
- Millionenschäden hat es auch im Zusammenhang mit GVO gegeben. In den Jahren 2000/2001 verunreinigte ein nur als Futtermittel zugelassener Mais mit der Bezeichnung Starlink in den USA zahlreiche Lebensmittel, die Mais enthielten (FoEE 2000, Bratspies 2003). Zu regulieren waren Schäden im Bereich von mehreren hundert Millionen Dollar. Die verantwortliche Firma Aventis verkaufte daraufhin ihre Crop Science Sparte an die Firma Bayer.
- Bayer ging es mit dieser Erwerbung nicht viel besser. Das Auftreten von gentechnischen Verunreinigungen in konventionellem Reis mit nicht zugelassenen GV-Varietäten führte einige Jahre später zu ähnlich hohen Schadenersatzforderungen (Ad hoc news 2011).

- Von der Schadensdimension her geringer, dafür vom Effekt her umso überraschender war der Triffid-Skandal. Eine GV-Sorte von Leinsaat, die in Kanada praktisch nur eine Saison zugelassen war und nie eine relevante Rolle im Anbau spielte, wurde annähernd zehn Jahre später überraschend in Leinsaat-Exporten entdeckt (Schmidt und Breckling 2010). Chargen, die nicht zugelassene GV-Konstrukte enthielten, waren nicht verkehrsfähig.

Die Antizipation vergleichbarer Probleme ist ein wesentlicher Grund, weshalb der von der Firma Monsanto zur Marktreife entwickelte gentechnisch veränderte herbizidresistente Weizen bisher keine Zulassung erhalten hat (Newswire 2010). Zahlreiche Kanadische Landwirtschafts- und Verbraucherorganisationen fürchteten um Exportmärkte und kündigten Widerstand an. In Kanada hat sich GV-Raps bereits massiv außerhalb von Anbauflächen ausgebreitet (Knispel and McLachlan 2010). GV-freier Rapshonig ist in Kanada daher kaum noch verfügbar und Exporte nach Europa sind massiv reduziert (Goertsches 2009).

18.5 Pluralität und Unabhängigkeit des Diskurses

Wenn Funktionalität einer Technologie allein nicht die Brauchbarkeit bestimmt, sondern ein weit gespannter, nur interdisziplinär zu bewältigender Diskurs zur Antizipation von wissenschaftlich sicherbaren Potenzialen und sekundären Effekten, Vor- und Nachteilen in verschiedenen anderen Sphären, erforderlich ist, dann schließt sich meist die Notwendigkeit eines Interessenausgleichs an. Interessenvertretung ist selten eine gesamtheitlich ausgerichtete rationale Übung, sondern zielt auf jeweiligen partiellen Eigennutz. Zur Gewährleistung eines möglichst großen Anteils an Gesamt-Perspketive ist daher die Förderung und Ermöglichung einer unabhängigen Forschung von essentieller Bedeutung. Dies ist eine Voraussetzung für eine rationale Entscheidungsautonomie auf politischer und regulatorischer Ebene. Unabhängige Forschung, die nicht nur Potenziale ausleuchtet, sondern auch in der Lage ist, unerwünschte Entwicklungen zu antizipieren, ist unverzichtbar, soll ein Gemeinwesen nicht im „Selbstbedienungsladen" des Partikulismus auf die „Resterampe" gelangen. In dieser Hinsicht ist die Gentechnik kein besonderer Fall. Aufgrund der großen Reichweiten des Selbstorganisations-, Selbstveränderungs- und Selbstvermehrungpotenzials sind entsprechende Systemrationalitäten von entscheidender langfristiger Bedeutung zur Bewältigung einer angemessenen Daseinsvorsorge. Während die Molekularbiologie und die assoziierten Anwenderinteressen mit umfänglicher wissenschaftlicher Förderung ausgestattet waren, gilt dies bisher für das Monitoring von Umweltwirkungen und die Folgenforschung nicht im gleichen Umfang (Breckling et al. 2011a).

Hier ausgleichend und den Horizont weiter spannend (Abb. 18.2) mitzuwirken, war das wesentliche Anliegen des GeneRisk-Verbundes.

Abb. 18.2 Himmel über Vechta, am 21.2.2011 mit Langmuir-Zirkulationen (untere Hälfte rechts). Diese selbstorganisierte dissipative Struktur entsteht in der Grenzschicht zwischen zwei verschieden Strömungen, die in unterschiedliche Richtungen führen

Literatur

Ad hoc news (2011) Bayer pays $750Million to settle rice contamination cases. (Berlin 29.Jul. 2011) http://www.ad-hoc-news.de/bayer-pays-750-million-to-settle-rice-contamination-cases--/de/News/22258994

Antoniou M, Brack P, Carrasco A, Fagan J, Habib M, Kageyama P, Leifert C, Onofre Nodari R, Pengue W (2010) GM Soy Sustainable? Responsible? Summary of key findings. GLS Gemeinschaftsbank eG and ARGE Gentechnik-frei. http://www.gmwatch.org/files/GMsoy_SustainableResponsible_Sept2010_Summary.pdf

Becker E, Jahn T (Hrsg) (2006) Soziale Ökologie – Grundzüge einer Wissenschaft von den gesellschaftlichen NaturverhältnissenCampus (Frankfurt, New York) 525 S

Bratspies RM (2003) Myths of Voluntary Compliance: Lessons from the StarLink Corn Fiasco, 27 Wm. & Mary Envtl. L. & Pol'y Rev. 593 (2003), http://scholarship.law.wm.edu/wmelpr/vol27/iss3/3

Breckling B (2010) Dead End developments – lessons learned from unsuccessful GMO. In: Breckling B, Verhoeven R (eds) Large-area effects of GM-crop cultivation. Theorie in der Oekologie 16. Peter Lang, Frankfurt, pp 129–137. http://www.gmls.eu/beitraege/GMLS2_Breckling.pdf

Breckling B, Jopp F, Schröder W (2011a) Gentechnisch veränderte Organismen in der Landwirtschaft: Forschungsbedarf zu Wirkungen des GVO-Anbaus. Ein Positionspapier. Natur und Landschaft (eingereicht)

Breckling B, Reuter H (2004) Analysing biodiversity: the necessity of interdisciplinary trends in the development of ecological theory. Poiesis Prax 3:83–105. http://www.springerlink.com/content/6e2kn38l04hcjrtf/fulltext.pdf

Breckling B, Reuter H, Middelhoff U, Glemnitz M, Wurbes A, Schmidt G, Schröder W, Windhorst W (2011b) Risk indication of genetically modified organisms (GMO). Modelling environmental exposure and dispersal across different scales. Oilseed rape in Northern Germany as an integrated case study. Ecological Indicators 11:936–941

Bröchler S, Simonis G, Sundermann K (Hrsg) (1999) Handbuch Technikfolgenabschätzung. 3 Bände. Edition Sigma, Berlin 1999, ISBN 3-89404-457-8

Broer I, Jung C, Ordon F, Qaim M, Reinhold-Hurek B, Sonnewald U, Tiedemann A von (2011) Response to the criticism by Taube et al. in ESE 23:1, 2011, on the booklet "Green Genetic Engineering" published by the German Research Foundation (DFG). Environ Sci Europe 23:16. doi:10.1186/2190-4715-23-16

DFG (Deutsche Forschungsgemeinschaft) (2010) Grüne Gentechnik. Wiley-VCH Verlag GmbH & Co. KGaA, Weinheim

FoEE (2000) Starlink: More bad news for biotech. The Starlink Scandal. FoEE Biotech Mailout. Information from the Biotechnology Programme of Friends of the Earch Europe 6(7). http://www.foeeurope.org/GMOs/publications/vol6no7.pdf

Gianellini L, Moll J (2007) Small interfering ribonucleic acids. In: Taylor JB, Triggle DJ (eds) Comprehensive medicinal chemistry II. Elsevier, Oxford, pp 171–187

Goertsches D (2009) Imkerei und Gentechnik im Konflikt. Ist die Imkerei existenziell durch den Anbau von gentechnisch veränderten Pflanzen gefährdet? Universität Kassel, FG Ökologische Agrarwissenschaften, Diplomarbeit, S 30 ff. http://data6.blog.de/media/236/3984236_da4b81eab4_d.pdf

Guinée JB (ed) (2002) Handbook on life cycle assessment. Operational guide to the ISO standards. Kluwer Academic Publishers, Dordrecht, 704 S

Holmevik JR (1998) Compiling simula. http://staff.um.edu.mt/jskl1/simula.html

Journal of RNAi and Gene Silencing – an open access publication, edited by Sohail M, Oxford, UK

Knispel AL, McLachlan SM (2010) Landscape-scale distribution and persistence of genetically modified oilseed rape (Brassica napus) in Manitoba, Canada. Environ Sci Pollut Res 17:13–25. doi:10.1007/s11356-009-0219-0

Kothamasi D, Vermeylen S (2011) Genetically modified organisms in agriculture: can regulations work? Environ Dev Sustain 13:535–546

Newswire (2010) GM Whear rejected by 233 Consumer, Farmer Groups in 26 Countries. http://www.newswire.ca/en/releases/archive/February2010/09/c8060.html

Renn O, Keil F (2008) Systemische Risiken: Versuch einer Charakterisierung. GAIA 17(4): 349–354

Sauter A (2008) Transgenes Saatgut in Entwicklungsländern – Erfahrungen, Herausforderungen, Perspektiven. Endbericht zum TA-Projekt „Auswirkungen des Einsatzes transgenen Saatguts auf die wirtschaftlichen, gesellschaftlichen und politischen Strukutren in Entwicklungsländern". TAB Arbeitsbericht Nr. 128 Berlin, 294 S. http://www.tab-beim-bundestag.de/de/pdf/publikationen/berichte/TAB-Arbeitsbericht-ab128.pdf

Schmidt G, Breckling B (2010) The Triffid case: a short résumé on the re-discovery of a de-registered GMO. In: Breckling B, Verhoeven R (eds) Large-area effects of GM-crop cultivation. Theorie in der Oekologie 16. Peter Lang, Frankfurt, pp 79–81

Schröder W, Daschkeit A (2003) Umweltwissenschaft als Prototyp interdisziplinärer Forschung. In: Fränzle O, Müller F, Schröder W (Hg) Handbuch der Umweltwissenschaften. Grundlagen und Anwendungen der Ökosystemforschung. Ecomed, Landsberg am Lech, Kap. II-2.5 (9. ErgLfg):1–32

Taube F, Krawinkel M, Susenbeth A, Theobald W (2011) Die DFG-Broschüre Grüne Gentechnik' genügt ihrem eigenen Anspruch nicht. Environ Sci Eur 23:13. doi:10.1186/2190-4715-23-1

VDI (Verein Deutscher Ingenieure) (1991) Technikbewertung: Begriffe und Grundlagen (Richtlinie 3780). Düsseldorf

Kapitel 19
Veröffentlichungen aus dem GeneRisk Verbund-Zusammenhang

Winfried Schröder

In diesem Abschnitt ist eine Übersicht der Veröffentlichungen zusammengestellt, die von Partnern des GeneRisk-Konsortiums zur Rahmenthematik während der Laufzeit des Projekts erarbeitet wurden.

Begutachtete Originalarbeiten

Aden C, Schmidt G, Schröder W (2007) WebGIS GVO monitoring. J Consum Protect Food Saf 1:62–64

Aheto DW, Reuter H, Breckling B (2011) A modeling assessment of geneflow in smallholder agriculture in West Africa. In: Schmidt G, Schröder W (eds) Implications of GMO cultivation and monitoring—series. Environ Sci Eur 23(9). doi:http://dx.doi.org/10.1186/ 2190-4715-23-9

Breckling B, Laue H, Pehlke H (2011) Remote sensing as a data source for up-scaling the effects of genetically modified plants in agriculture – oilseed rape (Brassica napus) in Northern Germany. Ecological Indicators 11(4):942–950. doi:http://dx.doi.org/10.1016/j.ecolind.2009.03.003

Breckling B, Reuter H (2011) Preface: up-scaling ecological effects of genetically modified plants in agriculture. Ecological Indicators 11(4):935. doi:http://dx.doi.org/10.1016/j.ecolind.2009.03.001

Breckling B, Reuter H, Middelhoff U, Glemnitz M, Wurbs A, Schmidt G, Schröder W, Windhorst W (2011) Risk indication of genetically modified organisms (GVO) Modelling environmental exposure and dispersal across different scales. Oilseed rape in Northern Germany as an integrated case study. Ecological Indicators 11(4):936–941. doi:http://dx.doi.org/10.1016/j.ecolind.2009.03.002

Hofmann F, Epp R, Kalchschmid A, Kratz W, Kruse L, Kuhn U, Maisch B, Müller E, Ober S, Radtke J, Schlechtriemen U, Schmidt G, Schröder W, von der Ohe W, Vögel R, Wedl N, Wosniok W (2010) Monitoring of Bt-Maize pollen exposure in the vicinity of the nature reserve Ruhlsdorfer Bruch in northeast Germany 2007 to 2008. In: Umweltwissenschaften und Schadstoff Forschung 22:229–251. doi:http://dx.doi.org/10.1007/s12302-010-0133-6

Hofmann F, Epp R, Kalchschmid A, Kruse L, Kuhn U, Maisch B, Müller E, Ober S, Radtke J, Schlechtriemen U, Schmidt G, Schröder W, von der Ohe W, Vögel R, Wedl N, Wosniok W (2008) GVO-Pollenmonitoring zum Bt-Maisanbau im Bereich des NSG/FFH-Schutzgebietes Ruhlsdorfer Bruch. Umweltwissenschaften und Schadstoff Forschung 20:275–289. doi:http://dx.doi.org/10.1007/s12302-008-0016-2

W. Schröder (✉)
Lehrstuhl für Landschaftsökologie, Universität Vechta, PF 1553, 49364 Vechta, Deutschland
e-mail: wschroeder@iuw.uni-vechta.de

B. Breckling et al. (eds.), *GeneRisk*, Umweltnatur- & Umweltsozialwissenschaften, DOI 10.1007/978-3-642-23433-0_19,

Kleppin L, Schmidt G, Schröder W (2011) Cultivation of GMO in Germany: support of monitoring and coexistence issues by WebGIS technology. In: Schmidt G, Schröder W (eds) Implications of GMO cultivation and monitoring—series. Environ Sci Eur 23(4). doi:http://dx.doi.org/10.1186/2190-4715-23-4

Kries C, Winter G (2011) Komplexität und Zergliederung: Die Strukturierung der Risikobewertung für die Ausbringung gentechnisch veränderter Organismen. Zeitschrift für Umweltrecht 5: 227–240

Meyer H (2011) Systemic risks of genetically modified crops: the need for new approaches to risk assessment. In: Schmidt G, Schröder W (eds) Implications of GMO cultivation and monitoring—series. Environ Sci Eur 23(7). doi:http://dx.doi.org/10.1186/ 2190-4715-23-7

Middelhoff U, Reuter H, Breckling B (2011) Integrating transgene persistence and dispersal for oilseed rape – the model GeneTraMP as an approach for risk evaluation and indication. Ecological Indicators 11(4):974–988. doi:http://dx.doi.org/10.1016/j.ecolind.2009.03.006

Reuter H, Menzel G, Pehlke H, Breckling B (2008) Hazard mitigation or mitigation hazard? Would genetically modified dwarfed oilseed rape (Brassica napus) increase feral survival? In: Schröder W, Schmidt G (eds) Implications of GM-crop cultivation—series. Environ Sci Pollut Res 15:529–535. doi:http://dx.doi.org/10.1007/s11356-008-0049-5

Reuter H, Middelhoff U, Graef F, Verhoeven R, Batz T, Weis M, Schmidt G, Schröder W, Breckling B (2010) Information system for monitoring environmental impacts of genetically modified organisms. Environ Sci Pollut Res 17:1479–1490. doi:http://dx.doi.org/10.1007/s11356-010-0334-y

Reuter H, Schmidt G, Schröder W, Middelhoff U, Pehlke H, Breckling B (2011) Regional distribution of genetically modified organisms – up-scaling the dispersal and persistence potential of herbicide resistant oilseed rape (Brassica napus). Ecological Indicators 11(4):989–999. doi:http://dx.doi.org/10.1016/j.ecolind.2009.03.007

Schmidt G, Kleppin L, Schröder W, Breckling B, Reuter H, Eschenbach C, Windhorst W, Höltl K, Wurbs A, Barkmann J, Marggraf R, Thiel M (2009) Systemic risks of genetically modified organisms in crop production: interdisciplinary perspective. GAIA 18:119–126

Schmidt G, Schröder W (2008) Auswahl repräsentativer Standorte zur Modellierung der Ausbreitung von gentechnisch veränderten Pflanzen in Nord-Deutschland. Umweltwissenschaften und Schadstoff Forschung 20:9–22. doi:http://dx.doi.org/10.1065/uwsf2007.11.230

Schmidt G, Schröder W (2009) GIS-gestützte Analysen zur möglichen Gefährdung von Naturschutzgebieten durch den Anbau gentechnisch veränderter Kulturpflanzen. Umweltwissenschaften und Schadstoff Forschung 21:76–93. doi:http://dx.doi.org/10.1007/s12302-008-0003-7

Schmidt G, Schröder W (2011a) Implications of GMO cultivation and monitoring—series. Environ Sci Eur 23(2). doi:http://dx.doi.org/10.1186/2190-4715-23-2

Schmidt G, Schröder W (2011b) Regionalisation of climate variability used for modelling the dispersal of genetically modified oil seed rape in Northern Germany. Ecological Indicators 11(4):951–963. doi:http://dx.doi.org/10.1016/j.ecolind.2009.03.004

Schröder W, Hofmann F (2008) Wissenschaftstheoretische Grundlagen der Beobachtung von GVO-Umweltwirkungen. Umweltwissenschaften und Schadstoff Forschung 20:2–8

Schröder W, Schmidt G (2006) A methodological approach of site selection and data analysis to provide model input data for an up-scaling of population effects of transgenetic oilseed rape in Northern Germany. Ecological Indicators 6:168–183. doi:http://dx.doi.org/10.1016/j.ecolind.2005.08.010

Squire GR, Breckling B, Dietz-Pfeilstedter A, Jorgensen RB, Lecomte J, Pivard S, Reuter H, Young MW (2011) Status of feral oilseed rape in Europe: its minor role as a GM impurity and its potential as a reservoir of transgene persistence. Environ Sci Pollut Res 18(1):111–115. doi:http://dx.doi.org/10.1007/s11356-010-0376-1

Winter G (2006) Naturschutz bei der Freisetzungsgenehmigung für gentechnisch verändertes Saatgut. Zeitschrift für Umweltrecht 10:456–464

Winter G (2007a) Naturschutz bei der Ausbringung von gentechnisch veränderten Organismen – Teil 1. Natur und Recht 29(9):571–587

Winter G (2007b) Naturschutz bei der Ausbringung von gentechnisch veränderten Organismen – Teil 2. Natur und Recht 29(10):635–641

Winter G (2008) Nature protection and the introduction into the environment of genetically modified organisms: risk analysis in EC multilevel governance. Rev Eur Community Int Environ Law 17(2):205–220

Winter G (2009) Pro und contra Gentechnik – ein Vorschlag zur Güte. Zeitschrift für Umweltrecht 5:225–226

Winter G, Stoppe-Ramadan S (2011) Koexistenz gentechnikfreier und Gentechnik nutzender Landwirtschaft: Von individueller zu systemischer Konfliktlösung. Natur und Recht 33(6):396–405. doi:http://dx.doi.org/10.1007/s10357-011-2084-0

Buchpublikationen

Aheto DW (2009) Implication analysis for biotechnology regulation and management in Africa. Baseline studies for assessment of potential effects of genetically modified maize (Zea mays L.) Culitivation in Ghanaian Agriculture. Theorie in der Ökologie 15. Peter Lang, Frankfurt, 240 pp

Breckling B, Reuter H, Verhoeven R (eds) Implications of GM crop cultivation at large spatial scales. Theorie in der Ökologie 14. Peter Lang, Frankfurt/M

Breckling B, Verhoeven R (eds) (2010) Large-area effects of GM-crop cultivation. Theorie in der Ökologie 16. Peter Lang, Frankfurt/M

Kleppin L (2010) WebGIS-Implementierung und Fernerkundung für Umweltmonitoring und Koexistenzregelungen in Agrarlandschaften mit Anbau gentechnisch verändertem Mais. Dissertation, Universität Vechta, Vechta

Struss J (2010) Die großflächige Ausbringung von GVO in die Umwelt – Das Recht der Grünen Gentechnik auf gemeinschaftlicher und nationaler Ebene. Dissertation, Universität Bremen, Bremen

Buchkapitel

Aden C, Schmidt G, Schröder W (2007) Ein webbasiertes Geografisches Informationssystem für das Monitoring gentechnisch veränderter Organismen. In: Breckling B, Dolek M, Lang A, Reuter H, Verhoeven R (Hrsg) GVO-Monitoring vor der Umsetzung. – Bonn (Naturschutz und Biologische Vielfalt 49), pp 97–112

Meyer H (2007) The precautionary principle and the Cartagena protocol on biosafety: development of a concept. In: Traavik T, Li Ching L (eds) Biosafety first – Holistic approaches to risk and uncertainty in genetic engineering and genetically modified organisms. Tapir Academic Press, Trondheim, pp 469–482

Thiel M, Barkmann J (2007) Ökonomische Bewertung exemplarischer Risiken des großflächigen Anbaus von gentechnisch verändertem Raps in Deutschland. In: Bundesamt für Naturschutz (Hrsg) Treffpunkt Biologische Vielfalt 7. BfN-Skripten 207, 49–55, Bonn

Thiel M, Marggraf R (2009) Monitoring von gentechnisch veränderten Pflanzen – Konzeption und Kosten. Jahrbuch 2008 der Österreichischen Gesellschaft für Agrarökonomie 18(1), 131–140, Wien

Eingeladene Beiträge zu einer von der GeneRisk-Koordination herausgegebenen Artikelserie

Eröffnungsbeitrag der Artikelserie:

Schröder W, Schmidt G (eds) (2008) Implications of GM-crop cultivation—series. Environ Sci Pollut Res 15:527–528

Böschen S (2009) Hybrid regimes of knowledge? Challenges for constructing scientific evidence in the context of the GVO debate. In: Schröder W, Schmidt G (eds) Implications of GM-crop cultivation—series. Environ Sci Pollut Res 16:508–520

Colbach N (2008) How to model and simulate the effects of cropping systems on population dynamics and gene flow at the landscape level: example of oilseed rape volunteers and their role for co-existence of GM and non-GM crops. In: Schröder W, Schmidt G (eds) Implications of GM-crop cultivation—series. Environ Sci Pollut Res 16:348–360. doi:http://dx.doi.org/10.1007/s11356-008-0080-6

Hilbeck A, Meier M, Römbke J, Jänsch S, Teichmann H, Tappeser B (2011) Environmental risk assessment of genetically modified plants – concepts and controversies. In: Schmidt G, Schröder W (eds) Implications of GMO cultivation and monitoring—series. Environ Sci Eur 23(13). doi:http://dx.doi.org/10.1186/ 2190-4715-23-13

Jorgensen R, Hauser T, D'Hertfeldt T, Andersen N, Hooftman D (2009) The variability of processes involved in transgene dispersal: case studies from Brassica and related genera. In: Schröder W, Schmidt G (eds) Implications of GM-crop cultivation—series. Environ Sci Pollut Res 16:389–395. doi:http://dx.doi.org/10.1007/s11356-009-0142-4

Kawata M, Ishikawa T, Murakami K (2008) Dispersal and persistence of genetically modified oilseed rape around Japanese harbours. In: Schröder W, Schmidt G (eds) Implications of GM-crop cultivation—series. Environ Sci Pollut Res 16:120–126. doi:http://dx.doi.org/10.1007/s11356-008-0074-4

Knispel AL, McLachlan M (2010) Landscape-scale distribution and persistence of genetically modified oilseed rape (Brassica napus) in Manitoba, Canada. In: Schröder W, Schmidt G (eds) Implications of GM-crop cultivation—series. Environ Sci Pollut Res 17(1):13–25. doi:http://dx.doi.org/10.1007/s11356-009-0219-0

Mauro IJ, McLachlan M, van Acker RC (2009) Farmer knowledge and a priori risk analysis: prerelease evaluation of genetically modified roundup ready wheat across the Canadian prairies. In: Schmidt G, Schröder W (eds) Implications of GM-crop cultivation—series. Environ Sci Pollut Res 16:689–701. doi:http://dx.doi.org/10.1007/s11356-009-0177-6

Pascher K, Moser D, Dullinger S, Sachslehner S, Gros P, Sauberer N, Traxler A, Grabherr G, Frank T (2011) Setup, efforts and practical experiences of a monitoring program for genetically modified plants – an Austrian case study for oilseed rape and maize. In: Schmidt G, Schröder W (eds) Implications of GMO cultivation and monitoring—series, Environ Sci Eur 23(12). doi:http://dx.doi.org/10.1186/ 2190-4715-23-12

Pavone V, Goven J, Guarino R (2011) From risk assessment to in-context trajectory evaluation – GMOs and their social implications. In: Schmidt G, Schröder W (eds) Implications of GMO cultivation and monitoring—series. Environ Sci Eur 23(3). doi:http://dx.doi.org/10.1186/ 2190-4715-23-3

Séralini GE, Mesnage R, Clair E, Gress S, De Vendomois J, Cellier D (2011) Genetically modified crops safety assessments: present limits and possible improvements. In: Schmidt G, Schröder W (eds) Implications of GMO cultivation and monitoring—series. Environ Sci Eur 23(10). doi:http://dx.doi.org/10.1186/2190-4715-23-10

Squire G, Begg G, Hawes C, Young M (2008) Cumulative impact of GM herbicide tolerant cropping on arable plants assessed through species-based and functional taxonomies. In: Schröder W, Schmidt G (eds) Implications of GM-crop cultivation—series. Environ Sci Pollut Res 16:85–94. doi:http://dx.doi.org/10.1007/s11356-008-0072-6

Viljoen C, Chetty L (2011) A case study of GM maize gene flow in South Africa. In: Schmidt G, Schröder W (eds) Implications of GMO cultivation and monitoring—series. Environ Sci Eur 23(8). doi:http://dx.doi.org/10.1186/ 2190-4715-23-8

Tagungsberichte und Tagungsbeiträge

Aden C, Schmidt G, Schröder W (2007a) The WebGIS 'GMO Monitoring'. In: Ecological complexity and sustainability. Abstracts of EcoSummit 2007, Beijing, China, p 10

Aden C, Schmidt G, Schröder W (2007b) A web-based GIS for the monitoring of genetically modified organisms. In: Probst F, Keßler C (eds) GI-Days – Young researchers forum. Posterreader of the 5th Geographic Information Days, 10.-12. September, Münster, 1–2

Aden C, Schmidt G, Schröder W (2007c) Ein web-basiertes Geo-Informationssystem für das Monitoring gentechnisch veränderter Organismen. E-Journal of Informatics in Agriculture Bd. 2. Online Resource: http://www.ezai.org/index.php/eZAI/article/view/26/26

Aheto DW (2010) Proposal for large-scale regional monitoring of genetically modified maize crops in small-scale agricultural system in Africa. In: Breckling B, Verhoeven R (eds) Large-area effects of GM-crop cultivation. Theorie in der Ökologie 16. Peter Lang, Frankfurt, pp 62–64

Aheto DW, Breckling B (2008) Analysis of the spatial density and neighbourhood distances of cultivated oilseed rape (Brassica napus) fields in Northern Germany. In: Breckling B, Reuter H, Verhoeven R (eds) Implications of GM crop cultivation at large spatial scales. Theorie in der Ökologie 14. Peter Lang, Frankfurt, pp 124–130

Barkmann J, Thiel M, Theuvsen L, Eschenbach C, Windhorst W, Marggraf R (2010) GM maize and oil seed rape in Germany: economic welfare losses from large scale adoption scenarios. In: Breckling B, Verhoeven R (eds) Large-area effects of GM-crop cultivation. Theorie in der Ökologie 16. Peter Lang, Frankfurt, pp 114–116

Bethwell C, Graef F, Stachow U, Müller HJ, Eulenstein F (2010) Prioritizing GMO monitoring sites in dynamic cultivation systems and their environment – a conceptual on-farm approach. In: Breckling B, Verhoeven R (eds) Implications of GMO-crop cultivation at large spatial scales. Theorie in der Ökologie 16. Peter Lang, Frankfurt, pp 39–44

Bethwell C, Weith T, Müller HJ (2010) Risk governance: Communication strategies for coexistence with GMOs (Genetically Modified Organisms). In: Breckling B, Verhoeven R (eds) Implications of GMO-crop cultivation at large spatial scales. Theorie in der Ökologie 16. Peter Lang, Frankfurt, pp 117–120

Breckling B (2008) Evolutionary Integrity – an issue to be considered in the long-term and large-scale assessment of genetically modified organisms. In: Breckling B, Reuter H, Verhoeven R (eds) Implications of GM crop cultivation at large spatial scales. Theorie in der Ökologie 14. Peter Lang, Frankfurt, pp 169–176

Breckling B (2010a) Assessing systemic risks – a holistic concept. In: Advancing the understanding of biosafety: scientific findings, policy responses and public participation, 7–9 Oct 2010 Nagoya, Japan. Programme and Extended Abstracts. pp 11–14

Breckling B (2010b) Dead end developments – lessons learned from unsuccessful GMO. In: Breckling B, Verhoeven R (eds) Large-area effects of GM-crop cultivation. Theorie in der Ökologie 16. Peter Lang, Frankfurt, pp 129–137

Breckling B, Schmidt G, Kleppin L, Schröder W (2009) The use of hierarchy theory for biological risk research on genetically modified organisms. In: Holzheu S, Thies B (eds) GfÖ 2009: Dimensions of ecology: From global change to molecular ecology. Ecological Society of Germany, Austria and Switzerland (GfÖ), 39th Annual Conference. Bayreuther Forum Ökologie 115/2009, 264 pp

Eschenbach C, Breckling B, Rinker A, Windhorst W (2010a) Potential GM-maize cropping in Schleswig-Holstein II: model and GIS based approaches to estimate the GM-share in conventional maize yield. In: Breckling B, Verhoeven R (eds) Large-area effects of GM-crop cultivation. Theorie in der Ökologie 16. Peter Lang, Frankfurt, pp 51–55

Eschenbach C, Rinker A, Windhorst D, Windhorst W (2008) Cause effect chains on potential GMO cropping in Schleswig-Holstein. In: Breckling B, Reuter H, Verhoeven R (eds) Implications of GM-crop cultivation at large spatial scales. Theorie in der Ökologie 14. Peter Lang, Frankfurt, pp 37–42

Eschenbach C, Windhorst W (2010) Development of the indicator „Genetic engineering in agriculture". In: Breckling B, Verhoeven R (eds) Large-area effects of GM-crop cultivation. Theorie in der Ökologie 16. Peter Lang, Frankfurt, pp 91–93

Eschenbach C, Windhorst W, Rinker A (2010b) Potential GM-maize cropping in Schleswig-Holstein I: spatial heterogeneity of GM cultivation (Scenarios). In: Breckling B, Verhoeven R (eds) Large-area effects of GM-crop cultivation. Theorie in der Ökologie 16. Peter Lang, Frankfurt, pp 47–50

Gawron JC, Theuvsen L (2008) Kosten der Verarbeitung gentechnisch veränderter Organismen: Eine Analyse am Beispiel der Raps- und Maisverarbeitung. Schriften der Gesellschaft für Wirtschafts- und Sozialwissenschaften des Landbaus e.V., Band 43, Landwirtschaftsverlag, Münster-Hiltrup, 143–152

Höltl K, Wurbs A (2008) Simulation of GM maize-cultivation scenarios under different coexistence regulations. In: Breckling B, Reuter H, Verhoeven R (eds) Implications of GM-crop cultivation at large spatial scales, Proceedings of the GMLS conference 2008 in Bremen. Theorie in der Ökologie 14. Peter Lang, Frankfurt, pp 43–46

Kleppin L, Aden C, Schmidt G, Schröder W (2008) Monitoring of genetically modified maize cultivation by means of WebGIS and Google Maps. In: Car A, Griesebner G, Strobl J (Hrsg) Geospatial Crossroads @ GI_Forum '08: Proceedings of the Geoinformatics Forum Salzburg. – Wichmann, Heidelberg, pp 170–179

Kleppin L, Aden C, Schmidt G, Schröder W (2009) WebGIS als Instrument für Planung und Monitoring des Anbaus von Bt-Mais. In: Strobl J, Blaschke TH, Griesebner G (Hrsg) Angewandte Geoinformatik 2009. Wichmann, Heidelberg, 588–597

Kleppin L, Breckling B, Schmidt G, Schröder W (2010a) Systemic risks of genetically modified organisms. In: Zhang C et al. Segh 2010 International confernece and work-shops of the society for environmental geochemistry and health on environmental quality and human health, National University of Ireland, Galway, Ireland, 27. Juni–2. Juli 2010 – Conference Schedule & Abstracts, 131

Kleppin L, Breckling B, Schmidt G, Schröder W, Eschenbach C (2010b) Simulation der Einkreuzung gentechnisch veränderter Maispollen in Maisfelder Schleswig-Holsteins. In: Strobl J, Blaschke T, Griesebner G (Hrsg) Angewandte Geoinformatik 2010. Beiträge zum 22. AGIT-Symposium Salzburg. Wichmann, Heidelberg, 856–865

Kleppin L, Schmidt G, Schröder W (2008) Web-based geoinformations systems: application for GVO related issues. In: Breckling B, Reuter H, Verhoeven R (eds) Implications of GVO-crop cultivation at large spatial scales. Theorie in der Ökologie 14. Peter Lang, Frankfurt, pp 103–107

Kleppin L, Schmidt G, Schröder W (2009a) Das WebGIS Standortregister GVO als Instrument für Planung und Monitoring des Anbaus von Bt-Mais. In: Blömeke B, Eisenträger A, Fischer K, Klemm O, Lammel G, Paulus M, Püttmann W, Schäffer A (Hrsg) Gesellschaft Deutscher Chemiker, Fachgruppe Umweltchemie und Ökotoxikologie, Jahrestagung 2009: Stoffverhalten und -wirkungen in Umweltkompartimenten, 23.-25.09, Trier, Kurzreferate. 42

Kleppin L, Schmidt G, Schröder W (2009b) Mapping GMO in agriculture by example of Germany. In: Plá R, Pignata ML, Carreras H, Gonzáles C (eds) 5th International Workshop on Biomonitoring of Air Pollution (BioMAP). 20–24 September 2009, Buenos Aires, Argentina, p 67

Kleppin L, Schmidt G, Schröder W (2010c) WebGIS as a tool for GMO monitoring support and for identification of potential coexistence problems due to GMO cultivation. In: Breckling B, Verhoeven R (eds) Implications of GMO-crop cultivation at large spatial scales. Theorie in der Ökologie 16. Peter Lang, Frankfurt, pp 56–59

Kries C, Winter G (2010) Legal implications of the step-by-step principle on risk assessment of GMOs. In: Breckling B, Verhoeven R (eds) Large-area effects of GM-crop cultivation. Theorie in der Ökologie 16. Peter Lang, Frankfurt, pp 125–128

Reuter H, Böckmann S, Breckling B (2008a) Analysing cross-pollination studies in maize. In: Breckling B, Reuter H, Verhoeven R (eds) Implications of GM crop cultivation at large spatial scales. Theorie in der Ökologie 14, Peter Lang, Frankfurt, pp 47–52

Reuter H, Breckling B, Wurbs A, Höltl K (2008b) Modelling maize cross-pollination probabilities on the regional level – exemplary simulations for the county Elbe Elster in Brandenburg, Germany. In: Breckling B, Reuter H, Verhoeven R (eds) Implications of GM crop cultivation at large spatial scales. Peter Lang, Basel, Frankfurt/M, pp 54–58

Reuter H, Middelhoff U, Schmidt G, Windhorst W, Schröder W (2007) Up-scaling of the environmental effects of genetically modified organisms to the level of regions. In: Schröder B, Reuter H, Reineking B (eds) Multiple scales and scaling in ecology, Proceedings Specialist Group 'Theory in Ecology' of the German Ecological Society Workshop, 2005, Frankfurt am Main, pp 95–109

Schmidt G, Aden C, Schröder W (2007) GeneRisk. Ecological, legal and economic analyses concerning the coexistence of agriculture with and without genetically modified plants. Integrating natural and social sciences for sustainability. Abstracts of ESEE 2007, Leipzig, 5. bis 8. Juni 2007, p 74

Schmidt G, Breckling B (2010) The Triffid case: a short résumé on the rediscovery of a deregistered GMO. In: Breckling B, Verhoeven R (eds) Implications of GMO-crop cultivation at large spatial scales. Theorie in der Ökologie 16. Peter Lang, Frankfurt, pp 79–81

Schmidt G, Breckling B, Kleppin L, Schröder W (2011) Large Scale GMO Cultivation Assessment: Tools for Monitoring and Modelling Potential GMO Impacts. In: Pillmann W, Schade S, Smits P (eds) Innovations in Sharing Environmental Observations and Information, Proceedings of the 25th International EnviroInfo Conference 'Environmental Informatics' 2011, Joint Research Centre Ispra (Italy), pp 535–543

Schmidt G, Breckling B, Kleppin L, Schröder W (2011) Instrumente und Verfahren zur Überwachung und Analyse möglicher Umweltwirkungen von gentechnisch veränderten Organismen. In: Strobl J, Blaschke T, Griesebner G (Hrsg) Angewandte Geoinformatik 2011. Beiträge zum 23. AGIT-Symposium Salzburg. Wichmann, Heidelberg, pp 126–136

Schmidt G, Schröder W (2008) GIS analyses on possible risks for nature reserves due to genetically modified crops. In: Car A, Griesebner G, Strobl J (Hrsg) Geospatial Crossroads @ GI_Forum '08: Proceedings of the Geoinformatics Forum Salzburg. Wichmann, Heidelberg, pp 240–245

Seeger J, Breckling B, Filser J (2010) Seedling emergence of oilseed rape (B. napus L.) and wild relatives on rural soils. In: Breckling B, Verhoeven R (eds) Implications of GMO-crop cultivation at large spatial scales. Theorie in der Ökologie 16. Peter Lang, Frankfurt, pp 117–120

Sirina N, Eschenbach C, Windhorst W, Müller F (2010) The lack of regulation on GMO as one of the risk factors for biodiversity in a place of unique value – Example of the Lake Baikal region. In: Breckling B, Verhoeven R (eds) Large-area effects of GM-crop cultivation. Theorie in der Ökologie 16. Peter Lang, Frankfurt, pp 109–113

Stoppe-Ramadan S, Winter G (2010) EU and German law on coexistence: individual and systemic solutions and their compatibility with property rights. In: Breckling B, Verhoeven R (eds) Large-area effects of GM-crop cultivation. Theorie in der Ökologie 16. Peter Lang, Frankfurt, pp 121–124

Thiel M, Marggraf R (2008) Ist Monitoring von gentechnisch veränderten Pflanzen eine staatliche Aufgabe? – Notwendigkeit, Durchführung & Kosten. Tagungsband der Jahrestagung 2008 der Österreichischen Gesellschaft für Agrarökonomie, 105–106, Wien

Sachverzeichnis

B. Breckling et al. (eds.), *GeneRisk*, Umweltnatur- & Umweltsozialwissenschaften, DOI 10.1007/978-3-642-23433-0, © Springer-Verlag Berlin Heidelberg 2012

The manufacturer's authorised representative in the EU is Springer Nature Customer Service Centre GmbH, Europaplatz 3, 69115 Heidelberg, Germany. If you have any concerns regarding our products, please contact ProductSafety@springernature.com

Printed and bound by CPI Group (UK) Ltd, Croydon, CR0 4YY
20/08/2026
02201319-0003